U0077476
U0172797

住房和城乡建设部"十四五"规划教材
高等学校土木工程专业融媒体新业态系列教材
国际化人才培养土木工程专业系列教材

基 础 工 程

冯锦艳　童朝霞　主　编
谢　斌　焦申华　副主编

中国建筑工业出版社

图书在版编目（CIP）数据

基础工程 / 冯锦艳，童朝霞主编；谢斌，焦申华副主编. — 北京：中国建筑工业出版社，2023.5

住房和城乡建设部"十四五"规划教材 高等学校土木工程专业融媒体新业态系列教材 国际化人才培养土木工程专业系列教材

ISBN 978-7-112-28437-5

Ⅰ. ①基… Ⅱ. ①冯… ②童… ③谢… ④焦… Ⅲ. ①基础(工程)－高等学校－教材 Ⅳ. ①TU47

中国国家版本馆 CIP 数据核字(2023)第 036718 号

责任编辑：聂　伟　王　跃
责任校对：李美娜

住房和城乡建设部"十四五"规划教材
高等学校土木工程专业融媒体新业态系列教材
国际化人才培养土木工程专业系列教材
基 础 工 程
冯锦艳　童朝霞　主　编
谢　斌　焦申华　副主编

*

中国建筑工业出版社出版、发行（北京海淀三里河路 9 号）
各地新华书店、建筑书店经销
北京红光制版公司制版
北京市密东印刷有限公司印刷

*

开本：787 毫米×1092 毫米　1/16　印张：22¼　字数：549 千字
2023 年 1 月第一版　　2023 年 1 月第一次印刷
定价：**58.00** 元（附数字资源及赠教师课件）
ISBN 978-7-112-28437-5
（40826）

版权所有　翻印必究
如有内容及印装质量问题，请联系本社读者服务中心退换
电话：(010) 58337283　QQ：2885381756
（地址：北京海淀三里河路 9 号中国建筑工业出版社 604 室　邮政编码：100037）

本书系统地阐述了浅基础设计原理、桩基础设计、基坑支护与降水、特殊土地基及地基处理、山区机场边坡工程、地基抗震设计以及常用计算软件等内容。内容系统合理，实用性强，每章均附有课后习题。

本书可作为高等学校土木工程专业、机场道路工程专业以及交通运输工程专业的基础工程教材，也适用于从事工程设计以及软件计算的技术人员，也可作为参加全国土木工程、岩土工程以及环境评价工程资格考试的参考书。

为了更好地支持相应课程的教学，我们向采用本书作为教材的教师提供课件，有需要者可与出版社联系。建工书院：http://edu. cabplink. com，邮箱：jckj@cabp. com. cn，2917266507@qq. com，电话：(010)58337285。

This book systematically expounds the design principle of shallow foundation, pile foundation design, foundation pit support and dewatering, special soil foundation and foundation treatment, mountain airport slope engineering, foundation seismic design and common calculation software, etc. The content of this book is reasonable and practical. Each chapter is accompanied by exercises after class.

This book can be used as a basic engineering textbook for civil engineering majors, airport road engineering majors and traffic and transportation engineering majors in institutions of higher learning, as well as for technical personnel engaged in engineering design and software calculation, and as a reference book for participating in the national civil engineering, geotechnical engineering and environmental assessment engineering qualification examination.

In order to better support the teaching of corresponding courses, we provide courseware to teachers who use this book as teaching materials. Anyone who needs it can contact the publisher. Jian Gong Shu Yuan: http://edu. cabplink. com. Email: jckj@cabp. com. cn; 2917266507@qq. com, Tel: (010) 58337285.

出　版　说　明

党和国家高度重视教材建设。2016 年，中办国办印发了《关于加强和改进新形势下大中小学教材建设的意见》，提出要健全国家教材制度。2019 年 12 月，教育部牵头制定了《普通高等学校教材管理办法》和《职业院校教材管理办法》，旨在全面加强党的领导，切实提高教材建设的科学化水平，打造精品教材。住房和城乡建设部历来重视土建类学科专业教材建设，从"九五"开始组织部级规划教材立项工作，经过近 30 年的不断建设，规划教材提升了住房和城乡建设行业教材质量和认可度，出版了一系列精品教材，有效促进了行业部门引导专业教育，推动了行业高质量发展。

为进一步加强高等教育、职业教育住房和城乡建设领域学科专业教材建设工作，提高住房和城乡建设行业人才培养质量，2020 年 12 月，住房和城乡建设部办公厅印发《关于申报高等教育职业教育住房和城乡建设领域学科专业"十四五"规划教材的通知》（建办人函〔2020〕656 号），开展了住房和城乡建设部"十四五"规划教材选题的申报工作。经过专家评审和部人事司审核，512 项选题列入住房和城乡建设领域学科专业"十四五"规划教材（简称规划教材）。2021 年 9 月，住房和城乡建设部印发了《高等教育职业教育住房和城乡建设领域学科专业"十四五"规划教材选题的通知》（建人函〔2021〕36 号）。为做好"十四五"规划教材的编写、审核、出版等工作，《通知》要求：（1）规划教材的编著者应依据《住房和城乡建设领域学科专业"十四五"规划教材申请书》（简称《申请书》）中的立项目标、申报依据、工作安排及进度，按时编写出高质量的教材；（2）规划教材编著者所在单位应履行《申请书》中的学校保证计划实施的主要条件，支持编著者按计划完成书稿编写工作；（3）高等学校土建类专业课程教材与教学资源专家委员会、全国住房和城乡建设职业教育教学指导委员会、住房和城乡建设部中等职业教育专业指导委员会应做好规划教材的指导、协调和审稿等工作，保证编写质量；（4）规划教材出版单位应积极配合，做好编辑、出版、发行等工作；（5）规划教材封面和书脊应标注"住房和城乡建设部'十四五'规划教材"字样和统一标识；（6）规划教材应在"十四五"期间完成出版，逾期不能完成的，不再作为《住房和城乡建设领域学科专业"十四五"规划教材》。

住房和城乡建设领域学科专业"十四五"规划教材的特点，一是重点以修订教育部、住房和城乡建设部"十二五""十三五"规划教材为主；二是严格按照专业标准规范要求编写，体现新发展理念；三是系列教材具有明显特点，满足不同层次和类型的学校专业教学要求；四是配备了数字资源，适应现代化教学的要求。规划教材的出版凝聚了作者、主审及编辑的心血，得到了有关院校、出版单位的大力支持，教材建设管理过程有严格保障。希望广大院校及各专业师生在选用、使用过程中，对规划教材的编写、出版质量进行反馈，以促进规划教材建设质量不断提高。

住房和城乡建设部"十四五"规划教材办公室
2021 年 11 月

前　言

中国是基建大国，已经数次向世界证明了中国速度，建设了许多重要项目，如中国高铁、中国天眼、港珠澳大桥、丹昆特大桥、北京大兴国际机场、三峡水电站、青藏铁路等。我国开展的土木工程建设规模大、投资高、发展迅速，同时带动了岩土科学技术的发展和进步，尤其是地基基础工程。

基础是指建筑物最底下的构件或部分结构，其功能是将上部结构所承担的荷载传递到支承的地基上；而地基是指支承建筑物的整个地层，作为建筑物的地基，必须满足承载后整体稳定和变形控制在建筑物容许范围内的要求。地基基础工程设计不合理、施工存在缺陷等，将导致建筑物倾斜或者开裂破坏，影响建筑物的正常使用，因此做好地基基础设计和施工是保证建筑物安全应用的关键。尤其是在软弱地基上建造高、重或者特殊建筑物时，基础工程常常是技术难度大、投资比例高、施工时间长的组成部分，合理解决好地基基础的问题尤为重要。

基础工程是阐述建筑物在设计和施工中有关地基和基础问题的学科，是土木工程专业的核心课程之一。本书参照地基基础设计、地基基础抗震、特殊土地基和地基处理等相关规范和规程进行编写，全书共分9章，其中第1、2、5、6、8章由冯锦艳编写，第3、7章由童朝霞编写，第4章由谢斌编写，第9章由焦申华编写。

在编写过程中，得到了北京航空航天大学教务处、北京航空航天大学交通科学与工程学院的支持和帮助，在此表示感谢。

限于作者水平，书中欠妥甚至错误之处，敬请读者批评指正。

编者　于北航

Preface

China is a big infrastructure country and has proved to the world several times that China is fast. China has built many important projects, such as the China High-Speed Railway, the China Sky Eye, the Hong Kong-Zhuhai-Macao Bridge, the Dankun Bridge, the Beijing Daxing International Airport, the Three Gorges Hydropower Station, and the Qinghai-Tibet Railway. The large scale, high investment and rapid development of Chinese civil engineering construction also lead to the development and progress of geotechnical science and technology, especially the foundation engineering.

Foundation refers to the building at the bottom of the component or part of the structure. The function of the foundation is to transfer the load carried by the superstructure to the foundation. The foundation is the entire stratum that supports the building. As the foundation of the building, it must meet the requirements of overall stability and deformation control within the allowable range of the building after bearing. Due to the unreasonable design of foundation engineering and the existence of defects in construction, the building will be inclined or cracked, and then affect the normal use of the building. Therefore, the design and construction of foundation is the key to ensure the safe application of buildings. Especially in the construction of high, heavy or special buildings on soft foundation, foundation engineering is often a component of high technical difficulty, high investment ratio and long construction time. It is particularly important to solve the problems of foundation reasonably.

Foundation engineering is one of the core courses of civil engineering, which describes the foundation and foundation problems in the design and construction of buildings.

This book is written with reference to the current norms and procedures for foundation design, foundation anti-seismic, special soil foundation and foundation treatment. It consists of 9 chapters, including chapters 1, 2, 5, 6 and 8 by Feng Jinyan, chapters 3 and 7 by Tong Zhaoxia, chapter 4 by Xie Bin, and chapter 9 by Jiao Shenhua.

In the process of preparation, we have received the support and help from Beihang University and the School of Transportation Science and Engineering of Beihang University. I would like to express my heartfelt thanks to them.

Limited to the author's level, the book is inappropriate or even wrong, please readers to criticize and correct.

Edited by author in Beihang University

目　　录

第 1 章 地基与基础概述

1.1 地基与基础的概念

地球上的任何一个建（构）筑物的全部荷重都要传递到地球表面，由地球表面的地层来承担，受建（构）筑物荷重影响的那一部分地层称为地基。建（构）筑物一般由上部结构和下部结构组成，其中承受上部结构载荷（或作用）并将其传递到地基上的下部结构称为基础。在地基中，与基础底面直接接触的地层称为地基持力层；位于持力层以下的地层称为下卧层，当下卧层明显比持力层软弱时则称为软弱下卧层。地基与基础的示意图如图 1-1 所示。基础底面至地面的距离称为基础的埋置深度，简称埋深。

根据地质条件，地层有岩层和土层之分，因此对应岩石地基和土质地基，两种地基的设计方法有所区别，本教材重点讲解土质地基。地层开挖后可直接修筑基础的地基称为天然地基；需经过人工处理和加固后才能满足地基基础设计要求的地基称为人工地基。

基础将上部结构荷载传给地基，是工程结构的重要组成部分。基础按照埋深及施工难易程度分为浅基础和深基础。当埋深不大于 5m 或埋深与基础底面宽度之比小于 1，且只需简单施工程序就可以建造起来的基础

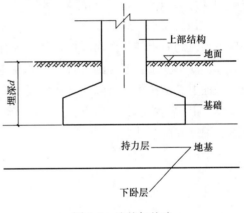

图 1-1 地基与基础

称为浅基础，如独立基础、条形基础、筏形基础、箱形基础等；当埋深较大，且需要特殊方法施工的基础称为深基础，如桩基础、墩基础、沉井基础、地下连续墙基础、桩筏基础、桩箱基础等。

码1-1 课程思政案例：
北京大兴国际机场
——全球空港建设
新标杆

码1-2 课程思政案例：
《建筑工程五方责任
主体项目负责人质量
终身责任追究暂行
办法》

1

1.2　基础工程的内容

基础工程包括地基与基础的设计、施工与监测等内容。基础工程中的一些内容如柱下独立基础的配筋计算、浅基础的施工方法与技术等，在混凝土结构学和土木工程施工课程中都已经涉及，而与岩土工程紧密相关的内容，如基础埋置深度、地基承载力、地基变形验算、基坑与基础的稳定性、基坑支护结构、地基基础相互作用以及地基处理等，都将在本课程中进行讨论。

基础工程设计包括基础设计和地基设计两大部分，其中基础设计包括基础形式的选择、基础埋置深度及基础底面积的确定、基础内力计算以及配筋计算等。如果地下部分是多层结构，基础设计还包括地下结构的计算内容。地基设计包括地基承载力的确定、地基变形计算以及地基稳定性计算等。当地基承载力不足或压缩性很大不能满足设计要求时，需进行地基处理。

一般而言，基础常埋置于地面以下，也有基础的部分结构置于地表以上，如半地下室箱形基础、桥梁基础和码头桩基础等。总之，基础结构的形式有很多种，基础的功能决定了基础设计必须满足以下三个基本要求：

（1）强度要求：通过基础作用在地基上的载荷不能超过地基的承载力，保证地基不因剪应力超过地基土的强度而破坏，并且应有足够的安全储备。

（2）变形要求：基础的设计还应保证基础沉降或其特征变形量不超过建筑物的允许值，保证上部结构不因沉降或其他特征变形量过大而受损或影响正常使用。

（3）上部结构的其他要求：基础除满足以上要求外，还应满足上部结构对基础结构的强度、刚度和耐久性要求。

1.3　基础工程的重要性

基础工程的设计和施工是土木工程建设中的重要环节，直接影响建（构）筑物的使用与安全。在实际工程中地基条件往往十分复杂，包含很多不确定性，因此建筑事故的发生往往与地基基础有关，主要反映在地基的承载力不足、地基失稳或产生过大的沉降（特别是不均匀沉降）等。基础位于地面以下，属于隐蔽工程，一旦发生事故损失巨大，补救和处理十分困难，甚至是不可能的。如倾斜的比萨斜塔；1941 年加拿大特朗斯康谷仓下陷；上海展览中心馆 1979 年由于过大沉降导致室内外的水、电、暖管道断裂等。

据统计，一般高层建筑中，基础工程造价占总造价的 20％～30％，相应的施工工期占建筑总工期的 25％～30％。如果采用人工地基，其造价和工期所占比例更大，所以基础工程的设计和施工既要保证建（构）筑物的安全和正常使用，又要求选择最合理的设计方案和施工方法，以降低基础工程的造价。

近年来，随着我国国民经济的快速发展，交通强国战略是中国的发展愿景，各种交通基础设施大量兴建，智慧城市向多层、高层、地下空间智能化发展成为必然趋势。各种新型基础形式和施工方法层出不穷，给基础的设计、施工带来一系列新课题；高铁系统、公路网、机场的大量兴建以及智慧路的出现为基础工程学科带来了新的挑战；随着人类对月球的不断探索，在月球上盖房子、修路为基础工程学科发展带来了新的机遇，3D 打印技术逐渐走进基础工程学科；随着人们环保意识的提高以及智能化的普及，绿色建筑、BIM 技术、机器学习以及数字孪生正在改变基础工程学科，这些因素不但给从事基础工程设计和施工的科研人员以及工程人员带来了严峻的挑战，也带来了学科发展的动力。

1.4 基础工程的发展

基础工程的实际应用往往超前于理论研究，因此，基础工程既是一门古老的工程技术，又是一门年轻的应用科学。

追本溯源，世界文化古国的先民们在先前的建筑活动中已经创造了精湛的基础工艺，如我国钱塘江南岸发现的河姆渡遗址中有 7000 年前打入沼泽地的木桩，秦代修筑驰道时采用的"隐以金椎"（《汉书》）路基压实方法。宋代，蔡襄在水深流急的洛阳江建造的泉州万安石板桥采用殖蛎固基，形成宽 25m、长 1000m 的类似筏形基础。北宋初期，木工喻皓建造开封开宝寺木塔时（公元 989 年），因当地多西北风，而将建于饱和土上的塔身向西北倾斜，以借助长期风力作用而渐趋复正，克服建筑物地基不均匀沉降。另外，我国举世闻名的万里长城、隋唐大运河、赵州桥等工程，都因奠基牢固，虽经历了无数次强震、强风仍安然无恙。两千多年来，在世界各地建造的宫殿楼宇、寺院教堂、高塔亭台、古道石桥、码头堤岸等工程，无论是至今完好无损，还是不复存在，都凝聚着古代建造者的伟大智慧。采用石料修筑基础、木材做成桩基础、石灰拌土夯成垫层或浅基础、填土击实等修筑地基基础的传统做法，目前在一些工程范围中仍在使用。

从 18 世纪到 19 世纪，人们在大规模的建设中遇到了许多与土力学相关的问题，促进了土力学的发展。1973 年，法国科学家 C. A. 库仑（Coulomb）提出了砂土抗剪强度公式和挡土墙土压力的滑楔理论；1857 年，英国学者 W. J. M. 朗肯（Rankine）从另一途径提出了古典土压力理论；1856 年，法国工程师 H. 达西（Darcy）提出了层流运动的达西定律；1867 年，捷克工程师 E. 文克尔（Winkler）提出了铁轨下任一点的接触压力与该点的沉降成正比的假设；1885 年，法国学者 J. 布辛奈斯克（Boussinesq）提出了竖向集中载荷作用下半无限弹性体应力和位移的理论解答。这些先驱者的工作为土力学的建立奠定了坚实的基础。通过许多学者的不懈努力和经验积累，美国学者太沙基（Terzaghi）于 1925 年在归纳发展已有成就的基础上，出版了第一本土力学专著，较为系统地论述了土力学与基础工程的基本理论和方法，促进了该学科快速发展。1948 年，太沙基与 R. 佩克（Peck）出版了《工程实用土力学》，将理论测试与工程经验密切结合，推动了土力学与基础工程学科的发展。

1936 年，在美国哈佛大学召开了第一届国际土力学与基础工程（Soil Mechanics & Foundation Engineering，1997 年更名为国际土力学及岩土工程）学术会议，土力学与基础工程作为一门独立的学科快速发展起来。20 世纪 70 年代后，国际会议把 Soil Mechanics & Foundation Engineering 改为 Geotechnique，因此可以理解为土力学是学科的理论基础，研究工程载体——岩土的特性、应力-应变关系、强度以及渗流的基本规律等，而基础工程则是解决在岩土地基上进行建筑工程活动的技术问题，土力学与基础工程是理论与工程应用的整体。

20 世纪 70 年代以来，土力学与基础工程学科不断发展，取得了丰硕的研究成果。在理论上，从以饱和砂土的有效应力原理和线弹性力学为基础的土力学，逐渐发展到考虑土的结构影响的黏弹性体的应力、应变、强度的数学模型，从以饱和土为主的理论发展到非饱和土理论，同时发展了土的动力特性理论等。自 1990 年以来，基础工程设计引入了可靠度理论，使基础工程设计从定值法转向概率法。此外，变形控制概念的引入，使基础工程的设计理论更趋合理。

在基础工程的应用技术上，数百米高的超高层建筑物，地下百余米深的多层基础工程，大型钢厂的深基础，海洋石油平台基础，海上大型混凝土储油罐、人工岛（关西机场、港珠澳大桥、深中通道），跨海大桥的桥梁基础，条件复杂的高速公路路基，山区机场跑道路基等工程技术，使桩基、墩基、地基处理等技术不断革新。我国改革开放以来，大兴土木，三峡水利工程、南水北调工程、川藏铁路、北京大兴国际机场、港珠澳大桥、深中通道、高铁系统以及高速公路网的成功实践，有效地促进了我国基础工程现代化的发展。

100 年前，自人工挖孔桩在美国问世以来，灌注桩基础飞快发展，出现了许多新的桩型。单桩承载力可达上万吨，最大的灌注桩直径可达数米，深度已超过 100m。上海金茂大厦的桩基础入土深度达到 80m 以上，苏州大桥的桩长达到了 120m，绍嘉通道的单桩直径达到了 3.8m。钢管桩、大型钢桩、预应力混凝土管桩、DX 挤扩桩、劲性水泥土搅拌桩等在大量采用。同时，桩基础的设计理论也得到了较大的发展和应用，如考虑桩土共同承担载荷的复合桩基础理论等。

随着城市建设的发展，高层和超高层建筑地下室的修建、地铁车站的建造以及城市地下空间的开发利用等，出现了大量的深基坑开挖和支护问题，基坑开挖深度已达到 30m 以上。基坑工程具有很强的地域性和独特性，因此我国各地在基坑围护体系的应用种类、设计计算方法、施工技术、监测手段以及相关基坑工程的科研方面取得了很大的进展。

历史上有名的大地震导致了大量建筑物破坏，其中不少是由于地基基础抗震设计不当所致，经过大量的地震震害调查和理论研究，科研人员逐渐总结发展出地基基础抗震设计理论和方法。

随着我国社会主义建设事业的飞速发展，对基础工程的使用要求日益提高以及应用场景的多元化，我国土力学与地基基础工程学科必将得到更新、更快的发展，逐步向智能岩土过渡。

1.5　课程特点和学习要求

本教材主要介绍浅基础、连续基础、桩基础、特殊土地基、软弱地基处理、基坑工程、地基基础抗震以及基础工程应用软件等内容。

本课程涉及一门工程学科，专门研究建造在岩土层上建（构）筑物基础以及有关结构物的设计与建造技术的工程学科，是岩土工程学的组成部分。本课程建立在土力学的基础之上，涉及工程地质学、材料力学、建筑材料、钢筋混凝土原理、建筑施工、工程抗震等学科领域，内容广泛，综合性强，学习时应突出以下重点，兼顾全面。

（1）基础工程的基本理论和概念

牢固掌握各种基础的基本类型和特点、地基基础设计计算的基本原则和原理，能够结合有关的力学、结构理论的知识分析解决地基基础问题。

（2）地基勘察及现场原位测试技术

本课程的特点是根据建筑物对基础功能的特殊要求，首先通过勘探、试验、原位测试等，了解岩土地层的工程性质，然后结合工程实际，运用土力学及工程结构的基本原理，分析岩土地层与基础工程结构物的相互作用及其变形与稳定规律，做出合理的基础工程方案和建造基础措施，确保建筑物的安全与稳定。原则上，学习本课程要以工程要求和勘探试验为依据，以岩土与基础工程作用和变形与稳定分析为核心，以优化基础方案与建筑技术为灵魂，以解决工程问题确保建筑物安全与稳定为目的。

应在学习课程当中掌握主要土工试验的基本原理和操作技术，了解确定地基承载力的方法，以及解决某些土工问题需要进行的室内以及现场土工试验，同时还应了解在建（构）筑物设计之前需要进行地质勘察的工作内容，具有地基土野外鉴别的能力，学会使用工程地质勘察报告书。正确合理地解决基础设计和施工问题，要依赖土力学的基本原理与工程实践经验。

（3）地区工程经验

由于地基土性质的复杂性以及建筑物类型、载荷情况各不相同，在基础工程中很难找到完全相同的实例，因此应注重理论联系实际，在工程实践中了解各类公式、计算方法的基本假定和适用条件，结合当地工程经验加以应用，注重实际效果的监测和检验。学习基础工程重在实践，通过实践，才能理解理论知识，掌握基础工程的真正含义。

（4）协调使用相关规范

基础工程的设计和施工必须遵循法定的规范、规程，不同行业有不同的规范，如《建筑地基基础设计规范》GB 50007—2011、《公路桥涵地基与基础设计规范》JTG 3363—2019、《建筑桩基技术规范》JGJ 94—2008 等。在采用上述规范时，应注意遵循相应配套的有关规定，如采用《建筑地基基础设计规范》GB 50007—2011 时，荷载取值应符合《建筑结构荷载规范》GB 50009—2012，基础的结构设计应符合《混凝土结构设计规范》GB 50010—2010（2015 年版）和《砌体结构设计规范》GB 50003—2011 的规定。

由于各行业规范的应用对象以及考虑因素不同，某些方面存在较大差异，如各规范对土的工程分类和名称存在差异；有的规范采用定值设计法，有的规范则采用结构可靠度设计方法，于是在设计表达式和计算公式中采用的专业术语也不尽相同。本书在阐述基础工程的基本设计原理的同时，主要结合《建筑地基基础设计规范》GB 50007—2011 及相关规范进行讲解。

鉴于上述情况，应注意各行业规范的配套使用，不能混用或错用。随着工程实践经验的积累以及技术的进步，设计规范会不断修订和完善，此时应注意规范的时效性。

思考题

码1-3 第1章思考题
参考答案

1-1　什么是地基？什么是基础？地基与基础有何区别与联系？

1-2　什么是浅基础？什么是深基础？

1-3　什么是天然地基？什么是人工地基？

1-4　简要归纳基础工程课程的特点。

第 2 章　天然地基上的浅基础设计

2.1　概述

在建（构）筑物的设计与施工过程中，地基和基础占有重要的地位，它对建（构）筑物的安全使用以及工程造价有着很大影响，因此，正确选择地基基础的类型十分重要。在进行地基基础设计时，必须根据建筑物的用途和设计等级、建筑的布置以及上部结构类型，充分考虑建筑场地和地基岩土条件，结合施工条件以及工期、造价等各方面的要求，合理选择地基基础方案。常见的地基基础方案有：天然地基或人工地基上的浅基础、深基础、深浅结合的基础，如桩筏基础、桩箱基础等。在上述地基基础类型中，天然地基上的浅基础施工方便、技术简单、造价经济，一般情况下应尽可能采用。如果天然地基上的浅基础不能满足工程要求，或者经过比较以及周密论证后认为不经济，才考虑采用其他类型的地基基础。选用人工地基、桩基础或其他深基础，要根据建（构）筑物地基的地质以及水文条件，结合工程的具体要求，通过方案进行比选。本章主要讨论天然地基上的浅基础设计原理和计算方法，对于人工地基上的浅基础也基本适用。

2.1.1　浅基础设计内容

进行浅基础设计时要充分掌握拟建场地的工程地质条件以及相关地质勘察资料，包括：

（1）建筑场地的地形图和工程地质勘探资料。分析、掌握其地形地貌特征，地基各层土的类别、工程性质指标，地下水情况，地基土层分布的均匀性，尤其注意拟建工程场地是否存在不良地质条件，如地震断层、滑坡、岩溶洞、软弱下卧层等情况及其严重程度。

（2）建筑场地的平、立、剖面图，作用在基础上的荷载、设备基础状况以及各种设备管道的布置和标高。

（3）建筑材料的供应情况，以及施工单位的设备和技术力量。

在研究地质勘察资料的基础上，结合上部结构的类型、荷载性质、大小和分布、建筑布置、使用要求以及拟建基础对原有建筑设施或环境的影响，充分了解当地建筑经验、施工条件、材料供应、先进技术的推广应用等有关情况，进行天然地基上的浅基础设计，主要包括以下内容：

（1）选择基础的材料、类型，进行基础平面布置；

（2）确定地基持力层和基础埋置深度；

（3）确定地基承载力；

（4）通过地基承载力的验算（包含持力层和软弱下卧层验算）确定基础的底面尺寸，

必要时进行地基变形与稳定性验算；

（5）进行基础结构设计，保证基础具有足够的强度、刚度和耐久性；

（6）绘制基础施工图，编制必要的施工技术说明。

上述关于浅基础设计的各项内容是相互关联的，设计时可按上述顺序逐项进行计算与设计，如发现前面的设计不能满足相应要求，则需进行修改，直至各项计算均符合要求且各数据前后一致为止。对于规模较大的基础工程，还应对若干可行的方案做出技术经济比较，然后择优采用。

2.1.2　地基基础的设计原则

1. 地基计算的要求

根据地基复杂程度、建筑物规模和功能特征以及由于地基问题可能造成建（构）筑物破坏或影响正常使用的程度，《建筑地基基础设计规范》GB 50007—2011 将地基基础设计分为三个等级（表2-1），设计时应根据具体情况进行选用。

地基基础设计等级　　　　　　　　　　　　　　　　　　　表 2-1

设计等级	建筑和地基类型
甲级	重要的工业与民用建筑物 30 层以上的高层建筑 体型复杂，层数相差超过 10 层的高低层连成一体的建筑物 大面积的多层地下建筑物（如地下车库、商场、运动场等） 对地基变形有特殊要求的建筑物 复杂地质条件下的坡上建筑物（包括高边坡） 对原有工程影响较大的新建建筑物 场地和地基条件复杂的一般建筑物 位于复杂地质条件及软土地区的二层及二层以上地下室的基坑工程 开挖深度大于 15m 的基坑工程 周边环境条件复杂、环境保护要求高的基坑工程
乙级	除甲级、丙级以外的工业与民用建筑物 除甲级、丙级以外的基坑工程
丙级	场地和地基条件简单、荷载分布均匀的七层及七层以下民用建筑及一般工业建筑 次要的轻型建筑物 非软土地区且场地地质条件简单、基坑周边环境条件简单、环境保护要求不高且开挖深度小于 5.0m 的基坑工程

根据建筑物地基基础设计等级及长期荷载作用下地基变形对上部结构的影响程度，地基基础设计应符合以下规定：

（1）所有建筑物的地基计算均应满足承载力计算的有关规定；

（2）设计等级为甲、乙级的建筑物，均应按地基变形设计（即应验算地基变形）；

（3）表 2-2 所列范围内设计等级为丙级的建筑物可不作地基变形验算，如有下列情况之一时，仍应作地基变形验算：

① 地基承载力特征值小于 130kPa，且体型复杂的建筑；

② 在基础上及其附近有地面堆载或相邻基础荷载差异较大，可能引起地基产生过大的不均匀沉降时；

③ 软弱地基上的建筑物存在偏心荷载时；

④ 相邻建筑距离过近，可能发生倾斜时；

⑤ 地基内有厚度较大或厚薄不匀的填土，其自重固结未完成时；

（4）对经常受水平荷载作用的高层建筑、高耸结构和挡土墙等，以及建造在斜坡上或边坡附近的建筑物和构筑物，尚应验算其稳定性；

（5）基坑工程应进行稳定性验算；

（6）建筑地下室或地下构筑物存在上浮问题时，尚应进行抗浮验算。

可不作地基变形验算的设计等级为丙级的建筑物范围　　　　　　　　表 2-2

地基主要受力层情况		地基承载力特征值 f_{ak}（kPa）	$80 \leqslant f_{ak}$ <100	$100 \leqslant f_{ak}$ <130	$130 \leqslant f_{ak}$ <160	$160 \leqslant f_{ak}$ <200	$200 \leqslant f_{ak}$ <300
		各土层坡度（%）	≤5	≤10	≤10	≤10	≤10
建筑类型	砌体承重结构、框架结构（层数）		≤5	≤5	≤6	≤6	≤7
	单层排架结构（6m柱距）	单跨 吊车额定起重量（t）	10～15	15～20	20～30	30～50	50～100
		单跨 厂房跨度（m）	≤18	≤24	≤30	≤30	≤30
		多跨 吊车额定起重量（t）	5～10	10～15	15～20	20～30	30～75
		多跨 厂房跨度（m）	≤18	≤24	≤30	≤30	≤30
	烟囱	高度（m）	≤40	≤50	≤75		≤100
	水塔	高度（m）	≤20	≤30	≤30		≤30
		容积（m³）	50～100	100～200	200～300	300～500	500～1000

注：1. 地基主要受力层系指条形基础底面下深度为 $3b$（b 为基础底面宽度），独立基础下为 $1.5b$，且厚度均不小于5m的范围（二层以下一般的民用建筑除外）；

2. 地基主要受力层中如有承载力特征值小于130kPa的土层时，表中砌体承重结构的设计，应符合《建筑地基基础设计规范》GB 50007—2011 第7章的有关要求；

3. 表中砌体承重结构和框架结构均指民用建筑，对于工业建筑可按厂房高度、荷载情况折合成与其相当的民用建筑层数；

4. 表中吊车额定起重量、烟囱高度和水塔容积的数值系指最大值。

2. 关于荷载取值的规定

地基基础设计时，所采用的作用效应与相应的抗力限值应按下列规定采用：

（1）按地基承载力确定基础底面积及埋深时，传至基础底面上的作用效应按正常使用极限状态下作用的标准组合；相应的抗力应采用地基承载力特征值。

（2）计算地基变形时，传至基础底面上的作用效应按正常使用极限状态下作用的准永久组合，不应计入风荷载和地震作用；相应的限值应为地基变形允许值。

（3）计算挡土墙、地基或滑坡稳定以及基础抗浮稳定时，作用效应按承载能力极限状态下作用的基本组合，但其分项系数均为1.0。

（4）在确定基础高度、支挡结构截面、计算基础或支挡结构内力、确定配筋和验算材料强度时，上部结构传来的作用效应和相应的基底反力、挡土墙土压力以及滑坡推力，应按承载能力极限状态下作用的基本组合，采用相应的分项系数。

当需要验算基础裂缝宽度时，应按正常使用极限状态下作用的标准组合。

（5）由永久作用控制的基本组合值可取标准组合值的 1.35 倍。

2.2　地基基础的设计方法

随着建筑科学技术的发展，地基基础的设计方法也在不断改进，大致经历了从最初的允许承载力设计方法到极限状态设计方法，再到可靠性设计方法三个阶段。

2.2.1　允许承载力设计方法

建（构）筑物荷载通过基础传递到地基岩土上，作用在基础底面单位面积上的压力称为基底压力。设计中要求基底压力不能超过地基的极限承载力，而且要有足够的安全度；同时所引起的地基变形不能超过建筑物的允许变形值。满足这两项要求，地基单位面积上所能承受的最大压力就称为地基的允许承载力 $[R]$。如果地基允许承载力 $[R]$ 确定了，则要求的基础底面积 A 就可用下式计算：

$$A = \frac{S}{[R]} \tag{2-1}$$

式中　S——作用在基础上的总荷载，包括基础自重；

　　　$[R]$——地基的允许承载力。

最早的地基允许承载力是根据工程师的经验或建设者参考建筑场地附近建筑物地基的承载状况确定的。随着建筑工程的发展，人们不断总结允许承载力与地基土的性状关系。通过长期经验累积，用规范的形式给出地基的允许承载力与土的种类及其某些物理性质指标（如孔隙比 e、液性指数 I_L 等）或者原位测试指标（如标准贯入击数等）的关系。这意味着可以从《建筑地基基础设计规范》GB 50007 的允许承载力表中直接查出地基的允许承载力。例如，我国 1974 年颁布的《工业与民用建筑地基基础设计规范》TJ 7—1974 提供了一些黏性土与砂土的允许承载力值，分别见表 2-3 和表 2-4。有了地基的允许承载力，很容易进行地基基础设计，但因为这种设计方法完全按经验进行，安全度得不到控制。

一般黏性土允许承载力 $[R]$（t/m²）　　　　　　　　　　　　　表 2-3

孔隙比 e	塑性指数 I_p								
	≤10			>10					
	液性指数 I_L								
	0	0.5	1.0	0	0.25	0.5	0.75	1.00	1.20
0.5	35	31	28	45	41	37	(34)		
0.6	30	26	23	38	34	31	28	(25)	
0.7	25	21	19	31	28	25	23	20	16

孔隙比 e	塑性指数 I_p								
	≤10			>10					
	液性指数 I_L								
	0	0.5	1.0	0	0.25	0.5	0.75	1.00	1.20
0.8	20	17	15	26	23	21	19	16	13
0.9	16	14	12	22	20	18	16	13	10
1.0		12	10	19	17	15	13	11	
1.1				15	13	11	10		

注：1. 有括号者仅供内插用；

2. "t/m²"为规范所用计量单位，1t/m² = 10kPa。

砂土允许承载力 [R]（t/m²） 表 2-4

标准贯入试验锤击数 N	10～15	15～30	30～50
容许承载力 [R]	14～18	18～34	34～50

2.2.2 极限状态设计方法

随着建筑业的飞快发展，特别是超高层、重型建筑的发展，结构不断更新、体型日益复杂，新型结构和复杂体型对沉降以及不均匀沉降要求更高，常需进行地基变形验算，使得允许承载力失去了原来的意义。实际上，地基稳定和变形允许是对地基的两种不同要求，要充分发挥地基的承载作用，应该分别验算，了解控制因素，对薄弱环节采取必要的工程措施，才能充分发挥地基的承载能力，在保证安全可靠的前提下达到最为经济的目的，这也就是极限状态设计方法的本质。按极限状态设计方法，地基必须满足以下两种极限状态的要求。

（1）承载能力极限状态或稳定极限状态

承载能力极限状态是让地基最大限度地发挥承载能力，载荷超过此种限度时，地基即发生强度破坏而丧失稳定或发生其他任何形式的危及人们安全的破坏，其表达式为

$$\frac{S}{A} = p \leqslant \frac{p_u}{K} \tag{2-2}$$

式中 S——作用在基础上的总荷载，包括基础自重；

A——基础底面积；

p——基底压力；

p_u——地基的极限承载力，它等于极限荷载，可通过试验或计算确定；

K——安全系数。

（2）正常使用极限状态或变形极限状态

地基在受载后的变形应小于建筑物地基变形的允许值，当超过此允许值时，建筑物不适于继续承载，否则会影响建筑物的正常使用，其表达式为：

$$s \leqslant [s] \tag{2-3}$$

式中 s——建筑物地基的变形；

$[s]$——建筑物地基的允许变形值。

极限状态设计方法原则上既适用于建筑物的上部结构，也适用于地基基础，但由于地基与上部结构是性质完全不同的两类材料，对两种极限状态的验算要求也有所不同。结构构件的刚度远远比地基土层的刚度大，在荷载作用下，构件强度破坏时的变形往往不大，而地基土则相反，常常产生很大的变形但不容易发生强度破坏而丧失稳定。已有大量的地基工程事故资料表明，绝大多数地基事故都是由于变形过大而且不均匀造成的。所以上部结构的设计首先是验算强度，必要时才验算变形，而地基设计则恰恰相反，常常首先验算变形，必要时才验算因强度破坏而引起的地基失稳。

这种设计思想以20世纪苏联的地基设计规范为代表，按当年苏联建筑地基基础设计规范，地基计算首先进行地基变形验算，变形验算的内容包括以下两个部分：

① 验算地基是否处于弹性状态。

由于目前地基变形计算都是以弹性理论（或线性变形体理论）为基础，因此必须保证基底压力不大于临塑荷载 p_{cr}，最多不应超过临界荷载 $p_{1/4}$，使地基内不出现塑性区或者塑性区的发展深度不超过基础宽度的1/4，即：

$$s/A = p \leqslant p_{cr}(\text{或 } p_{1/4}) \tag{2-4}$$

② 验算地基变形，满足变形要求。

因为一般建筑物的地基设计受变形所控制，应满足地基在受载后的变形小于建筑物地基变形的允许值，即式（2-3）的要求，可以不再进行极限承载力的验算。实际上因为要求保证基底压力不大于临塑荷载 p_{cr}，最多不应超过临界荷载 $p_{1/4}$，通常也可以满足地基极限承载力的要求。但对于承受较大水平荷载的建（构）筑物，如水工建（构）筑物或挡土结构以及建造在斜坡上的建（构）筑物，地基稳定可能是控制因素，这种情况，则必须用式（2-2）或其他类似分析方法进行地基的稳定性验算。

在这种设计方法中，地基的安全程度用单一的安全系数表示，为了与后面的第三种方法相区别，可称为单一安全系数的极限状态设计方法。

2.2.3 可靠性设计方法

可靠性设计方法也称以概率理论为基础的极限状态设计方法，简称概率极限状态设计方法。

（1）可靠性设计方法的基本理论

允许承载力设计方法和极限状态设计方法都是把荷载和抗力当成定值，衡量建筑物安全度的安全系数也是定值，所以也称定值设计。实际上，无论是载荷还是抗力，都有很大的不确定性，很难确定其准确数值。例如，以试验方法确定某土层的黏聚力 c 值为例，几次试验的结果都不会完全一致，因为取样的位置以及试验的具体操作存在差异，因此，黏聚力 c 这个重要的力学指标不是一个定值，它的变化是随机的，故称为随机变量。随机变量并不是毫无规律的，因为它属于同一层土，基本性质大致相同，其变化常服从某一统计规律。

另一方面，工程上对安全系数的确定仅是根据以往的工程经验，不同方法的要求也不尽相同。例如用式（2-2）验算地基的稳定时，一般要求安全系数达到2～3；而改用圆弧滑动法验算地基的稳定性时，一般要求安全系数为 1.3～1.5。由于采用的方法不同，其准确性不同，所以要求也不同。因此，用确定数值的荷载和抗力以单一的安全系数所表征的设计方法尚有不够科学之处，于是另一种新的分析方法——可靠性分析方法就逐渐发展起来。

早在 20 世纪 30 年代，可靠性的研究就已开始，学者们围绕飞机失效开展了相关研究。当飞机设计师按以往的设计方法得到的安全系数是 3 或者更大时，并不能避免飞行事故发生的可能性。如果采用新的方法，提供的结果是每飞行 1 小时，失事的可能性为百万分之几的概率，则人们对飞行安全性的认识就更加具体，这种以失效概率为表征的分析方法就是可靠性分析方法。

在 20 世纪 40 年代，可靠性分析方法已应用于结构设计中。1984 年，我国颁布的《建筑结构设计统一标准》GBJ 68—84 完全按照国际上正在发展推行的建筑结构可靠性设计的基本原则，采用以概率统计理论为基础的极限状态设计方法。目前，结构可靠性设计方法已经成为一种工程设计的实用方法，我国于 1992 年颁布了《工程结构可靠度设计统一标准》GB 50153—92；2001 年颁布了《建筑结构可靠度设计统一标准》GB 50068—2001。2018 年颁布了《建筑结构可靠性设计统一标准》GB 50068—2018。

结构的工作状态可以用作用效应（或载荷效应）S 与抗力 R 的关系来描述：

$$Z = R - S \tag{2-5}$$

式中，Z 称为功能函数。

当 $Z>0$，或 $R>S$ 时，抗力大于作用效应，结构处于可靠状态；

当 $Z<0$，或 $R<S$ 时，抗力小于作用效应，结构处于失效状态；

当 $Z=0$，或 $R=S$ 时，抗力与作用效应相等，结构处于极限状态。

由于影响作用效应和结构抗力的因素很多，且各个因素都是一些随机变量，具有不确定性，故 S 和 R 也是随机变量。经过对作用效应和抗力的统计分析表明，S 和 R 的概率分布通常属于正态分布。根据概率理论，功能函数 Z 也应是正态分布的随机变量，它的概率密度函数应为：

$$f(Z) = \frac{1}{\sqrt{2\pi}\sigma_Z}\exp\left[-\frac{1}{2}\left(\frac{Z-Z_m}{\sigma_Z}\right)^2\right] \tag{2-6}$$

根据概率理论有

$$Z_m = R_m - S_m \tag{2-7}$$

$$\sigma_Z = \sqrt{\sigma_S^2 + \sigma_R^2} \tag{2-8}$$

式中　　Z_m——功能函数 Z 的均值；

　　　　S_m——作用效应的均值；

　　　　R_m——抗力的均值；

　　　　σ_Z——功能函数 Z 的标准差；

　　　　σ_S——作用效应的标准差；

　　　　σ_R——抗力的标准差。

如果作用效应和抗力的均值 S_m 和 R_m 以及标准差 σ_S 和 σ_R 均已求得，则由概率密度函数式（2-6）可绘出功能函数 Z 的概率密度分布曲线，如图 2-1（a）所示，它是一般形式的正态分布曲线。图中的阴影面积表示 $Z < 0$ 的概率，即结构处于失效状态的概率，称为失效概率 p_f，由概率密度函数积分求得，即

$$p_f = \int_{-\infty}^{0} f(Z)\mathrm{d}Z = \int_{-\infty}^{0} \frac{1}{\sqrt{2\pi}\sigma_Z} \exp\left[-\frac{1}{2}\left(\frac{Z - Z_m}{\sigma_Z}\right)^2\right]\mathrm{d}Z \tag{2-9}$$

直接计算失效概率 p_f 比较麻烦，通常把一般正态分布概率密度函数转换成标准正态分布进行计算。按照标准正态分布的定义有 $Z_m = 0$，$\sigma_Z = 1.0$，因此把纵坐标轴移到均值 Z_m 位置，再把横坐标的单位值除以 σ_Z，于是横坐标变成 $Z' = \dfrac{Z - Z_m}{\sigma_Z}$。经过变换后就可以描绘出相应的功能函数的概率密度标准正态分布曲线，如图 2-1（b）所示。

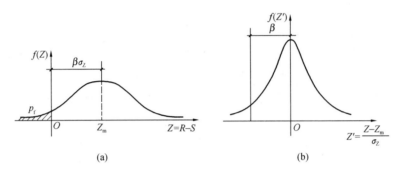

图 2-1　功能函数的概率密度

（a）一般正态分布；（b）标准正态分布

因为变换坐标后，$Z' = \dfrac{Z - Z_m}{\sigma_Z}$，故 $\mathrm{d}Z' = \dfrac{\mathrm{d}Z}{\sigma_Z}$，并且当 $Z = 0$ 时，$Z' = -\dfrac{Z_m}{\sigma_Z}$，代入式（2-9）得

$$p_f = \int_{-\infty}^{-Z_m/\sigma_Z} \frac{1}{\sqrt{2\pi}} \exp\left(-\frac{1}{2}Z'^2\right)\mathrm{d}Z' \tag{2-10}$$

令 $-\dfrac{Z_m}{\sigma_Z} = \beta$，可知，失效概率由 β 唯一确定，即规定了失效概率 p_f 也就等于确定了 β 值，反之亦然。例如 $\beta = 3$，则

$$p_f = \int_{-\infty}^{-3} \frac{1}{\sqrt{2\pi}} \exp\left(-\frac{1}{2}Z'\right)^2 \mathrm{d}Z' = \Phi(-3) = 1 - \Phi(3)$$

查表 2-5 得，当 $X_1 = \beta = 3$ 时，$\Phi(3) = 0.9987$，则 $p_f = 1 - 0.9987 = 0.0013$。

标准正态分布数值表　　　　　　　　　　　　　　　　　　表 2-5

X_1	0.0	0.50	1.00	1.50	2.00	2.50	3.00	3.50	4.00	4.50	∞
$\Phi(X_1)$	0.50	0.6915	0.8413	0.9332	0.9773	0.9938	0.9987	0.999	0.9999	0.9999	1.00

因为 β 也是一个表示失效概率的指标，而且应用起来比 p_f 还要方便，所以在结构可靠度的设计中，它被用来作为表示结构可靠性的指标，称为可靠指标。许多国家的有关部门都制定 β 值代替安全系数作为设计的控制指标，例如美国的 LRFD（Load and Resistance Factor Design）规范中，对 β 的建议值为：

① 临时结构：$\beta=2.5$；

② 普通结构：$\beta=3.0$；

③ 非常重要建筑物：$\beta=4.0$。

可靠指标 β 的规定值见表 2-6。

结构构件承载能力极限状态的可靠指标 β 　　　　表 2-6

破坏类型	安全等级		
	一级	二级	三级
延性破坏	3.7	3.2	2.7
脆性破坏	4.2	3.7	3.2

注：当承受偶然作用时，结构构件的可靠指标应符合专门规范的规定。

【例 2-1】对某建筑物地基持力层进行现场载荷试验，经统计分析，试验结果符合正态分布，承载力特征值的均值 $f_a=150\text{kPa}$，标准差 $\sigma=12\text{kPa}$。作用组合后的基底压力也符合正态分布，均值为 100kPa，标准差为 4kPa。若地基设计要求可靠指标 $\beta=3.0$，问该地基是否满足要求？其失效概率多大？

【解】（1）计算可靠指标

功能函数均值：

$$Z_m = R_m - S_m = 150 - 100 = 50\text{kPa}$$

功能函数标准差：

$$\sigma_Z = \sqrt{\sigma_R^2 + \sigma_S^2} = \sqrt{12^2 + 4^2} = 12.65\text{kPa}$$

可靠指标：

$$\beta = \frac{Z_m}{\sigma_Z} = \frac{50}{12.65} = 3.953 > 3.0$$

根据计算，$\beta=3.0$ 时，地基满足要求。

（2）计算失效概率

$$p_f = \Phi(-3) = 1 - \Phi(\beta)$$

按 $\beta=3.162$，查表 2-5，$\Phi(3.16)=0.99906$

失效概率：

$$p_f = 1 - 0.99906 = 0.00094$$

（2）可靠性设计的实用方法

如前所述，一般的可靠性设计方法需要对结构物涉及的每个作用和抗力进行统计分析，工作量巨大，为了使可靠性分析方法在设计中更为实用，我国的包括《建筑地基基础设计规范》GB 50007—2011 在内的结构设计规范均采用了以各基本变量标准值和分项系数来表达的实用设计式，可通过验算两种极限状态来保证结构物的可靠性。

1）极限状态的设计表达式

① 承载能力极限状态

承载能力极限状态是结构物的安全功能要求，即使结构物发挥最大限度的承载能力，作用（荷载）效应若超过此种限度，结构物即发生强度破坏，或丧失稳定性。承载能力极限状态的设计表达式为：

$$\gamma_0 S \leqslant R \tag{2-11}$$

式中　γ_0——结构的重要性系数，按有关结构规范确定；

　　　S——作用（荷载）基本组合的效应设计值；

　　　R——结构的抗力设计值。

② 正常使用极限状态

正常使用极限状态是结构物的使用功能要求，若变形超过某一限度，就会影响结构物的正常使用。在正常使用极限状态计算中，应根据不同的设计要求，采用作用的标准组合、永久组合等，按以下设计表达式进行设计：

$$S_k \leqslant C \tag{2-12}$$

式中　S_k——作用组合（标准组合或准永久组合等）的效应设计值；

　　　C——结构达到正常使用要求的规定限值，例如变形、裂缝限值等，其值按有关规范的规定采用。

2）作用的代表值和设计值

由于各种作用（荷载）都具有一定的变异性，在结构设计时应根据各种极限状态的设计要求，取用不同的作用数值，即所谓作用的代表值。作用的代表值有标准值、组合值、准永久值等，标准值是作用的基本代表值。

① 作用的标准值：一般指结构在其设计基准期内，在正常情况下可能出现具有一定保证率（国际标准化组织建议取 95%）的最大荷载。例如按照荷载规范，对结构自重，可按结构构件的设计尺寸乘以材料的重度；对于雪荷载可按 50 年一遇的雪压乘以屋面面积积雪分布系数等。其他类型的作用均有相应的规定，可直接由《建筑结构荷载规范》GB 50009—2012 查用。

② 可变作用的组合值：指几种可变作用进行组合时，其值不一定同时达到最大，因此需作适当调整。其调整方法为：除其中最大可变作用仍取其标准值外，其他伴随的可变作用均采用小于 1.0 的组合值系数乘以相应的标准值来表达其作用代表值。这种经调整后的伴随可变作用，称为可变作用的组合值。

③ 可变作用的准永久值：对于可变作用，在设计基准期内，其超越的总时间约为设计基准期一半的作用值。即对于某一随时间而变化的作用，如果设计基准期为 T，则在 T 时间内大于和等于准永久值的时间约为 $0.5T$。作用准永久值实际上是考虑可变作用施加的间歇性和分布不均匀性的一种折减。例如对于地基沉降计算，短时间、随机施加的作用一般不会引起充分的地基固结沉降，可变作用就应采用作用的准永久值。作用的准永久值等于标准值乘以准永久系数 ψ_q，各种作用的准永久系数 ψ_q 可从《建筑结构荷载规范》GB 50009—2012 中查用。

④ 作用的设计值：对于承载能力极限状态设计，作用的标准值与作用分项系数的乘积称为作用的设计值。作用分项系数是考虑作用超过其标准值的可能性，以及对不同变异性的作用可能造成结构计算时可靠性严重不一致的调整系数。

3）作用的组合

作用的组合是指在所有可能同时出现的诸多作用组合下，确定结构内产生的总效应。

在地基基础设计中，根据不同的可靠性要求，一般有如下几种作用组合。

① 承载能力极限状态下作用的基本组合

按承载能力极限状态计算时最常用的一种组合就是基本组合，它包括永久作用和可变作用共同作用的组合，《建筑地基基础设计规范》GB 50007—2011 规定按如下两种方法确定。

a）由可变作用控制的基本组合，效应设计值按下式确定：

$$S_d = \gamma_G S_{Gk} + \gamma_{Q1} S_{Q1k} + \sum_{i=2}^{n} \gamma_{Qi} \psi_{ci} S_{Qik} \qquad (2\text{-}13)$$

式中　S_{Gk}、S_{Q1k}、S_{Qik}——分别为永久作用、第一个可变作用、第 i 个可变作用标准值的效应；

　　　γ_G、γ_{Q1}、γ_{Qi}——分别为永久作用、第一个可变作用、第 i 个可变作用的分项系数，按现行国家标准《建筑结构荷载规范》GB 50009—2012 取值；

　　　ψ_{ci}——第 i 个可变作用的组合值系数，按《建筑结构荷载规范》GB 50009—2012 的规定取值；

　　　n——可变作用的个数。

b）由永久作用控制的基本组合，效应设计值按下式计算：

$$S = \gamma_G S_{Gk} + \gamma_{Q1} \psi_{c1} S_{Q1k} + \sum_{i=2}^{n} \gamma_{Qi} \psi_{ci} S_{Qik} \qquad (2\text{-}14)$$

对由永久作用控制的基本组合也可采用简化原则，效应设计值按下式确定：

$$S = 1.35 S_k \qquad (2\text{-}15)$$

式中　S_k——正常使用极限状态下，作用标准组合的效应设计值，见式（2-16）。

② 正常使用极限状态下作用的标准组合

《建筑地基基础设计规范》GB 50007—2011 规定，在正常使用极限状态下作用的标准组合的效应设计值 S_k 用下式表示：

$$S_k = S_{Gk} + S_{Q1k} + \sum_{i=2}^{n} \psi_{ci} S_{Qik} \qquad (2\text{-}16)$$

③ 正常使用极限状态下作用的准永久组合

《建筑地基基础设计规范》GB 50007—2011 规定，在正常使用极限状态下作用的准永久组合的效应设计值 S_k 用下式计算：

$$S_k = S_{Gk} + S_{Q1k} + \sum_{i=2}^{n} \psi_{qi} S_{Qik} \qquad (2\text{-}17)$$

式中　ψ_{qi}——第 i 个可变作用的准永久值系数，按现行国家标准《建筑结构荷载规范》GB 50009—2012 规定取值。

2.2.4 《建筑地基基础设计规范》设计方法要点及说明

我国的《建筑地基基础设计规范》GB 50007—2011，在遵照可靠度设计原则的同时，保留了自身特点的设计方法，即《建筑地基基础设计规范》GB 50007—2011 既考虑到地基、基础和上部结构是一幢建筑物不可缺少的组成部分，应该在统一的原则下，用同一种方法进行设计；同时也顾及地基和上部结构是两种性质完全不同的材料，有其特殊性，在设计方法中应有所区别。本书第 2.1.2 节阐述了《建筑地基基础设计规范》GB 50007—2011 规定的地基基础设计原则。

若将《建筑地基基础设计规范》GB 50007—2011 规定的地基基础设计原则与前述 3 种地基的设计方法对比可知：《建筑地基基础设计规范》GB 50007—2011 的设计方法不单纯属于其中的某一种，而是考虑岩土的特点依据工程经验综合应用了上述 3 种地基基础的设计方法。对于该规范，进行如下几点说明。

（1）理论框架

《建筑地基基础设计规范》GB 50007—2011 的基本框架是建立在以概率理论为基础的极限状态设计方法上，主要体现在作用或作用组合效应采用按《建筑结构可靠度设计统一标准》GB 50068—2001 编制的《建筑结构荷载规范》GB 50009—2012；结构功能状态的判别主要以极限状态为标准。通常按极限状态设计应进行两类验算，即承载能力极限状态验算和正常使用极限状态验算，对于建筑物地基就是地基的稳定性验算和地基的变形验算。而上述《建筑地基基础设计规范》GB 50007—2011 的设计要点中，却规定了 3 种验算，即地基承载力验算（对全部建筑物）、地基变形验算（对甲、乙级和部分丙级建筑物）和地基稳定性验算（对经常承受水平荷载的建筑物）。

（2）地基承载力验算

值得注意的是地基承载力验算采用的是正常使用极限状态下作用的标准组合；承载力特征值应取现场载荷试验若干组测得的临塑荷载 p_{cr} 的平均值；当用公式计算时，土的抗剪强度指标 c、ϕ 采用标准值。这说明，地基承载力所指的"承载力"并非地基稳定验算中的极限承载力 p_u，而是保证建筑物正常使用的承载力，属于正常使用极限状态范畴的验算。从地基现场载荷试验测得的 p-s 曲线表明，确定为地基承载力的临塑荷载 p_{cr} 比代表地基失稳的极限荷载 p_u 小得多，即地基开始破坏到地基失稳还有很大的距离。因此，对于承载力验算可以理解为：对大多数丙级和丙级以下的建筑物，地基承载力实质上就是"允许承载力"，既能保证地基变形不超过允许值，又能保证地基有足够的安全度不至于丧失稳定，属于第一类设计方法；对于其他等级的建筑物，承载力验算实际上是变形验算的必要条件，它保证地基变形可以用现行的弹性理论进行计算；对于尚处于弹性状态的地基是不会失稳的，其安全系数是不确定的。

（3）地基变形验算

对于按地基变形设计的建筑物，即设计等级为甲、乙级和少数丙级，且水平荷载不起主要作用的建筑物，只需验算地基承载力和地基变形。这两项验算都是保证建筑物能正常使用的验算，无论是荷载或抗力，分项系数都取为 1.0，可以认为符合概率极限状态设计方法的要求。

（4）经常承受水平载荷作用的高层建筑等结构物的地基稳定性验算

对于经常承受水平荷载的建筑物和构筑物，地基稳定和地基变形都需要进行验算。在地基稳定验算中，《建筑地基基础设计规范》GB 50007—2011 建议采用单一安全系数的圆弧滑动法。用这种方法无法与分项系数等概念联系起来，因此在采用作用或作用组合效应时，虽然表面上采用承载能力极限状态的基本组合，但各种分项系数均取为 1.0，与单一安全系数一致，即《建筑地基基础设计规范》GB 50007—2011 中的地基稳定验算，仍然采用单一安全系数的极限状态设计方法。

（5）基础结构的设计计算

对于基础（包括桩基、承台）可以看成是结构物与地基岩土的连接构件，与结构物的其他构件一样都应按照概率极限状态方法设计。

综上所述，《建筑地基基础设计规范》GB 50007—2011 规定的地基验算方法因地基设计等级不同而异，对于众多丙级以下的建筑物实质上采用的是第一种方法，即允许承载力设计方法，允许承载力通过原位试验或室内试验以及地区经验确定。对于水平荷载是主要荷载的建筑物，必须进行地基稳定性验算和地基变形验算，其中，稳定性验算采用的是第二种设计方法，即单一安全系数的极限状态设计方法。对于水平荷载不起主要作用的甲、乙类及部分丙类建筑物，按地基变形设计，可不必进行稳定性验算，采用的是第三种方法，即概率极限状态设计方法。

2.3 浅基础的类型

基础的作用就是把建筑物的荷载安全可靠地传给地基，保证地基不会发生强度破坏或者产生过大变形，同时还要充分发挥地基的承载能力。因此，基础的结构类型必须根据建筑物的结构形式、荷载的性质以及大小等因素，结合地基土层情况进行选定。浅基础根据结构形式可分为单独基础（独立基础）、条形基础、筏形基础、箱形基础、壳体基础；按照基础所用材料分为无筋基础（刚性基础）和钢筋混凝土基础。

2.3.1 浅基础的结构类型

1. 单独基础（独立基础）

柱一般采用单独基础（图 2-2）。

2. 条形基础

墙的基础通常是连续设置成长条形，称为条形基础（图 2-3）。

如果柱的荷载较大而土层的承载力又较低，做单独基础需要很大的面积，这种情况下，可采用柱下条形基础（图 2-4），甚至柱下十字交叉梁基础（图 2-5）。

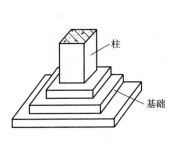

图 2-2　柱下单独基础

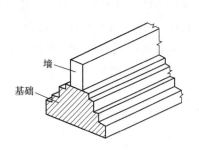

图 2-3　墙下条形基础

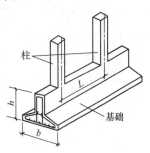

图 2-4　柱下条形基础

相反，当建筑物较轻，作用于墙上的荷载不大，基础又需要做在较深处的好土层上时，做条形基础可能不经济，这时可以在墙下加一根过梁，将过梁支在单独基础上，称为墙下单独基础（图 2-6）。

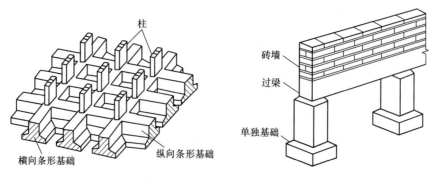

图 2-5　柱下十字交叉梁基础　　　　　图 2-6　墙下单独基础

3. 筏形基础

当柱或墙传来的荷载很大，地基土较软弱，用单独基础或条形基础都不能满足地基承载力的要求时，或者地下水位常年在地下室的地坪以上，为了防止地下水渗入室内，往往需要把整个房屋底面（或地下室部分）做成一片连续的钢筋混凝土板，作为房屋的基础，称为筏形基础（图 2-7）。

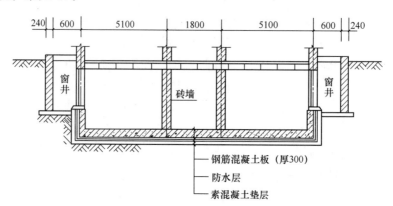

图 2-7　地下室筏形基础（单位：mm）

筏形基础由于底面积大，可减小基底压力，同时也可提高地基土的承载力，并能有效增强基础的整体性，调整不均匀沉降。此外，筏形基础还具有前述各类基础所不完全具备的良好功能，例如：能跨越地下浅层小洞穴和局部软弱层；提供比较宽敞的地下使用空间；作为地下室、水池、油库等的防渗底板；增强建筑物的整体抗震性能；满足自动化程度较高的工艺设备对不允许有差异沉降的要求，以及工艺连续作业和设备重新布置的要求等。

值得注意的是，当地基显著软硬不均时，例如地基中岩石与软土同时出现，应首先对地基进行处理，单纯依靠筏形基础来解决这类问题是不经济的，甚至是不可行的。筏形基础的板顶面与板底面均配置有受力钢筋，经济指标较高。

4. 箱形基础

为了增加基础板的刚度，以减小不均匀沉降，高层建筑物往往把地下室的底板、顶板、侧墙及一定数量的内隔墙连在一起，构成一个整体刚度很大的钢筋混凝土箱形结构，称为箱形基础（图 2-8）。

箱形基础适用于软弱地基上的高层、重型或对不均匀沉降有严格要求的建筑物。与筏形基础比，箱形基础具有更大的抗弯刚度，只能产生大致均匀的沉降或整体倾斜，基本

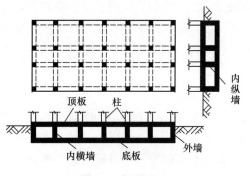

图 2-8　箱形基础

上消除了因地基变形而使建筑物开裂的可能性。箱形基础埋深较大，基础中空，从而使开挖卸去的土重部分或全部抵偿了上部结构传来的荷载（部分补偿作用或完全补偿作用），因此，与一般实体基础相比，能显著减小基底压力、降低基础沉降量。此外，箱形基础的抗震性能较好。

高层建筑的箱形基础往往与地下室结合考虑，其地下空间可作为人防、设备间、库房、商店以及污水处理等。冷藏库和高温炉体下的箱形基础有隔断热传导的作用，以防地基土产生冻胀或收缩。但由于内墙分隔，空间相对较小，箱形基础地下室的用途不如筏形基础地下室广泛，例如不能用作地下停车场等。

箱形基础的钢筋水泥用量很大，工期长，造价高，施工技术比较复杂，在进行深基坑开挖时，还需考虑降低地下水位、坑壁支护及对周边环境的影响等问题。因此，箱形基础采用与否，应在与其他可行的地基基础方案作技术经济比较之后再确定。

5. 壳体基础

为发挥混凝土抗压性能好的特性，基础的形状可以做成各种形式的壳体，称为壳体基础（图 2-9）。常见的壳体基础有三种，即正圆锥壳、M 形组合壳和内球外锥组合壳。高耸建筑物，如烟囱、水塔、电视塔等基础常做成壳体基础，可利用拱效应使结构内力更加合理。

壳体基础的优点是材料省、造价低。根据统计，中小型筒形构筑物的壳体基础，可比

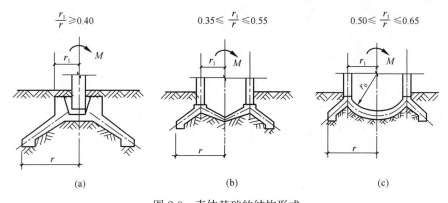

图 2-9　壳体基础的结构形式

（a）正圆锥壳；（b）M 形组合壳；（c）内球外锥组合壳

一般梁、板式的钢筋混凝土基础节约混凝土30％～50％，节约钢筋30％以上。此外，一般情况下，施工时不必支模，土方挖运量也较少。不过，由于较难实行机械化施工，因此施工工期长，同时施工工作量大，技术要求高。

2.3.2　扩展基础

扩展基础是指上部结构通过墙、柱等承重构件传递的荷载，在其底部横截面上引起的压强通常远大于地基承载力，因此需在墙、柱下设置水平截面向下扩大的基础等，以便将墙或柱荷载扩散分布于基础底面，使之满足地基承载力和变形的要求。扩展基础包括无筋扩展基础和钢筋混凝土扩展基础。

1. 无筋扩展基础（又称刚性基础）

由砖、毛石、素混凝土或毛石混凝土、灰土和三合土等材料做成的无须配置钢筋的墙下条形基础或柱下独立基础，称为无筋扩展基础或刚性基础。

单独基础或条形基础上顶面承受柱或墙传来的载荷，下底面承受地基的反力，工作条件像个倒置的两边外伸的悬臂梁。这种结构受力后，在靠近柱边、墙边或断面高度突变的台阶边缘处易产生弯曲破坏，为了防止弯曲破坏，对于用砖、砌石、素混凝土、灰土和三合土等抗拉性能很差的材料做成的基础，要求有一定的基础高度，使弯曲所产生的拉应力不超过材料的抗拉强度。通常的控制办法是使基础的外伸长度 b_t 和基础的高度 h 的比值不超过规定的容许比值，与容许的台阶宽高比 b_t/h 值相应的角度 α 称为基础的刚性角。各种材料所容许的 b_t/h 值见表 2-7。

无筋扩展基础台阶宽高比的允许值　　　　　　　　　表 2-7

基础材料	质量要求	台阶宽高比的允许值		
		$p_k \leqslant 100$	$100 < p_k \leqslant 200$	$200 < p_k \leqslant 300$
混凝土基础	C15 混凝土	1 : 1.00	1 : 1.00	1 : 1.25
毛石混凝土基础	C15 混凝土	1 : 1.00	1 : 1.25	1 : 1.50
砖基础	砖不低于 MU10 砂浆不低于 M5	1 : 1.50	1 : 1.50	1 : 1.50
毛石基础	砂浆不低于 M5	1 : 1.25	1 : 1.50	—
灰土基础	体积比为 3 : 7 或 2 : 8 的灰土，其最小干密度： 粉土 1.55t/m³ 粉质黏土 1.50t/m³ 黏土 1.45t/m³	1 : 1.25	1 : 1.50	—
三合土基础	体积比 1 : 2 : 4～1 : 3 : 6（石灰：砂：骨料），每层约虚铺 220mm，夯至 150mm	1 : 1.50	1 : 2.00	—

注：1. p_k 为作用标准组合时基础底面处的平均压力值，kPa；

　　2. 阶梯形毛石基础的每阶伸出宽度不宜大于 200mm；

　　3. 当基础由不同材料叠合组成时，应对接触部分作抗压验算；

　　4. 基础底面处的平均压力值超过 300kPa 的混凝土基础，尚应进行抗剪验算。

从图 2-10 可以看出，$\tan\alpha = b_t/h$。因此基础的高度 h 应符合下式的要求：

$$h = \frac{b_t}{\tan\alpha} \tag{2-18}$$

为了便于施工，刚性基础一般做成台阶形。满足刚性角要求的基础，各台阶的内缘最好落在与墙边或柱边铅垂线成 α 角的斜线上，如图 2-10(b) 所示；若台阶内缘进入斜线以内，如图 2-10(a) 所示，表示基础断面不够安全；若台阶内缘在斜线以外，如图 2-10(c) 所示，则断面设计不经济。

无筋扩展基础适用于多层民用建筑和轻型厂房。

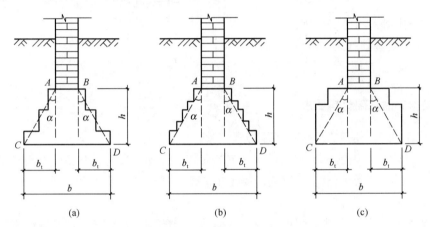

图 2-10　刚性基础断面设计

（a）不安全设计；（b）正确设计；（c）不经济设计

2. 钢筋混凝土扩展基础

钢筋混凝土扩展基础简称为扩展基础，指柱下钢筋混凝土独立基础和墙下钢筋混凝土条形基础，这类基础的抗弯、抗剪性能好，可在竖向载荷较大、地基承载力不高以及承受水平力和力矩荷载等情况下使用。与无筋扩展基础相比，钢筋混凝土扩展基础高度较小，因此更适宜在基础埋置深度较小时使用。

柱下扩展基础有现浇和预制两种类型，现浇基础常做成台阶形（图 2-11a）或锥形（图 2-11b），是柱下现浇扩展基础常用的形式；图 2-11(c)、(d) 则是柱下预制扩展基础，又称杯口基础。

墙下扩展基础一般做成无肋的钢筋混凝土板，如图 2-12(a) 所示。当地基不均匀，需

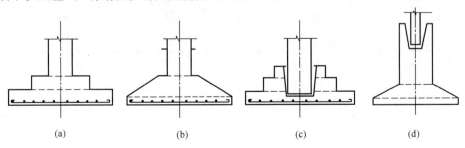

图 2-11　单独扩展基础

（a）台阶形；（b）锥形；（c）杯口形；（d）高杯口形

要考虑基础的纵向弯曲时，可做成如图 2-12(b) 所示带肋梁的扩展基础来增加基础的纵向刚度。

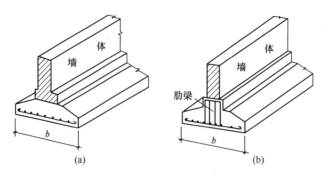

图 2-12 条形扩展基础

2.3.3 浅基础的基础材料要求

基础埋于地下，是建筑物的隐蔽部分，破坏后不易发现和修复，而且经常受到干湿、冻融等因素的影响，因此对基础材料有一定的要求。无筋扩展基础常用的材料包括砖、石料、灰土、三合土、混凝土等，钢筋混凝土扩展基础的材料主要为钢筋混凝土。

（1）砖

砖基础所用的砖和砂浆的强度等级，根据地基土的潮湿程度和地区的寒冷程度差异有不同的要求。按照《砌体结构设计规范》GB 50003—2011 的规定，地面以下或防潮层以下的砖砌体，所用的材料强度等级不得低于表 2-8 所规定的数值。

（2）石料

料石（经过加工，形状规则的石块）、毛石和大漂石有相当高的抗压强度和抗冻性，是基础的良好材料，特别在山区，石料可以就地取材，应充分利用。做基础的石料要选用质地坚硬、不易风化的岩石。石块的厚度不宜小于 150mm。石料的强度等级和砂浆的强度等级要求见表 2-8。

地面以下或防潮层以下的砌体、潮湿房间墙所用材料的最低强度等级　　表 2-8

基土的潮湿程度	烧结普通砖、蒸压灰砂砖		混凝土砌块	石材	水泥砂浆
	严寒地区	一般地区			
稍潮湿的	MU10	MU10	MU7.5	MU30	M5
很潮湿的	MU15	MU10	MU7.5	MU30	M7.5
含水饱和的	MU20	MU15	MU10	MU40	M10

注：对安全等级为一级或设计使用年限大于 50 年的房屋，表中材料等级至少提高一级。

（3）灰土

我国在 1000 多年以前就采用灰土作为基础垫层，效果很好。基础砌体下部受力不大时，也可以利用灰土代替砖、石或混凝土。作为基础材料用的灰土，一般为三七灰土，即用三分石灰和七分黏性土（体积比）拌匀后分层夯实。灰土所用的生石灰必须在使用前加水消化成粉末，并过 5～10mm 筛子。土料宜用粉质黏土，不要太湿或太干。简易的判别方法就是拌合后的灰土要"捏紧成团，落地开花"，即可捏成团，落地则散开。灰土的强度与夯实的程度有关，要求施工后达到干重度不小于 $14.5\sim15.5\mathrm{kN/m^3}$。施工时常通过每层虚铺 $220\sim250\mathrm{mm}$，夯实后成 $150\mathrm{mm}$ 来控制，称为一步灰土。灰土在水中硬化慢，早期强度低，抗水性差，此外，灰土早期的抗冻性也较差。所以灰土作为基础材料，一般只用于地下水位以上。

（4）三合土

用石灰、砂和骨料拌合而成的材料称为三合土。用以作为低层房屋基础，配合比为 $1:2:4\sim1:3:6$，每层虚铺 $220\mathrm{mm}$，夯实后成 $150\mathrm{mm}$。

（5）混凝土

混凝土的耐久性、抗冻性和强度都比砖好，且便于现浇和预制成整体基础，可建造比砖和砌石有更大刚性角的基础；因此，同样的基础宽度，用混凝土材料时，基础的高度可以小一些。但混凝土基础的造价稍高，消耗水泥量较大，较多用于地下水位以下的基础及垫层，强度等级一般为 C15。为节约水泥用量，可在混凝土中掺入 $20\%\sim30\%$ 毛石，称为毛石混凝土。

（6）钢筋混凝土

钢筋混凝土具有较强的抗弯、抗剪能力，是很好的基础材料，可用于荷载大、土质软弱的情况或地下水位以下的扩展基础、筏形基础、箱形基础以及壳体基础。对于一般的钢筋混凝土基础，混凝土的强度等级不应低于 C20。

2.4 基础的埋置深度

基础的埋置深度是指基础底面至天然地面的距离。选择基础的埋置深度是基础设计工作中的重要环节，关系到地基基础方案的优劣、施工的难易以及造价的高低，因此应根据实际情况确定合理的埋置深度。

基础埋置深度的确定原则如下：

（1）在保证地基稳定和满足变形要求的前提下，尽量浅埋，除岩基外，基础埋深不宜小于 0.5m，因为表土一般都比较松软，易受雨水及植被和外界因素影响，不宜作为基础的持力层；

（2）基础顶面应低于设计地面 0.1m 以上，避免基础外露，遭受外界的破坏；

（3）基础应埋置于地基持力层层面以下 0.1m 以上。

影响基础埋置深度的因素很多，主要有以下三个方面。

2.4.1 建筑物的用途、结构类型以及荷载性质与大小

基础的埋置深度首先取决于建筑物的用途和使用功能，如有无地下室、地下设施或设备基础等。

土质地基上的高层建筑，基础埋深应满足地基承载力、变形和稳定性要求。为了满足稳定性要求，其基础埋深应随建筑物的高度适当增大。在抗震设防区，筏形和箱形基础的埋深不宜小于建筑物高度的 1/15；桩筏或桩箱基础的埋深（不计桩长）不宜小于建筑物

高度的 1/18。对位于岩石地基上的高层建筑，基础埋深应满足抗滑要求。受上拔力影响的基础如输电塔基础，也要求有较大的埋深以满足抗拔要求。烟囱、水塔等高耸结构均应满足抗倾覆稳定性的要求。确定冷藏库或高温炉窑这类建筑物的基础埋深时，应考虑热传导引起的地基土因低温而冻胀或因高温而干缩的效应。

如果出于建筑物使用上的要求，基础需有不同的埋深时，如地下室和非地下室连接段纵墙的基础，应将基础做成台阶形，逐步由浅到深过渡，台阶高度 ΔH 和宽度 L 之比为 1/2（图 2-13）。有地下管道时，一般要求基础深度低于地下管道的深度，避免管道在基础下穿过，影响管道的使用和维修。

2.4.2　相邻建筑物的影响

当建筑物与邻近建筑物的距离很近时，为保证相邻原有建筑物的安全和正常使用，基础埋置深度宜小于或等于相邻建筑物的埋置深度，如果基础深于原有建筑物基础时，要使两个基础之间保持一定的距离（图 2-14），根据《建筑地基基础设计规范》GB 50007—2011，其数值应根据建筑载荷大小、基础形式和土质情况确定，一般不小于两基础底面高差的 1~2 倍，以免开挖基坑时，坑壁塌落，影响原有建筑物地基的稳定。如不能满足这一要求，应采取有效的基坑支护措施，例如基坑壁设置临时的加固支撑，同时在基坑开挖时引起的相邻建筑物的变形应满足有关规定，必要时可对原有建筑物地基进行加固等。

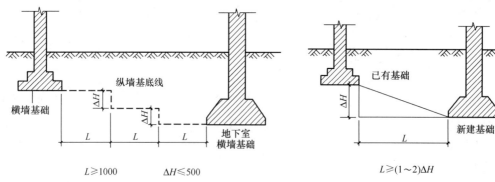

图 2-13　连接不同埋深的纵墙基底布置（单位：mm）　　图 2-14　不同埋深相邻基础布置

2.4.3　地基的工程地质与水文地质条件

基础底面的土层为持力层，其下各层都称为下卧层，为了满足建筑物对地基承载力和地基变形的要求，基础应尽可能埋置在良好的持力层上，当地基受力层或沉降计算深度范围内存在软弱下卧层时，软弱下卧层的承载力和地基变形也应满足要求。

在选择持力层和基础埋深时，应通过工程地质勘察报告详细了解拟建场地的地层分布、各土层的物理力学性质和地基承载力等，尽量把基础埋置在好的土层上，但土层的好坏是相对的，同样的土层对于轻型的房屋可能满足承载力的要求，适合作为天然地基，但对重型的建筑可能满足不了承载力的要求而不宜作为天然地基。所以考虑地基因素时，应该与建筑物的性质结合起来。地基因土层性质不同，大体上可以分成下列五种典型情况。

（1）地基受力范围内都是好土（图2-15a）：地基土承载力高，分布均匀，压缩性小，土质对基础埋深的影响不大，埋深由其他因素确定。

（2）地基受力范围内都是软土（图2-15b）：地基土压缩性高，承载力小，一般不宜作为天然地基土。对于低层房屋，如果采用浅基础时，则应采用相应的措施，如增强建筑物的刚度等。

（3）地基由两层土组成，上层是软土，下层是好土（图2-15c）：基础的埋深要根据软土的厚度和建筑物的类型来确定，分为下列三种情况：

①软土厚度在2m以内时，基础宜砌置在下层的好土上。

②软土厚度在2～4m时，对于低层的建筑物，可考虑将基础做在软土内，避免大量开挖土方，但要适当增加上部结构的刚度。对于重要的建筑物和带有地下室的建筑物，则宜将基础做在下层好土上。

③软土厚度大于5m时，除筏形、箱形等大尺寸基础以及地下室的基础外，除按前述第二种情况处理外，还可采用地基处理或者桩基础。

（4）地基由两层土组成，上层是好土，下层是软土（图2-15d）：基础应尽可能浅埋，以减少软土层所受的压力，并且要验算软弱下卧层的承载力。如果好土层很薄，则应归于前述第二种情况。

（5）地基由若干层好土和软土交替组成（图2-15e）：应根据各土层的厚度和承载力的大小，参照上述原则选择基础的埋置深度。

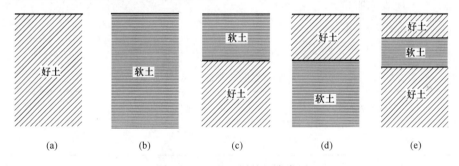

图2-15 地基土层的组成类型

基础应尽量埋置在地下水位以上，避免施工时需要进行基坑排水或降水。如果地基有承压水时，则要校核开挖基槽后，承压水层以上的基底隔水层是否会因压力水的浮托作用而发生流土破坏危险。

2.4.4 地基冻融条件

1. 地基土的冻胀性

当地基土的温度低于0℃时，土中部分孔隙水将冻结形成冻土，冻土可分为季节性冻土和多年冻土两类。季节性冻土在冬季冻结而夏季融化，每年冻融交替一次。我国东北、华北和西北地区的季节性冻土层厚度在0.5m以上，最大的冻土层厚度可接近3m。

地下一定深度范围内，土的温度随季节发生变化。在寒冷地区的冬季，上层土中的水因温度降低而冻结，土中水出现体积膨胀，致使整个土层的体积发生膨胀，但这种体积膨胀比较有限，更重要的是处于冻结中的土会产生吸力，吸引附近水分渗向冻结区而冻结。因此，土冻结后水分转移，含水量增加，体积膨胀，这种现象称为土的冻胀现象。如果冻土层离地下水位较近，冻结产生的吸力和毛细力吸引地下水，源源不断进入冻土区，形成冰晶体，严重时可形成冰夹层，地面将因土的冻胀而隆起，使冰晶体逐渐扩大，引起土体膨胀和隆起，形成冻胀现象。当位于冻胀区的基础所受的冻胀力大于基底压力时，基础就有可能被抬起。到了夏季，土体因温度升高而解冻造成含水量增加，使土体处于饱和及软化状态，承载力降低，建筑物下陷，这种现象称为融陷。地基土的冻胀与融陷一般是不均匀的，容易导致建筑物开裂破坏。

土的冻胀性取决于土的性质和四周环境向冻土区补充水分的条件。土的颗粒越粗、透水性越强，冻结过程中未冻水被排出冰冻区的可能性越大，土的冻胀性越小。纯粗粒土，如纯净的碎石土、砾砂、粗砂、中砂乃至细砂均可视为非冻胀土。高塑性黏土，例如塑性指数 I_p 大于 22，土中水主要是结合水且透水性很小，冻结时往往不易得到四周地下水的补给，即使天然含水量较高，冻胀性也不高。土的天然含水量越高，特别是自由水的含量越高，则冻胀性越强。冻土区与地下水位的距离越近，土的冻胀性也越大。土的冻胀性大小的指标，用平均冻胀率可表示为：

$$\eta = \frac{\Delta z}{h' - \Delta z} \times 100\%$$ （2-19）

式中　Δz——地表冻胀量；
　　　h'——冻土层厚度。

地基土按冻胀性的分类见表 2-9。

地基土的冻胀性分类　　　　　　　　　　表 2-9

土的名称	冻前天然含水量 w（%）	冻结期间地下水位距冻结面的最小距离 h_w（m）	平均冻胀率 η（%）	冻胀等级	冻胀类别
碎（卵）石，砾、粗、中砂（粒径小于0.075mm颗粒含量大于15%），细砂（粒径小于0.075mm颗粒含量大于10%）	$w \leq 12$	>1.0	$\eta \leq 1$	I	不冻胀
		≤1.0	$1 < \eta \leq 3.5$	II	弱冻胀
	$12 < w \leq 18$	>1.0			
		≤1.0	$3.5 < \eta \leq 6$	III	冻胀
	$w > 18$	>0.5			
		≤0.5	$6 < \eta \leq 12$	IV	强冻胀
粉砂	$w \leq 14$	>1.0	$\eta \leq 1$	I	不冻胀
		≤1.0	$1 < \eta \leq 3.5$	II	弱冻胀
	$14 < w \leq 19$	>1.0			
		≤1.0	$3.5 < \eta \leq 6$	III	冻胀
	$19 < w \leq 23$	>1.0			
		≤1.0	$6 < \eta \leq 12$	IV	强冻胀
	$w > 23$	不考虑	$\eta > 12$	V	特强冻胀

续表

土的名称	冻前天然含水量 w（%）	冻结期间地下水位距冻结面的最小距离 h_w（m）	平均冻胀率 η（%）	冻胀等级	冻胀类别
粉土	$w \leqslant 19$	>1.5	$\eta \leqslant 1$	I	不冻胀
		≤1.5	$1 < \eta \leqslant 3.5$	II	弱冻胀
	$19 < w \leqslant 22$	>1.5	$1 < \eta \leqslant 3.5$	II	弱冻胀
		≤1.5	$3.5 < \eta \leqslant 6$	III	冻胀
	$22 < w \leqslant 26$	>1.5			
		≤1.5	$6 < \eta \leqslant 12$	IV	强冻胀
	$26 < w \leqslant 30$	>1.5			
		≤1.5	$\eta > 12$	V	特强冻胀
	$w > 30$	不考虑			
黏性土	$w \leqslant w_P + 2$	>2.0	$\eta \leqslant 1$	I	不冻胀
		≤2.0	$1 < \eta \leqslant 3.5$	II	弱冻胀
	$w_P + 2 < w \leqslant w_P + 5$	>2.0			
		≤2.0	$3.5 < \eta \leqslant 6$	III	冻胀
	$w_P + 5 < w \leqslant w_P + 9$	>2.0			
		≤2.0	$6 < \eta \leqslant 12$	IV	强冻胀
	$w_P + 9 < w \leqslant w_P + 15$	>2.0			
		≤2.0	$\eta > 12$	V	特强冻胀
	$w > w_P + 15$	不考虑			

注：1. w_P——塑限含水量，%，
   w——在冻土层内冻前天然含水量的平均值，%；
   2. 盐渍化冻土不在表列中；
   3. 塑性指数大于 22 时，冻胀性降低一级；
   4. 粒径小于 0.005mm 的颗粒含量大于 60% 时，为不冻胀土；
   5. 碎石类土当充填物大于全部质量的 40% 时，其冻胀性按充填物土的类别判断；
   6. 碎石土、砾砂、粗砂、中砂（粒径小于 0.075mm 颗粒含量不大于 15%）、细砂（粒径小于 0.075mm 颗粒含量不大于 10%）均按不冻胀考虑。

2. 季节性冻土的冻结深度

地基土的冻结深度首先决定于当地的气象条件，气温越低，低温的持续时间越长，冻结深度就越大。其次，冻结深度还与土的性质以及建筑物所处的环境有关。粗粒土骨架的导热系数比细粒土大，在同样的条件下，粗粒土的冻结深度要比细粒土大。土中水在冰冻时要放出大量的潜热，含水量越大，冰冻时参加变相的水分越多，释放的潜热越大，故冻结的深度越浅。此外城市高楼密集，从外部吸收很多热量；工业设施、交通车辆、冬季取暖和人类活动都要排放很多热量，导致气温升高，称为"热岛效应"，也会对冻结深度有所影响。

冻结状态持续两年或两年以上的土称为永久冻土。随着季节变化而冰冻、融化相互交替

变化的冻土称为季节性冻土。在进行季节性冻土地基设计时，场地冻结深度应按下式计算：

$$z_d = z_0 \psi_{zs} \psi_{zw} \psi_{ze} \tag{2-20}$$

式中　z_0——标准冻结深度，对于非冻胀黏性土，系采用在地表平坦、裸露、城市之外的空旷场地中，不少于 10 年实测最大冻结深度的平均值，当无实测资料时，可按我国《建筑地基基础设计规范》GB 50007—2011 给出的标准冻深图取值，例如我国北方一些主要城市的 z_0 取值如下：

济南 0.5m　　　　西安 0.5m　　　　天津 0.5～0.7m

太原 0.8m　　　　大连 0.8m　　　　北京 0.8～1.0m

沈阳 1.2m　　　　长春 1.6m　　　　哈尔滨 1.8～2.0m

满洲里 2.8m

ψ_{zs}——土的类别对冻深的影响系数，见表 2-10；

ψ_{zw}——土的冻胀性对冻深的影响系数，见表 2-11；

ψ_{ze}——环境对冻深的影响系数，见表 2-12。

土的类别对冻深的影响系数　　　　　　　　　表 2-10

土的类别	影响系数 ψ_{zs}	土的类别	影响系数 ψ_{zs}
黏性土	1.00	中、粗、砾砂	1.30
细砂、粉砂、粉土	1.20	碎石土	1.40

土的冻胀性对冻深的影响系数　　　　　　　　表 2-11

冻胀性	影响系数 ψ_{zw}	冻胀性	影响系数 ψ_{zw}
不冻胀	1.00	强冻胀	0.85
弱冻胀	0.95	特强冻胀	0.80
冻胀	0.90		

环境对冻深的影响系数　　　　　　　　　　　表 2-12

周围环境	影响系数 ψ_{ze}	周围环境	影响系数 ψ_{ze}
村、镇、旷野	1.00	城市市区	0.90
城市近郊	0.95		

注：环境影响系数一项，当城市市区人口为 20 万～50 万时，按城市近郊取值；当城市市区人口大于 50 万小于或等于 100 万时，按城市市区取值；当城市市区人口超过 100 万时，按城市市区取值，5km 以内的郊区按城市近郊取值。

3. 季节性冻土地区基础的最小埋置深度

在季节性冻土地区，如果基础埋置深度太小，基底下方存在较厚的冻胀性土层，会因土的冻融变形，导致建筑物开裂甚至不能正常使用，因此在选择基础的埋深时，必须考虑冻结深度的影响。如果以式（2-20）的场地冻结深度作为基础的埋置深度，则可免除土的冻胀对建筑物的影响，但在北方严寒地区，冻结深度很大，按这一要求，基础的埋深也要求很深。实际上如果基底以下保留有不厚的冻土层，冻结时不产生过大的冻胀力而导致基础被抬起，解冻时不产生过量的融陷而导致基础产生过大变形，是被允许的。《建筑地基基础设计规范》GB 50007—2011 通过较系统的现场试验测定和理论分析后认为，在确保冻结时地基内所产生的冻胀应力不超过外荷载在相应位置所引起的附加应力的原则下，基础下允许存在一定厚度的冻土层。因此，考虑地基土的冻胀性，基础的最小埋置深度可由下式计算：

$$d_{min} = z_d - h_{max} \tag{2-21}$$

式中　　z_d——季节性冻土地区地基的场地冻结深度，由式（2-20）确定；

　　　　h_{max}——基础底面下允许残留冻土层的最大厚度。

当土的冻胀性越高时，则基础底面下允许残留冻土层的最大厚度 h_{max} 越小；基底的平均压力越大，地基土越不容易产生冻胀变形，则基础底面下允许残留冻土层的最大厚度 h_{max} 可以越大。冬季供暖的房屋室内地基土不会冻结，所以，内墙和内柱的基础埋深无须考虑冻结深度的影响，而外墙和外柱的基础允许有较大的残留冻土层厚度。对跨年度施工的建筑，冬季前应对地基采取相应的防护措施；冬季不能正常供暖，也应该采取保温措施。此外，在计算基底压力时，作用于基础的荷载只能计算结构的永久荷载，临时性的可变荷载不能计入。

按《建筑地基基础设计规范》GB 50007—2011，基础底面下允许残留冻土层的最大厚度 h_{max} 值可由表 2-13 查用。

建筑基底允许冻土层最大厚度 h_{max}（m）　　　　　　　表 2-13

冻胀性	基础形式	采暖情况	基底平均压力（kPa）					
			110	130	150	170	190	210
弱冻胀土	方形基础	采暖	0.90	0.95	1.00	1.10	1.15	1.20
		不采暖	0.70	0.80	0.95	1.00	1.05	1.10
	条形基础	采暖	＞2.50	＞2.50	＞2.50	＞2.50	＞.50	＞2.50
		不采暖	2.20	2.50	＞2.50	＞2.50	＞2.50	＞2.50
冻胀土	方形基础	采暖	0.65	0.70	0.75	0.80	0.85	
		不采暖	0.55	0.60	0.65	0.70	0.75	
	条形基础	采暖	1.55	1.80	2.00	2.20	2.50	
		不采暖	1.15	1.35	1.55	1.75	1.95	

注：1. 本表只计算基底法向冻胀力，如果基础侧面存在切向冻胀力，应采取防切向力措施；

　　2. 基础宽度小于 0.6m 不适用，矩形基础取短边尺寸按方形基础计算；

　　3. 表中数据不适用于淤泥、淤泥质土和欠固结土；

　　4. 计算基底平均压力时取永久作用的标准组合值乘以 0.9，可以内插。

2.5　浅基础的地基承载力

地基承载力是指地基承受载荷的能力，在保证地基稳定的条件下，使建筑物的沉降量不超过允许值的地基承载力称为地基承载力特征值，以 f_a 表示，由其定义可知，地基承载力特征值的确定取决于两个条件，一是要求地基要有一定的强度安全储备，确保不出现失稳现象，二是要求地基沉降不应大于相应的允许值。

确定地基承载力特征值的方法主要有以下四类：

（1）根据土的抗剪强度指标以理论公式计算；

（2）由现场载荷试验的 p-s 曲线确定；

（3）按规范提供的承载力确定；

（4）在土质基本相同的情况下，参照邻近建筑物的工程经验确定。在具体工程中，应根据地基基础的设计等级、地基岩土条件并结合当地工程经验选择确定地基承载力的适当方法，必要时可以按多种方法综合确定。

2.5.1 按土的抗剪强度指标确定

当按照土的抗剪强度指标确定地基承载力特征值时，主要根据地基极限承载力理论公式以及规范建议的地基承载力公式确定。

1. 根据地基极限承载力理论公式确定

根据地基极限承载力计算地基承载力特征值的公式如下：

$$f_a = p_u / K \tag{2-22}$$

式中　　p_u——地基的极限承载力；

　　　　K——安全系数，取值与地基基础设计等级、载荷的性质、土的抗剪强度指标的可靠度以及地基条件等因素有关，对长期承载力一般取 2～3。

确定地基极限承载力 p_u 的理论公式有多种，如斯肯普顿公式、太沙基公式、魏锡克公式和汉森公式等，其中汉森公式考虑的影响因素最多，如基础底面的形状、偏心和倾斜荷载、基础两侧覆盖层的抗剪强度、基底和地面倾斜、土的压缩性影响等。

2. 根据规范建议的地基承载力公式确定

当作用于基础上的竖向力偏心距 e 不大于基础偏心方向长度的 0.033 倍时，基底压力近似于均匀分布，可根据《建筑地基基础设计规范》GB 50007—2011 推荐的以地基临界载荷 $p_{1/4}$ 为基础的理论公式来计算地基承载力特征值，公式如下：

$$f_a = M_b \gamma b + M_d \gamma_m d + M_c c_k \tag{2-23}$$

式中　　f_a——已计入基础宽度和埋置深度影响的地基承载力特征值，kPa；

　　　　c_k——基础下 1 倍基础宽度范围内土的黏聚力标准值，kPa；

M_b、M_d、M_c——承载力系数，见表 2-14；

　　　　b——基础底面宽度，大于 6m 时按 6m 取值，对于砂土，小于 3m 时按 3m 取值；

　　　　γ——基底以下土的天然重度，地下水位以下用浮重度，kN/m³；

　　　　γ_m——基础底面以上土的加权平均重度，地下水位以下用浮重度，kN/m³；

　　　　d——基础埋置深度，m；一般自室外地面标高算起；在填方平整地区，可自填土地面标高算起，但填土在上部结构施工后才完成时，应从天然地面标高算起；对于地下室，如采用箱形基础或筏形基础时，自室外地面标高算起；采用独立基础或条形基础时，应从室内地面标高算起。

承载力系数 M_b、M_d、M_c 表 2-14

土的内摩擦角标准值 φ_k (°)	M_b	M_d	M_c	土的内摩擦角标准值 φ_k (°)	M_b	M_d	M_c
0	0	1.00	3.14	22	0.61	3.44	6.04
2	0.03	1.12	3.32	24	0.80	3.87	6.45
4	0.06	1.25	3.51	26	1.10	4.37	6.90
6	0.10	1.39	3.71	28	1.40	4.93	7.40
8	0.14	1.55	3.93	30	1.90	5.59	7.95
10	0.18	1.73	4.17	32	2.60	9.35	8.55
12	0.23	1.94	4.42	34	3.40	7.21	9.22
14	0.29	2.17	4.69	36	4.20	8.25	9.97
16	0.36	2.43	5.00	38	5.00	9.44	10.80
18	0.43	2.72	5.31	40	5.80	10.84	11.73
20	0.51	3.06	5.66				

式（2-23）与地基临界载荷 $p_{1/4}$ 公式略有差别，根据砂土地基的载荷试验资料，按地基临界载荷 $p_{1/4}$ 公式计算的结果偏小较多，所以对砂土地基，当 $b<3$m 时，按照 3m 计算，此外，当 $\varphi_k \geqslant 24°$ 时，采用比 M_b 的理论值大的经验值。

在式（2-23）中地基土的抗剪强度指标 φ_k、c_k，可采用原状土的室内剪切试验、无侧限抗压强度试验、现场剪切试验、十字板剪切试验等方法测定。对于黏性地基土，当采用原状土样室内剪切试验时，宜选用三轴压缩不固结不排水试验；经过预压固结的地基，可采用固结不排水试验。对于砂土和碎石土，应采用有效应力强度指标，φ_k 可根据标准贯入试验或重型动力触探击数，由经验推算确定。

地基土的抗剪强度指标 φ_k、c_k 计算方法如下：

根据土的 n 组强度试验的结果，按下列公式计算内摩擦角 φ 和黏聚力 c 的平均值 μ_m，标准差 σ，变异系数 δ；然后按照统计理论计算它们的统计修正系数 ψ_φ、ψ_c；最后计算它们的标准值 φ_k 和 c_k。

$$\mu_m = \frac{\sum_{i=1}^{n} \mu_i}{n} \tag{2-24}$$

$$\sigma = \sqrt{\frac{\sum_{i=1}^{n} \mu_i^2 - n\mu_m^2}{n-1}} \tag{2-25}$$

$$\delta = \frac{\sigma}{\mu_m} \tag{2-26}$$

式中　μ_m —— φ 或 c 试验的平均值；

　　　σ —— φ 或 c 的标准差；

　　　δ —— φ 或 c 的变异系数。

根据内摩擦角 φ 和黏聚力 c 的变异系数 δ_ρ、δ_c 按下列公式计算它们的统计修正系数 ψ_φ、ψ_c：

$$\psi_\varphi = 1 - \left(\frac{1.704}{\sqrt{n}} + \frac{4.678}{n^2}\right)\delta_\varphi \tag{2-27}$$

$$\psi_c = 1 - \left(\frac{1.704}{\sqrt{n}} + \frac{4.678}{n^2}\right)\delta_c \tag{2-28}$$

再根据两者的平均值 φ_m、c_m 及统计修正系数 ψ_φ、ψ_c 分别计算其标准值 φ_k 与 c_k：

$$\varphi_k = \psi_\varphi \varphi_m$$

$$c_k = \psi_c c_m$$

式（2-23）并非地基极限承载力理论解的简化公式，而是《建筑地基基础设计规范》GB 50007—2011 给出的经验公式；相应的荷载值略大于临塑荷载 p_{cr}，即地基内允许发生塑性破坏区，但塑性破坏区的范围很小，其深度不超过基础宽度的 1/4。

2.5.2　按地基载荷试验确定

地基载荷试验包括浅层平板载荷试验、深层平板载荷试验、螺旋板载荷试验等，其中浅层平板载荷试验适用于浅层地基，深层平板载荷试验和螺旋板载荷试验适用于深层地基。

载荷试验的优点是压力的影响深度可达 1.5～2 倍的承压板宽度，能较好地反映天然土体的压缩性，对于成分或结构不均匀的土层，如杂填土、风化岩等，则显现出其他方法难以替代的作用，缺点是试验工作量大、费用高、时间长。

浅层平板载荷试验是一种模拟实体基础承受荷载的原位试验，用以测定地基土的变形模量、地基承载力以及估算建筑物的沉降量等，工程中认为这是一种能够提供较为可靠结果的试验方法。当取原状土样困难时，如对于重要建筑物地基或复杂地基，特别是对于松散砂土或高灵敏度软黏土，均要求进行平板载荷试验。

进行现场载荷试验要在建筑场地选择适当的地点按要求的深度挖坑，在坑底设立如图 2-16（a）所示的装置。试验时对荷载板逐级加载，测量每级载荷 p 相应的载荷板的沉降量 s，得到 p-s 曲线，如图 2-16（b）所示。直至出现下列现象之一时即认为地基破坏，可终止试验。

（1）荷载板周围的土有明显侧向挤出或发生裂纹；

（2）荷载 p 增加很小但沉降量 s 急剧增加，p-s 曲线出现陡降段；

（3）在某级荷载下，24h 内沉降速率不能达到稳定标准。

如果没有出现上述破坏现象，地基仍可继续承载，但当沉降量 s 与荷载板宽度 b（或直径 d）之比 $s/b \geq 0.06$ 时，也可终止试验。

根据每级荷载 p 所对应的沉降量 s，绘制 p-s 曲线，如图 2-16（b）所示。曲线的前段 Oa 接近于直线，表明在这阶段内，地基处于线性变形阶段，没有发生局部塑性破坏。相应的荷载 p_{cr} 称为临塑荷载或比例界限。地基出现破坏的前一级荷载称为极限荷载 p_u。

p-s 曲线的工程应用，主要有以下两方面。

（1）求地基土的变形模量

从 p-s 曲线的直线段可以用式（2-29）求土的变形模量 E：

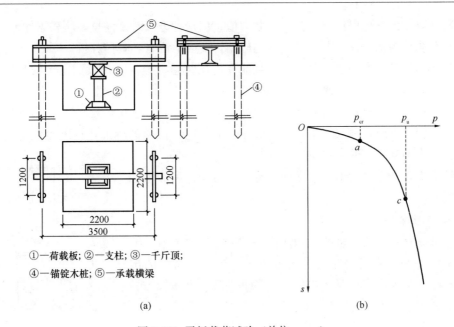

①—荷载板；②—支柱；③—千斤顶；

④—锚锭木桩；⑤—承载横梁

(a)   (b)

图 2-16　平板载荷试验（单位：mm）

(a) 现场载荷试验布置；(b) p-s 关系曲线

$$E = \frac{pb(1-\nu^2)}{s}I \qquad (2-29)$$

式中　p——在 p-s 曲线直线段 Oa 上，相应于沉降为 s 时所对应的板底压强，kPa；

$\quad\quad b$——荷载板宽度，m；

$\quad\quad \nu$——土的泊松比（对于饱和土 $\nu=0.50$）；

$\quad\quad I$——反映荷载板形状和刚度的系数，对刚性方形荷载板，可取 0.886；圆形板取 0.785。

（2）确定地基的承载力

利用现场载荷试验的结果确定地基的承载力时，可根据 p-s 曲线的特性，按以下标准选用：

① 当 p-s 曲线有明显直线段时，可取直线段的比例界限点 p_u 作为地基承载力；

② 当从 p-s 曲线上能够确定极限荷载 p_u，当 p_u 小于 p_{cr} 的 2 倍时，取 p_u 的一半作为地基承载力；

③ 当无法采用上述两种标准时，若荷载板面积为 0.25～0.50m²，可取 $s/b=0.01$～0.015 所对应的荷载值作为地基承载力，但其值不应大于最大加载量的一半。

通常要求同一土层必须做 3 个以上的现场载荷试验，当试验实测值的极差不超过平均值的 30% 时，取平均值作为承载力的特征值，称为 f_{ak}。

2.5.3　按触探原位测试方法确定

静、动力触探原位测试方法是一种勘探方法，同时也是一种现场测试方法，不能直接测定地基的承载力，而只能测定一些反映地基土性质的物理量，如标准贯入击数 N，比贯入阻力 p_s 等。这些物理量经过统计分析后，与以往累积的原位测试指标和地基承载力的关系资料进行对比，可评估出地基的承载力值。用这种方法时要注意，所积累的地基承载力资料常有明显的地区性，不一定能普遍应用，要因地制宜，具体分析。

触探法不但能较准确地划分土层，且能在现场快速、经济、连续测定土的某种性质，以确定地基的承载力、桩的侧壁阻力和桩端阻力、地基土的抗液化能力等。因此，近数十年来，无论是在试验机具、传感技术、数据采集技术方面，还是在数据处理、机理分析与应用理论的探讨方面，都取得了较大进展，与此同时，试验的标准化程度也在不断提高，触探法已成为地基勘探的一种重要手段。

按触探头入土方式的不同，触探法分为动力触探和静力触探两大类。

1. 动力触探

动力触探是用一定重量的击锤，从一定高度自由下落，锤击插入土中探头，测定使探头贯入土中一定深度所需要的击数，以击数的多少判定被测土的性质。根据探头的不同形式，动力触探又可以分为两种类型。

（1）管形探头

管形探头的形状如图 2-17 所示。采用这种探头的动力触探法称为标准贯入试验（SPT）。击锤的质量为 63.5kg，落距为 760mm，以贯入 300mm 的锤击数 N 作为贯入指标，这种方法是目前勘探中用得很多的一种触探法。在《建筑抗震设计规范》GB 50011—2010（2016 年版）中以它作为判定地基土层是否可液化的主要方法。此外，还可以根据 N 值确定砂的密实程度。表 2-15 是我国《岩土工程勘察规范》GB 50021—2001（2009 年版）中砂土密实度的划分表，实际上，同等密度的砂层，其标准贯入击数还与砂层的深度，即上覆压力有关，应予以考虑。

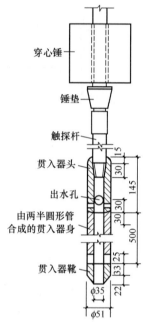

图 2-17　标准贯入试验装置（mm）

按标准贯入击数确定砂土密实度　　　　　　表 2-15

N 值	密实度	N 值	密实度
$N \leqslant 10$	松散	$15 < N \leqslant 30$	中密
$10 < N \leqslant 15$	稍密	$N > 30$	密实

（2）圆锥形探头

这类动力触探试验按其贯入能量不同，可分为轻型、重型和超重型三类，其规格见表 2-16。轻型动力触探也称为轻便触探试验，其设备如图 2-18（a）所示；重型和超重型触探器探头的形状见图 2-18（b）。轻便触探试验常用于施工验槽、人工填土勘察以及清查局部软弱土和洞穴的分布，重型和超重型动力触探试验则是评价碎石和卵石、砾石地层密实度的有效试验方法。评价的标准见表 2-17 和表 2-18。其中表 2-17 适用于平均粒径小于或等于 50mm 且最大粒径小于 100mm 的碎石土；表 2-18 适用于平均粒径大于 50mm 或最大粒径大于 100mm 的碎石土。

圆锥动力触探类型   表 2-16

类型		轻型	重型	超重型
落锤	锤的质量（kg）	10	63.5	120
	落距（cm）	50	76	100
探头	直径（mm）	40	74	74
	锥角（°）	60	60	60
探杆直径（mm）		25	42	50～60
指标		贯入 30cm 的读数 N_{10}	贯入 10cm 的读数 $N_{63.5}$	贯入 10cm 的读数 N_{120}
主要适用岩土		浅部的填土、砂土、粉土、黏性土	砂土、中密以下的碎石土、极软岩	密实和很密的碎石土、软岩、极软岩

碎石土密实度按 $N_{63.5}$ 分类   表 2-17

重型动力触探锤击数 $N_{63.5}$	密实度	重型动力触探锤击数 $N_{63.5}$	密实度
$N_{63.5} \leqslant 5$	松散	$10 < N_{63.5} \leqslant 20$	中密
$5 < N_{63.5} \leqslant 10$	稍密	$N_{63.5} > 20$	密实

碎石土密实度按 N_{120} 分类   表 2-18

超重型动力触探锤击数 N_{120}	密实度	超重型动力触探锤击数 N_{120}	密实度
$N_{120} \leqslant 3$	松散	$11 < N_{120} \leqslant 14$	密实
$3 < N_{120} \leqslant 6$	稍密	$N_{120} > 14$	很密
$6 < N_{120} \leqslant 11$	中密		

2. 静力触探

静力触探是将金属探头用静力以一定的速度连续压入土中，测定探头所受到的阻力，通过以往试验资料所归纳得出的比贯入阻力与土的某些物理力学性质的相关关系，定量确定土的某些指标，如砂土的密实度、黏性土的强度、压缩模量，以及地基土和单桩的承载力和液化可能性等。静力触探的探头分为两种，即单桥探头和双桥探头，其构造见图 2-19(a)、(b)。单桥探头的圆锥头与外套筒连成一体，在贯入土的过程中测得的是总阻力 P。总阻力除以圆锥底面积 A，即得比贯入阻力 p_s，即

$$p_s = \frac{P}{A} \qquad (2\text{-}30)$$

双桥探头的圆锥头与外套筒分开，在压入土的过程中，能分别测得锥底的总阻力 Q_p 和侧壁的总

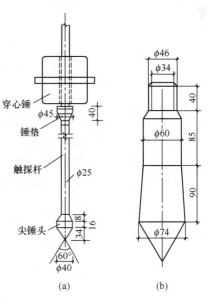

图 2-18 圆锥动力触探装置（mm）

摩擦阻力 Q_s，则锥头上单位面积的阻力和侧壁单位面积的摩擦力分别为

$$q_p = \frac{Q_p}{A} \tag{2-31}$$

$$q_s = \frac{Q_s}{S} \tag{2-32}$$

式中　S——外套筒的表面积。

　　为使单桥探头和双桥探头所测得结果能互换使用和相互验证，后来又研制出一种特殊形式的"综合双桥探头"，如图 2-19(c) 所示，其特点是可同时测出单桥触探指标和双桥触探指标，故可充分结合现有的经验和资料，最大限度地发挥测试结果的效用。近年来还发展了在探头中装孔隙水压力传感器的技术，可以测定贯入过程中土层中的超静孔隙水压力的发展和以后孔隙水压力的消散，从而可以推算土的固结特性。

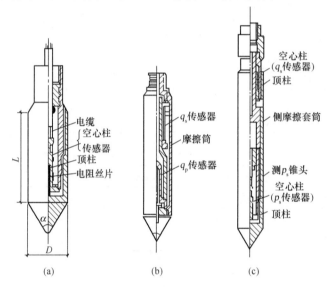

图 2-19　静力触探探头

(a) 单桥探头；(b) 双桥探头；(c) 综合双桥探头

2.5.4　按规范承载力表确定

　　用现场载荷试验以及触探等原位试验确定地基承载力时，并没有考虑基础的宽度和埋置深度的尺寸效应对承载力的影响，需用下式进行承载力的基础宽度和埋置深度修正后，才能得到可供实际设计使用的地基承载力特征值。

$$f_a = f_{ak} + \eta_b \gamma (b - 3) + \eta_d \gamma_m (d - 0.5) \tag{2-33}$$

式中　f_a——修正后的地基承载力特征值，kPa；

　　　f_{ak}——按现场载荷试验或其他原位试验及工程经验确定的地基承载力特征值，kPa；

　　　γ——基底以下土的天然重度，地下水位以下用浮重度，kN/m³；

　　　γ_m——基础底面以上土的加权平均重度，地下水位以下用浮重度，kN/m³；

b ——基础宽度，m；当宽度小于 3m 时按 3m 计，大于 6m 时按 6m 计；

d ——基础埋置深度，m；一般自室外地面标高算起；在填方平整地区，可自填土地面标高算起，但填土在上部结构施工后才完成时，应从天然地面标高算起；对于地下室，如采用箱形基础或筏形基础时，自室外地面标高算起；采用独立基础或条形基础时，应从室内地面标高算起；

η_b、η_d ——相应于基础宽度和埋置深度的承载力修正系数，按基底下土类，查表 2-19。

承载力修正系数 表 2-19

土的类别		η_b	η_d
淤泥和淤泥质土		0	1.0
人工填土 e 或 I_L 大于等于 0.85 的黏性土		0	1.0
红黏土	含水比 $a_w > 0.8$	0	1.2
	含水比 $a_w \leqslant 0.8$	0.15	1.4
大面积 压实填土	压实系数大于 0.95、黏粒含量 $\rho_c \geqslant 10\%$ 的粉土	0	1.5
	最大密度大于 $2.1t/m^3$ 的级配砂石	0	2.0
粉土	黏粒含量 $\rho_c \geqslant 10\%$ 的粉土	0.3	1.5
	黏粒含量 $\rho_c < 10\%$ 的粉土	0.5	2.0
e 或 I_L 均小于 0.85 的黏性土		0.3	1.6
粉砂、细砂（不包括很湿与饱和时的稍密状态）		2.0	3.0
中砂、粗砂、砾砂和碎石土		3.0	4.4

注：1. 强风化和全风化的岩石，可参照所风化成的相应土类取值，其他状态下的岩石不修正；

2. 含水比 $a_w = \dfrac{w}{w_L}$，w 为天然含水量，w_L 为液限；

3. 大面积压实填土是指填土范围大于 2 倍基础宽度的填土；

4. 地基承载力特征值按深层平板载荷试验确定时，$\eta_d = 0$。

2.5.5 按工程实践经验确定

由于土的工程性质具有很强的地区性，不同地区的土，虽然某些物理性质相同或相似，但承载力可能差异较大，想要总结出一套适用于全国各个地区的地基土承载力表几乎是不可能的，所以各个地区，特别是许多大城市，常各自总结适用于本地区的地基土承载力表或承载力的确定方法，便于初步设计时参考。

2.6 地基验算

地基验算包括地基持力层承载力验算、软弱下卧层承载力验算、地基变形验算以及地基稳定性验算等，其中地基持力层承载力验算是一项最基本的地基计算，各种等级的建筑物地基都必须满足承载力的要求。

2.6.1　地基持力层承载力验算

直接支承基础的地基土层称为持力层，要求作用在持力层上的平均基底压力不能超过该土层的承载能力，表示为

$$p_k \leqslant f_a \tag{2-34}$$

式中　　p_k ——相应于作用的标准组合时，基底平均压力值，kPa；

　　　　f_a ——修正后的地基持力层承载力特征值，kPa。

各种类型的基础，包括筏形基础和箱形基础，在验算地基承载力时，基底压力均简化为按直线分布，用材料力学方法求解，当作用为中心荷载时

$$p_k = \frac{F_k + G_k}{A} \tag{2-35}$$

式中　　F_k ——相应于作用标准组合时，上部结构传至基础顶面的竖向力值，kN；

　　　　G_k ——基础自重和基础上土重，kN；

　　　　A ——基础底面积，m^2。

当作用为偏心荷载时

$$p_{kmax} = \frac{F_k + G_k}{A} + \frac{M_k}{W} \tag{2-36}$$

$$p_{kmin} = \frac{F_k + G_k}{A} - \frac{M_k}{W} \tag{2-37}$$

$$M_k = (F_k + G_k)e \tag{2-38}$$

式中　　p_{kmax} ——基础底面边缘最大压力值，kPa；

　　　　p_{kmin} ——基础底面边缘最小压力值，kPa；

　　　　M_k ——相应于作用标准组合时，作用于基础底面的力矩值，kN·m；

　　　　W ——基础底面的抵抗矩，m^3；

　　　　e ——合力在基底的偏心距，m。

当偏心距 $e > b/6$ 时，$p_{kmin} < 0$，基础一侧底面与地基土脱开，这种情况下，基底的压力分布如图 2-20 所示。p_{kmax} 可表示为

$$p_{kmax} = \frac{2(F_k + G_k)}{3ac} \tag{2-39}$$

式中　　a ——垂直于力矩作用方向的基础底面边长，m；

　　　　c ——合力作用点至基础底面最大压力边缘的距离，m。

对于偏心荷载，除要求满足式（2-34）外，还要求

$$p_{kmax} \leqslant 1.2 f_a \tag{2-40}$$

此外，如果 p_{kmin}/p_{kmax} 之值很小，表示基底压力分布很不均匀，容易引起过大的不均匀沉降，应尽量避免。对高层建筑的箱形基础和筏形基础，还要求 $p_{kmin} \geqslant 0$。若考虑地震组合，则允许基础底面可以局部与地基土脱开，但零应力区的面积不应超过基础底面积的 15%，即 $3c \geqslant 0.85b$；高耸结构的基础设计也有类似的要求。

2.6.2　地基软弱下卧层承载力验算

持力层以下，在地基载荷影响范围内若存在强度与模量明显低于持力层的土层，称为

软弱下卧层，需进行软弱下卧层的承载力验算。

为了简化计算，通常假定基底压力以某一角度 θ 向下扩散，如图 2-21 所示。条形基础作用在软弱下卧层顶面上的附加压力 p_z 为

$$p_z = \frac{b(p_k - p_{c0})}{b + 2z\tan\theta} \tag{2-41}$$

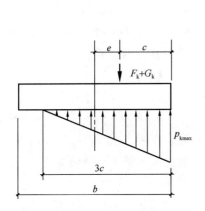

图 2-20 偏心荷载 ($e > b/6$) 下
基底压力分布示意图

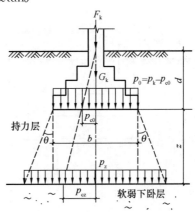

图 2-21 软弱下卧层承载力验算图

矩形基础的附加压力为

$$p_z = \frac{bl(p_k - p_c)}{(b + 2z\tan\theta)(l + 2z\tan\theta)} \tag{2-42}$$

式中 b ——矩形基础或条形基础底面的宽度，m；

　　l ——矩形基础底面的长度，m；

　　p_k ——基础底面压力，kPa；

　　p_c ——基础底面处土的自重压力，kPa；

　　z ——基础底面与软弱下卧层顶面的距离，m；

　　θ ——地基压力扩散角，可按表 2-20 查用。

地基压力扩散角 θ　　　　　　　　　　　　　　表 2-20

$\dfrac{E_{s1}}{E_{s2}}$	z/b	
	0.25	0.50
3	6°	23°
5	10°	25°
10	20°	30°

注：1. E_{s1}、E_{s2} 分别为上层土与下层土的压缩模量；

　　2. 当 $z < 0.25b$ 时，一般 $\theta = 0$，必要时，宜由试验确定；当 $z > 0.50b$ 时，θ 值不变；当 z/b 在 0.25 到 0.50 之间时，可插值选用。

作用在下卧层顶面上的应力除附加应力 p_z 外，还有该深度处的自重应力 p_{cz}，因此下卧层的承载力验算要满足

$$p_{cz} + p_z \leqslant f_{d+z} \tag{2-43}$$

式中　f_{d+z}——软弱下卧层顶面埋深为 $d+z$ 处，经过深度修正后的地基承载力特征值，kPa。

经验算，若软弱下卧层承载力不满足式（2-43）要求，得更改基底面积，减小基底压力，直至满足要求。必要时，甚至要改变地基基础方案。

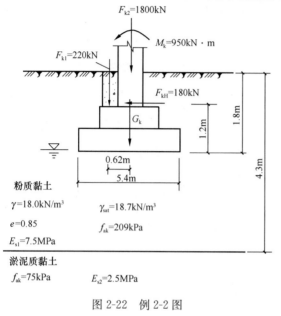

图 2-22　例 2-2 图

【例 2-2】如图 2-22 中的某航站楼柱下矩形基础底面尺寸为 5.4m × 2.7m，验算持力层和软弱下卧层的承载力是否满足要求。

【解】

（1）持力层承载力验算

先对持力层承载力特征值进行修正，查表 2-19 得 $\eta_b=0$，$\eta_d=1$，修正的地基承载力特征值为：

$$f_a = f_{ak} + \eta_b \gamma (b-3) + \eta_d \gamma_m (d-0.5)$$
$$= 209 + 1.0 \times 18.0 \times (1.8-0.5)$$
$$= 232.4 \text{kPa}$$

基底处的总竖向力为：

$$F_k + G_k = 1800 + 220 + 20 \times 2.7 \times 5.4 \times 1.8 = 2545 \text{kN}$$

基底处的总力矩为：

$$M_k = 950 + 180 \times 1.2 + 220 \times 0.62 = 1302 \text{kN} \cdot \text{m}$$

基底平均压力为：

$$p_k = \frac{F_k + G_k}{A} = \frac{2545}{2.7 \times 5.4} = 174.6 \text{kPa} < f_a = 232.4 \text{kPa}，满足要求$$

基底最大压力为：

$$p_{kmax} = p_k \left(1 + \frac{6e}{l}\right) = 174.6 \times \left(1 + \frac{6 \times 0.512}{5.4}\right) = 273.9 \text{kPa} < 1.2 f_a = 278.9 \text{kPa}，满$$
足要求

经验算，持力层的承载力满足要求。

（2）软弱下卧层承载力验算

因为 $\dfrac{E_{s1}}{E_{s2}} = \dfrac{7.5}{2.5} = 3$，$\dfrac{z}{b} = \dfrac{2.5}{2.7} > 0.5$，查表 2-20 得 $\theta = 23°$，$\tan\theta = 0.424$，下卧层顶面处的附加压力为：

$$p_z = \frac{bl(p_k - p_c)}{(b + 2z\tan\theta)(l + 2z\tan\theta)}$$
$$= \frac{2.7 \times 5.4 \times (174.6 - 18.0 \times 1.8)}{(2.7 + 2 \times 2.5 \times 0.424)(5.4 + 2 \times 2.5 \times 0.424)}$$
$$= 57.2 \text{kPa}$$

下卧层顶面处的自重压力为：

$$p_{cz} = 18.0 \times 1.8 + (18.7 - 10) \times 2.5 = 54.2 \text{kPa}$$

下卧层承载力特征值的修正值为:

$$\gamma_m = \frac{p_{cz}}{d + z} = \frac{54.2}{4.3} = 12.6 \text{kN/m}^3$$

$$f_{az} = 75 + 1.0 \times 12.6 \times (4.3 - 0.5) = 122.9 \text{kPa}$$

$$p_{cz} + p_z = 54.2 + 57.2 = 111.4 \text{kPa} < f_{az} \text{ 满足要求}$$

经验算,软弱下卧层承载力满足要求。

设计的柱基础底面尺寸满足持力层以及软弱下卧层承载力要求。

2.6.3 地基变形验算

1. 地基变形验算的范围和变形特征

在地基极限状态设计中,变形验算是最主要的验算,原则上所有类型的建筑物都必须进行变形验算以满足下式的要求,即

$$s \leqslant [s] \tag{2-44}$$

但是对于大量的地质条件简单、层数不高、荷载不大的建筑物,已经积累了足够多的工程经验,表明满足了上述承载力的要求,也就满足了地基变形的要求,因此《建筑地基基础设计规范》GB 50007—2011 对地基变形验算的范围作如下规定:设计等级为甲级和乙级的建筑物,均应按地基变形设计;对前述表 2-1 所列范围内设计等级为丙级的建筑物可不作变形验算,但是虽属表 2-1 所列范围而有下列情况之一者,仍应进行变形验算。

(1)地基承载力特征值小于 130kPa,且体型复杂的建筑;

(2)在基础上及其附近有地面堆载或相邻基础荷载差异较大,可能引起地基产生过大的不均匀沉降时;

(3)软弱地基上的建筑物存在偏心荷载时;

(4)相邻建筑距离近,可能产生倾斜时;

(5)地基内有厚度较大或厚薄不均的填土,其自重固结未完成时。

地基变形引起的基础沉降可以分为四种,如表 2-21 所示:

(1)沉降量——独立基础中心点的沉降值或整幢建筑物基础的平均沉降值;

(2)沉降差——相邻两个柱基的沉降量之差;

(3)倾斜——基础倾斜方向两端点的沉降差与其距离的比值;

(4)局部倾斜——砌体承重结构沿纵向 6~10m 内基础两点的沉降差与其距离的比值。

基础沉降分类   表 2-21

地基变形指标	图例	计算方法
沉降量		s_1 为基础中点沉降值

续表

地基变形指标	图例	计算方法
沉降差	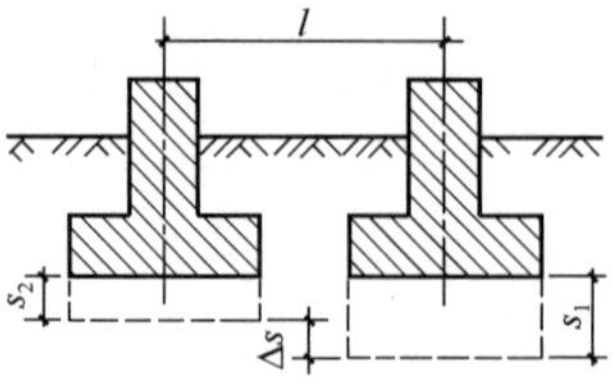	两相邻独立基础沉降值之差 $$\Delta s = s_1 - s_2$$
倾斜	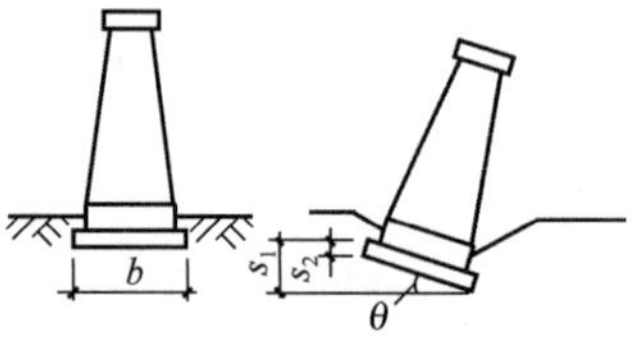	$$\tan\theta = \frac{s_1 - s_2}{b}$$
局部倾斜	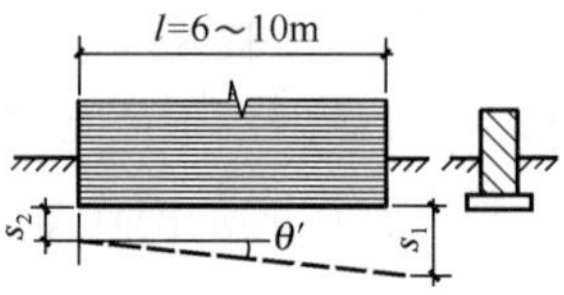	$$\tan\theta' = \frac{s_1 - s_2}{l}$$

2. 地基的允许变形

建筑物的结构类型和使用功能不同,对地基变形的敏感程度不同,砌体承重结构对地基的不均匀沉降很敏感,会因墙体挠曲破坏使局部出现斜裂缝,所以砌体承重结构受局部倾斜值控制。框架结构和单层排架结构主要因相邻柱基的沉降差使构件受剪扭曲而破坏,因此地基变形由沉降差控制。高耸结构和高层建筑的整体刚度很大,可近似为刚性结构,其地基变形应由建筑物的整体倾斜控制,必要时应控制平均沉降量。因此,对不同建筑物应选用对其影响最大的地基变形特征作为地基允许变形的控制依据。《建筑地基基础设计规范》GB 50007—2011 对大量各种已建建筑物进行沉降观测和使用状况调查,结合地质情况,分类整理,提出表 2-22 建筑物的地基变形允许值,可供工程分析应用。对于表 2-22 中未包括的其他建筑物的地基变形允许值,可根据上部结构对地基变形的适应能力和使用上的要求确定。

建筑物的地基变形允许值 [s]　　　　　　　　　表 2-22

变形特征	定义	地基土类别	
		中、低压缩性土	高压缩性土
砌体承重结构基础的局部倾斜	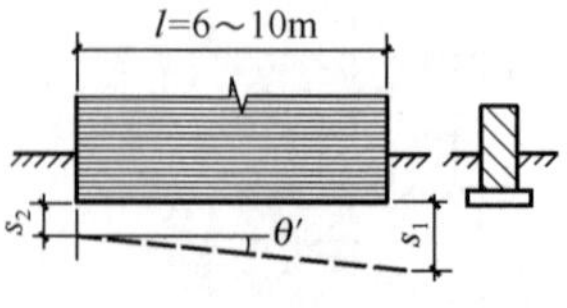	0.002	0.003

续表

变形特征	定义	地基土类别	
		中、低压缩性土	高压缩性土
工业与民用建筑相邻柱基的沉降差 Δs （1）框架结构 （2）砖石墙填充的边排柱 （3）当基础不均匀沉降时不产生附加应力的结构		$0.002l$ $0.0007l$ $0.005l$	$0.003l$ $0.001l$ $0.005l$
单层排架结构（柱距6m）柱基的沉降量 s（mm）		(120)	200
桥式吊车轨面的倾斜 （按不调整轨道考虑） 纵向 横向			0.004 0.003
多层和高层建筑的整体倾斜 $H_g \leqslant 24$ $24 < H_g \leqslant 60$ $60 < H_g \leqslant 100$ $H_g > 100$	 $\tan\theta = \dfrac{s_1 - s_2}{l}$		0.004 0.003 0.0025 0.002
体型简单的高层建筑基础的平均沉降量（mm）			200
高耸结构基础的倾斜 $H_g \leqslant 20$ $20 < H_g \leqslant 50$ $50 < H_g \leqslant 100$ $100 < H_g \leqslant 150$ $150 < H_g \leqslant 200$ $200 < H_g \leqslant 250$			0.008 0.006 0.005 0.004 0.003 0.002
高耸结构基础的沉降量 s（mm） $H_g \leqslant 100$ $100 < H_g \leqslant 200$ $200 < H_g \leqslant 250$			400 300 200

注：1. 有括号者仅适用于中压缩性土；

2. 本表数值为建筑物地基实际最终变形允许值。

3. 地基变形量计算

地基变形验算所用的作用组合为准永久组合，且不计入风荷载和地震作用。

地基的变形计算是一个影响因素多，比较复杂的问题，在土力学教材中有较详细的阐述。《建筑地基基础设计规范》GB 50007—2011 总结大量的工程经验，建议采用分层总和法计算，其表达式为

$$s = \psi_s s' = \psi_s \sum_{i=1}^{n} s'_i \tag{2-45}$$

式中　s——地基最终变形量，mm；

s'——地基计算最终变形量，mm；

s'_i——在变形计算深度内，第 i 层土的计算变形量，mm；

ψ_s——沉降计算经验系数，根据地区沉降观测资料及经验确定，表 2-23 为规范推荐的数值。

沉降计算经验系数 ψ_s　　　　　　　　　　表 2-23

基底附加压力	$\overline{E}_s$(MPa)				
	2.5	4.0	7.0	15.0	20.0
$p_0 \geqslant f_{ak}$	1.4	1.3	1.0	0.4	0.2
$p_0 \leqslant 0.75 f_{ak}$	1.1	1.0	0.7	0.4	0.2

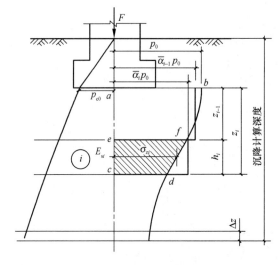

图 2-23　分层总和法计算地基沉降量

按分层总和法，地基内第 i 层土的计算变形量的表达式为

$$s'_i = \frac{\overline{\sigma}_{zi} h_i}{E_{si}} \tag{2-46}$$

如图 2-23 所示，E_{si} 为第 i 层土的压缩模量。$\overline{\sigma}_{zi}$ 为该层土的平均附加应力，则 $\overline{\sigma}_z h_i$ 为附加应力图 $efdc$ 的面积，表示为 A_i。它等于 z_i 范围内附加应力分布图 $abdc$ 的面积减去 z_{i-1} 范围内附加应力分布图 $abfe$ 的面积，其值均可从应力分布图积分求得。令矩形面积 $\overline{\alpha}_i p_0 z_i$ 等于面积 $abdc$，$\overline{\alpha}_{i-1} p_0 z_{i-1}$ 等于面积 $abfe$，其中 p_0 为基础底面附加压力。z_i 和 z_{i-1} 分别为 i 层土的底面和顶面深度，则有

$$A_i = \overline{\sigma}_{zi} h_i = p_0 (\overline{\alpha}_i z_i - \overline{\alpha}_{i-1} z_{i-1}) \tag{2-47}$$

式中，$\overline{\alpha}_i$、$\overline{\alpha}_{i-1}$ 为平均附加应力系数，可根据基础的长宽比 l/b 和深度比 z/b 从表 2-24 中查用。于是，式（2-45）可表示为

$$s = \psi_s \sum_{i=1}^{n} \frac{p_0}{E_{si}} (\overline{\alpha}_i z_i - \overline{\alpha}_{i-1} z_{i-1}) \tag{2-48}$$

式中，p_0 等于基础底面压力 p 减去底面处地基土的自重压力 p_{c0}，但是要注意到，由于计算

地基变形所用的荷载组合与验算地基承载力所用的组合不一样，所以这里所指的基底压力 p 与式（2-35）中的 p_k 在数值上并不相同。

矩形面积均布荷载作用下，通过中心点竖线上的平均附加应力系数 α 表 2-24

z/b	l/b												
	1.0	1.2	1.4	1.6	1.8	2.0	2.4	2.8	3.2	3.6	4.0	5.0	>10.0（条形）
0.0	1.000	1.000	1.000	1.000	1.000	1.000	1.000	1.000	1.000	1.000	1.000	1.000	1.000
0.2	0.987	0.990	0.991	0.992	0.992	0.992	0.993	0.993	0.993	0.993	0.993	0.993	0.993
0.4	0.936	0.947	0.953	0.956	0.958	0.960	0.961	0.962	0.962	0.963	0.963	0.963	0.963
0.6	0.858	0.878	0.890	0.898	0.903	0.906	0.910	0.912	0.913	0.914	0.914	0.915	0.915
0.8	0.775	0.801	0.810	0.831	0.839	0.844	0.851	0.855	0.857	0.858	0.859	0.860	0.860
1.0	0.698	0.738	0.749	0.764	0.775	0.783	0.792	0.798	0.801	0.803	0.804	0.806	0.807
1.2	0.631	0.663	0.686	0.703	0.715	0.725	0.737	0.744	0.749	0.752	0.754	0.756	0.758
1.4	0.573	0.605	0.629	0.648	0.661	0.672	0.687	0.696	0.701	0.705	0.708	0.711	0.714
1.6	0.524	0.556	0.580	0.599	0.613	0.625	0.641	0.651	0.658	0.663	0.666	0.670	0.675
1.8	0.482	0.513	0.537	0.556	0.571	0.583	0.600	0.611	0.619	0.624	0.629	0.633	0.638
2.0	0.446	0.475	0.499	0.518	0.533	0.545	0.563	0.575	0.584	0.590	0.594	0.600	0.606
2.2	0.414	0.443	0.466	0.484	0.499	0.511	0.530	0.543	0.552	0.558	0.563	0.570	0.577
2.4	0.387	0.414	0.436	0.454	0.469	0.481	0.500	0.513	0.523	0.530	0.535	0.543	0.551
2.6	0.362	0.389	0.410	0.428	0.442	0.455	0.473	0.487	0.496	0.504	0.509	0.518	0.528
2.8	0.341	0.366	0.387	0.404	0.418	0.430	0.449	0.463	0.472	0.480	0.486	0.495	0.506
3.0	0.322	0.346	0.366	0.383	0.397	0.409	0.427	0.441	0.451	0.459	0.465	0.474	0.487
3.2	0.305	0.328	0.348	0.364	0.377	0.389	0.407	0.420	0.431	0.439	0.445	0.455	0.468
3.4	0.289	0.312	0.331	0.346	0.359	0.371	0.388	0.402	0.412	0.420	0.427	0.437	0.452
3.6	0.276	0.297	0.315	0.330	0.343	0.353	0.372	0.385	0.395	0.403	0.410	0.421	0.436
3.8	0.263	0.284	0.301	0.316	0.328	0.339	0.356	0.369	0.379	0.388	0.394	0.405	0.422
4.0	0.251	0.271	0.288	0.302	0.314	0.325	0.342	0.355	0.365	0.373	0.379	0.391	0.408
4.2	0.241	0.260	0.276	0.290	0.300	0.312	0.328	0.341	0.352	0.359	0.366	0.377	0.396
4.4	0.231	0.250	0.265	0.278	0.290	0.300	0.316	0.329	0.339	0.347	0.353	0.365	0.384
4.6	0.222	0.240	0.255	0.268	0.279	0.289	0.305	0.317	0.327	0.335	0.341	0.353	0.373
4.8	0.214	0.231	0.245	0.258	0.269	0.279	0.294	0.300	0.316	0.324	0.330	0.342	0.362
5.0	0.206	0.223	0.237	0.249	0.260	0.269	0.284	0.296	0.306	0.313	0.320	0.332	0.352

注：l、b——矩形的长边与短边；z——从荷载作用平面起算的深度。

在使用表 2-23 查用沉降计算经验系数 ψ_s 时，$\overline{E}_s$ 值为变形计算深度范围内压缩模量的当量值，即假定地基为均匀地基，当压缩模量为 $\overline{E}_s$ 时，地基的计算变形量相当于分层计算变形量之和，即

$$\frac{1}{E_s} \sum \overline{\sigma}_{zi} h_i = \sum \frac{\overline{\sigma}_{zi} h_i}{E_{si}}$$

故
$$\overline{E}_s = \frac{\sum A_i}{\sum \dfrac{A_i}{E_{si}}}$$
(2-49)

在分层总和法中，变形计算深度一般按式（2-50）计算。

$$\Delta s' \leqslant 0.025\, s'$$
(2-50)

式中　$\Delta s'$——计算深度向上取厚度为 Δz（图 2-23）的土层变形计算值，mm。

当不满足式（2-50）的要求时，应加大变形计算深度，直至满足要求为止。通常 $\Delta z = 0.3 \sim 0.5$ m，取决于基础宽度 b，如表 2-25 所示。

Δz 值　　　　表 2-25

b（m）	$\leqslant 2$	$2 < b \leqslant 4$	$4 < b \leqslant 8$	$b > 8$
Δz（m）	0.3	0.6	0.8	1.0

进行地基变形验算，防止建筑物产生有危害性的沉降和不均匀沉降，是建筑物设计中极为重要的一环，但地基变形验算的影响因素很多，目前采用的地基变形计算方法还不完善，例如土不是弹性体却用弹性理论计算地基的附加应力分布，地基不是在侧限的条件下压缩却用土的侧限压缩模量，基础和上部结构刚度对基底压力和地基变形的影响也很难考虑等。至于允许变形值，除了与结构的性质和土的类别有关外还与变形的持续时间以及建筑物的使用要求等因素有关。因此地基变形验算除了要依据《建筑地基基础设计规范》GB 50007—2011 的要求进行外，尚应密切结合实际，注意参考建筑地区的工程实践经验。

2.6.4　地基稳定性验算

经常承受水平荷载的建筑物，如水工建筑物、挡土结构物、高层建筑、高耸结构以及建造在斜坡上或边坡附近的建筑物和构筑物，应对地基进行稳定性验算。

在水平和竖直荷载共同作用下，地基失稳破坏的形式有两种：一种是沿基底产生表层滑动；另一种是深层整体滑动破坏。

目前地基的稳定性验算仍采用单一安全系数的方法。当判定属于表层滑动时，可用式（2-51）计算稳定安全系数：

$$F_s = \frac{fF}{H}$$
(2-51)

式中　F_s——表层滑动安全系数；

　　　F——作用于基底的竖向力的总和，包括结构物自重和其他荷载的竖向分量，kN；

　　　H——作用于基底荷载的水平分量的总和，kN；

　　　f——基础与地基土的摩擦系数，可参考表 2-26 选用。

基础与地基土的摩擦系数 表 2-26

土的类型		摩擦系数 f
黏性土	可塑	0.25~0.30
	硬塑	0.30~0.35
	坚硬	0.35~0.45
粉土		0.30~0.40
中砂、粗砂、砾砂		0.40~0.50
碎石土		0.40~0.60
软质岩石		0.40~0.60
表面粗糙的硬质岩石		0.65~0.75

当判定地基失稳形式属于深层滑动时，可用圆弧滑动法进行验算。稳定安全系数指作用于最危险的滑动面上诸力对滑动中心所产生的抗滑力矩与滑动力矩的比值，其值应满足下式要求：

$$F_s = \frac{M_R}{M_s} \geqslant 1.2 \tag{2-52}$$

式中　M_R——抗滑力矩，kN·m；

　　　　M_s——滑动力矩，kN·m。

对于土坡顶上建筑物的地基稳定问题，首先要核定土坡本身是否稳定，若边坡土质良好、均匀，且地下水位较低，不会出现地下水从坡脚逸出的情况，则安全坡角可由表 2-27 查用；其次要避免建筑物太靠近边坡的临空面，以防止基础荷载使边坡失稳，因此要求基础底面的外边缘线至坡顶的水平距离 a 满足式（2-53）和式（2-54）条件，且不得少于 2.5m。

土质边坡坡度允许值 表 2-27

土的类别	密实度或状态	坡度允许值（高宽比）	
		坡高在 5m 以内	坡高为 5~10m
碎石土	密实、中密、稍密	1:0.35~1:0.50 1:0.50~1:0.75 1:0.75~1:1.00	1:0.50~1:0.75 1:0.75~1:1.00 1:1.00~1:1.25
黏性土	坚硬、硬塑	1:0.75~1:1.00 1:1.00~1:1.25	1:1.00~1:1.25 1:1.25~1:1.50

注：1. 表中碎石土的充填物为坚硬或硬塑状态的黏性土；

　　2. 对于砂土或充填物为砂土的碎石土，其边坡坡度允许值均按自然休止角确定。

对条形基础　　　　　　　$$a \geqslant 3.5b - \frac{d}{\tan\beta} \tag{2-53}$$

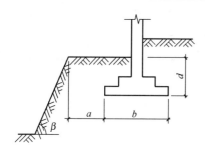

图 2-24 基础底面外边缘线至坡顶的水平距离示意图

对矩形基础 $\quad a \geqslant 2.5b - \dfrac{d}{\tan\beta}$ $\qquad(2\text{-}54)$

式中 b——垂直于坡顶边缘线的基础底面边长，m；

$\qquad d$——基础埋置深度，m；

$\qquad \beta$——边坡坡角，见图 2-24。

当土坡的高度过大、坡角太陡，不在表 2-27 适用的范围内，或因建筑物布置上受限制而不能满足式（2-53）或式（2-54）的要求时，应该用圆弧滑动法或其他类似的边坡稳定分析方法验算边坡连同其上建筑物地基的整体稳定性。

2.7 无筋扩展基础（刚性基础）设计

基础的类型和埋置深度确定以后，就可以根据地基土层的承载力和作用在基础上的荷载，计算基础底面积和基础高度，完成基础设计。

基础必须要有足够的底面积，以保证基底压力不超过地基的承载力，同时应该有足够的高度，以保证受力后不发生强度破坏，如前所述，刚性基础需要满足台阶宽高比允许值的要求，即刚性角的要求，就能保证基础不发生强度破坏，因此无筋扩展基础可以按构造要求设计而不必进行强度验算。

一般房屋建筑物的基础主要承受竖向力和水平力（土压力、风压力等，占比很小）的作用，当基础是中心受压时，基础底面的压力是均匀分布的，称为中心荷载作用下的基础；当基础底面的压力是非均布的，称为偏心荷载作用下的基础。

2.7.1 中心荷载作用下的无筋扩展基础设计

在基础的设计中，通常假定基础底面压力是线性分布，受中心荷载作用时，则为均匀分布，这时，基础要采用对称形式，使荷载作用线通过基底形心(图 2-25)。具体计算步骤如下：

1. 计算基础底面积 A（矩形）或基础底面宽度 b（条形、正方形）

中心荷载作用下的基础，其基础底面积按地基承载力特征值进行计算（图 2-26），应满足下式要求：

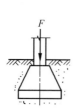

图 2-25 基础受轴心载荷作用

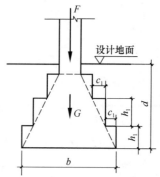

图 2-26 刚性基础尺寸确定

$$p_k \leqslant f_a \tag{2-55}$$

$$p_k = \frac{F_k + G_k}{A} \leqslant f_a \tag{2-56}$$

$$A \geqslant \frac{F_k}{f_a - \gamma_G d} \tag{2-57}$$

式中　d——基础的埋置深度，m；

$\quad\quad A$——基础底面积，m^2；

$\quad\quad G_k$——基础自重和基础上的土重，对于一般的实体基础，可近似取 $G_k = \gamma_G A d$，但在地下水位以下部分应扣去浮托力，即 $G_k = \gamma_G A d - \gamma_w A h_w$（$h_w$ 为地下水位至基础底面的距离）；

$\quad\quad \gamma_G$——基础及回填土的平均重度，可取 20kN/m^3。

（1）矩形基础底面积

$$A \geqslant \frac{F_k}{f_a - \gamma_G d}$$

如果用上述公式计算得到的基础宽度（短边）大于 3m 时，需要修正地基承载力特征值 f_a，重新计算，求得比较准确的基础底面积。基础底面积 A 确定后，根据柱子的断面形状和基础材料刚性角要求，选择基础的宽度 b 和长度 l，使 $b \times l$ 尽量接近于 A 或略大于 A。

（2）正方形基础底面积

对于正方形基础，因为基础底面边长相等，基础的边长按下式计算，如果计算得到的基础边长大于 3m，则需要修正地基承载力特征值，再重新计算，求得比较准确的基础底面边长。

$$b \geqslant \sqrt{\frac{F_k}{f_a - \gamma_G d}} \tag{2-58}$$

（3）条形基础底面积

对于条形基础，取 1m 长计算，底面积 $A = 1 \times b$，因此基础的宽度 b 为：

$$b \geqslant \frac{F_k}{f_a - \gamma_G d} \tag{2-59}$$

若荷载较小而地基的承载力又比较大时，按上式计算，可能基础需要的宽度较小，但为了保证安全和便于施工，承重墙下的基础宽度不得小于 $600 \sim 700\text{mm}$，非承重墙下的基础宽度不得小于 500mm。

2. 确定基础的高度

无筋扩展基础的宽度确定后，应按刚性角的要求确定基础的高度，如图 2-27 所示。若墙或柱的宽度为 b_c，基础的宽度为 b，则基础两侧的外伸长度为 $b_t = \frac{1}{2}(b - b_c)$，按刚性角的要求

$$\frac{b_t}{h} \leqslant \tan\alpha \tag{2-60}$$

所以，基础的最小高度

$$h = \frac{b_t}{\tan\alpha} = \frac{1}{2\tan\alpha}(b - b_c) \tag{2-61}$$

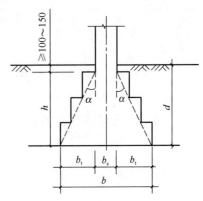

图 2-27　刚性基础高度
（单位：mm）

由刚性角所规定的基础台阶的最大宽高比见表 2-7。

为了保护基础不受外力的破坏，基础的顶面必须埋在设计地面以下 $100 \sim 150mm$，所以基础的埋置深度 d 必须大于基础的高度 h 加上保护层的厚度。不满足这项要求时，必须加大基础的埋深或者采取其他措施。

2.7.2　偏心荷载作用下的无筋扩展基础设计

偏心荷载作用下，基础底面的尺寸计算步骤如下：

（1）先按轴心载荷作用，计算出基础的底面积 A_0（对于单独基础）或基础宽度 b_0（对于条形基础）。

（2）根据偏心大小，把面积 A_0（或 b_0）适当提高 $10\% \sim 40\%$，作为偏心荷载作用下基础底面积（或宽度）的第一次近似值，即

$$A = (1.1 \sim 1.4) A_1 \tag{2-62}$$

（3）按假定的基础底面积 A，用下式计算基底的最大和最小的边缘压力：

$$p_{\substack{kmax \\ kmin}} = \frac{F_k + G_k}{A} \pm \frac{M_k}{W} \tag{2-63}$$

按照《建筑地基基础设计规范》GB 50007—2011，检查基底应力是否满足持力层承载力要求：

$$p_k = \frac{1}{2}(p_{kmax} + p_{kmin}) \leqslant f_a \tag{2-64}$$

$$p_{kmax} \leqslant 1.2 f_a \tag{2-65}$$

如不满足要求，或应力过小，地基承载力未能充分发挥，应调整基础尺寸，直至既满足上式的要求而又能发挥地基的承载力为止。

基础高度的确定方法与受中心荷载作用的方法相同，不再赘述。

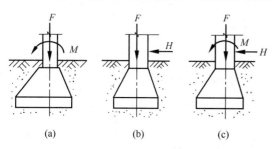

图 2-28　基础受偏心载荷作用

若地基中有软弱下卧层时，应进行下卧层的承载力验算；若建筑物属于必须进行变形验算的范围，应按要求进行变形验算；必要时还要对尺寸进行调整，并重新进行各项验算。

对于图 2-28(b)、(c) 所示情况，基础的设计方法基本相同，但计算中还应该考虑水平力 H 在基底引起的力矩以及对基底压力分布的影响；在沉降分析时要计算基底水平荷载所引起的影响；当水平力较大时，需要校核基础埋深是否足满足地基稳定性要求。

2.7.3　无筋扩展基础的构造要求

刚性基础经常做成台阶形断面，有时也做成梯形断面。确定构造尺寸时最主要的是保证断面各处都能满足刚性角的要求，同时又应经济合理，便于施工。

1. 砖基础

砖的尺寸规格多，容易砌成各种形状的基础。砖基础大放脚的砌法有两种，一种是按台阶的宽高比为 1/1.5（图 2-29a）进行砌筑；另一种按台阶的宽高比为 1/2（图 2-29b）进行砌筑。

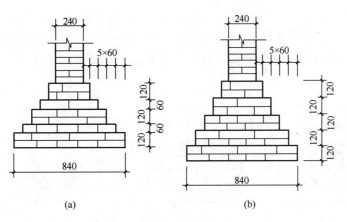

图 2-29　砖基础（单位：mm）

(a) $\frac{b_1}{h} = \frac{1}{1.5}$；(b) $\frac{b_1}{h} = \frac{1}{2}$

为了得到一个平整的基槽底，以便砌砖，在槽底可以浇筑 100～200mm 厚的素混凝土垫层。对于低层房屋，也可在槽底打两步（300mm）三七灰土，代替混凝土垫层。

为防止土中水分以毛细水的形式沿砖基上升，可在砖基中，在室内地面以下 60mm 左右处铺设防潮层，如图 2-30 所示。防潮层可以是掺有防水剂的 1：3 水泥砂浆，厚 20～30mm；也可以铺设沥青油毡。

2. 砌石基础

台阶形的砌石基础每层台阶至少有两层砌石，所以每个台阶的高度不小于 300mm。为了保证上一层砌石的边块能压紧下一层砌石的边块，每个台阶伸出的长度不应大于 150mm（图 2-31）。按照这项要求，做成台阶形断面的砌石基础，实际的刚性角小于允许的刚性角，因此往往要求基础要有比较大的高度。有时为了减少基础的高度，可以把断面做成锥形。

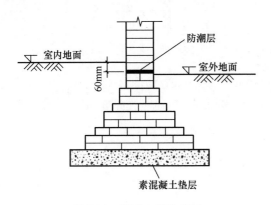

图 2-30　基础上的防潮层

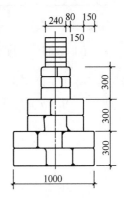

图 2-31　砌石基础（单位：mm）

3. 素混凝土基础

素混凝土基础可以做成台阶形或锥形断面。基础做成台阶形时，总高度在 350mm 以内做一层台阶；总高度 h 介于 $350\sim900$mm 时，做成 2 层台阶；总高度 h 大于 900mm 时，做成 3 层台阶，每个台阶的高度不宜大于 500mm（图 2-32）。置于刚性基础上的钢筋混凝土柱，其柱脚的高度 h_1 应大于外伸宽度 b_1（图 2-33），且不应小于 300mm 以及 20 倍受力钢筋的直径。当纵向钢筋在柱脚内的锚固长度不能满足锚固要求时，钢筋可沿水平向弯折以满足锚固要求。水平锚固长度不应小于 10 倍钢筋直径，也不应大于 20 倍钢筋直径。

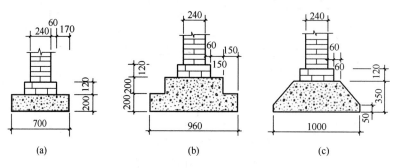

图 2-32　混凝土基础（单位：mm）

(a) 1 层台阶；(b) 2 层台阶；(c) 梯形断面

4. 灰土基础

灰土基础一般与砖、砌石、混凝土等材料配合使用，做在基础下部，厚度通常为 300～450mm（2 步或 3 步），台阶宽高比为 1∶1.5，如图 2-34 所示。由于基槽边角处灰土不容易夯实，所以用灰土基础时，实际的施工宽度应该比计算宽度每边各放出 50mm 以上。

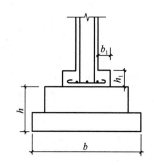

图 2-33　刚性基础上的钢筋混凝土柱

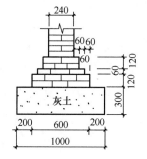

图 2-34　灰土基础（单位：mm）

【例 2-3】某厂房柱子断面尺寸为 600mm×400mm，如图 2-35 所示，竖向荷载 $F=800$kN，力矩 $M=220$kN·m，水平荷载 $H=50$kN，基础埋置深度为 2m。试设计柱下刚性基础。

【解】

（1）地基承载力修正

① 粉质黏土孔隙比为：

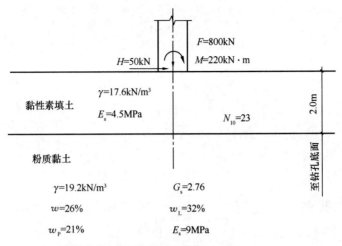

图 2-35 例 2-3 附图

$$e = \frac{G_s(1+w)\gamma_w}{\gamma} - 1$$

$$= \frac{2.76 \times (1+0.26) \times 10}{19.2} - 1 = 0.811$$

② 粉质黏土液性指数为：

$$I_L = \frac{w - w_P}{w_L - w_P} = \frac{0.26 - 0.21}{0.32 - 0.21} = 0.455$$

③ 查表 2-19 可知，深度修正系数 $\eta_d = 1.6$，由于底面尺寸未知，可暂不作宽度修正，修正后的地基承载力特征值为：

$$f_a = f_{ak} + \eta_d \gamma_m (d - 0.5) = 170 + 1.6 \times 17.6 \times 1.5 = 212.2 \text{kPa}$$

（2）按中心荷载作用计算基底初始面积

$$A_0 = \frac{F}{f_a - \gamma_G d} = \frac{800}{212.2 - 20 \times 2} = 4.65 \text{m}^2$$

（3）考虑偏心载荷作用确定基底面积

将基底面积扩大 1.3 倍，即：$A = 1.3 A_0 = 6.04 \text{m}^2$。

采用 $l \times b = 3\text{m} \times 2\text{m}$ 基础。

（4）验算基底压力

① 基础及回填土重：$G_k = \gamma_G d A = 20 \times 2 \times 2 \times 3 = 240 \text{kN}$

② 基底总竖向荷载：$F_k + G_k = 800 + 240 = 1040 \text{kN}$

③ 基底的总力矩：$M = 220 + 50 \times 2 = 320 \text{kN} \cdot \text{m}$

④ 总荷载的偏心距：$e = \frac{320}{1040} = 0.31\text{m} < \frac{l}{6} = 0.5\text{m}$

⑤ 基底边缘最大应力：

$$p_{kmax} = \frac{F_k + G_k}{A} + \frac{M_k}{W} = \frac{1040}{3 \times 2} + \frac{6 \times 320}{3^2 \times 2}$$

$$= 173.3 + 106.7 = 280\text{kPa}$$

$$> 1.2 f_a = 1.2 \times 212.2 = 254.6\text{kPa}$$

边缘最大应力超过地基承载力特征值的 1.2 倍，不满足要求。

（5）修正基础尺寸，重新进行承载力验算。

① 基础底面尺寸修正为：3m×2.4m

② 基础及回填土重：$G_k = 20 \times 2 \times 3.0 \times 2.4 = 288\text{kN}$

③ 基底的总竖向荷载：$F_k + G_k = 800 + 288 = 1088\text{kN}$

④ 总荷载的偏心距：$e = \dfrac{M_k}{F_k + G_k} = \dfrac{320}{1088} = 0.294\text{m} < \dfrac{l}{6} = 0.5\text{m}$

⑤ 基底最大边缘应力：

$$p_{kmax} = \frac{F_k + G_k}{A} + \frac{M_k}{W} = \frac{1088}{3.0 \times 2.4} + \frac{6 \times 320}{3.0^2 \times 2.4}$$

$$= 151.1 + 88.9 = 240\text{kPa} < 1.2 f_a = 254.6\text{kPa}$$

基底平均应力 $p_k = 151.1\text{kPa} < f_a = 212.2\text{kPa}$

基础底面积为 3m×2.4m 时，满足地基承载力要求。

（6）确定基础构造尺寸

① 基础材料采用 C15 混凝土。

② 由于基底平均压力 $p_k \leqslant 200\text{kPa}$，根据表 2-27，台阶宽高比允许值为 1：1，即允许刚性角为 $45°$。按长边及刚性角确定基础的尺寸，如图 2-36 所示。

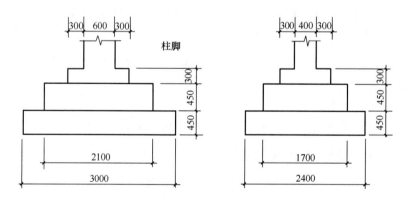

图 2-36 基础构造尺寸图（单位：mm）

2.8 钢筋混凝土扩展基础设计

钢筋混凝土扩展基础包括柱下钢筋混凝土独立基础和墙下钢筋混凝土条形基础，其埋置深度和基础底面尺寸的确定方法与刚性基础相同。由于采用钢筋承担弯曲所产生的拉应力，钢筋混凝土扩展基础不需要满足刚性角的要求，高度可以较小，但需要满足抗弯、抗剪、抗冲切破坏以及局部抗压的要求。

2.8.1 钢筋混凝土扩展基础的破坏形式

钢筋混凝土扩展基础是一种受弯和受剪的构件，在载荷作用下，可能发生冲切破坏、剪切破坏、弯曲破坏以及局部受压破坏。

（1）冲切破坏

钢筋混凝土构件在弯、剪荷载共同作用下，主要的破坏形式是先在弯剪区域出现斜裂缝，随着荷载增加，裂缝向上扩展，未开裂部分的正应力和剪应力迅速增加，当正应力和剪应力组合后的主应力出现拉应力，且大于混凝土的抗拉强度时，斜裂缝被拉断，出现斜拉破坏，在扩展基础上也称冲切破坏（图 2-37a）。一般情况下，冲切破坏控制扩展基础的高度。

（2）剪切破坏

当单独基础的宽度较小，冲切破坏锥体可能落在基础以外时，可能在柱与基础交接处或台阶的变阶处沿着铅直面发生剪切破坏。

（3）弯曲破坏

基底反力在基础截面产生弯矩，过大弯矩将使基础发生弯曲破坏，这种破坏沿着墙边、柱边或台阶边发生，裂缝平行于墙或柱边（图 2-37b）。为了防止这种破坏，要求基础各竖直截面上基底反力产生的弯矩 M 小于或等于该截面的抗弯强度 M_u，设计时根据这个条件确定基础的配筋。

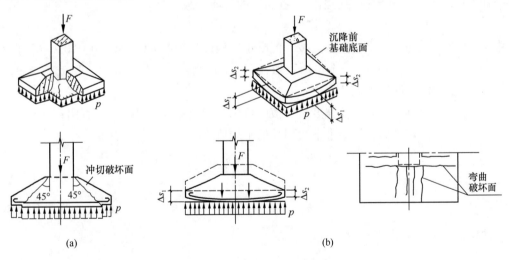

图 2-37 扩展基础的破坏形式

（a）冲切破坏；（b）弯曲破坏

（4）局部受压破坏

当基础的混凝土强度等级小于柱的混凝土强度等级时，基础顶面可能发生局部受压破坏。因此设计扩展基础时，应满足所需的验算要求。

2.8.2 单独基础冲切破坏验算

图 2-38 表示基础底面积为 a(长边)$\times b$(短边)的锥形扩展基础受竖向轴心荷载 F 作

用，基底的净压力 p_j（不考虑基础自重及基础上覆土重时的压力）。基底冲切锥范围以外，净压力 p_j 在破坏锥面上引起的冲切荷载为 F_l：

$$F_l = A_c \cdot p_j \tag{2-66}$$

式中　A_c——基础底面上冲切锥范围以外的面积（图 2-38 中阴影面积），m^2。

$$A_c = a \times b - (a_c + 2h_0)(b_c + 2h_0) \tag{2-67}$$

式中　h_0——冲切锥体的有效高度，m，等于基础高度 h 减去保护层的厚度；

其余符号如图 2-38 所示。

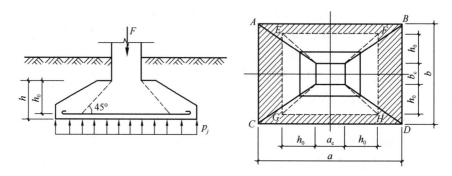

图 2-38　中心荷载冲切验算图形

冲切破坏面（即基础板冲切锥的斜截面）的受剪承载力为

$$[V] = 0.7 \beta_{hp} f_t b_p h_0 \tag{2-68}$$

式中　β_{hp}——截面高度影响系数，按《混凝土结构设计规范》GB 50010—2010（2015 年版），当 $h \leqslant 800mm$ 时，取 $\beta_{hp} = 1.0$，当 $h \geqslant 2000mm$ 时，取 $\beta_{hp} = 0.9$，其间按线性内插法取用；

　　　f_t——混凝土轴心抗拉强度设计值，可按混凝土强度等级由规范查用；

　　　b_p——冲切锥体破坏面上下边周长的平均值，m。

$$b_p = 2\left[\frac{a_c + (a_c + 2h_0)}{2} + \frac{b_c + (b_c + 2h_0)}{2}\right]$$

$$= 2(a_c + b_c + 2h_0) \tag{2-69}$$

冲切破坏验算要求：

$$F_l \leqslant [V] \tag{2-70}$$

若不满足要求，则要加大基础的高度 h（减去保护层的厚度后即为 h_0），直至满足要求。

对于台阶形的扩展基础，破坏锥体可能发生在柱边，也可能发生在变阶处，要对每一层台阶进行验算。

实际上单独基础经常承受偏心荷载作用，基底反力非均匀分布，而且冲切破坏锥体不一定完全落在基础底面以内。考虑这些较为复杂的情况，《建筑地基基础设计规范》GB 50007—2011 规定：

（1）冲切破坏锥体落在基础底面以内时，验算冲切破坏；冲切破坏锥体不完全落在基础底面以内时，验算剪切破坏。

（2）验算冲切破坏时，不论轴心荷载或偏心荷载，只考虑最不利的一侧。

在图 2-39 中，地基反力为非均匀分布，冲切破坏锥体最不利一侧对锥面产生的冲切力为 F_l。

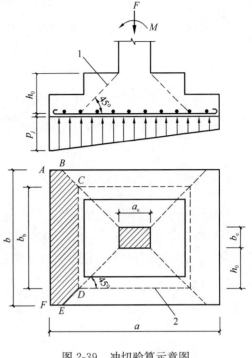

$$F_l = p_j A_l \qquad (2\text{-}71)$$

式中　A_l——冲切验算时取用的部分基底面积，m^2，图 2-39 中的阴影面积 $ABCDEF$；

　　　p_j——相应于作用的基本组合时，地基土单位面积净反力，kPa，对偏心受压基础可取基础边缘处地基土最大单位面积净反力 $p_{j\max}$。

图 2-39　冲切验算示意图

从图 2-39 推出，产生冲切的基底面积为

$$A_l = \left(\frac{a}{2} - \frac{a_c}{2} - h_0\right)b - \left(\frac{b}{2} - \frac{b_c}{2} - h_0\right)^2 \qquad (2\text{-}72)$$

相应于最不利一侧，基础板的冲切锥体斜截面的抗冲切承载力仍为式（2-68）

$$[V] = 0.7\beta_{hp}f_t b_p h_0$$

$$b_p = (b_c + b_b)/2 = b_c + h_0 \qquad (2\text{-}73)$$

式中　b_p——冲切破坏锥体最不利一侧计算长度，m；

　　　b_c——冲切破坏锥体最不利一侧斜截面的上边长，m，当计算柱与基础交接处的受冲切承载力时，取柱宽；

　　　b_b——冲切破坏锥体最不利一侧斜截面在基础底面积范围内的下边长，m，当冲切破坏锥体的底面落在基础底面以内，计算柱与基础交接处的受冲切承载力时，取柱宽加 2 倍基础有效高度。

同样，满足抗冲切要求的条件为式（2-70）。

对于台阶形独立基础的变阶处的冲切验算，也可采用类似的方法。显然，在上述验算中，只考虑了锥体一个斜截面的强度，忽略其他侧面强度的有利影响，是偏于安全的。

2.8.3　单独基础剪切破坏验算

当单独基础底面宽度小于或等于柱宽加 2 倍基础有效高度时，应按下列公式验算柱与基础交接处截面受剪承载力：

$$V_s \leqslant 0.7\beta_{hs}f_t A_0 \qquad (2\text{-}74)$$

$$\beta_{hs} = (800/h_0)^{1/4} \qquad (2\text{-}75)$$

式中　V_s——柱与基础交接处的剪力设计值，kN，图 2-40 中的阴影区 $ABDC$ 面积乘以基底平均净反力 p_j；

　　　β_{hs}——受剪切承载力截面高度影响系数：当 $h_0 < 800\text{mm}$ 时，取 $h_0 = 800\text{mm}$，当 $h_0 > 2000\text{mm}$ 时，取 $h_0 = 2000\text{mm}$；

　　　A_0——BD 验算截面处基础的有效截面面积，m^2，按图 2-40，$A_0 = b \times h_{02} + b' \times h_{01}$。

2.8.4　单独基础弯曲破坏验算

单独扩展基础受基底反力作用，产生双向弯曲。分析时可将基底按柱角点与基础四个顶点分别连线分成四个区域。沿柱边缘的截面 Ⅰ-Ⅰ 及 Ⅱ-Ⅱ 处，弯矩最大（图 2-41）。当基础为中心受压时，作用在底面 A_{ACJI} 上的压力对 Ⅰ-Ⅰ 断面引起的弯矩为

$$M_{\mathrm{I}} = p_j \times A_{\mathrm{IJNM}} \times \frac{1}{4}(a - a_c) + 2p_j \times A_{\mathrm{AIM}} \times \frac{1}{3}(a - a_c) \qquad (2\text{-}76)$$

$$A_{\mathrm{IJNM}} = \frac{1}{2}(a - a_c)b_c$$

$$A_{\mathrm{AIM}} = \frac{1}{8}(b - b_c)(a - a_c)$$

将以上两式代入式（2-76），简化后得

$$M_{\mathrm{I}} = \frac{p_j}{24}(a - a_c)^2(2b + b_c) \qquad (2\text{-}77)$$

同理作用在面积 A_{JKDC} 上的压力对 Ⅱ-Ⅰ 断面产生的弯矩为

$$M_{\mathrm{I}} = \frac{p_j}{24}(b - b_c)^2(2a + a_c) \qquad (2\text{-}78)$$

当基础为偏心受压时，基底净压力分布为梯形。若基底最大边缘净压力为 $p_{j\max}$，Ⅰ-Ⅰ 断面处的基底净压力为 p_{j1}，可以推导出，这时 Ⅰ-Ⅰ 断面的弯矩为

$$M_{\mathrm{I}} = \frac{1}{48}(a - a_c)^2\left[(p_{j\max} + p_{j1})(2b + b_c) + (p_{j\max} - p_{j1})b\right] \qquad (2\text{-}79)$$

而 Ⅱ-Ⅲ 断面上的弯矩，则仍为式（2-78）。

任意截面处的弯矩也可以用同样的方法求得。基础各截面的弯矩求得后，就可按式（2-80）计算基础需要的受力钢筋面积。

$$A_s = \frac{M}{0.9 f_y h_0} \qquad (2\text{-}80)$$

式中　f_y——钢筋抗拉强度设计值。

经上述 3 种验算满足要求后，若基础的混凝土强度等级小于柱的混凝土等级时，尚应验算柱下基础顶面的局部受压承载力。

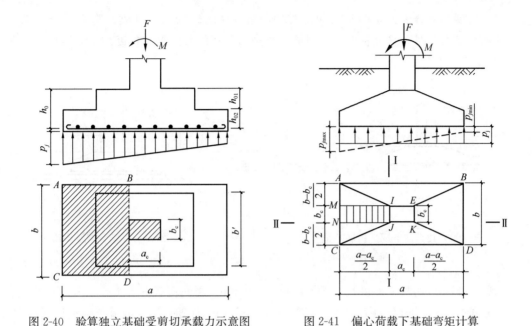

图 2-40　验算独立基础受剪切承载力示意图　　　图 2-41　偏心荷载下基础弯矩计算

2.8.5　墙下条形扩展基础验算

墙下条形扩展基础的宽度和刚性基础的确定方法相同。

根据工程经验，基础高度可初步取为基础宽度的 1/8，再经抗剪验算后最终确定。一般墙下条形扩展基础取单位长度，即 1m，进行抗剪和抗弯曲验算。验算时按基底净压力 p_j 分布，计算危险断面（如墙脚或变阶处）的剪力 V 和弯矩 M。按受剪承载力应满足式（2-81）要求，核算基础高度。

$$V_s \leqslant 0.7\,\beta_{hs} f_t h_0 \tag{2-81}$$

式中，β_{hs} 的取法同前，然后根据弯矩 M 和截面有效高度 h_0 配置基础横向受力钢筋。

2.8.6　钢筋混凝土扩展基础的构造要求

现浇柱下扩展基础一般做成锥形和台阶形，如图 2-42 所示。锥形基础的边缘高度通常不小于 200mm，锥台坡度 $i \leqslant 1:3.0$。为保证基础有足够的刚度，台阶形基础台阶的宽高比不大于 2.5，每台阶高度通常为 $300\sim500$mm。基础下宜设素混凝土垫层，厚度不小于 70mm。当有垫层时，钢筋保护层厚度不宜小于 40mm，没有垫层时不宜小于 70mm。底板受力钢筋按计算确定，最小配筋率不应小于 0.15%，钢筋直径不宜小于 10mm，间距宜为 $100\sim200$mm。分布钢筋的面积不应小于受力钢筋面积的 1/15。要注意柱子与基础的牢固连接，插筋的数量、直径和钢筋种类应与柱内纵向钢筋相同。插筋的锚固长度以及与柱的纵向钢筋连接方法应符合《混凝土结构设计规范》GB 50010—2010（2015 年版）的要求。

预制柱杯口基础的设计，原则上与现浇单独基础相同，具体构造可参阅《建筑地基基础设计规范》GB 50007—2011 工业厂房结构设计方面的内容。

墙下扩展基础分为无肋型和带肋型两种,当墙体为砖砌体,且放大脚不大于 1/4 砖长,计算基础弯矩时,悬臂长度应取自放大脚边缘起算的实际悬臂长度加 1/4 砖长,即 b_t +0.06m,见图 2-43。

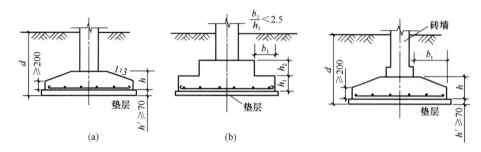

图 2-42　柱下现浇扩展基础(单位:mm)　　　图 2-43　砖墙下扩展基础
(a)锥形;(b)台阶形　　　　　　　　　　　　(单位:mm)

【例 2-4】 某厂房柱子断面尺寸为 600mm×400mm,竖向荷载 $F = 1080$kN,力矩 $M = 297$kN·m,水平荷载 $H = 67.5$kN,基础埋置深度 2m。基础为钢筋混凝土单独扩展基础,混凝土强度等级为 C20,通过持力层及下卧层的地基承载力验算,确定基础的底面尺寸为 3m×2.4m,剖面采用锥形,基础高度初步确定为 0.6m,见图 2-44,试进行基础结构验算。

【解】

(1)计算基础底面净反力

$$e = \frac{\sum M}{F} = \frac{297 + 67.5 \times 2}{1080} = 0.4\text{m} < \frac{3}{6}\text{m} = 0.5\text{m}$$

$$p_{j\min}^{\max} = \frac{F}{A}\left(1 \pm \frac{6e}{l}\right) = \frac{1080}{3 \times 2.4}\left(1 \pm \frac{6 \times 0.4}{3}\right) = \frac{270}{30}\text{kPa}$$

$$p_j = 150\text{kPa}$$

(2)基础抗冲切验算

① A_l 面积上地基总净反力(冲切载荷) F_l 计算

$$A_l = \left(\frac{a}{2} - \frac{a_c}{2} - h_0\right)b - \left(\frac{b}{2} - \frac{b_c}{2} - h_0\right)^2$$

$$h_0 = 600 - 50 = 550 \text{ mm}$$

$$A_l = \left(\frac{3}{2} - \frac{0.6}{2} - 0.55\right) \times 2.4 - \left(\frac{2.4}{2} - \frac{0.4}{2} - 0.55\right)^2 = 1.3575\text{m}^2$$

$$F_l = p_{j\max} A_l = 270 \times 1.3575 = 366.5\text{kN}$$

② 验算抗冲切承载力

$$V_s \leqslant 0.7 \beta_{\text{hp}} f_t b_m h_0$$

因为 $h = 600$mm < 800mm,因此 $\beta_{\text{hp}} = 1$。

基础采用 C20 混凝土,轴心抗拉强度设计值 $f_t = 1.1$MPa。

$$0.7 \beta_{\text{hp}} f_t b_m h_0 = 0.7 \times 1 \times 1100 \times (0.4 + 0.55) \times 0.55 = 402.3\text{kN}$$

$$F_l < V_s$$

基础不会发生冲切破坏。

（3）柱边基础弯矩计算

柱边与远侧基础边缘的距离 $a'=1.8\text{m}$，柱边处的地基净反力为：

$$p_{j1}=\frac{a'}{a}(p_{j\max}-p_{j\min})+p_{j\min}=\frac{1.8}{3}\times(270-30)+30=174\text{kPa}$$

$$M_{\text{I}}=\frac{1}{48}(a-a_c)^2\big[(p_{j\max}+p_{j1})(2b+b_c)+(p_{j\max}-p_{j1}b)\big]$$

$$=\frac{1}{48}\times(3-0.6)^2\times\big[(270+174)\times(2\times2.4+0.4)+(270-174)\times2.4\big]$$

$$=304.7\text{kN}\cdot\text{m}$$

$$M_{\text{II}}=\frac{p_j}{24}(b-b_c)^2(2a+a_c)$$

$$=\frac{150}{24}\times(2.4-0.4)^2\times(2\times3+0.6)$$

$$=165\text{kN}\cdot\text{m}$$

根据 M_{I} 和 M_{II}，计算两个方向的受力钢筋面积，然后布置钢筋。

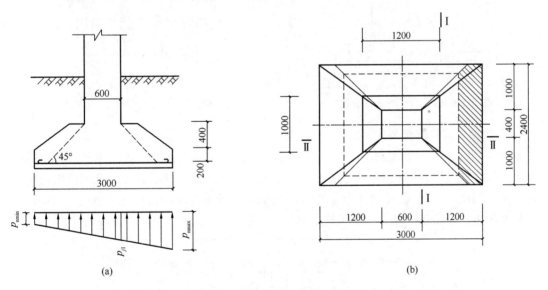

图 2-44　例 2-4 图（单位：mm）

2.9　减轻建筑物不均匀沉降危害的措施

地基的地质条件不同，或上部结构载荷差异较大等原因，会诱发建筑物产生不均匀沉降，当不均匀沉降超过容许限度时，将会导致建筑物开裂、损坏，甚至带来严重危害。

采取必要的技术措施，避免或减轻建筑物的不均匀沉降，一直是建筑设计中的重要内容。由于建筑物上部结构、基础和地基是相互影响和共同工作的，因此在设计工作中应尽可能采取综合技术措施，才能取得较好的效果。

2.9.1　建筑措施

1. 建筑物体型应力求简单

建筑物的体型设计应当力求避免平面形状复杂和立面高低悬殊。平面形状复杂的建筑物如图 2-45 所示，在其纵横交接处，地基中附加应力叠加，将造成较大的沉降，使墙体产生裂缝。当立面高低悬殊，会使作用在地基上的荷载差异大，易引起较大的沉降差，使建筑物倾斜和开裂（图 2-46）。因此宜尽量采用长高比较小的"一"字形建筑，如果因建筑设计需要，建筑平面及体型复杂，就应采取工程措施，避免不均匀沉降危害建筑物。建筑物的立面体型变化不宜过大，砌体承重结构房屋高差小于等于 1～2 层。

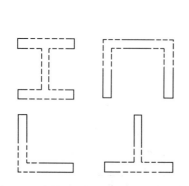

图 2-45　建筑平面复杂，易因不均匀沉降
产生开裂的部位示意图（虚线处）

图 2-46　建筑立面高差大的建筑物，因为不均匀
沉降引起开裂的部位示意图

2. 控制建筑物的长高比

建筑物的长高比是决定结构整体刚度的主要因素。长高比越大，结构的整体刚度就越差，抵抗弯曲变形和调整不均匀沉降的能力就越差，过长的建筑物，纵墙会因较大挠曲出现开裂（图 2-47）。一般经验认为，2、3 层以上的砖承重房屋的长高比不宜大于 2.5。对于体型简单、横墙间隔较小、荷载较小的房屋可适当放宽比值，但一般不大于 3.0。

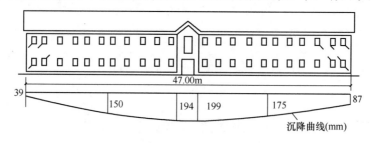

图 2-47　过长建筑物的开裂实例（长高比 7.6）

3. 合理布置纵横墙

地基不均匀沉降最易产生于纵向挠曲，因此一方面要尽量避免纵墙开洞、转折、中断而削弱纵墙刚度；另一方面应使纵墙尽可能与横墙连接，缩小横墙间距，以增加房屋整体刚度，提高调整不均匀沉降的能力。

4. 合理安排相邻建筑物之间的距离

由于邻近建筑物或地面堆载作用，会使建筑物地基的附加应力增加而产生附加沉降。在软弱地基上，当相邻建筑物越近，这种附加沉降就越大，可能使建筑物产生开裂或倾斜。

为减少相邻建筑物的影响，应使相邻建筑保持一定的间隔，在软弱地基上建造相邻的新建筑时，其基础间净距可按表 2-28 采用。

相邻建筑基础间的净距（m）   表 2-28

新建建筑的预估平均沉降量	被影响建筑的长高比	
s（mm）	$2.0 \leqslant L/H_f < 3.0$	$3.0 \leqslant L/H_f < 5.0$
70~150	2~3	3~6
160~250	3~6	6~9
260~400	6~9	9~12
>400	9~12	≥12

注：1. 表中 L 为房屋或沉降缝分隔的单元长度，m；H_f 为自基础底面标高算起的房屋高度，m；
　　2. 当被影响建筑的长高比 L/H_f 大于 1.5 小于 2.0 时，其基础间净距可适当缩小。

5. 设置沉降缝

用沉降缝将建筑物分割成若干独立的沉降单元，这些单元体型简单，长高比小，整体刚度大，荷载变化小，地基相对均匀，自成沉降体系，因此可有效地避免不均匀沉降带来的危害。沉降缝的位置应选择在下列部位上。

（1）建筑平面转折处；

（2）建筑物高度或荷载差异处；

（3）过长的砖石承重结构或钢筋混凝土框架结构的适当部位；

（4）建筑结构或基础类型不同处；

（5）地基土的压缩性有显著差异或地基基础处理方法不同处；

（6）分期建造房屋交界处；

（7）拟设置伸缩缝处。

沉降缝应从屋顶到基础把建筑物完全分开，其构造可参见图 2-48。缝内不可填塞材料（寒冷地区为防寒可填以松软材料），缝宽以不影响相邻单元的沉降为准，特别应注意避免相邻单元相互倾斜时，在建筑物上方造成挤压损坏。工程中建筑物沉降缝宽度一般可参照表 2-29 选用。

为了建筑立面易于处理，沉降缝通常与伸缩缝及抗震缝结合起来设置。

如果地基很不均匀，或建筑物体型复杂，或高低（或荷载）悬殊所造成的不均匀沉降

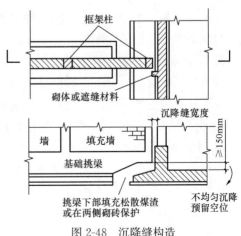

图 2-48　沉降缝构造

较大，还可考虑将建筑物分为相对独立的沉降单元，并相隔一定的距离以减少相互影响，中间用能适应自由沉降的构件（例如简支或悬挑结构）将建筑物连接起来。

房屋沉降缝宽度

表 2-29

房屋层数	沉降缝宽度（mm）
2～4	50～80
3～5	80～120
>5	≥120

6. 控制与调整建筑物各部分标高

根据建筑物各部分可能产生的不均匀沉降，采取一些技术措施，控制与调整各部分标高，减轻不均匀沉降对使用上的影响。

（1）适当提高室内地坪和地下设施的标高；

（2）对结构或设备之间的连接部分，适当将沉降大者的标高提高；

（3）在结构物与设备之间预留足够的净空；

（4）有管道穿过建筑物时，预留足够尺寸的孔洞或采用柔性管道接头。

2.9.2　结构措施

1. 减轻建筑物的自重

建筑物的自重在基底压力中占很大的比例，统计资料表明，一般工业建筑的自重占 $40\%\sim50\%$，一般民用建筑的自重高达 $60\%\sim80\%$，因此减少建筑物的自重可以有效减少基底压力，从而达到减少沉降的目的。

（1）选用轻质高强的墙体材料，减轻墙体重量。砌体承重结构的房屋，墙体重量约占结构总重量的 50% 以上，所以选用轻型的、高强的墙体材料，如各种空心砌块、多孔砖等，可以不同程度地减少建筑物的自重。

（2）选用轻型结构形式，减少结构自重。常用的轻型结构有预应力钢筋混凝土结构、轻钢结构及各种轻型空间结构（如悬索结构、充气结构等）和其他轻质高强材料结构等。

（3）减少基础和回填土的重量。选用自重轻、覆土少的基础形式以减少基底压力，如用架空地板代替厚填土、空心基础代替实体基础等，有条件时尽量采用补偿式基础（当基础有足够埋深，基底的实际压力等于该处原有的土自重压力时，称为补偿式基础）。

2. 减小或调整基底的附加压力

设置地下室或半地下室，利用挖除的土重去补偿一部分，甚至全部建筑物的重量，有效地减小基底的附加压力，起到均衡与减小沉降的目的。此外，也可通过调整建筑与设备荷载的部位以及改变基底的尺寸，来达到控制与调整基底压力，减少不均匀沉降量。

3. 增强基础刚度

在软弱和不均匀的地基上采用整体刚度较大的交叉梁、筏形基础和箱形基础，提高基础的抗变形能力，以调整不均匀沉降。

4. 采用合适的结构形式

在进行结构选型时，各部分要相互统一。当选用结构体系时，就要加强上部结构的刚度，保证当地基出现一定程度的不均匀沉降时，能够完全承受由此引起的附加内力。当采用非敏感性结构如排架、三铰拱等铰接结构管支座处的相对位移不会引起上部结构中附加内力，但要保证节点为铰接而不是半刚半铰，并考虑采取相应的防范措施，以保证屋盖系统、围护结构、吊车梁及联系构件等工作，而不产生损坏。

5. 设置圈梁

设置圈梁可增强砖石承重墙房屋的整体性，提高墙体的抗挠、抗拉、抗剪能力，是防止墙体裂缝产生与发展的有效措施，在地震区还起到抗震作用。

因为墙体可能受到正向或反向的挠曲，一般在建筑物上下各设置一道圈梁，下面圈梁可设在基础顶面上，上面圈梁可设在顶层门窗以上（可结合作为过梁）。更多层的建筑，圈梁数可相应增多。圈梁在平面上应成闭合系统，贯通外墙、承重内纵墙和内横墙，以增强建筑物的整体性。如果圈梁遇到墙体开洞，应在洞的上方添设加强圈梁，按图 2-49 所示的要求处理。

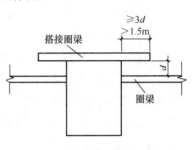

图 2-49 圈梁被墙洞中断时的处理

圈梁一般是现浇的钢筋混凝土梁，宽度可同墙厚，高度不少于 120mm，混凝土的强度等级不低于 C15，纵向钢筋宜不小于 4φ8，箍筋间距不大于 300mm，当兼作过梁时应适当增加配筋。

2.9.3 施工措施

在软弱地基上施工，采用合理的施工顺序和施工方法至关重要，这也是减小或调整匀沉降的有效措施。

1. 遵循先重（高）后轻（低）的施工程序

当拟建的相邻建筑物之间轻重（或高低）悬殊时，一般应按照先重（高）后轻（低）的程序进行施工。必要时还应在较重建筑物竣工后间歇一段时间，再建造较轻的邻近建筑物。

如果重的主体建筑物与轻的附属部分相连时，也应按上述原则处理。此种情况下，可采用预留施工缝的办法，并按照先重后轻的顺序进行施工，待预留缝两侧的结构已建成且沉降基本稳定后再浇筑封闭施工缝，把建筑物连成整体结构，如图 2-50 所示。

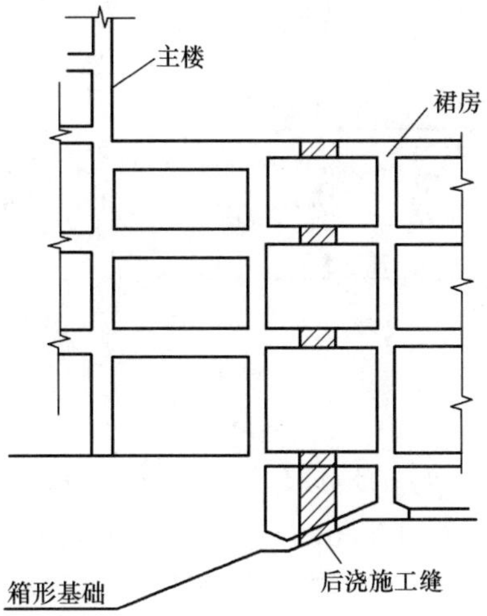

2. 注意保护坑底土（岩）体

对于灵敏度较高的软黏土，在施工时应注意不要破坏其原状结构，在浇筑基础前需保留约 200mm 厚覆盖土层，待浇筑基础时再清除。若地基土受到扰动，应注意清除扰动土层，并铺上一层粗砂或碎石，经压实后再在砂或碎石垫层上浇筑混凝土。如果基础埋置在易风化的岩土层上，施工时应在基坑开挖后立

图 2-50 某高层建筑物主楼与裙房间
预留后浇施工缝

（图中标注：主楼、裙房、箱形基础、后浇施工缝）

即铺筑垫层。

此外，施工时还需特别注意基础开挖时，由于井点排水、基坑开挖、施工堆载等可能对邻近建筑造成的附加沉降。

思考题和练习题

码2-1 课程思政案例：土木工程案例中的工程伦理问题分析

2-1 地基基础有哪几种类型？

2-2 什么是基础埋深？其影响因素有哪些？

2-3 地基土的冻结深度取决于哪些因素？如何确定地基的最小埋置深度？

2-4 什么是地基允许承载力？

2-5 按《建筑地基基础设计规范》，地基承载力特征值可用什么方法确定？

2-6 如何对地基承载力进行宽度和深度修正？

2-7 如何进行地基软弱下卧层承载力验算？

2-8 什么是扩展基础？其与刚性基础相比有什么优点？

2-9 什么是基础的冲切破坏？如何进行基础的冲切验算？

2-10 建筑物的地基变形有哪几种类型？举例说明不同种类的建筑物受哪类变形控制？

2-11 如何从建筑物的布置上减少不均匀沉降？

2-12 有哪些结构措施可以减少建筑物的不均匀沉降？

2-13 有哪些施工方法可以减少建筑物不均匀沉降所造成的危害？

2-14 某地基的工程地质剖面如图2-51所示，条形基础宽度 $b=2.5m$，如果埋置深度分别为0.8m和2.4m，试用《建筑地基基础设计规范》GB 50007—2011的公式确定土层②和土层③层顶处的承载力特征值 f_a。

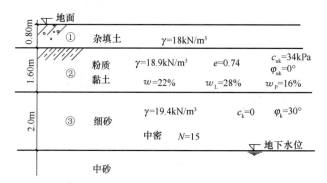

图 2-51 习题 2-14

2-15 在某地基上修建公路桥梁，桥墩承受的荷载（包括地面以上桥墩的自重）为5000kN，地基土层情况为：第一层为黏土，厚2m，$\gamma=18.5kN/m^3$；第二层为粉质黏土，厚5m，$\gamma=19.0kN/m^3$，$e=0.86$，$I_L=0.85$。若采用第二层土层为持力层，现场载荷试验结果如表2-30所示，桥墩平面尺寸为6m×2m，试设计桥墩的基础（考虑河床冲刷，桥墩基础至少要在现地面以下2m）。

第二层土现场载荷试验结果 表 2-30

试验编号	比例界限荷载 p_{cr}(kPa)	极限荷载 p_u(kPa)
1 号	203	455
2 号	252	444
3 号	213	433

2-16 已知按荷载标准组合承重墙每 1m 中心荷载（至设计地面）为 188kN，刚性基础埋置深度 $d=1.0$m，基础宽度 1.2m，地基土层如图 2-52 所示，试验算③层软弱土层的承载力是否满足要求？

2-17 某厂房柱子断面为 0.6m×0.6m。作用在柱基上的荷载（至设计地面）为竖向力 $F=1000$kN，水平力 $H=60$kN，力矩 $M=180$kN·m，基础梁端集中荷载 $P=80$kN。地基土为均匀粉质黏土，土的性质和地下水位见图 2-53。试设计柱下刚性基础的底面积。

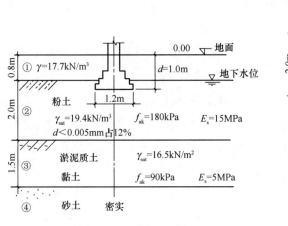

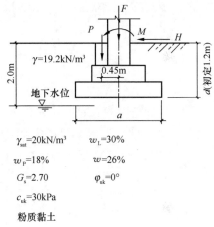

图 2-52 习题 2-16 图　　　　　　　　　　　图 2-53 习题 2-17 图

2-18 某承重墙厚 240mm，作用于地面标高处的荷载 $F_k=180$kN/m，拟采用砖基础，埋深为 1.2m。地基土为粉质黏土，$\gamma=18$kN/m³，$e_0=0.9$，$f_{ak}=170$kPa，如图 2-54 所示。试确定砖基础的底面宽度，并按一皮一收砌法画出基础剖面示意图。

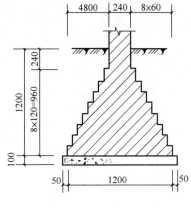

图 2-54 习题 2-18 图

2-19 拟建 7 层建筑物，上部为框架结构，柱的平面布置及柱荷载如图 2-55 所示。基础埋深 1.5m，单一土层，承载力为 $f_a = 180$kPa，试选用建筑物的基础形式。

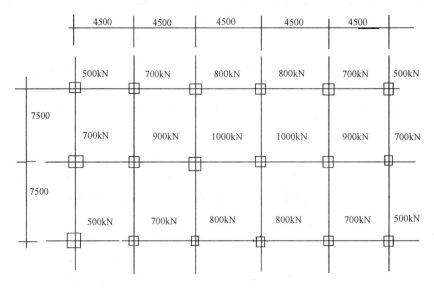

图 2-55 习题 2-19 图

2-20 扩展基础的底面尺寸为 2.0m×1.2m，柱的截面尺寸为 0.5m×0.5m（图 2-56），中心荷载（地面处）为 500kN，基础的高度为 0.5m，有效高度为 0.465m，混凝土的抗拉强度为 1.1MPa，试验算基础的抗冲切破坏强度（$\beta_{hp} = 1$），要求画出计算简图。

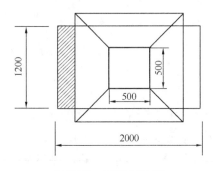

图 2-56 习题 2-20 图

码2-2 第2章思考题
和练习题参考答案

第3章 连 续 基 础

3.1 概述

随着我国社会经济的发展和现代化建设事业的推进，需要在各个地区各种地质条件的地基上建造大规模、多层、结构复杂、安全使用条件较高的各种类型建筑物，如住宅楼、办公楼、大型综合性公共建筑物等，地基基础的设计与施工是建造这类现代建筑物的关键技术经济条件，是确保建筑物稳定安全与正常使用的根本。柱下条形基础、筏形基础和箱形基础因其上能连接上层建筑，下可传递载荷并嵌固于地基上，发挥了建筑物—基础—地基的共同作用，保证了建筑物的安全与使用要求，成为高层建筑的主要基础类型。

柱下条形基础、筏形基础和箱形基础的设计，总的来说仍可参考使用第2章介绍的基本设计原则、内容、方法和程序，但在设计刚性基础和扩展基础时，由于建筑物较小，结构简单，在计算分析中把上部结构、基础与地基按静力平衡条件简单分割成独立的三个组成部分，由此设计的结构内力与变形误差不大，通常是偏于安全的，因其方法简便适用，工程界普遍采用。然而对于柱下条形基础、筏形基础与箱形基础，因其体型大、埋置较深、承受很大荷载，与上部结构形成整体，与下部地基土紧密结合，共同作用，在进行结构分析计算中，若仍将上部结构、基础和地基简单分开，仅满足静力平衡条件而不考虑三者之间的变形协调条件的影响，则常常会引起较大的误差，甚至得到不正确的结果，因此与刚性基础和扩展基础相比，设计这类基础时，上部结构、基础与地基三者之间不但要满足静力平衡条件，而且还要满足变形协调条件，以符合接触点应力与变形的连续性，反映共同作用的机理。

在解答共同作用问题时，对这类基础的设计需要有相适应的计算理论与分析方法，主要包括两项：

（1）建立能较好反映地基土变形特性的地基模型及确定模型参数的方法，其目的就是表达地基的刚度，以便在共同作用分析中，可定量计算。

（2）建立上部结构、基础与地基共同作用理论与分析计算方法。其原理是根据上部结构、基础和地基的各自刚度进行变形协调计算。上部结构与基础间的结构连接，可采用结构力学的方法求解，而基础与地基间的连接是性质软弱的天然地基土体与刚劲的结构物的紧密连接与相互作用，需要应用专门的地基模型理论与结构计算方法来解答。因此，上部结构、基础及地基的刚度对三者相互作用的影响，是共同作用理论的核心；而基础与地基接触面的反力计算，则是解答共同作用理论的关键问题。

本章将在第2章介绍的刚性基础和扩展基础设计的基础上，着重分析在柱下条形基础、筏形基础和箱形基础的设计中如何考虑上部结构、基础与地基的共同作用，主要包括地基模型选择、地基反力的计算及各类基础结构计算等内容。为了更容易学习掌握共同作用的基本概念与分析计算方法，选择结构简单、受各种因素影响小的柱下条形基础，分析了三种基本的共同作用类型和相应的三种最基本的分析计算方法。筏形基础与箱形基础的设计方法，因为维数增加，更为繁冗，但其基本原理与方法相通，本章不再重复论述，仅就解决这些结构构造的设计问题作概括介绍。

连续基础工程设计应该充分考虑上层结构、基础与地基的共同作用，但要建立精确的理论计算解答相当困难，虽然通过大量工程设计实践，取得了丰富经验，也总结出很多设计原理与方法，但实际情况复杂，牵涉的影响因素很多，而且地基是很复杂的，难以建立理想的地基模型。共同作用的概念虽然清晰，但难以准确地表达与计算，因此为了解决实际的设计问题，难免要做些理论上的假设、方法的简化、对参数的适当选择与修正，但考虑共同作用的分析计算结果与实测资料的对比，往往存在不同程度的差异，有时差别还较大，说明理论分析计算方法尚有待进一步完善。因此在设计中有许多设计人员提出以"构造为主、计算为辅"的原则，即根据实际工程提供的经验与方法设计基础的结构与构造，再辅以各类理论计算进行校核，也是一种有效解决问题的途径。本章根据《高层建筑筏形与箱形基础技术规范》JGJ 6—2011进行编写。

3.2　上部结构、基础与地基的共同作用

3.2.1　基本概念

上部结构通过墙、柱与基础相连接，基础底面直接与地基接触，三者组成一个完整的体系，在接触处既传递荷载，又相互约束、相互作用。若将三者在界面处分开，不仅各自要满足静力平衡条件，还要满足变形协调、位移连续条件。它们之间的相互作用效果主要取决于其刚度。下面分别分析上部结构、基础和地基如何通过各自的刚度在体系的共同工作中发挥作用。

1. 上部结构与基础的共同作用

先不考虑地基的影响，假设地基是变形体且基础底面反力均匀分布，如图 3-1（a）所示。若上部结构为绝对刚性体（例如刚度很大的现浇剪力墙结构），基础为刚度较小的条形或筏形基础，当地基变形时，由于上部结构不发生弯曲，各柱只能均匀下沉，约束基础不能发生整体弯曲。这种情况，基础像支承在倒置的连续梁上，柱端视为不动铰支座，以基底反力为荷载，仅在支座间发生局部弯曲。

如图 3-1（b）所示，若上部结构为完全柔性结构，基础也是刚性较小的条形、筏形基础，这时上部结构对基础的变形没有或仅有很小的约束作用，基础不仅因跨间受地基反力而产生局部弯曲，同时还要随结构变形产生整体弯曲，两者叠加将产生较大的变形和内力。

若上部结构刚度介于上述两种极端情况之间，在地基、基础和荷载条件不变的情况下，随着上部结构刚度的增加，基础挠曲和内力将减小，与此同时，上部结构因柱端的位移而产生次生应力。进一步分析，若基础也具有一定的刚度，则上部结构与基础的变形和

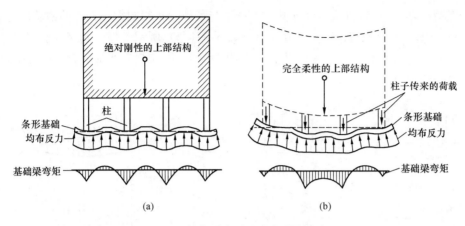

图 3-1 结构刚度对基础变形的影响

（a）结构绝对刚性；（b）结构完全柔性

内力必定受两者的刚度所影响，这种影响可以通过结点处内力的分配来进行分析，属于结构力学问题。

2. 地基与基础的共同作用

把地基的刚度也引入体系中，所谓地基的刚度就是地基抵抗变形的能力，表现为土的软硬或压缩性。若地基土不可压缩，则基础不会产生挠曲，上部结构也不会因基础不均匀沉降而产生附加内力，这种情况下，共同作用的相互影响很微弱，上部结构、基础和地基三者可以分割开来分别进行计算，岩石地基和密实的碎石及砂土地基的建筑物就接近于这种情况，如图 3-2（b）所示。

通常地基土都具有一定的压缩性，在上部结构和基础刚度不变的情况下，地基土越软弱，基础的相对挠曲和内力就越大，而且引起上部结构较大的次应力，如图 3-2（a）所示。

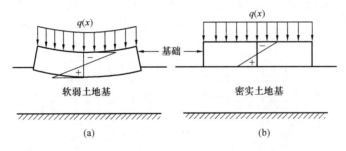

图 3-2 不同压缩性地基对基础挠曲与内力的影响

当地基压缩土层非均匀分布时，如图 3-3 所示，两种不同的非均布形式对基础与上部结构的挠曲和内力将产生两种完全不同的结果，因此对压缩性大的地基或非均匀性地基，考虑地基与基础的共同作用就很有必要。

基础将上部结构的荷载传递给地基，在这一过程中，通过自身的刚度，对上调整上部结构荷载，对下约束地基变形，使上部结构、基础和地基形成一个共同受力、变形协调的整体，在体系的工作中，基础起承上启下的关键作用。为便于分析，先不考虑上部结构的作用，假设基础是完全柔性，这时荷载的传递不受基础约束也无扩散作用，则作用在基础

上的分布荷载 $q(x,y)$ 将直接传到地基上，产生与荷载分布相同大小相等的地基反力 $p(x,y)$，当荷载均匀分布时，反力也均匀分布，如图 3-4（a）所示。但是地基上的均布荷载，将引起地表发生弯曲变形，显然，要使基础沉降均匀，则荷载与地基反力必须按中间小两侧大的抛物线形分布，见图 3-4（b）。

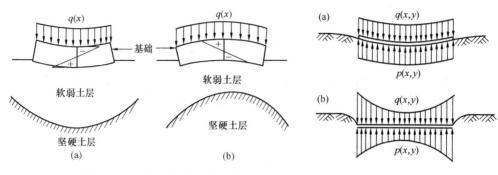

图 3-3　非均匀地基对基础挠曲与内力的影响

图 3-4　柔性基础基底反力
（a）荷载均布时，$p(x,y)＝$ 常数；
（b）沉降均匀时，$p(x,y)\neq$ 常数

　　刚性基础对荷载的传递和地基的变形起约束与调整作用。假定基础绝对刚性，在其上方作用有均布荷载，为适应绝对刚性基础不可弯曲的特点，基底反力将向两侧边缘集中，迫使地基表面变形均匀以适应基础的沉降。当把地基土视为完全弹性体时，基底的反力分布将呈抛物线分布形式，如图 3-5（a）所示。实际的地基具有的强度有限，基础边缘处的应力太大，地基土因屈服发生塑性变形，部分应力将向中间转移，于是反力的分布呈鞍形分布，如图 3-5（b）所示。就承受剪应力的能力而言，基础下中间部位的土体高于边缘的土体，因此当荷载继续增加时，基础下面边缘处土体的破坏范围不断扩大，反力进一步从边缘向中间转移，其分布形式就成为钟形分布，如图 3-5（c）所示。如果地基土是无黏性土，没有黏结强度，且基础埋深很浅，边缘外侧自重压力很小，则该处土体几乎不具有抗

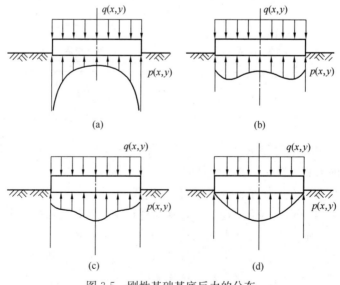

图 3-5　刚性基础基底反力的分布

剪强度，也就不能承受任何荷载，因此反力就可能呈现倒抛物线的分布，如图 3-5(d) 所示。

如果基础不是绝对的刚性体而是有限刚性体，在上部结构传来荷载和地基反力的共同作用下，基础会产生一定程度的挠曲，地基土在基底反力的作用下产生相应的变形。根据地基和基础变形协调的原则，理论上可以根据两者的刚度求出反力分布曲线，曲线形式是如图 3-5 所示。显然实际的分布曲线形状取决于基础与地基的相对刚度，基础刚度越大，地基的刚度越小，则基底反力向边缘集中的程度越高。

3. 上部结构、基础与地基的共同作用

若把上部结构等价成一定的刚度，叠加在基础上，然后用叠加后的总刚度与地基进行共同作用的分析，求出基底反力分布曲线，这条曲线就是考虑上部结构—基础地基共同作用后的反力分布曲线。将上部结构和基础作为一个整体，将反力曲线作为边界荷载与其他外荷载一起加在该体系上，就可以用结构力学的方法求解上部结构和基础的挠曲和内力。反之，把反力曲线作用于地基上就可以用土力学的方法求解地基的变形，即原则上考虑上部结构—基础—地基的共同作用，分析结构的挠曲和内力是可能的，其关键问题是求解考虑共同作用后的基底反力的分布。

求解基底的实际反力分布是一个很复杂的问题，因其真正的反力分布图受地基—基础变形协调这一要求的制约，其中基础的挠曲取决于作用于其上的荷载（包括基底反力）和自身的刚度。地基表面的变形则取决于全部地面荷载（即基底反力）和土的性质。即使把地基土当成某种理想的弹性材料，利用基底各点地基与基础变位协调条件以推求反力分布就已经是一个不简单的问题，更何况土并非理想的弹性材料，变形模量随应力水平而变化，而且还容易产生塑性变形，这时的模量将进一步降低，因而使问题的求解变得十分复杂。因此直至目前，共同作用的问题原则上都可以求解，而实用上尚没有一种完善的方法能够对各类地基条件均给出满意的解答，其中最大的困难就是选择正确的地基模型。

3.2.2 地基模型

目前地基计算的模型很多，依其对地基土变形特性的描述可分为三大类：线性弹性地基模型、非线性弹性地基模型和弹塑性地基模型。本节简要介绍较简单、常用的线性弹性地基模型。

1. 文克尔地基模型

文克尔地基模型是由文克尔（E. Winkler）于 1867 年提出的。该模型假定地基土表面上任一点处的变形 s_i 与该点所承受的压力强度 p_i 成正比，而与其他点上的压力无关，即

$$p_i = k s_i \tag{3-1}$$

式中 k——地基抗力系数，也称基床系数，kN/m^3。

文克尔地基模型是把地基视为在刚性基座上由一系列侧面无摩擦的土柱组成，并可以用一系列独立的弹簧来模拟，如图 3-6(a) 所示。其特征是地基仅在荷载作用区域下发生与压力成正比的变形，在区域外的变形为零。基底反力分布图形与地基表面的竖向位移图

形相似。显然当基础的刚度很大，受力后不发生挠曲，则按照文克尔地基的假定，基底反力成直线分布，如图 3-6(c) 所示。受中心荷载时，则基底反力为均匀分布。

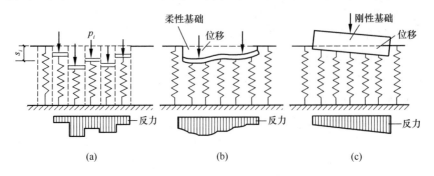

图 3-6　文克尔地基模型示意图

（a）侧面无摩阻力的土柱弹簧体系；（b）柔性基础下的弹簧地基模型；
（c）刚性基础下的弹簧地基模型

　　实际上地基是一个很宽广的连续介质，表面任意点的变形量不仅取决于直接作用在该点的荷载，而且与整个地面荷载有关，因此，严格符合文克尔地基模型的实际地基是不存在的，但对于抗剪强度较低的软土地基，或地基压缩层较薄，其厚度不超过基础短边的半长，荷载基本上不向外扩散的情况，可以认为比较符合文克尔地基模型。对于其他情况，应用文克尔地基模型则会产生较大的误差，但是可以在选用地基抗力系数 k 时，按经验方法做适当修正，减小误差，以扩大文克尔地基模型的应用范围。文克尔地基模型表述简单，应用方便，因此在柱下条形、筏形和箱形基础的设计中，这一地基模型已得到广泛的应用，并已积累了丰富的设计资料和经验，可供设计时参考。

　　2. 弹性半无限空间地基模型

　　该模型假设地基是一个均质、连续、各向同性的半无限空间弹性体，按布辛内斯克（J. Boussinesq）的解答，弹性半空间表面上作用一竖向集中力 P，则半空间表面上离作用点半径为 r 处的地表变形值 s（图 3-7a）为

$$s = \frac{1 - \nu^2}{\pi E} \cdot \frac{P}{r} \qquad (3-2)$$

式中　ν——土的泊松比；

　　　　E——土的变形模量。

　　分布在有限面积 A 上（图 3-7b），强度为 p 的连续荷载，可通过对基本解进行积分，求得地基表面各点的变形。例如均匀分布在矩形面积内的荷载（图 3-7c），通过积分，求得矩形角点处变形值为

$$s_c = \frac{pb(1 - \nu^2)}{E} I_c \qquad (3-3)$$

式中　I_c——角点影响系数，见表 3-1。

　　在土力学中，用弹性半无限空间地基模型计算地基应力与变形的常规方法，已有很多成果可供应用，但把这些结果用于解决基础与地基相互作用时，还要考虑基础与地基变形

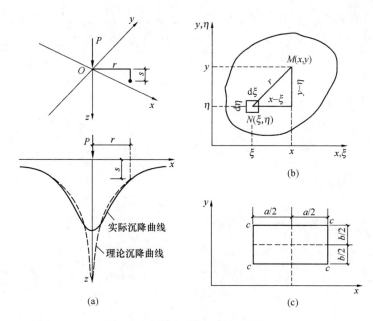

图 3-7 弹性半无限空间地基模型

（a）集中荷载作用下任意点地面沉降 s；（b）任意有限面积上作用连续荷载 p；

（c）矩形面积上作用分布荷载 p

的协调，计算相当繁杂，可通过各种数值方法求解。

基础角点影响系数 I_c　　　　　　　　　　　　　表 3-1

基础刚度	基础形状									
	圆形	矩形（边长 $m=a/b$）								
		1.0	1.5	2.0	3.0	5.0	10	20	50	100
刚性	0.79	0.88	1.07	1.21	1.42	1.70	2.10	2.46	3.00	3.43
柔性	0.64	0.56	0.68	0.77	0.89	1.05	1.2	1.49	1.80	2.00

作用于地基表面（x-y 平面）$mnOp$ 范围内的分布荷载如图 3-8 所示。把荷载面积划分为 n 个 $a_j \times b_j$ 的微元，分布于微元之上的荷载用作用于微元中心点上的集中力 P_j 表示，以微元的中心点为节点，则作用于各节点上的等效集中力可用列矩阵 $\boldsymbol{P}$ 表示，P_j 对地基表面任一节点 i 上所引起的变形为 s_{ij}，若 $\overline{P}_j = 1.0$，按式（3-2）有

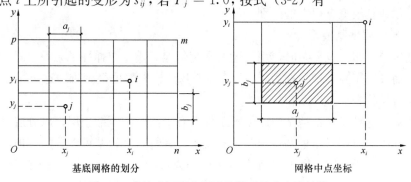

图 3-8 弹性半无限空间地基模型地表变形计算

$$s_{ij} = \delta_{ij} = \frac{1-\nu^2}{\pi E} \frac{1}{\sqrt{(x_j - x_i)^2 + (y_j - y_i)^2}} \tag{3-4}$$

式中　　x_i、y_i 与 x_j、y_j ——节点 i、j 的坐标；

δ_{ij} —— j 节点上单位集中力在 i 节点引起的变形。

i 节点总的变形为

$$\boldsymbol{s}_i = (\delta_{i1} \quad \delta_{i2} \quad \cdots \quad \delta_{in}) \begin{bmatrix} P_1 \\ P_2 \\ \vdots \\ P_n \end{bmatrix} \tag{3-5}$$

于是，地基表面各节点的变形可表示为

$$\begin{bmatrix} s_1 \\ s_2 \\ \vdots \\ s_n \end{bmatrix} = \begin{bmatrix} \delta_{11} & \delta_{12} & \cdots & \delta_{1n} \\ \delta_{21} & \delta_{22} & \cdots & \delta_{2n} \\ \vdots & \vdots & \vdots & \vdots \\ \delta_{n1} & \delta_{n2} & \cdots & \delta_{nn} \end{bmatrix} \begin{bmatrix} P_1 \\ P_2 \\ \vdots \\ P_n \end{bmatrix} \tag{3-6}$$

可简写为

$$\boldsymbol{s} = \boldsymbol{\delta P} \tag{3-7}$$

$\boldsymbol{\delta}$ 称为地基的柔度矩阵。

式（3-7）就是用矩阵表示的弹性半无限空间地基模型中地基反力与地基变形的关系式。弹性半无限空间地基模型与文克尔地基模型假定不同，地基表面一点的变形量不仅取决于作用在该点上的荷载，而且与全部地面荷载有关。对于常见情况，基础宽度比地基土层厚度小，土也并非十分软弱，那么较之文克尔地基模型，弹性半空间地基模型更接近实际情况。但应该指出，半空间模型假定 E、ν 是常数，同时深度无限延伸，而实际上地基压缩土层都有一定的厚度，且变形模量 E 随深度而增加。因此，如果说文克尔地基模型因为没有考虑计算点以外荷载对计算点变形的影响，从而导致变形量偏小，则半空间模型由于夸大了地基的深度和土的压缩性而常导致计算得到的变形量过大。

弹性半无限空间地基上的绝对刚性基础受上部结构荷载作用时基底的反力分布如图 3-5(a) 所示，基底的边缘压力趋于无穷大。一般情况下，边缘压力比中间大，这点与上述的文克尔地基模型有很大的区别。

3. 有限压缩层地基模型

当地基土层分布比较复杂时，用上述的文克尔地基模型或弹性半无限空间地基模型均较难模拟，而且要正确合理地选用 k、E、ν 等地基计算参数也很困难，这时采用有限压缩层地基模型就比较合适。

有限压缩层地基模型把地基当成侧限条件下有限深度的压缩土层，以分层总和法为基础，建立地基压缩层变形与地基作用荷载的关系。其特点是地基可以分层，地基土假定是在完全侧限条件下受压缩，因而可较容易在现场或室内试验中取得地基土的压缩模量 E_s 作为地基模型的计算参数。地基计算压缩层厚度 H 仍按分层总和法的规定确定。

为了应用有限压缩层地基模型建立地基反力与地基变形的关系，可将基础平面划分成 n 个网格，并将其下的地基也相应划分成截面与网格相同的 n 个土柱，如图 3-9 所示。土柱的下端终止于压缩层的下限。将第 i 个棱柱土体按沉降计算方法的分层要求划分成 m 个计算土层，分层单元编号为 $t=1,2,3,\cdots,m$。假设在面积为 A_j 的第 j 个网格中心上，作用 1 个单位集中力 $\overline{P}_j=1.0$，则网格上的竖向均布荷载 $\overline{p}_j=1/A_j$。该荷载在第 i 网格下第 t 土层中点 z_i 处产生的竖向应力为 σ_{zijt}，可用角点法求解。那么 j 网格上的单位集中荷载在 i 网格中心点产生的变形量为

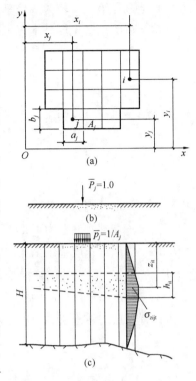

$$\delta_{ij}=\sum_{t=1}^{m}\frac{\sigma_{zijt}h_{it}}{E_{sit}} \tag{3-8}$$

式中　E_{sit}——i 土柱中第 t 层土的压缩模量；

　　　h_{it}——该土层的厚度。

δ_{ij} 是反映作用在微元 j 上的单位荷载对基底 i 点的变形影响，同样称为变形系数或柔度矩阵 $\boldsymbol{\delta}$ 的元素。在整个基底范围内，作用有实际的荷载，那么在整个基底所引起的变形可以用矩阵表示为

图 3-9　有限压缩层地基模型

（a）基底平面网格图；

（b）节点 j 上的集中荷载；

（c）节点 j 上的荷载在节点 i 下引起的应力分布

$$\begin{bmatrix} s_1 \\ s_2 \\ \vdots \\ s_n \end{bmatrix} = \begin{bmatrix} \delta_{11} & \delta_{12} & \cdots & \delta_{1n} \\ \delta_{21} & \delta_{22} & \cdots & \delta_{2n} \\ \vdots & \vdots & \vdots & \vdots \\ \delta_{n1} & \delta_{n2} & \cdots & \delta_{m} \end{bmatrix} \begin{bmatrix} P_1 \\ P_2 \\ \vdots \\ P_n \end{bmatrix} \tag{3-9}$$

可简写为

$$s=\boldsymbol{\delta}P$$

式（3-9）表达了基底作用荷载（其反向即基底反力）与地基变形的关系式。

有限压缩层地基模型原理简明，适应性也较好，具有分层总和法的优缺点，但是计算工作烦琐，工作量很大，是其推广使用的主要困难。

4. 地基模型参数的确定

在上述三种地基模型中，弹性半空间地基模型的模型参数是土的变形模量 E 和泊松比 γ，有限压缩层地基模型的模型参数为土的侧限压缩模量 E_s，这些参数物理概念明确，可以采用现场试验或室内土工试验直接测定。

文克尔地基模型参数为地基抗力系数 k，它虽然也有明确的物理意义，但是由于地基表面的实际变形量取决于地面上全部荷载作用的结果，而不仅取决于直接作用于该点上的荷载；地基表面的实际变形量与其下压缩土层的厚度直接相关，显然，k 值并不是单纯的土质常数。因此，文克尔地基抗力系数 k 要根据工程的实际情况，分别选用下面所述的某一种方法确定。

（1）地基压缩土层较薄或地基土较软弱的情况

该情况认为地基土层基本无侧向变形，按分层总和法计算地基变形的概念，地基的变形量为

$$s = p \sum_{i=1}^{n} \frac{h_i}{E_{si}} \qquad (3-10)$$

根据地基抗力系数的定义：

$$k = \frac{p}{s} = \frac{1}{\sum_{i=1}^{n} \dfrac{h_i}{E_{si}}} \qquad (3-11)$$

式中　k ——地基抗力系数，kN/m^3；

　　　　p ——基础底面压力，kN/m^2；

　　　　h_i ——压缩土层范围内第 i 层土的厚度，m；

　　　　E_{si} ——第 i 层土的压缩模量，kN/m^2；

　　　　n ——压缩土层范围内的土层数。

当只有一层均匀土层，厚度为 h 时，有

$$k = \frac{E_s}{h} \qquad (3-12)$$

式（3-11）和式（3-12）就是地基土层基本无侧向变形情况下确定地基抗力系数的公式。

（2）地基中压缩土层较厚，土质非软弱的情况

地基土层侧向变形不能忽略，且又没有明确的压缩土层界限，这时可用下述方法求地基抗力系数 k。按弹性半空间体地基模型，地基变形量可用式（3-13）计算：

$$s = \frac{pb(1 - \nu^2)}{E} I \qquad (3-13)$$

将上式代入式（3-11）得

$$k = \frac{E}{b(1 - \nu^2) I} \qquad (3-14)$$

式中　b ——基础宽度，m；

　　　　E ——地基土变形模量，kN/m^2，由载荷试验确定，当无试验资料时，可用表 3-2 的参考数值；

　　　　ν ——地基土的泊松比；

　　　　I ——反映基础形状和刚度的系数，把基础当成刚性基础，均匀下沉时可采用表 3-1 中 I_c 的刚性值。

必须指出，式（3-14）中的地基抗力系数，实质上是根据弹性半空间体上某一定尺寸基础所导出的，因而具有该模型的缺点，把有限压缩土层当成无限深的土层，且没有考虑变形模量随深度的变化，因而使计算变形量比实际量大，即求得的地基抗力系数 k 值比实际值偏小。它是一定基础形状和尺寸下的地基抗力系数，用于其他形状和尺寸的基础时要进行修正。

E 的平均参考数值（kPa） 表 3-2

土类＼密度＼饱和度＼模量		密实	中密	土类＼密度＼饱和度＼模量		密实	中密
砾石		65～45		砂质粉土	稍湿	16	12.5
砾砂、粗砂	无关	48	31		很湿	12.5	9
中砂		42	31		饱和	9	5
细砂	稍湿	36	25	粉质黏土	坚硬状态	39～16	
	很湿、饱和	31	19		塑性状态	16～4	
粉砂	稍湿	21	17.5	黏土	坚硬状态	59～16	
	很湿	17.5	14		塑性状态	16～4	
	饱和	14	9				

以上确定 k 值的方法都有一定的局限性和应用范围，各国学者还提出了其他确定 k 值的方法，其中实用价值较大的是太沙基（K. Terzaghi）于 1955 年提出的通过现场荷载板实测的方法。在现场用 $0.3\text{m}\times0.3\text{m}$（即 $1\text{ft}\times1\text{ft}$）的荷载板进行载荷试验，测得沉降-位移关系的 p-s 曲线，选该曲线上直线段上两点 p_1、p_2 和相应的沉降值 s_1、s_2，根据地基抗力系数的定义，这种情况下的地基抗力系数 k_0 为

$$k_0 = \frac{p_2 - p_1}{s_2 - s_1} \tag{3-15}$$

如果基础是边长为 b 的正方形基础，根据太沙基的研究，地基抗力系数 k 值可按下式修正：

对于砂土地基为

$$k = k_0 \left(\frac{b+0.3}{2b}\right)^2 \tag{3-16}$$

对于黏土地基为

$$k = k_0 \left(\frac{0.3}{b}\right) \tag{3-17}$$

以上公式中，k 的单位为"kN/m^3"；b 的单位为"m"。

若基础为 $b\times l$ 的矩形基础，则地基抗力系数为

$$k_\text{R} = \frac{k\left(1+0.5\dfrac{b}{l}\right)}{1.5} \tag{3-18}$$

通常，土的模量随深度而增加，因而 k 值也随基础埋置深度 d 的增加而增加，也需作深度修正，可乘以 $\left(1+\dfrac{2d}{b}\right)$ 的深度修正系数。

当无载荷试验资料时，可参照表 3-3 查用土的 k_0 值。

地基抗力系数 k_0（MN/m³）

表 3-3

		砂土		黏性土	
松	干和湿	8～25	硬		12～25
	饱和	10～15	$q_u = 100 \sim 200\text{kN/m}^2$		
中密	干和湿	25～125	很硬		25～50
	饱和	35～40	$q_u = 200 \sim 400\text{kN/m}^2$		
密实	干和湿	125～375	坚硬		>50
	饱和	130～150	$q_u > 400\text{kN/m}^2$		

注：q_u 为土的无侧限抗压强度。

3.3　柱下条形基础

3.3.1　柱下条形基础的结构与构造

柱下条形基础是软弱地基上框架或排架结构常用的一种基础类型，分为沿柱列一个方向延伸的条形基础梁和沿两个正交方向延伸的交叉基础梁。

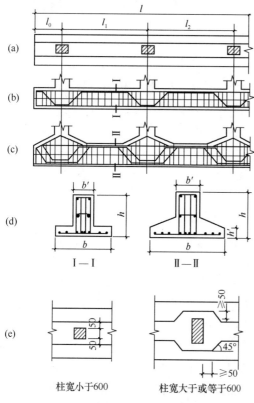

图 3-10　柱下条形基础的构造（单位：mm）

(a) 平面图；(b)、(c) 纵剖面图；

(d) 横剖面图；(e) 柱与梁交接处平面尺寸

柱下条形基础通常是钢筋混凝土梁，由中间的矩形肋梁与向两侧伸出的翼板组成，形成既有较大纵向抗弯刚度，又有较大基底面积的倒 T 形梁的结构，典型的构造如图 3-10（d）所示。

为增大边柱下的梁基础底面积，改善梁端地基的承载条件，同时调整基底形心与荷载重心相重合或靠近，使基底反力分布更为均匀合理，以减少挠曲作用，在基础平面布置允许的情况下，梁基础的两端宜伸出边柱一定的长度 l_0（图 3-10a），l_0 一般可取边跨跨度的 0.25 倍，即 $l_0 \leqslant 0.25\,l_1$。

为提高柱下条形基础梁的纵向抗弯刚度，并保证有足够大的基底面积，基础梁的横截面通常取为倒 T 形（图 3-10d），梁高 h 根据抗弯计算确定，一般宜取为柱距的 1/8～1/4。底部伸出的翼板宽度由地基承载力决定，翼板厚度 h' 由梁截面的横向抗弯计算确定，一般不宜小于 200mm，当翼板厚度为 200～250mm 时，宜用等厚板；当翼板厚度大于 250mm 时，宜做成变厚板，变厚板的顶面坡度 $i \leqslant 1/3$。

条形基础梁纵向一般取等截面，为保证与柱端可靠连接，除应验算连接结构强度外，为改善柱端连接条件，梁宽度宜略大于该方向的柱边长，若柱底截面短边垂直于梁轴线方向，肋梁宽度每边比柱边要宽出 50mm；若柱底截面长边与梁轴方向垂直，且边长大于等于 600mm 或大于等于肋梁宽度时，需将肋梁局部加宽，且柱的边缘至基础边缘的距离不得小于 50mm（图 3-10e）。

柱下基础梁受力复杂，既受纵向整体弯曲作用，柱间还有局部弯曲作用，二者叠加后，实际产生的柱支座和柱间跨中的弯矩方向难以完全按计算确定。故通常梁的上下侧均要配置纵向受力钢筋（图 3-10b、c），且每侧的配筋率均不小于 0.2%，顶部和底部的纵向受力筋除要满足计算要求外，顶部钢筋按计算配筋数全部贯通，底部的通长钢筋不应少于底部受力钢筋总面积的 1/3。基础梁内柱下支座受力筋宜布置在支座下部，柱间跨中受力筋宜布置在跨中上部。梁的下部纵向筋的搭接位置宜在跨中，而梁的上部纵向筋的搭接位置宜在支座处，且都要满足搭接长度要求。

当梁高大于 700mm 时，应在梁的两侧沿高度每隔 300～400mm 加设构造腰筋，直径大于 10mm，肋梁的箍筋应做成封闭式，直径不小于 8mm（图 3-10d）。弯起筋与箍筋肢数按弯矩及剪力图配置。当梁宽 $b \leqslant 350$mm 时用双肢箍，当 $b > 350$mm 时用 4 肢箍，当 $b > 800$mm 时用 6 肢箍。箍筋间距的限制与普通梁相同。

柱下钢筋混凝土基础梁的混凝土强度等级一般不低于 C20，在软弱土地区的基础梁底面应设置厚度不小于 100mm 的砂石垫层。当基础梁的混凝土强度等级小于柱的混凝土强度等级时，尚应验算柱的下基础梁顶面的局部受压强度。

3.3.2 柱下条形基础的内力计算

在进行内力计算之前，首先要确定基础的尺寸，和墙下条形扩展基础的设计一样，假定基底反力为线性分布，进行各项地基验算，确定基础尺寸。柱下条形基础与墙下条形扩展基础计算上最大的不同是基础的内力分析，墙的荷载是纵向连续分布荷载，通常可以视为纵向均布荷载，所以墙下条形基础可以按平面问题取单宽横断面进行内力分析。而柱下条形基础承受的柱的荷载可认为是集中荷载，均匀或不均匀地分布于基础梁的几个结点上，在柱荷载和地基反力的共同作用下，基础梁要产生纵向挠曲，因此必须进行整体梁的内力分析。

柱下条形基础的内力分析关键是如何确定地基的反力分布，其实质又是如何考虑上部结构、基础、地基的共同作用问题。为了能够较完整地学习基础设计的基本理论和较全面了解实用的几种计算方法，本节选择不考虑共同作用的倒梁法、考虑基础与地基共同作用的文克尔地基上梁计算方法以及弹性半空间地基上梁计算的链杆法三种有代表性而又较为常用的方法，以分析几种地基模型的应用，阐明共同作用的基本概念、原理和计算方法的要点，为进一步学习地基模型和基础分析方法打下基础。

1. 倒梁法

倒梁法是不考虑上部结构—基础—地基共同作用的基础梁分析计算方法，适用于上部结构刚度和基础刚度都较大，基础梁的高度不小于 1/6 柱距，上部结构荷载分布比较均匀即柱距和柱荷载差别不大，且地基土层分布和土质比较均匀的情况。这些条件使得基础梁的挠度很小，基础底面反力大体符合直线分布，可认为上部结构—基础—地基间没有相互约束，可不考虑三者的共同作用，即三者之间的关系仅需要满足静力平衡条件，而不必考虑变形协调条件。这时，由于上部结构的刚度较大，柱脚不会有明显的位移差，基础梁就像是上边固定铰接于柱端，而下边受直线分布的地基反力作用的倒置多跨连续梁（图3-11b），可以应用结构力学方法，即直接应用弯矩分配法或经验弯矩系数法求解基础梁内力，故称为倒梁法。

倒梁法计算步骤如下：

（1）根据地基计算确定的基础尺寸，改用承载能力极限状态下作用的基本组合进行基础的内力计算。

（2）计算基底净反力分布（图3-11a），在基底反力计算中不计基础自重，认为基础自重不会在基础梁中引起内力，所以基底反力 p 也代表了净反力 p_i。基底净反力可按下式计算：

$$p_{jmin}^{jmax} = \frac{\sum F}{bL} \pm \frac{\sum M}{W} \qquad (3\text{-}19)$$

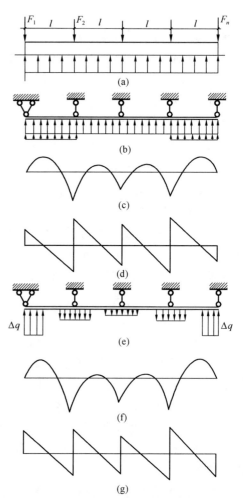

式中　p_{jmax}、p_{jmin}——基底最大和最小净反力，kPa；

　　　$\sum F$——各竖向荷载设计值总和，kN；

　　　$\sum M$——外载荷对基底形心的弯矩设计值总和，kN·m；

　　　W——基底面积的抵抗矩，$W = \frac{1}{6}bL^2$，m³；

　　　b、L——基础梁底面的宽度和长度，m。

（3）确定计算简图。以柱端作为不动铰支座，以基底净反力为荷载，绘制多跨连续梁计算简图，见图3-11（a）。如果考虑实际情况，上部结构与基础地基相互作用会引起拱架作用，

图 3-11　基础梁倒梁法计算图

即在地基基础变形过程中会引起端部地基反力增加，故在条形基础两端边跨宜增加15%～20%的地基反力，如图3-11（b）所示。

（4）用弯矩分配法或其他解法计算基底反力作用下连续梁的弯矩分布（图3-11c）、剪力分布（图3-11d）和支座的反力 R_i。

（5）调整与消除支座的不平衡力。显然第一次求出的支座反力 R_i 与柱荷载 F_i 通常不相等，不能满足支座处静力平衡条件，其原因是在本计算中既假设柱脚为不动铰支座，同时又规定基底反力为直线分布，两者不能同时满足。对于不平衡力，需通过逐次调整予以

消除，调整方法如下。

① 首先根据支座处的柱荷载 F_i 和支座反力 R_i 求出不平衡力 ΔP_i：

$$\Delta P_i = F_i - R_i \tag{3-20}$$

② 将支座不平衡力的差值折算成分布荷载 Δq_i，均匀分布在支座相邻两跨的各 1/3 跨度范围内，分布荷载为

对边跨支座

$$\Delta q_i = \frac{\Delta P_i}{l_0 + \dfrac{l_i}{3}} \tag{3-21}$$

对中间跨支座

$$\Delta q_i = \frac{\Delta P_i}{\dfrac{l_{i-1}}{3} + \dfrac{l_i}{3}} \tag{3-22}$$

式中　　Δq_i ——不平衡力折算的均布荷载，kN/m^2；

　　　　l_0 ——边柱下基础梁的外伸长度，m；

　l_{i-1}、l_i ——支座左、右跨长度，m。

将折算的分布荷载作用于连续梁上，如图 3-11（e）所示。

③ 再次用弯矩分配法计算连续梁在 Δq 作用下的弯矩 ΔM、剪力 ΔV 和支座反力 ΔR_i。将 ΔR_i 叠加在原支座反力 R_i 上，求得新的支座反力 $R'_i = R_i + \Delta R_i$。若 R'_i 接近于柱荷载 F_i，其差值小于 20%，则调整计算可以结束。反之，则重复调整计算，直至满足精度的要求。

（6）叠加逐次计算结果，求得连续梁最终的内力分布，见图 3-11（f）、（g）。

倒梁法根据基底反力线性分布假定，按静力平衡条件求基底反力，并将柱端视为不动铰支座，忽略了梁的整体弯曲所产生的内力以及柱脚不均匀沉降引起上部结构的次应力，计算结果与实际情况常有明显差异，且偏于不安全方面，因此只有在比较均匀的地基上，上部结构刚度较好，荷载分布较均匀，且基础梁有足够大的刚度（梁的高度大于柱距的 $\dfrac{1}{6}$）时才可以应用。

倒梁法的具体算法，属于结构力学的基本内容，不再详述。

【例 3-1】基础梁长 24mm，柱距 6mm，受柱荷载 F 作用，$F_1 = F_2 = F_3 = F_4 = F_5 = 800kN$。基础梁为 T 形截面，尺寸见图 3-12（b），采用混凝土强度等级为 C20。试用反梁

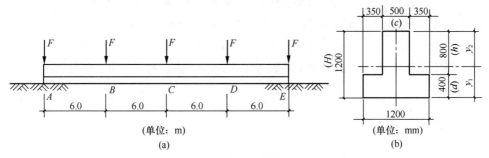

图 3-12　例 3-1 附图（一）

法求地基净反力分布和截面弯矩。

【解】

1. 计算梁的截面特性

（1）轴线至梁底距离

$$y_1 = \frac{cH^2 + d^2(b-c)}{2(bd+hc)} = \frac{0.5 \times 1.2^2 + 0.4^2 \times (1.2-0.5)}{2 \times (1.2 \times 0.4 + 0.8 \times 0.5)}$$

$$= \frac{0.832}{2 \times 0.88} = 0.473\text{m}$$

$$y_2 = H - y_1 = 1.2 - 0.473 = 0.727\text{m}$$

（2）梁的截面惯性矩

$$I = \frac{1}{3}\left[cy_2^3 + by_1^3 - (b-c)(y_1-d)^3\right]$$

$$= \frac{1}{3}\left[0.5 \times 0.727^3 + 1.2 \times 0.473^3 - (1.2-0.5) \times (0.473-0.4)^3\right]$$

$$= 0.106\text{m}^4$$

（3）梁的截面刚度

混凝土弹性模量 $E_c = 2.55 \times 10^7\text{kN/m}^2$

截面刚度 $E_c I = 2.55 \times 10^7 \times 0.106 = 2.7 \times 10^6\text{kN} \cdot \text{m}^2$

2. 按反梁法计算地基的净反力和基础梁的截面弯矩

（1）假定基底净反力均匀分布，如图 3-12（a）所示，每米长度基底净反力值为

$$\bar{p}_j = \frac{\Sigma F}{L} = \frac{5 \times 800}{4 \times 6} = 166.7\text{kN/m}$$

若根据柱荷载和基底均布净反力，按静定梁计算截面弯矩，则结果如图 3-13（b）所示。它相当于梁不受柱端约束可以自由挠曲的情况。

（2）反梁法则把基础梁当成以柱端为不动支座的四跨连续梁，当底面作用以均布净反力 $\bar{p}_j = 166.7\text{kN/m}$ 时，各支座反力为

$$R_A = R_E = 0.393\bar{p}_j l = 0.393 \times 166.7 \times 6 = 393\text{kN}$$

$$R_B = R_D = 1.143\bar{p}_j l = 1.143 \times 166.7 \times 6 = 1143\text{kN}$$

$$R_C = 0.928pl = 0.928 \times 166.7 \times 6 = 928\text{kN}$$

（3）由于支座反力与柱荷载不相等，在支座处存在不平衡力。各支座的不平衡力为

$$\Delta R_A = \Delta R_E = 800 - 393 = 407\text{kN}$$

$$\Delta R_B = \Delta R_D = 800 - 1143 = -343\text{kN}$$

$$\Delta R_C = 800 - 928 = -128\text{kN}$$

把支座不平衡力均匀分布于支座两侧各 1/3 跨度范围。对 A、E 支座有

$$\Delta q_A = \Delta q_E = \frac{1}{l/3}\Delta R_A = \frac{3}{6} \times 407 = 203.5\text{kN/m}$$

对 B、D 支座有

$$\Delta q_B = \Delta q_D = \left(\frac{1}{l/3 + l/3}\right)\Delta R_B = \frac{1}{4} \times (-343) = -85.8\text{kN/m}$$

对 C 支座有

$$\Delta q_{\mathrm{C}} = \left(\frac{1}{l/3 + l/3}\right)\Delta R_{\mathrm{C}} = \frac{1}{4} \times (-128) = -32\mathrm{kN/m}$$

（4）把均布不平衡力 Δq 作用于连续梁上，如图 3-13（c）所示，求支座反力 $\Delta R_{\mathrm{A}}'$、$\Delta R_{\mathrm{B}}'$、$\Delta R_{\mathrm{C}}'$、$\Delta R_{\mathrm{D}}'$、$\Delta R_{\mathrm{E}}'$。

（5）将均布净反力 $\bar{p}_j$ 和不平衡力 Δq 所引起的支座反力叠加，得第一次调整后的支座反力为

$$R_{\mathrm{A}}' = R_{\mathrm{A}} + \Delta R_{\mathrm{A}}'$$
$$R_{\mathrm{B}}' = R_{\mathrm{B}} + \Delta R_{\mathrm{B}}'$$
$$R_{\mathrm{C}}' = R_{\mathrm{C}} + \Delta R_{\mathrm{C}}'$$
$$R_{\mathrm{D}}' = R_{\mathrm{D}} + \Delta R_{\mathrm{D}}'$$
$$R_{\mathrm{E}}' = R_{\mathrm{E}} + \Delta R_{\mathrm{E}}'$$

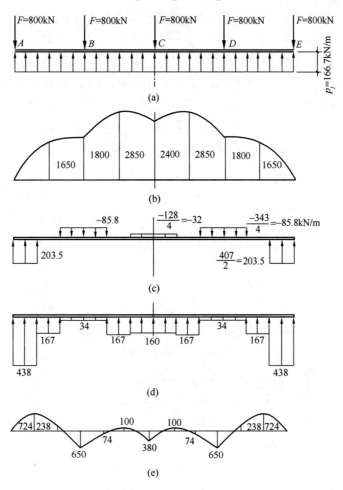

图 3-13　例 3-1 附图（二）

（a）均匀分布反力（kN/m）；（b）静定梁截面弯矩（kN·m）；（c）梁上不平衡力分布（kN/m）；
（d）反梁法最终地基反力（kN/m）；（e）反梁法最终截面弯矩（kN·m）

（6）比较调整后的支座反力与柱荷载，若差值在容许范围以内，将均布净反力 p 与不平衡力 Δq 相叠加，即为满足支座竖向力平衡条件的地基净反力分布。用叠加后的地基净反力与柱荷载作为梁上荷载，求梁截面弯矩分布图。若经调整后的支座反力与柱荷载的差值超过容许范围，则重复第（3）～（6）步，直至满足要求。

本例题经过两轮计算，满足要求的地基净反力如图 3-13（d）所示，相应的梁截面弯矩分布如图 3-13（e）所示。图 3-13（e）表示基础梁在柱端处受完全约束，不产生挠度时的截面弯矩分布。与梁完全自由不受柱端约束的静定梁弯矩分布［图 3-13（b）］比较，差别很大。这说明上部结构刚度很大，基础梁不能产生整体弯曲，仅产生局部弯曲时梁上的弯矩，比起上部结构刚度很小，基础梁可产生的整体弯曲时要小得多，分布的规律也很不一样。

2. 文克尔地基上梁的计算

（1）文克尔地基上梁计算的基本原理

文克尔地基的基本假定是压应力 p 与地面变形 s 符合式（3-1）的要求：

$$p = ks$$

放置在文克尔地基上的梁，受到分布荷载 q（kN/m）和基底反力 p（kN/m²）的作用发生挠曲，如图 3-14 所示。在弹性地基梁的计算中，通常取单位长度上的压力计算，即 $\bar{p} = pb$，b 为基础梁的宽度（m），$\bar{p}$ 的单位为 "kN/m"。这时，文克尔假定可改写为

$$\bar{p} = k_s s \tag{3-23}$$

式中，$k_s = kb$，kN/m² 。

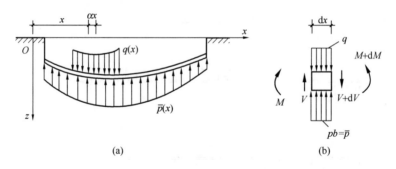

(a)　　　　　　　　　　　(b)

图 3-14　文克尔地基上梁的分析简图

（a）分析简图；（b）截面受力分析

从梁上截取微元 $\mathrm{d}x$，由竖向静力平衡条件可得：

$$V - (V + \mathrm{d}V) + \bar{p}\,\mathrm{d}x - q\,\mathrm{d}x = 0$$

$$\frac{\mathrm{d}V}{\mathrm{d}x} = \bar{p} - q \tag{3-24}$$

已知梁的挠曲线微分方程为

$$E_c I \frac{\mathrm{d}^2 w}{\mathrm{d}x^2} = -M \tag{3-25}$$

或

$$E_c I \frac{\mathrm{d}^4 w}{\mathrm{d}x^4} = -\frac{\mathrm{d}^2 M}{\mathrm{d}x^2} \tag{3-26}$$

式中 E_c——梁材料的弹性模量，kN/m^2；

w——梁的挠度，即 z 方向的位移，m；

I——梁截面惯性矩，m^4。

由于 $\dfrac{d^2 M}{dx^2} = \dfrac{dV}{dx}$，式（3-26）可改写为

$$E_c I \frac{d^4 w}{dx^4} = q - \bar{p} \tag{3-27}$$

梁的挠曲应与地基变形相协调，即梁的挠度 w 等于地基相应点的变形 s。引入文克尔假设 $\bar{p} = k_s w$，即可得文克尔地基上梁挠曲微分方程为

$$E_c I = \frac{d^4 w}{dx^4} = q - k_s w \tag{3-28}$$

如果假设 $q=0$，代入上式，整理后得

$$\frac{d^4 w}{dx^4} + 4\lambda^4 w = 0 \tag{3-29}$$

式中 λ——弹性地基梁的特征系数。

$$\lambda = \sqrt[4]{\frac{k_s}{4 E_c I}} \tag{3-30}$$

λ 是反映梁挠曲刚度和地基刚度之比的系数，单位为"m^{-1}"，故其倒数 $1/\lambda$ 称为特征长度。式（3-29）称为文克尔地基梁挠曲微分方程，这是四阶常系数线性常微分方程，其通解为

$$w = e^{\lambda x}(C_1 \cos\lambda x + C_2 \sin\lambda x) + e^{-\lambda x}(C_3 \cos\lambda x + C_4 \sin\lambda x) \tag{3-31a}$$

式中 C_1、C_2、C_3、C_4——待定系数，根据荷载及边界条件确定；

λx——无量纲数，当 $x=l$（基础梁长），λl 反映梁对地基相对刚度，同一地基，l 越大，λl 值越大，表示梁的柔性越大，故称 λl 为柔度指数。

为了解方程（3-31a），确定待定系数，特别需要对边界条件进行分析，以便找出针对不同情况的解。

图 3-15 表示放在同一地基上的短梁与长梁。在相同荷载 F 作用下，可看出两种梁的挠曲与地基反力有很大不同。短梁有较大的相对刚度，因而挠曲较平缓，基底反力较均匀；长梁相对较柔软，梁的挠曲与基底反力均集中在荷载作用的局部范围内，向远处逐渐衰减而趋于零。因此进行分析时，先要区分地基梁的性质。对于文克尔地基上的梁，按柔

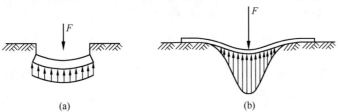

图 3-15 地基梁受弯时的地基反力

（a）短梁的地基反力；（b）长梁的地基反力

度指数 λl 值区分为

当 $\lambda l < \dfrac{\pi}{4}$ 时为短梁（或称刚性梁）；

当 $\dfrac{\pi}{4} < \lambda l < \pi$ 时为有限长梁（也称有限刚性梁或中长梁）；

当 $\lambda l > \pi$ 时为无限长梁（或称柔性梁）。

根据以上分类，分别确定各类梁的边界条件与荷载条件，求出解的系数，以供选用。

（2）文克尔地基上无限长梁的解

在梁上任一点施加荷载时，沿梁长方向上各点的挠度随着离开加荷点距离的增加而减小，当梁的无载荷端离荷载作用点无限远时，此无载荷端（即两端点）的挠度为零，则此地基梁称为无限长梁。实际上当梁端与加荷点距离足够大，其柔度指数 $\lambda l > \pi$ 时，就可视为是无限长梁。

1）竖向集中力作用下的解

令梁上作用着集中力 F，以作用点为坐标原点，当 $x \to \infty$ 时，则 $w = 0$，由式（3-31a）可得 $C_1 = C_2 = 0$，即

$$w = \mathrm{e}^{-\lambda x}(C_3 \cos\lambda x + C_4 \sin\lambda x) \tag{3-31b}$$

考虑梁的连续性、荷载及地基反力对称于原点，即当 $x = 0$ 时，该点挠曲曲线的切线是水平的，故有

$$\theta = \left(\frac{\mathrm{d}w}{\mathrm{d}x}\right)_{x=0} = 0 \tag{3-32}$$

式中　θ——梁截面的转角。

将式（3-31b）代入式（3-32）中可得

$$-(C_3 - C_4) = 0$$

$$C_3 = C_4 = C$$

故

$$w = C\mathrm{e}^{-\lambda x}(\cos\lambda x + \sin\lambda x) \tag{3-33}$$

根据对称性，在 $x = 0$ 处梁断面的剪应力等于地基总反力的一半，即

$$V = \frac{\mathrm{d}M}{\mathrm{d}x} = \frac{\mathrm{d}}{\mathrm{d}x}\left(-E_{\mathrm{c}}I\frac{\mathrm{d}^2 w}{\mathrm{d}x^2}\right) = -E_{\mathrm{c}}I\frac{\mathrm{d}^3 w}{\mathrm{d}x^3}\bigg|_{x=0} = -\frac{F}{2} \tag{3-34}$$

对式（3-33）求三阶导数，再代入式（3-34）得

$$C = \frac{F\lambda}{2k_{\mathrm{s}}} \tag{3-35}$$

将式（3-35）代入式（3-33）中，得梁的挠曲方程为

$$w = \frac{F\lambda}{2k_{\mathrm{s}}}\mathrm{e}^{-\lambda x}(\cos\lambda x + \sin\lambda x) \tag{3-36}$$

再将式（3-36）分别对 x 取一阶、二阶和三阶导数，就可求得梁的右半侧梁截面的转角 $\theta = \dfrac{\mathrm{d}w}{\mathrm{d}x}$，弯矩 $M = -E_{\mathrm{c}}I\dfrac{\mathrm{d}^2 w}{\mathrm{d}x^2}$ 和剪力 $V = -E_{\mathrm{c}}I\left(\dfrac{\mathrm{d}^3 w}{\mathrm{d}x^3}\right)$。将所得公式集中如式（3-37）和式（3-38）所示。

挠度	$w = \dfrac{F\lambda}{2k_s}A_x$	
转角	$\theta = \dfrac{\mathrm{d}w}{\mathrm{d}x} = \dfrac{-F\lambda^2}{k_s}B_x$	
弯矩	$M = -E_cI\dfrac{\mathrm{d}^2w}{\mathrm{d}x^2} = \dfrac{F}{4\lambda}C_x$	(3-37)
剪力	$V = \dfrac{\mathrm{d}M}{\mathrm{d}x} = -\dfrac{F}{2}D_x$	
单位梁长地基净反力	$\bar{p}_j = k_sw = \dfrac{F\lambda}{2}A_x$	
地基净反力强度	$p = \dfrac{\bar{p}_j}{b} = \dfrac{k_sw}{b} = \dfrac{F\lambda}{2b}A_x$	

$$\left.\begin{aligned} A_x &= e^{-\lambda x}(\cos\lambda x + \sin\lambda x) \\ B_x &= e^{-\lambda x}\sin\lambda x \\ C_x &= e^{-\lambda x}(\cos\lambda x - \sin\lambda x) \\ D_x &= e^{-\lambda x}\cos\lambda x \end{aligned}\right\} \quad (3\text{-}38)$$

将 A_x、B_x、C_x、D_x 制成表格，见表 3-4。

A_x、B_x、C_x、D_x 函数表　　　　　　　　　　　表 3-4

λx	A_x	B_x	C_x	D_x
0	1	0	1	1
0.02	0.99961	0.01960	0.96040	0.98000
0.04	0.99844	0.03842	0.92160	0.96002
0.06	0.99654	0.05647	0.88360	0.94007
0.08	0.99393	0.07377	0.84639	0.92016
0.10	0.99065	0.09033	0.80998	0.90032
0.12	0.98672	0.10618	0.77437	0.88054
0.14	0.98217	0.12131	0.73954	0.86085
0.16	0.97702	0.13576	0.70550	0.84126
0.18	0.97131	0.14954	0.67224	0.82178
0.20	0.96507	0.16266	0.63975	0.80241
0.22	0.95831	0.17513	0.60804	0.78318
0.24	0.95106	0.18698	0.57710	0.76408
0.26	0.94336	0.19822	0.54691	0.74514
0.28	0.93522	0.20887	0.51748	0.72635
0.30	0.92666	0.21893	0.48880	0.70773
0.35	0.90360	0.24164	0.42033	0.66196
0.40	0.87844	0.26103	0.35637	0.61740
0.45	0.85150	0.27735	0.29680	0.57415
0.50	0.82307	0.29079	0.24149	0.53228
0.55	0.79343	0.30156	0.19030	0.49186

λx	A_x	B_x	C_x	D_x
0.60	0.76284	0.30988	0.14307	0.45295
0.65	0.73153	0.31594	0.09966	0.41559
0.70	0.69972	0.31991	0.05990	0.37981
0.75	0.66761	0.32198	0.02364	0.34563
$\pi/4$	0.64479	0.32240	0	0.32240
0.80	0.63538	0.32233	-0.00928	0.31305
0.85	0.60320	0.32111	-0.03902	0.28209
0.90	0.57120	0.31848	-0.06574	0.25273
0.95	0.53954	0.31458	-0.08962	0.22496
1.00	0.50833	0.30956	-0.11079	0.19877
1.05	0.47766	0.30354	-0.12943	0.17412
1.10	0.44765	0.29666	-0.14567	0.15099
1.15	0.41836	0.28901	-0.15967	0.12934
1.20	0.38986	0.28072	-0.17158	0.10914
1.25	0.36223	0.27189	-0.18155	0.09034
1.30	0.33550	0.26260	-0.18970	0.07290
1.35	0.30972	0.25295	-0.19617	0.05678
1.40	0.28492	0.24301	-0.20110	0.04191
1.45	0.26113	0.23286	-0.20459	0.02827
1.50	0.23835	0.22257	-0.20679	0.01578
1.55	0.21662	0.21220	-0.20779	0.00441
$\pi/2$	0.20788	0.20788	-0.20788	0
1.60	0.19592	0.20181	-0.20771	-0.00590
1.65	0.17625	0.19144	-0.20664	-0.01520
1.70	0.15762	0.18116	-0.20470	-0.02354
1.75	0.14002	0.17099	-0.20197	-0.03097
1.80	0.12342	0.16098	-0.19853	-0.03756
1.85	0.10782	0.15115	-0.19448	-0.04333
1.90	0.09318	0.14154	-0.18989	-0.04835
1.95	0.07950	0.13217	-0.18483	-0.05267
2.00	0.06674	0.12306	-0.17938	-0.05632
2.05	0.05488	0.11423	-0.17359	-0.05936
2.10	0.04388	0.10571	-0.16753	-0.06182
2.15	0.03373	0.09749	-0.16124	-0.06376
2.20	0.02438	0.08958	-0.15479	-0.06521
2.25	0.01580	0.08200	-0.14821	-0.06621
2.30	0.00796	0.07476	-0.14156	-0.06680
2.35	-0.00084	0.06785	-0.13487	-0.06702
$3\pi/4$	0	0.06702	-0.13404	-0.06702
2.40	-0.00562	0.06128	-0.12817	-0.06689

λx	A_x	B_x	C_x	D_x
2.45	−0.01143	0.05513	−0.12150	−0.06647
2.50	−0.01663	0.04913	−0.11489	−0.06576
2.55	−0.02127	0.04354	−0.10836	−0.06481
2.60	−0.02536	0.03829	−0.10193	−0.06364
2.65	−0.02894	0.03335	−0.09563	−0.06228
2.70	−0.03204	0.02872	−0.08948	−0.06076
2.75	−0.03469	0.02440	−0.08348	−0.05909
2.80	−0.03693	0.02037	−0.07767	−0.05730
2.85	−0.03877	0.01663	−0.07203	−0.05540
2.90	−0.04026	0.01316	−0.06659	−0.05343
2.95	−0.04142	0.00997	−0.06134	−0.05138
3.00	−0.04226	0.00703	−0.05631	−0.04926
3.10	−0.04314	0.00187	−0.04688	−0.04501
π	−0.04321	0	−0.04321	−0.04321
3.20	−0.04307	−0.00238	−0.03831	−0.04069
3.40	−0.04079	−0.00853	−0.02374	−0.03227
3.60	−0.03659	−0.01209	−0.01241	−0.02450
3.80	−0.03138	−0.01369	−0.00400	−0.01769
4.00	−0.02583	−0.01386	−0.00189	−0.01197
4.20	−0.02042	−0.01307	0.00572	−0.00735
4.40	−0.01546	−0.01168	0.00791	−0.00377
4.60	−0.01112	−0.00999	0.00886	−0.00113
$3\pi/2$	−0.00898	−0.00898	0.00898	0
4.80	−0.00748	−0.00820	0.00892	0.00072
5.00	−0.00455	−0.00646	0.00837	0.00191
5.50	0.00001	−0.00288	0.00578	0.00290
6.00	0.00169	−0.00069	0.00307	0.00238
2π	0.00187	0	0.00187	0.00187
6.50	0.00179	0.00032	0.00114	0.00147
7.00	0.00129	0.00060	0.00009	0.00069
$9\pi/4$	0.00120	0.00060	0	0.00060
7.50	0.00071	0.00052	−0.00033	0.00019
$5\pi/2$	0.00039	0.00039	−0.00039	0
8.00	0.00028	0.00033	−0.00038	−0.00005

基础梁左半部（$x \leqslant 0$）的解答恰与右半部成正或负的对称关系，二者放在一起即得完整的解。图 3-16（a）表示集中力 F 作用下无限长梁的挠度、转角、弯矩与剪力分布。

2）集中力偶作用下的解

同理可求出集中力偶 M_0 作用下无限长梁的挠度、转角、弯矩和剪力，如图 3-16（b）所示，并可表示为

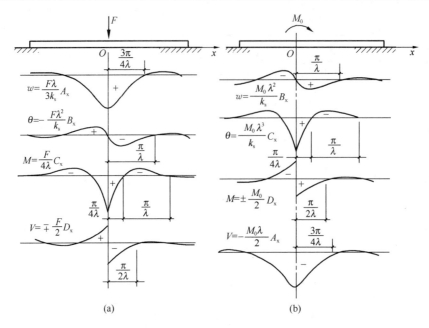

图 3-16 文克尔地基上无限长梁的挠度和内力

（a）集中力作用；（b）集中力偶作用

$$w = \frac{M_0 \lambda^2}{k_s} B_x, \ \theta = \frac{M_0 \lambda^3}{k_s} C_x, \ M = \pm \frac{M_0}{2} D_x, \ V = \frac{-M_0 \lambda}{2} A_x \tag{3-39}$$

式（3-39）中的 A_x、B_x、C_x、D_x 与式（3-38）相同。

3）对于其他类型的荷载，也可按上述方法求解。对于受多种荷载作用的无限长梁，可分别求解，然后用叠加原理求和。

（3）文克尔地基上半无限长梁的解

半无限长梁是指梁的一端在荷载作用下产生挠曲和位移，随着离开荷载作用点的距离加大，挠曲和位移减小，直至无限远端，挠曲和位移为零，成为一无载荷端。半无限长梁的柔度指数 $\lambda l > \pi$。

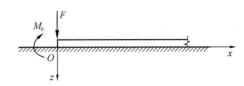

图 3-17 梁端有集中荷载的半无限长梁

半无限长梁的边界条件为：当 $x = \infty$ 时，$w \to 0$；当 $x = 0$ 时，$M = M_0$，$V = F$，见图 3-17。根据荷载条件，同理可求出相应的梁的位移、内力和反力以及其中所包含的系数。

表 3-5 列出在集中力 F 与力偶 M_0 作用下无限长梁与半无限长梁的 w、θ、M、V 解答。

无限长梁与半无限长梁的计算式　　　　　　　　　　　　　　　表 3-5

无限长梁		半无限长梁	
受集中力 F	受力偶 M_0	梁端受集中力 F	梁端受力偶 M_0

	无限长梁		半无限长梁	
w	$\dfrac{F\lambda}{2k_s}A_x$	$\pm\dfrac{M_0\lambda^2}{k_s}B_x$	$\dfrac{2F\lambda}{k_s}D_x$	$-\dfrac{2M_0\lambda^2}{k_s}C_x$
θ	$\mp\dfrac{F\lambda^2}{k_s}B_x$	$\dfrac{M_0\lambda^3}{k_s}C_x$	$-\dfrac{2F\lambda^2}{k_s}A_x$	$\dfrac{4M_0\lambda}{k_s}D_x$
M	$\dfrac{F}{4\lambda}C_x$	$\pm\dfrac{M_0}{2}D_x$	$-\dfrac{F}{\lambda}B_x$	M_0A_x
V	$\mp\dfrac{F}{2}D_x$	$-\dfrac{M_0\lambda}{2}A_x$	$-FC_x$	$-2M_0\lambda B_x$

如果半无限长梁上的集中力 F 和力偶 M_0 不是作用于梁端，而是作用于梁端附近时，地基反力和基础梁的截面剪力和弯矩可按相关手册计算。

（4）文克尔地基上有限长梁的解

实际工程中的条形基础不存在真正的无限长梁或半无限长梁，都是有限长的梁。若梁不很长，荷载对梁两端的影响尚未消失，即梁端的挠曲或位移不能忽略，这种梁称为有限长梁。按上述无限长梁的概念，当梁长满足荷载作用点距两端距离都有 $x<\dfrac{\pi}{\lambda}$ 时，该类梁即属于有限长梁。有限长梁的长度下限是梁长 $l\leqslant\dfrac{\pi}{4\lambda}$。这时，梁的挠曲很小，可以忽略，称为刚性梁。

从以上分析中可知，无限长梁和有限长梁并不完全是用一个绝对的尺度来划分，而要以荷载在梁端引起的影响是否可以忽略来判断。例如，当梁上作用有多个集中荷载时，对每个荷载而言，梁按何种模式计算，就应根据荷载作用点的位置与梁长，用表 3-6 进行判断。

基础梁的类型 表 3-6

梁长 l	集中荷载位置（距梁端）	梁的计算模式
$l\geqslant 2\pi/\lambda$	距两端都有 $x\geqslant\pi/\lambda$	无限长梁
$l\geqslant\pi/\lambda$	作用于梁端，距另一端有 $x\geqslant\pi/\lambda$	半无限长梁
$\pi/(4\lambda)<l<2\pi/\lambda$	距两端都有 $x<\pi/\lambda$	有限长梁
$l\leqslant\pi/(4\lambda)$	无关	刚性梁

有限长梁求解内力、位移，可按无限长梁与半无限长梁的解答，运用叠加原理求解。图 3-18 表示有限长梁 AB（梁 I）受集中力 F 作用，求解内力和位移的计算步骤。

1）将梁 I 两端无限延伸，形成无限长梁 II，按无限长梁的方法解 II 在集中力 F 作用下的内力和位移，并求得在原来梁 I 的两端 A、B 处产生内力 M_a、V_a 和 M_b、V_b。梁 I 和梁 II AB 段内力的差别在于前者 A、B 点的内力为零，后者 A、B 点的内力分别为 M_a、V_a 和 M_b、V_b。

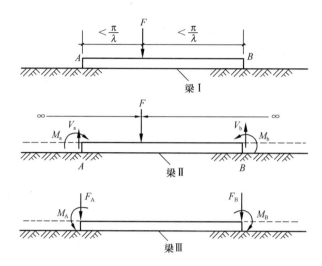

图 3-18　有限长梁内力、位移计算

2）将梁Ⅰ两端无限延伸，并在 A、B 处分别加以待定的外荷载 M_A、F_A 和 M_B、F_B，如图 3-18 中梁Ⅱ。利用表 3-5 计算 M_A、F_A 和 M_B、F_B 在 A、B 点产生的内力 M_a、V'_a 和 M'_b、V'_b，显然它们都是外荷载 M_A、F_A 和 M_B、F_B 的线性函数。

3）令 $M'_a = -M_a$，$V'_a = -V_a$，$M'_b = -M_b$，$V'_b = -V_b$，求得待定的荷载 M_A、F_A 和 M_B、F_B。

4）用确定后的荷载 M_A、F_A 和 M_B、F_A 作为梁Ⅲ的外荷载，求解梁正的内力和位移，并将其与梁Ⅱ的内力和位移相叠加，得出的结果就是有限长梁 AB 在荷载 F 作用下的内力和位移。

3. 弹性半空间地基上梁的简化计算——链杆法

（1）基本概念

如果把地基看成连续均匀的弹性半空间地基，放置在半空间地基表面上的梁，受荷载后的变形和内力，同样可以按基础-地基共同作用的原则，由静力平衡条件和变形协调条件求得解答，但是该方法要比文克尔地基上梁的解法复杂得多。这是因为文克尔地基上任一点的变形只取决于该点上的荷载，而弹性半空间地基表面上任一点的变形，不仅取决于该点上的荷载，而与全部作用荷载有关。这个问题的理论解法比较复杂，通常只能寻求简化的方法求解，一种途径是做出一些假设，建立解析关系，采用数值法（有限元法或有限差分法）求解；另一种途径是对计算图式进行简化，链杆法属于后者。

链杆法解地基梁的基本思路是：把连续支承于地基上的梁简化为用有限个链杆支承于地基上的梁（图 3-19）。这一简化实质上是将无穷个支点的超静定问题变为支承在若干个弹性支座上的连续梁，因而可以用结构力学方法求解。

链杆起联系基础与地基的作用，通过链杆传递竖向力。每根刚性链杆的作用力，代表接触面积上地基反力的合力，因此连续分布的地基反力就被简化为阶梯形分布的反力（对梁为集中力，对地基为阶梯形分布反力）。很显然本方法计算的精度依所设链杆的数目而定，链杆数很多，简化的阶梯形分布反力就接近于实际连续分布的反力，所得的解也就接近于理论解。为了保证简化的连续梁体系的稳定性，还设置一水平铰接链杆，形成的计算简图如图 3-19（b）所示。将各链杆切断，用待定的反力代替链杆，则基础梁在外荷载与链杆力作用下发生挠曲，而地基也在链杆力作用下发生变形。梁的挠曲与地基的变形必须是相协调的，如图 3-20 所示。

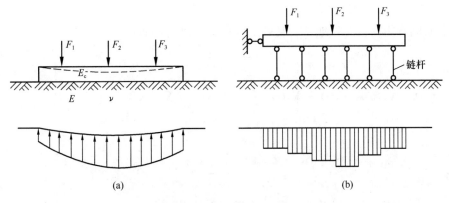

图 3-19 用链杆法计算地基梁基底反力示意图

（a）实际受荷情况；（b）计算简图

（2）协调方程的建立

根据地基土的性质、基础梁的布置、荷载分布条件以及计算精度的要求，拟设几个链杆支座。当不用电子计算机时，支座数一般取为 6～10 个。为计算方便，链杆宜等距离布置。绘出计算草图，如图 3-20（a）所示。简化后的基础梁是一根超静定梁，可采用结构力学的方法、位移法或混合法求解。

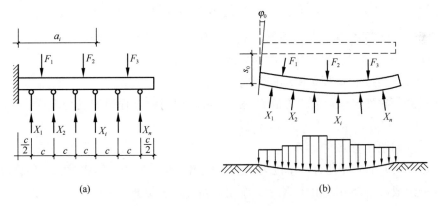

图 3-20 链杆法基础梁计算

（a）基础梁的作用力；（b）基础梁和地基的变形

现选取常用的混合法，以悬臂梁作为基本体系。由于梁端增加两个约束，故相应增加两个未知量。设固定端未知竖向变位为 s_0，角变位为 φ_0。切开链杆，在梁和地基相应于链杆的位置处加上链杆力 X_1，X_2，…，X_i，…，X_n。以上共有未知变量 $n+2$ 个，见图 3-20（b）。

切开 n 个链杆可列出 n 个变形协调方程，再加上两个静力平衡方程，方程数也是 $n+2$，显然可以求解。

第 k 根链杆处梁的挠度为

$$\Delta_{\mathrm{b}k} = -X_1 w_{k1} - X_2 w_{k2} - \cdots - X_i w_{ki} - \cdots - X_n w_{kn} + s_0 + a_k \varphi_0 + \Delta_{k\mathrm{F}} \qquad (3\text{-}40)$$

相应点处地基的变形为

$$\Delta_{\mathrm{s}k} = X_1 s_{k1} + X_2 s_{k2} + \cdots + X_i s_{ki} + \cdots + X_n s_{kn} \qquad (3\text{-}41)$$

根据共同作用的概念，地基、基础的变形应相协调，即

$$\Delta_{\mathrm{b}k} = \Delta_{\mathrm{s}k} \qquad (3\text{-}42)$$

故有

$$X_1(w_{k1} + s_{k1}) + X_2(w_{k2} + s_{k2}) + \cdots + X_i(w_{ki} + s_{ki}) + \cdots +$$
$$X_n(w_{kn} + s_{kn}) - s_0 - a_k \varphi_0 - \Delta_{k\mathrm{F}} = 0 \qquad (3\text{-}43)$$

或

$$X_1 \delta_{k1} + X_2 \delta_{k2} + \cdots + X_i \delta_{ki} + \cdots + X_n \delta_{kn} - s_0 - a_k \varphi_0 - \Delta_{k\mathrm{F}} = 0 \qquad (3\text{-}44)$$

$$\delta_{ki} = w_{ki} + s_{ki} \qquad (3\text{-}45)$$

式中　　w_{ki}——链杆 i 处作用以单位力，在链杆 k 处引起梁的挠度；

　　　　s_{ki}——链杆 i 处作用以单位力，在链杆 k 处引起地基表面的竖向变形；

　　　　a_k——梁的固端与链杆 k 的距离；

　　　　$\Delta_{k\mathrm{F}}$——外荷载作用下，链杆 k 处的挠度。

此外，按静力平衡条件，得

$$\Sigma Z = 0 \text{ 即 } -\sum_{i=1}^{n} X_i + \Sigma F_i = 0 \qquad (3\text{-}46)$$

$$\Sigma M = 0 \text{ 即 } -\sum_{i=1}^{n} X_i a_i + \Sigma M_{\mathrm{F}} = 0 \qquad (3\text{-}47)$$

式中　　ΣF_i——全部外荷载竖向投影之和，kN；

　　　　ΣM_{F}——全部外荷载对固端力矩之和，kN·m；

　　　　a_i——第 i 根链杆至固端的距离，m。

以上得到与超静定未知数相等的方程组，可以利用此方程组解出全部 $n+2$ 个未知数 X_i，s_0，φ_0。求解方程组的关键是求出全部 δ_{ki} 值。

（3）空间问题 δ_{ki} 系数的计算

δ_{ki} 表示在第 i 个链杆处有一单位力 $X_i = 1$ 作用，在 k 处产生的相对竖向位移，此位移应由两部分组成，一部分是由于 $X_i = 1$ 作用，在 k 链杆处地基的变形 s_{ki}，另一部分是由于 $X_i = 1$ 作用，在 k 链杆处梁的竖向位移 w_{ki}，见图 3-21，即 $\delta_{ki} = s_{ki} + w_{ki}$。

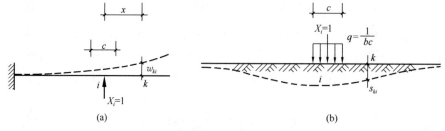

(a)　　　　　　　　　　　　(b)

图 3-21　$X_i = 1$ 时梁和地基在 k 处产生的变形

（a）梁的变形；（b）地基变形

1）地基变形 s_{ki} 的计算

如图 3-21（b）所示，设梁底宽为 b，链杆间距为 c，第 i 个链杆处单位力 $X_i=1$ 分布在 bc 面积上的均布荷载 $q=\dfrac{1}{bc}$，地基表面在 bc 面积上作用着荷载 q，离荷载中心距离 x 处的 k 点，地基变形 s_{ki}，可按布辛内斯克公式求解：

$$s_{ki} = \frac{1-\nu^2}{\pi Ec}\xi_{ki} \tag{3-48}$$

式中 ν——地基的泊松比；

 E——地基的变形模量，kPa；

 ξ_{ki}——空间问题沉降系数，为与 x/c 及 b/c 有关的函数，可查表 3-7，表中 x 为 i 和 k 两点间的距离。

弹性半空间沉降系数 ξ_{ki} 值　　　　　　　表 3-7

$\dfrac{x}{c}$	$\dfrac{c}{x}$	ξ_k					
		$\dfrac{b}{c}=\dfrac{2}{3}$	$\dfrac{b}{c}=1$	$\dfrac{b}{c}=2$	$\dfrac{b}{c}=3$	$\dfrac{b}{c}=4$	$\dfrac{b}{c}=5$
0	∞	4.265	3.525	2.406	1.867	1.542	1.322
1	1	1.069	1.038	0.929	0.829	0.746	0.678
2	0.500	0.508	0.505	0.490	0.469	0.446	0.424
3	0.333	0.336	0.335	0.330	0.323	0.315	0.305
4	0.250	0.251	0.251	0.249	0.246	0.242	0.237
5	0.200	0.200	0.200	0.199	0.197	0.196	0.193
6	0.167	0.167	0.167	0.166	0.165	0.164	0.163
7	0.143	0.143	0.143	0.143	0.142	0.141	0.140
8	0.125	0.125	0.125	0.125	0.124	0.124	0.123
9	0.111	0.111	0.111	0.111	0.111	0.111	0.111
10	0.100	0.100	0.100	0.100	0.100	0.100	0.099
11	0.091	0.091					
12	0.083	0.083					
13	0.077	0.077					
14	0.071	0.071					
15	0.067	0.067					
16	0.063	0.063					
17	0.059	0.059					
18	0.056	0.056					
19	0.053	0.053					
20	0.050	0.050					

2）静定梁的竖向位移 w_{ki} 的计算

如图 3-22 所示为一静定梁，i 点作用以单位力，在 k 点引起的挠度可按图乘法计算。

$$w_{ki} = \frac{c^3}{6E_cI}\eta_{ki} \qquad (3\text{-}49)$$

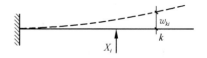

式中 E_c——梁的弹性模量，kPa；

    I——梁截面的惯性矩，m^4；

    η_{ki}——梁的挠度系数，为与 a_i/c 及 a_k/c 有关
            的函数（a_i 和 a_k 分别代表 i 点和 k 点
            与固端的距离）。

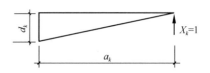

由式（3-48）及式（3-49）可得

$$\delta_{ki} = s_{ki} + w_{ki} = \frac{1-\nu^2}{\pi Ec} \cdot \xi_{ki} + \frac{c^3}{6E_cI}\eta_{ki} \qquad (3\text{-}50)$$

（4）方程组求解

对每一根链杆，都列出变形协调方程，如
式（3-44）所示，并将 w_{ki} 和 s_{ki} 代入方程的 δ_{ki} 中，整
理后可得方程组为

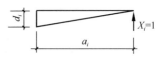

图 3-22 用图乘法计算梁的变形

$$\frac{1-\nu^2}{\pi Ec}\begin{bmatrix} \xi_{11} & \xi_{12} & \cdots & \xi_{1n} \\ \xi_{21} & \xi_{22} & \cdots & \xi_{2n} \\ \vdots & \vdots & \vdots & \vdots \\ \xi_{n1} & \xi_{n2} & \cdots & \xi_{nn} \end{bmatrix}\begin{bmatrix} X_1 \\ X_2 \\ \vdots \\ X_n \end{bmatrix} + \frac{c^3}{6E_cI}\begin{bmatrix} \eta_{11} & \eta_{12} & \cdots & \eta_{1n} \\ \eta_{21} & \eta_{22} & \cdots & \eta_{2n} \\ \vdots & \vdots & \vdots & \vdots \\ \eta_{n1} & \eta_{n2} & \cdots & \eta_{nn} \end{bmatrix}\begin{bmatrix} X_1 \\ X_2 \\ \vdots \\ X_n \end{bmatrix} = s_0 + \varphi_0 \begin{bmatrix} a_1 \\ a_2 \\ \vdots \\ a_n \end{bmatrix}\begin{bmatrix} \Delta_{1F} \\ \Delta_{2F} \\ \vdots \\ \Delta_{nF} \end{bmatrix}$$

$$(3\text{-}51)$$

将方程组式（3-51）与式（3-46）、式（3-47）联立求解，可求得 s_0，φ_0 及 X_i。
将 X_i 除以相应区段的基底面积 bc 即可得该区段单位面积上地基反力值 $p_i = X_i/bc$。
利用静力平衡条件即可求出梁的内力 M 和 V。

3.3.3 柱下十字交叉基础

当上部荷载较大、地基土较软弱，只靠单向设置柱下条形基础已不能满足地基承载力
和地基变形要求时，可用双向设置的正交格形基础，又称十字交叉基础。十字交叉基础将
荷载扩散到更大的基底面积上，减小基底附加压力，并且可提高基础整体刚度、减少沉降
差，因此这种基础常作为多层建筑或地基较好的高层建筑的基础，对于较软弱的地基，还
可与桩基连用。

柱下十字交叉基础的布置如图 2-5 所示。为调整结构荷载重心与基底平面形心相重合
和改善角柱与边柱下地基受力条件，常在转角和边柱处，对基础梁进行构造性延伸。梁的
截面大多取 T 形，梁的结构构造的设计要求与条形基础类同。在交叉处翼板双向主筋需
重叠布置，如果基础梁有扭矩作用时，纵向筋应按承受弯矩和扭矩进行配置。

柱下十字交叉基础上的荷载是由柱网通过柱端作用在交叉结点上，如图 3-23 所示。
基础计算的基本原理是把结点荷载分配给两个方向的基础梁，然后分别按单向的基础梁用
前述方法进行计算。

结点荷载在正交的两个条形基础上的分配必须满足两个条件：

（1）静力平衡条件，即在结点处分配给两个方向条形基础的荷载之和等于柱荷载，即

$$F_i = F_{ix} + F_{iy} \qquad (3\text{-}52)$$

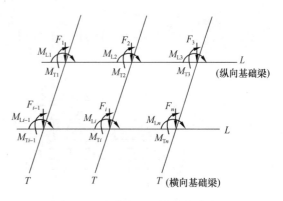

式中 F_i——i 结点上的竖向柱荷载，kN；

           F_{ix}——x 方向基础梁在 i 结点的竖向荷载，kN；

           F_{iy}——y 方向基础梁在 i 结点的竖向荷载，kN。

图 3-23   十字交叉基础结点受力图

结点上的弯矩 M_x、M_y，直接加于相应方向的基础梁上，不必再作分配，即不考虑基础梁承受扭矩。

（2）变形协调条件，即分离后两个方向的条形基础在交叉结点处的竖向位移应相等。

$$w_{ix} = w_{iy} \qquad (3\text{-}53)$$

式中 w_{ix}——x 方向梁在 i 结点处的竖向位移；

           w_{iy}——y 方向梁在 i 结点处的竖向位移。

由式（3-52）与式（3-53）可知，每个结点均可建立两个方程，其中只有两个未知量 F 和 F_{iy}。方程数与未知量相同。若有 n 个结点，即有 $2n$ 个方程，恰可解 $2n$ 个未知量。

但是实际计算显然很复杂，因为必须用上述方法求弹性地基上梁的内力和挠度才能解结点的位移，而这两组基础梁上的荷载又是待定的。就是说，必须把柱荷载的分配和两组弹性地基梁的内力与挠度联合求解。为减少计算的复杂程度，一般采用文克尔地基模型，略去本结点的荷载对其他结点挠度的影响，即便如此，计算也还相当复杂。

十字交叉基础有三种结点，即Ⓐ Γ形结点，Ⓑ T 形结点，Ⓒ十字形结点，如图 3-24 所示。十字形结点可按两条正交的无限长梁交点计算梁的挠度，Γ形结点按两条正交的半无限长梁计算梁的挠度，T 形结点则按正交的一条无限长梁和一条半无限长梁计算梁的挠度。

采用文克尔地基模型，用表 3-5 中计算无限长梁和半无限长梁受集中力 F 作用下的挠度公式计算交点的挠度。在交点处（荷载作用点），$x=0$，式中的参数 $A_x=1$，$D_x=1$。

对无限长梁交点处的挠度为

$$w = \frac{F\lambda}{2k_s} = \frac{F\lambda}{2kb} \qquad (3\text{-}54)$$

对半无限长梁，交点处的挠度为

$$w = \frac{2F\lambda}{k_s} = \frac{2F\lambda}{kb} \qquad (3\text{-}55)$$

现以图 3-24 中 T 形结点 B 为例分配柱荷载 F_i。设分配于纵、横方向基础梁上的结点力分别为 F_{ix} 与 F_{iy}，结点的竖直位移为 w_{ix} 与 w_{iy}，对于纵向 x 基础梁，按半无限长梁计算交点挠度，用式（3-55）计算：

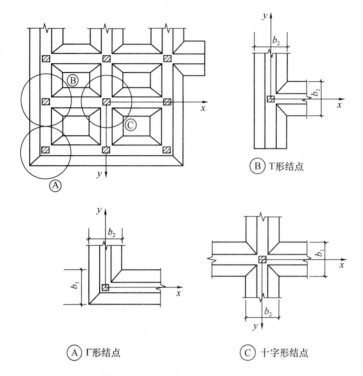

图 3-24　十字交叉基础结点类型

$$w_{ix} = \frac{2F_{i\lambda}\lambda_1}{b_1 k}, \ \lambda_1 = \sqrt[4]{\frac{b_1 k}{E_c I_1}} \tag{3-56}$$

对于横向 y 基础梁，按无限长梁计算交点挠度，用式（3-54）计算。

$$w_{iy} = \frac{F_{iy}\lambda_2}{2b_2 k}, \ \lambda_2 = \sqrt[4]{\frac{b_2 k}{E_c I_2}} \tag{3-57}$$

纵、横方向基础梁在结点 i 处的挠度必须符合变形协调条件，则

$$w_{ik} = w_{iy}, \ 4F_{ix}\lambda_1 = F_{iy}\lambda_2 \frac{b_1}{b_2} \tag{3-58}$$

同时必须符合静力平衡条件，则

$$F_{ix} + F_{iy} = F_i \tag{3-59}$$

上列式中　b_1、b_2——纵向基础梁和横向基础梁的宽度，m；

　　　　　I_1、I_2——纵向基础梁和横向基础梁的截面惯性矩，m^4；

　　　　　E_c——基础梁的材料弹性模量，kN/m^2；

　　　　　k——地基的抗力系数，kN/m^2。

联立式（3-58）和式（3-52）求解，得

$$F_{ix} = \frac{b_1\lambda_2}{b_1\lambda_2 + 4b_2\lambda_1}F_i \tag{3-60}$$

$$F_{iy} = \frac{4b_2\lambda_1}{b_1\lambda_2 + 4b_2\lambda_1}F_i \tag{3-61}$$

同理，对于十字形和 Γ 形结点，得到纵、横向基础梁所分配的结点荷载均为

$$F_{ix} = \frac{b_1\lambda_2}{b_1\lambda_2 + b_2\lambda_1}F_i \qquad (3\text{-}62)$$

$$F_{iy} = \frac{b_2\lambda_1}{b_1\lambda_2 + b_2\lambda_1}F_i \qquad (3\text{-}63)$$

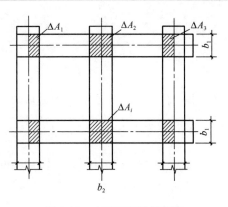

将结点上的柱荷载分配给纵、横方向基础梁，在交叉结点处，基底面积重复计算 1 次，即图 3-25 中的阴影面积多算了 1 次，结果使基底单位面积上的反力较实际的反力减少了，计算结果偏于不安全，必须进行调整修正。

图 3-25 交叉面积计算简图

调整的办法是先计算因有重叠基底面积引起基底压力的变化量 Δp，然后增加一荷载增量 ΔF，恰恰能抵消基底压力的变化量，使得基底压力能维持不变。

调整前的基底压力平均计算值为

$$p = \frac{\sum\limits_{i=1}^{n} F_i}{A + \sum\limits_{i=1}^{n} \Delta A_i} \qquad (3\text{-}64)$$

式中 $\sum\limits_{i=1}^{n} F_i$ ——作用在各结点上集中力的总和；

A——基础的实际底面积；

$\sum\limits_{i=1}^{n} \Delta A_i$ ——交叉基础各结点重叠的基底面积之和。

调整后即消除了重叠基底面积影响的实际基底压力为

$$p' = \frac{\sum\limits_{i=1}^{n} F_i}{A} \qquad (3\text{-}65)$$

调整前后基底压力值的变化值 Δp 由重叠基底面积 $\Sigma \Delta A_i$ 所引起，其值为

$$\Delta p = p' - p = \frac{\sum\limits_{i=1}^{n} \Delta A_i}{A} p \qquad (3\text{-}66)$$

显然，基础梁由于多算了基底面积 $\sum\limits_{i=1}^{n} \Delta A_i$，因而使得基底压力的减小量为 Δp，故应在该结点处增加一荷载增量 ΔF_i，使其引起基底压力的增量恰好等于 Δp，才能消除基底面积的重叠计算的影响，使基底压力维持不变。

$$\frac{\Delta F_i}{A} = \Delta p = \frac{\sum\limits_{i=1}^{n} \Delta A_i}{A} p$$

$$\Delta F_i = \sum\limits_{i=1}^{n} \Delta A_i \cdot p \qquad (3\text{-}67)$$

将结点 i 的荷载增量 ΔF_i，按比例分配给纵向和横向基础梁：

$$\Delta F_{ix} = \frac{F_{ix}}{F_i} \cdot \Delta F_i = \frac{F_{ix}}{F_i} \cdot \sum_{i=1}^{n} \Delta A_i \cdot p \tag{3-68}$$

$$\Delta F_{iy} = \frac{F_{iy}}{F_i} \cdot \Delta F_i = \frac{F_{iy}}{F_i} \cdot \sum_{i=1}^{n} \Delta A_i \cdot p \tag{3-69}$$

经过调整后，i 结点纵向和横向基础梁上的荷载应该为

$$F'_{ix} = F_{ix} + \Delta F_{ix} \tag{3-70}$$

$$F'_{iy} = F_{iy} + \Delta F_{iy} \tag{3-71}$$

结点荷载分配后，就可按柱下条形基础内力计算方法计算结点的位移与基底反力。

3.4　筏形基础与箱形基础

3.4.1　筏形基础与箱形基础的类型和特点

筏形基础是埋置于地基的一块整体连续的厚钢筋混凝土基础板，故又称为筏板基础，简称筏基；箱形基础是埋置于地基中由底板、顶板、外墙和相当数量的纵横隔墙构成的单层或多层箱形钢筋混凝土结构，简称箱基；桩-筏与桩-箱基础是筏基与箱基同贯穿软弱土层直达密实坚硬持力土层的桩联合共同工作，结合构成桩筏与桩箱基础。

筏形基础按其与上部结构联系的特点可分为墙下筏形基础与柱下筏形基础；按其自身结构特点，可分为平板式筏形基础和梁板式筏形基础，如图 3-26 所示。当荷载不大，柱距较小且等距的情况，可做成等厚的筏板，如图 3-26（a）、（b）所示。当柱荷载较大而

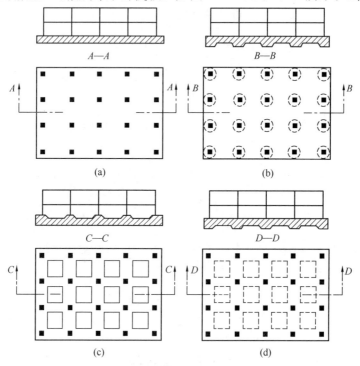

图 3-26　筏形基础的种类

（a）、（b）平板式；（c）、（d）梁板式

均匀，且柱距也较大时，为提高筏板的抗弯刚度，可沿柱网的纵横轴线布置肋梁，形成梁板式筏形基础，如图 3-26（c）、（d）所示。肋梁设置在板下时，可用地模法施工，以获得平整的筏板面作为室内地坪，这种做法较为经济，但施工不方便，见图 3-26（d）。若肋梁设置在筏板上方，则要架空室内地坪，但可加强柱基，施工也较方便。

当地基软弱且不均匀，建筑物对差异沉降很敏感，筏形基础的刚度尚不足于调整可能发生的差异沉降时，可以改用箱形基础。箱形基础按其自身刚度特性可分为单层箱形基础（图 3-27a）和多层箱形基础（图 3-27b）。

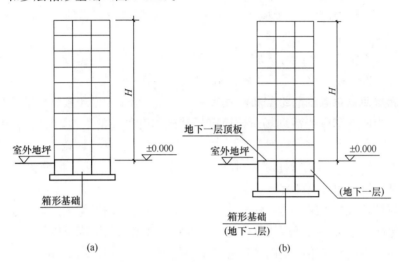

图 3-27　单层和多层箱形基础

与一般基础相比较，筏形基础和箱形基础具有以下几个特点：

（1）基础面积大。基础面积大既可以减小基底压力，又能提高地基的承载力，因而容易承担上部结构的巨大荷载，满足地基承载力的要求。基础面积大能降低建筑物高度与基础宽度的比值，增加地基的稳定性。根据国内外筏形基础和箱形基础的统计，高层建筑物的高宽比一般为（6：1）～（8：1）。例如北京中国尊的高宽比为 6.8：1；上海金茂大厦的高宽比为 8：1；美国西尔斯大厦高 442m，高宽比为 6.4：1；汉考克大厦高 344m，高宽比为 6.6：1。同时也应注意到，基础面积越大，基底附加应力扩散的深度也越深，当地基深层处埋藏有压缩性较大的土层时，会引起较大的地基变形。

（2）基础埋置深。筏形基础与箱形基础用作高重建筑物基础时，通常需要埋置一定的深度，视地基土层性质和建筑物性质而定，一般最小埋深为 3～5m。现代高层和超高层建筑物基础埋深已超过 20m，例如北京中国尊大厦的筏形基础埋深为 37.8m；上海金茂大厦的筏形基础埋深为 18m；北京京城大厦的箱形基础埋深达 22.5m。埋深大，由于补偿作用可以减少基底的附加应力，同时还可提高地基的承载力，易于满足地基承载力的要求。基础较深，嵌固于地基中，对减小地基的变形，增加地基的稳定性和建筑物的抗震性能都是有利的。《高层建筑筏形与箱形基础技术规范》JGJ 6—2011 规定，在抗震设防区，除岩石地基外，天然地基上的筏形与箱形基础埋置深度不宜小于建筑物高度的 1/15；桩筏与桩箱基础的埋置深度不宜小于建筑物高度的 1/18。

　　筏形基础有时也可用于地基虽然软弱，但比较均匀，或地基上部有硬壳层的不太高的多层承重墙民用建筑，例如作为 6～7 层以下的住宅楼基础。这种情况通常采用浅埋式，有时可直接在地基表面上浇筑筏形基础，筏板厚一般为 0.5～1.0m。

　　（3）具有较大的刚度和整体性。通过上部结构、基础与地基的共同作用，能调整地基的不均匀变形。对于高层、多层建筑，为了扩散分布荷载，为了与上部结构相连接，共同工作，改善上部结构抗倾斜、抗震的稳定性，为了适应不断加大柱网间距，扩大地下室使用空间，要求加大基础的刚度，做成厚筏板基础或多层箱形基础。现在 3～5m 的厚筏板基础与 3～4 层箱形基础在工程上应用已不少见，其所创造与积累的经验，促进了筏形基础与箱形基础设计与施工的新发展。

　　（4）可与地下室建造相结合。加大基础埋置深度，提供利用基础之上的地下空间建造地下室的良好条件，筏板也成了地下室的底板。

　　现代化高层建筑对地下室的需求越来越高，使得箱形基础由于被纵横隔墙分割成狭小开间而难以作为地下车库或活动场所，而筏形基础因有平整的大筏板面可利用而深受欢迎。为使地下室有更大的通畅空间，基础之上柱网的柱距也日益加宽，已由通常的 6m 增加成 8m、10m、12m，加宽的柱网又对增加基础刚度提出了要求。因此多层大柱网的地下室已成为基础设计的重要内容。

　　（5）可与桩基联合使用。建在软弱地基上，又要严格控制不均匀沉降的建筑物，如软弱地基上的超高层建筑、高低层错落的建筑、对沉降及不均匀沉降反应敏感的高精度装备或设施等，当采用筏形或箱形基础，尽管采用了加大基底面积，增加基础刚度和加大埋深的措施，但只解决满足承载力要求；由于基础底面积的加大，使地基受压层加深，地基仍可能产生较大的变形，不能满足这类建筑物的容许沉降与沉降差的要求。在这种情况下，可在筏形基础或箱形基础下打桩以减少沉降，即为桩筏基础或桩箱基础。

　　根据上海地区高层建筑的经验，采用桩筏或桩箱基础，高层与超高层建筑物的最大沉降值都能控制在容许范围 150～200mm，根据相当多的高层建筑的沉降实测值，大多数在 20～30mm。上海金茂大厦高 420.5m，是一栋超高层建筑，采用桩筏基础，1998 年建成使用以来，实测最大沉降值为 88mm，并已趋稳定，足见桩基对于控制沉降的显著作用。

　　（6）需要处理大面积深开挖基础对筏形基础与箱形基础设计与施工的影响。大面积深开挖除需解决基坑边坡支护、人工降水及对相邻建筑物影响的问题外，对基础工程最直接重要的影响作用，一是大量开挖地基土，从原理上可抵消很大一部分建筑结构的荷载，使地基容易满足承载力要求，但是这种补偿作用是需要通过精心设计与施工来保证的；二是深开挖的回填土对基础的嵌固作用，涉及嵌固部位的确定及作用在基础外墙的土压力计算，直接影响外墙的结构设计；其三是地下水回升对深埋的基础与地下室的影响，必须根据实际情况采取可靠防渗措施，以防止浸淹地下室，通常是做硬止水或软止水加上对渗入水的导排。

　　此外地下水回升还会形成浮托力，特别是裙房部位的基础与地下室受浮托力的作用，有可能造成结构损坏或上浮，为了对抗浮托力，需要采取措施降低浮托力或在有危害部位加做抗拔桩。因此基础工程设计时就要充分考虑这些特性，以免出了问题再处理这类隐蔽工程问题，就相当困难并造成损失。

（7）造价高、技术难度大。筏形基础与箱形基础体型大，需要花费大量钢材和混凝土，大体积钢筋混凝土施工，需要精心控制质量与温度影响。大面积深开挖和基础深埋置带来了诸多土工问题的处理，使得其造价要比一般基础高得多。

3.4.2 筏形基础的布置、结构和构造

1. 埋置深度

（1）筏形基础的埋置深度首先应满足一般基础埋置深度的要求，即选择埋置于较好的土层，并进行地基承载力与下卧层的验算。对于在较均匀或上部有硬壳层的软弱地基上建造6～7层以下的多层承重墙民用建筑，筏形基础可尽量浅埋或不埋，直接做在地基表面上，这就属于浅基础类的筏形基础。

（2）高层建筑的筏形基础通常也作为地下室的底板，即应考虑按建筑物对地下室结构的要求确定埋置深度。而且高层建筑对地基的影响范围较大，因而还要考虑对相邻建筑物和地下管线或设施的影响，对埋置深度需做合理调整或采取必要的措施，以消除相互的有害影响，确保安全应用。

（3）高层建筑经常承受风、地震等水平力作用，应有足够的埋深以保证建筑物和地基的稳定性。

2. 平面形状和面积

（1）筏形基础的形状和面积取决于建筑的平面布置，要力求规整，尽可能做成矩形、圆形等对称形状。基底面积大小按满足承载力的要求确定。要力求使面积的形心与竖向荷载的重心重合，当荷载过大或合力偏心过大不能满足承载力要求时，可适当地将筏板外伸悬挑出上部结构底面，以扩大基础面积，改善筏板边缘的压力。对于梁板式筏形基础，如肋梁要外伸至筏板边缘，外伸长度从基础梁中心线算起，横向不宜大于2000mm，纵向不宜大于1500mm；对于平板式筏形基础，外伸长度应减小，横向不宜大于1500mm，纵向不宜大于100mm；如果外伸筏板做成坡形，其边缘厚度不应小于200mm。

（2）高层或超高层建筑的裙房带地下室，基础的布置可能与主楼的筏形基础相结合，当筏板有足够刚度（或适当加大筏板刚度），即可将筏板向外扩1～2跨柱距成为裙房地下室的基础，做成厚大整体筏板。适当外扩加宽的筏板，降低了建筑物与筏板的高宽比，有利于建筑物与地基的稳定。如果裙房带地下室与高层主体建筑的高度相差过大，或筏板刚度不够大，或裙房下地下室的面积过大等情况，做成整体筏板既有困难也不经济，则可分缝做成应用要求不同、工作条件不同的两个基础板，但要做好分缝与连接(图 3-28)。

3. 筏板厚度

（1）筏板面积较大，又要承载高重建筑物，通常要做成有足够刚度的厚重整体钢筋混凝土板。根据实践经验，可按每层楼50mm厚拟设，然后进行抗弯、抗冲切、抗剪承载力验算，再综合考虑各种因素确定，必须十分慎重。

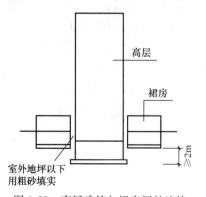

图 3-28 高层建筑与裙房间的连接

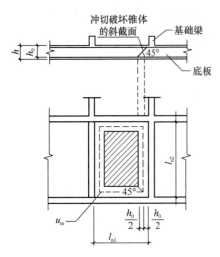

图 3-29　底板冲切计算示意图

（2）平板式筏板结构简单，施工便捷，较之梁板式筏板具有更好的抗冲切和抗剪切能力，适应性也较强。筏板的厚度除了要满足受弯承载力外，尚应满足筒形结构下和柱下抗冲切承载力和筒边及柱边抗剪承载力的要求。对边柱和角柱进行冲切验算时冲切力应分别乘以 1.1 和 1.2 的放大系数。平板式筏板的最小厚度不应小于 500mm。具体验算方法详见《高层建筑筏形与箱形基础技术规范》JGJ 6—2011。当柱荷载较大，等厚板不能满足抗冲切承载力要求时可在筏板上增设柱墩、局部加厚或采用抗冲切箍筋以提高抗冲切承载力。

（3）梁板式双向筏板，冲切破坏锥体的形状如图 3-29 所示，作用在锥底的冲切荷载为

$$F_l = A_c p_j = (l_{n1} - 2h_0)(l_{n2} - 2h_0)p_j \tag{3-72}$$

抗力则为

$$[V] = 0.7 b_k f_t u_m h_0 \tag{3-73}$$

式中　l_{n1}、l_{n2}——板的边长；

　　　h_0——板的有效高度；

　　　u_m——破坏面的平均周长，如图 3-29 所示；

　　　f_t——混凝土抗拉强度设计值，可按混凝土强度等级从有关规范查用；

　　　p_j——基底净压力。

令 $F_l = [V]$，简化后即可求得满足抗冲切要求时板的有效高度 h_0，即

$$h_0 = \frac{(l_{n1} + l_{n2}) - \sqrt{(l_{n1} + l_{n2})^2 - \dfrac{4 p_j l_{n1} l_{n2}}{p_j + 0.7 \beta_h f_1}}}{4} \tag{3-74}$$

式中　β_h——截面高度影响系数。

h_0 + 保护层厚度后即为满足抗冲切要求的板厚 h。

用有效高度 h_0 进一步验算是否满足斜截面抗剪承载力的要求。通常基础板可按不配置箍筋和弯起钢筋的一般平板受弯构件验算斜截面受剪承载力。计算方法可参阅混凝土结构设计方面的教材或规范。

在工程上，一般梁板式筏形基础底板的厚度与板的最小跨度之比不宜小于 1/20，且不应小于 300mm。若建筑物高度在 12 层以上，则最小厚跨比不宜小于 1/14，板的厚度不应小于 400mm，基础梁的高度与板的短边跨度之比不宜小于 1/6。

4. 筏形基础与结构及地面的连接

（1）筏形基础与上部结构的连接

多层建筑的上部结构多数为框架结构、剪力墙结构或框架-剪力墙组合结构，而高层或超高层建筑的塔楼常用筒体结构、框架-筒体结构。筏板与上部结构的连接，必须满足结构安全工作要求，并采取必要的构造措施，以确保上部结构可靠地嵌固于筏板上，二者

相互支持，共同工作。

框架式或剪力墙结构的地下室底层柱或剪力墙与筏形基础梁的连接结构要求如图 3-30 所示：①梁板式筏形基础，当交叉基础梁的宽度小于柱截面的边长时，与基础梁连接处应设置八字角，柱角与八字角边缘的净距不宜小于 50mm（图 3-30a）。②柱或墙的边缘至基础梁的边缘距离不应小于 50mm，如图 3-30（c）、（d）所示。③单向基础梁与柱的连接，若柱截面的边长大于 400mm 时，可按图 3-30（b）、（e）布置。

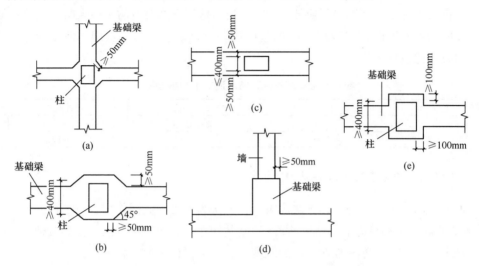

图 3-30　地下室底层柱或剪力墙与基础梁连接的构造要求

（2）筏板与地下室外墙的连接

因地下室外墙要承受外部土压力与地下水压力的作用，墙的设计除满足承载力要求外尚应考虑变形、抗裂及防渗等要求，一般外墙厚度不应小于 250mm，内墙厚度不小于 200mm。如果地下室有抗渗要求时，则外墙与筏板应采用防水混凝土，或者采用沥青油毡做防水层。

（3）筏板与地面的连接

筏形基础底面通常要铺设垫层，厚度一般为 100mm。当需要做基底排水时，通常是做砂砾石垫层，必要时设架空排水层。

5. 筏板配筋与混凝土等级

（1）筏板的配筋应根据内力计算确定。当内力计算只考虑局部弯曲作用时，无论是梁板式筏形基础的底板和基础梁，或是平板式筏形基础的柱下板带和跨中板带，除按内力计算配筋外，尚应考虑变形、抗裂及防渗等方面的要求。

（2）筏板的配筋率一般为 0.5%～1.0%。考虑整体弯曲的影响，无论是平板式或梁板式筏板，按内力计算的底部钢筋，应有 1/3 贯通全跨。顶部钢筋则要全部贯通，且上下配筋率均不小于 0.15%。受力钢筋最小直径不小于 ϕ8mm，间距 100～150mm。当板厚 h ≤250mm 时，水平分布钢筋的直径不应小于 12mm，竖向分布钢筋直径不应小于 10mm，间距不应大于 200mm。

（3）考虑筏板纵向弯曲的影响，当筏板的厚度大于 2000mm 时，宜在板的中间部位

设置直径不小于 ϕ12mm，间距不大于 300mm 的双向钢筋网。底板垫层厚度一般为 100mm，这种情况下，钢筋保护层的厚度不宜小于 35mm。

（4）当考虑上部结构与地基基础相互作用引起的拱架作用，可在筏板端部的 1～2 个开间范围适当将受力钢筋面积增加 15%～20%。

（5）筏板边缘的外伸部分应在上下层配置钢筋。在筏板的外伸板角底面，应配置 5～7 根辐射状的附加钢筋。

（6）筏板混凝土强度等级不应低于 C30。当与地下室结合有防水要求时，应采用防水混凝土。防水混凝土的抗渗等级应根据基础的埋置深度从表 3-8 选用，但不应小于 P6，必要时须设置架空排水层。

筏形基础和箱形基础防水混凝土的抗渗等级　　　　　　　　　表 3-8

埋置深度 d（m）	设计抗渗等级	埋置深度 d（m）	设计抗渗等级
$d<10$	P6	$20\leqslant d<30$	P10
$10\leqslant d<20$	P8	$30\leqslant d$	P12

3.4.3　筏形基础的基底反力和基础内力计算

筏形基础的内力计算分三种方法，第一种方法为不考虑共同作用；第二种方法为考虑基础-地基共同作用和考虑上部结构-基础-地基共同作用。第三种方法是在第二种方法的基础上，把上部结构的刚度叠加在基础的刚度上。本节只讨论前两种方法。

理论上筏板在荷载作用下产生的内力可以分解成两个部分：一是由于地基沉降，筏板产生整体弯曲引起的内力；二是柱间筏板或肋梁间筏板受地基反力作用产生局部挠曲所引起的内力。实际上地基的最终变形是由上部结构、基础和地基共同决定，很难截然区分为"整体变形"和"局部变形"。在实际的计算分析中，如果上部结构属于柔性结构，刚度较小而筏板较厚，相对于地基可视为刚性板，这种情况，如刚性基础的计算一样，用静定分析法，将柱荷载和直线分布的反力作为条带上的荷载，直接求解条带的内力。相反，如果上部结构的刚度很大，且荷载分布比较均匀，柱距基本相同，每根柱的荷载差别不超过 20%，地基土质比较均匀且压缩层内无较软弱的土层或可液化土层，这种情况可视为整体弯曲，由上部结构承担，筏板只受局部弯曲作用，地基反力也可按直线分布考虑，筏板则按倒楼盖板分析内力。

（1）条带法

条带法也称截条法，该法认为，筏板如刚性板，受荷载后基底始终保持平面，基底净反力 $p_j(x, y)$ 可用下式计算：

$$p_j(x, y) = \frac{F}{A} \pm \frac{M_x}{I_x}y \pm \frac{M_y}{I_y}x \tag{3-75}$$

为求筏板截面内力，可将筏板截分为互相垂直的条带，条带以相邻柱列间的中线为分界线，假定各条带都是独立彼此不相互影响，条带上面作用着柱荷载 F_1，F_2，…，F_n，底面作用着由式（3-75）求得的基底净反力 $p_j(x, y)$，如图 3-31 所示。然后用静定分析方法计算截面内力。

对于横向条带也采用同样的方法计算。在这种计算方法中，纵向条带和横向条带都用全部柱荷载和地基反力而不考虑纵横向的分担作用，计算结果，内力偏大。如果因柱荷载或柱距不均需考虑相邻条带间荷载的传递影响或考虑纵横向的分担作用，可参考十字交叉基础梁的荷载分配方法进行纵横向荷载分配。

（2）倒楼盖法

倒楼盖法与倒梁法一样，将地基上筏板简化为倒置楼盖。筏板被基础梁分割为不同条件的双向板或单向板。如果板块两个方向的尺寸比值小于 2，则可将筏板视为承受地基净反力作用的双向多跨连续板。图 3-32 所示的筏板被分割为多列连续板。各板块支承条件可分为三种情况：①二邻边固定、二邻边简支；②三边固定、一边简支；③四边固定。

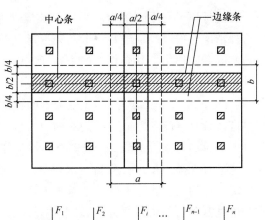

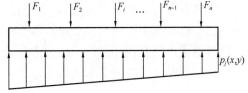

图 3-31 条带法分析筏形基础

根据计算简图查阅弹性板计算公式或计算手册即可求得各板块的内力。

板块跨中弯矩为

$$M_{ix} = \varphi_{ix} p_j l_x^2 \tag{3-76}$$

$$M_{iy} = \varphi_{iy} p_j l_y^2 \tag{3-77}$$

板块支座弯矩为

$$M_{ix}^0 = \varphi_{ix}^0 p_j l_x^2 \tag{3-78}$$

$$M_{iy}^0 = \varphi_{iy}^0 p_j l_y^2 \tag{3-79}$$

式中 p_j——基底净反力，kPa；

l_x、l_y——双向板计算长度，m；

φ_{ix}、φ_{iy}、φ_{ix}^0、φ_{iy}^0——跨中及支座弯矩计算系数，可查阅弹性理论矩形板计算表。

筏形基础梁上的荷载可将板上荷载沿板角 45°分角线划分范围，分别由纵横梁承担，荷载分布呈三角形或梯形，如图 3-33 所示。基础梁上的荷载确定后即可采用倒梁法进行梁的内力计算。

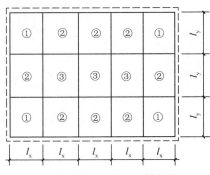

图 3-32 连续板的支撑条件

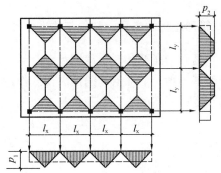

图 3-33 筏板底反力在基础梁上的分配

　　一般筏板属于有限刚度板，上层结构既非柔性，其刚度也没有大到足以承担整体弯曲。这种情况，按《高层建筑筏形与箱形基础技术规范》JGJ 6—2011 的要求，应考虑基础与地基的共同作用。共同作用的主要标志就是基底反力非直线分布，这时应用弹性地基梁板计算方法先求地基反力，然后再计算筏板的内力。严格计算比较复杂，简化的计算方法如下：图 3-34 表示长度为 l、宽度为 b 的筏形基础。先将其当作宽度为 b、长度为 l 的一根梁进行计算（图 3-34a），梁的断面对平板式筏形基础为矩形，对梁板式筏形基础则为齿形（图 3-34c），梁上荷载 F_1，F_2，$\cdots$，F_n 分别为横向 y 宽度 b 上各列柱荷载的总和。选用上述某种地基模型进行分析，求得纵向 x 的反力分布图（图 3-34b），这时横向反力分布假定是均匀的。实际上弹性地基板下横向反力分布也非均匀，因此必须进行调整。取横向一单宽截条（如阴影部分），以上述长度方向计算所得该截面处的反力 p_i（均布）作为荷载 q_i，仍按选用的地基模型计算截条的地基反力分布（图 3-34d）。这样计算几个横向截条就可以求得整个筏板下的基底反力分布。基底反力分布求出后，再根据筏板的构造形式，用结构力学方法求解筏板的内力。

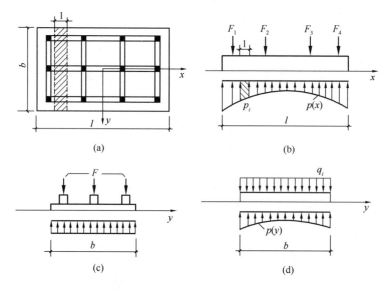

图 3-34　弹性地基上板的简化计算

　　随着计算技术的发展，弹性地基板的数值计算方法已有很大的进展，本书只阐述解题方法和基本概念。对更复杂的计算，尚待读者结合需要进一步学习。

3.4.4　箱形基础的布置、结构与构造

（1）基础的高度和埋置深度

　　箱形基础承受上部结构的巨大荷载作用，抵抗和适应地基的反力与变形，必须保证有足够的刚度；其高度不宜小于箱形基础长度（不包括底板悬挑部分）的 1/20，最小不低于 3m。与带地下室的高层建筑筏形基础一样，基础埋置深度应满足地下结构的要求，在地震设防区埋置不宜小于建筑物高度的 1/15 以保证建筑物和地基的稳定性。而且在同一结构单元内，基础埋置深度宜一致，不得局部采用箱形基础。

（2）基础的平面布置和面积

箱形基础的平面布置要根据地基土的性质、建筑物平面布置以及上部结构的荷载分布等因素确定；平面形状力求简单、对称，并尽量使基底平面形心与结构竖向荷载重心重合。图 3-35 是国内十栋已建工程的箱形基础平面图。基础面积应满足地基承载力要求并控制偏心距满足前述规定。

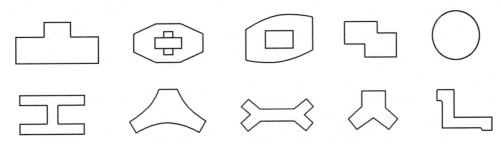

图 3-35 十栋已建工程箱形基础平面图

（3）当地基压缩层深度范围内土层比较均匀且上部结构为平立面布置比较规则的剪力墙、框架、框架-剪力墙结构体系时，顶、底板可仅按局部弯曲计算内力。配筋时，跨中钢筋应按实际配筋量全部贯通，支座钢筋应有 1/4 贯通全跨，且底板上下贯通钢筋的配筋率都不应小于 0.15%。

当不符合上述规定时，应同时计算局部弯曲及整体弯曲作用，但局部弯曲产生的弯矩应乘以 0.8 的折减系数。计算整体弯曲时可采用下述方法，将上部结构的刚度化引到箱形基础上，与箱形基础共同承担整体弯曲产生的内力。

（4）顶板要具有传递上部结构的剪力至地下室墙体的承载能力，其厚度应根据跨度及荷载值，经正截面抗弯、斜截面抗剪和抗冲切验算确定，一般不小于 200mm。底板厚度除满足抗弯、抗剪、抗冲切要求外，要具有较大的刚度和良好的防水性能，一般不应小于400mm，且板厚与最大双向板格的短边净跨之比不应小于 1/14，如有人防抗爆炸和抗塌落荷载的要求，所需厚度另行计算确定。

（5）箱形基础的墙体连接顶板和底板，传递竖直与水平荷载给地基，围护基础，起保证箱形基础整体刚度和纵横方向抗剪强度的作用。箱形基础外墙沿建筑物四周布置，内墙依上部结构柱网或剪力墙纵横均匀布置。墙体分布密度对荷载的分布和抗震有重要的作用，因此不但要有足够的密度，而且要控制其间隔，合理布置。墙体水平截面的总面积不小于基础面积的 1/12，墙体间距不大于 10m。当基础平面长宽比大于 4 时，纵墙面积不宜小于基础面积的 1/18。墙体厚度应根据实际受力情况和防水要求确定，外墙不应小于250mm，内墙不应小于 200mm。

墙身尽量少开洞，门洞应设在柱间居中部位，要避免开高洞（高 2m 以上）、宽洞（宽大于 1.2m）、偏洞、边洞（柱边或墙边开洞）、连洞（一个柱距内开两个以上的洞）、对位洞（开洞集中在同一断面上）和在内力最大的断面上开洞。墙体开洞时应采取加强措施，洞口上过梁的高度不宜小于层高的 1/5。洞口面积不宜大于柱距与箱形基础全高乘积的 1/6。洞口周围应设置加强钢筋，洞口四周附加钢筋面积不应小于洞口宽度内被切断的钢筋面积的一半，且不小于 2 根直径为 14mm 的钢筋，此钢筋应从洞口边缘处延长 40 倍钢筋直径。

墙体内应设置双面钢筋，竖向和水平钢筋的直径不应小于 10mm，间距不应大于 200mm。除上部为剪力墙外，内、外墙的墙顶处宜配置 2 根直径不小于 20mm 的通长构造钢筋。

（6）当箱形基础的外墙设有窗井时，窗井的分隔墙应与内墙连成整体。窗井分隔墙可视作由箱形基础内墙伸出的挑梁。窗井的底板按支撑在箱形基础外墙、窗井外墙和分隔墙上的单向板或双向板计算。

（7）与高层建筑相连的门厅等低矮单元的基础，可采用从箱形基础挑出的基础梁方案。挑出长度不宜大于 0.15 倍箱形基础宽度，并应考虑挑梁对箱形基础产生的偏心荷载的影响。

（8）箱形基础混凝土的强度等级不应低于 C25。如采用防水混凝土时，其抗渗等级应根据基础的埋置深度按表 3-8 选用。

3.4.5　箱形基础的基底反力和基础内力计算

箱形基础是由顶板、底板和内外隔墙组成的一个复杂的箱形空间结构，结构分析是这类基础设计中的重要内容。任何结构计算，首先要确定荷载，但是箱形基础上与结构物组成整体，下与地基相连接，荷载的传递和基底反力的分布不仅与上部结构、基础、地基各自的条件有关，而且取决于三者的共同作用状态。由于问题很复杂，在实用中，无论是确定基底反力大小与分布，或根据上部结构、基础和地基的刚度选用内力计算方法，都得做适当简化，现分述如下。

1. 基底反力分析

箱形基础本身具有很大的刚度，即便在软弱地基上，挠曲变形也很小。在与地基共同作用的分析中，如果选用文克尔地基模型，反力接近于直线分布，当竖向荷载的合力通过基底平面的形心时则呈均匀分布。如果采用弹性半空间体地基模型，则刚性板下的反力分布应如图 3-36 中虚线所示，边缘处反力很大。但是实际上土体仅有有限的强度，当应力超过极限应力 p_u 值时，土体产生塑性破坏，引起地基应力重分布，结果为：边缘应力下降，中间应力增加，经调整后的应力分布如图 3-36 中实线所示。显然实际的地基反力分布应介于文克尔地基模型与

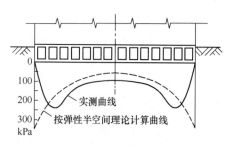

图 3-36　箱形基础基底反力分布图

弹性半无限空间模型之间。原位实测资料表明，一般土基上箱形基础底面反力分布基本上是边缘略大于中间的马鞍形分布形式，如图 3-37 所示，只有当地基土很弱、基础边缘处发生塑性变形的范围较大时，基底中间的反力才可能比边缘处大。

《高层建筑筏形与箱形基础技术规范》JGJ 6—2011 中收集许多实测资料，经过统计分析，提出一套箱形基础底面反力分布图表，可供选用。以黏性土地基上长宽比为 $a/b=2\sim3$ 为例，将整个箱形基础底面纵向分成 8 等份，横向分成 5 等份，共 40 个区格（表 3-9）。每个区格按基础形状和土质不同，分别给予基底反力系数 k_i 值。反力系数表示基础底面第 i 区格的反力 p_i 与平均基础反力 $\bar{p}$ 的比值，即

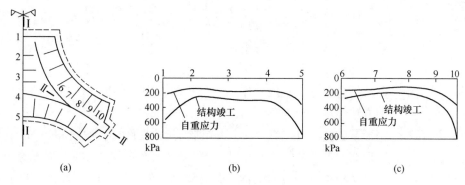

图 3-37 北京某大饭店基底实测反力分布

(a) 基础平面；(b) Ⅰ-Ⅰ剖面；(c) Ⅱ-Ⅱ剖面

$$k_i = \frac{p_i}{\bar{p}} = \frac{p_i \times A}{\Sigma F + G} \tag{3-80}$$

式中　ΣF ——作用于箱形基础上全部竖向荷载的设计值，kN；

　　　G ——箱形基础及其上填土的自重，kN；

　　　A ——箱形基础底面积，m^2。

黏性土地基反力系数 k_i（$a/b = 2 \sim 3$）　　　　表 3-9

1.265	1.115	1.075	1.061	1.061	1.075	1.115	1.265
1.073	0.904	0.865	0.853	0.853	0.865	0.904	1.073
1.046	0.875	0.835	0.822	0.822	0.835	0.875	1.046
1.073	0.904	0.865	0.853	0.853	0.865	0.904	1.073
1.265	1.115	1.075	1.061	1.061	1.075	1.115	1.265

2. 结构内力分析

箱形基础是由顶板、底板、内外墙构成的刚性箱形空间结构，承受上部结构传来的荷载与地基反力，产生整体弯曲，同时顶、底板及内外墙还分别在各自荷载作用下引起局部弯曲。整体弯曲与局部弯曲同时发生，但对箱形基础内力计算的影响却因上部结构、基础和地基刚度的不同而异。因此必须区分不同的情况进行内力计算。

（1）对于能满足上述要求的箱形基础，基础的挠曲变形很小，整体弯曲可以忽略，这时箱形基础的顶、底板计算中，只需考虑局部弯曲作用。计算时，顶板取实际荷载，底板的反力可简化为均匀分布的净反力（不包括底板自重）。

（2）对于不满足上述要求的箱形基础，其刚度较低，箱形基础的内力计算应同时考虑整体弯曲和局部弯曲作用。计算整体弯曲时，应考虑箱形基础与上部结构共同作用，箱形基础承受的弯矩按下式计算：

$$M_F = M \frac{E_F I_F}{E_F I_F + E_B I_B} \tag{3-81}$$

$$E_B I_B = \sum_{i=1}^{n} \left[E_b I_{bi} \left(1 + \frac{K_{ui} + K_{li}}{2K_{bi} + K_{ui} + K_{li}} m^2 \right) \right] + E_w I_w \tag{3-82}$$

式中　　M_F——箱形基础承受的整体弯矩；

　　　　M——建筑物整体弯曲产生的弯矩，可把整个箱形基础当成静定梁，承受上部结构荷载和地基反力作用，分析断面内力得出，也可采用其他有效的方法计算；

　　$E_F I_F$——箱形基础的刚度，其中 E_F 为箱形基础混凝土的弹性模量，I_F 为按工字形截面计算的箱形基础截面惯性矩，工字形截面的上下翼缘分别为箱形基础顶、底板的全宽，腹板厚度为在弯曲方向的墙体厚度的总和；

　　$E_B I_B$——上部结构的总折算刚度；

　　　E_b——第 i 层梁和柱的混凝土弹性模量；

　　　E_B——梁和柱的混凝土弹性模量；

K_{ui}、K_{li}、K_{bi}——第 i 层上柱、下柱和梁的线刚度，其值分别为 $\dfrac{I_{ui}}{h_{ui}}$、$\dfrac{I_{li}}{h_{li}}$ 和 $\dfrac{I_{bi}}{l}$；

I_{ui}、I_{li}、I_{bi}——第 i 层上柱、下柱和梁的截面惯性矩；

　　h_{ui}、h_{li}——第 i 层上柱及下柱的高；

　　　　l——上部结构弯曲方向的柱距；

　　　E_w——在弯曲方向与箱形基础相连的连续钢筋混凝土墙的弹性模量；

　　　I_w——在弯曲方向与箱形基础相连的连续钢筋混凝土墙的截面惯性矩，其值为 $\dfrac{th^3}{12}$；

　　　　t——在弯曲方向与箱形基础相连的连续钢筋混凝土墙体厚度的总和；

　　　　h——在弯曲方向与箱形基础相连的连续钢筋混凝土墙体的高度；

　　　　m——在弯曲方向的节间数，如图 3-38 所示；

　　　　n——建筑物层数，层数对刚度的影响随高度而减弱，一定高度以后，其影响可以忽略，因此不大于 5 层时，n 取实际楼层数，大于 5 层时，n 取 5。

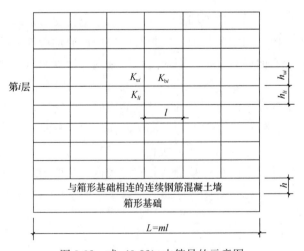

图 3-38　式（3-82）中符号的示意图

局部弯曲一般采用弹性或考虑塑性的双向板或单向板计算方法，可参阅有关的计算手册。基底净反力可按上述反力系数或其他有效方法确定。由于要同时考虑整体弯曲和局部弯曲作用，底板局部弯曲产生的弯矩应乘以 0.8 的折减系数。

通常在箱形基础的计算中，局部弯曲内力起主要作用，但是在配筋时应考虑受整体弯曲的影响，而且要注意承受整体弯曲和局部弯曲的钢筋配置，使能发挥各自作用的同时，也起互补作用。

作用在箱形基础上的荷载和地基反力确定以后，就可以按结构设计的要求对底板、顶板和内、外墙进行抗弯、抗剪及抗冲切等各项强度验算并配置钢筋。

思考题和练习题

3-1 柱下条形基础、筏形基础和箱形基础的共性是什么？

3-2 什么叫文克尔地基模型？

3-3 什么叫弹性半空间地基模型？并说明它与文克尔地基模型的主要区别。

3-4 什么叫有限压缩层地基模型？它与弹性半空间地基模型有何区别？

3-5 倒梁法的基本假定是什么？如何用倒梁法进行基础梁的内力计算？

3-6 用文克尔地基模型分析基础梁内力时，如何区分短梁、有限长梁和无限长梁？

3-7 筏形基础和箱形基础有哪些主要的特点？

3-8 何谓桩筏基础和桩箱基础？

3-9 如图 3-39 所示的地基梁的横截面为矩形，已知地基梁宽 $b=1.0\text{m}$，高 $h=0.6\text{m}$，$E=2.0\times10^7\text{kPa}$，$k=20\text{MN/m}^3$，荷载如图 3-39 所示，求梁在 a、c 点处的弯矩。

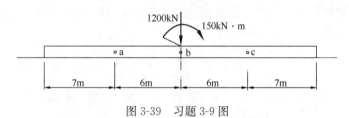

图 3-39 习题 3-9 图

3-10 十字交叉梁基础，某中柱节点承受荷载 $P=2000\text{kN}$，一个方向的基础宽度 $b_x=1.5\text{m}$，抗弯刚度 $EI_x=750\text{MPa}\cdot\text{m}^4$，另一个方向的基础宽度 $b_y=1.2\text{m}$，抗弯刚度 $EI_y=500\text{MPa}\cdot\text{m}^4$，基床系数 $k=4.5\text{MN/m}^3$。试计算两个方向分别承受的荷载 P_x 和 P_y（只进行初步分配，不做调整）。

码3-1 第3章思考题
和练习题参考答案

第 4 章　桩　基　础

4.1　概述

当天然地基上的浅基础不能满足地基承载力或沉降变形要求，又没有合适的地基处理措施时，应当考虑采用深基础将上部荷载传到更深处的土层。深基础主要有桩基础、沉井基础和地下连续墙等几种类型，其中桩基础的应用最为广泛。本章将对桩基础进行介绍。

桩是设置在地面或者水面以下一定深度的柱状、管状、筒状或板状的受力构件，它一般呈直立设置，必要时呈倾斜；前者称为直桩，后者称为斜桩。

桩常被用来作为房屋、桥梁、高塔、码头等建（构）筑物的上部结构向地基深部传递荷载的下部结构，此时桩顶常设承台，承台具有承接上部结构并将其下的桩连成一体的作用。这种桩（和承台）构成的下部结构通常称为"桩基础"。

4.1.1　桩基础的适用范围

虽然桩基础一般比天然地基的浅基础造价要高，但它能更好地适应各种工程情况，具有承载力高、稳定性好、沉降量小、抗振性好、便于机械化施工等突出优点。目前桩基础主要应用于以下几个方面（图 4-1）：

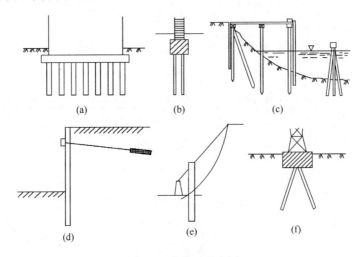

图 4-1　桩的工程应用

（1）上部荷载很大，较深处才有能满足承载力要求的持力层。

（2）不允许地基有过大沉降和不均匀沉降的高层建筑或对沉降非常敏感的建筑物。

（3）建（构）筑物承受很大水平荷载，如风、浪、水平土压力、地震作用和冲击荷载等。

（4）地下水位较高，进行深基坑开挖和人工降水的难度太大、成本太高或对周围环境有不利影响时。

（5）地下水位较高，地下室或地下结构可能上浮时。

（6）水中的构筑物基础，如桥梁、码头、海上采油平台等。

（7）对精密、大型的设备基础，需要减小振幅、减弱基础振动对结构的影响，或以桩基作为地震区建筑物的抗震措施时。

（8）软弱地基或某些特殊土（湿陷性土、膨胀土、人工填土、可液化土等）上的各类重要建筑物。

4.1.2 桩基础的设计原则

1. 桩基础的设计方法

桩基础设计的目的是使建（构）筑物安全可靠地使用，设计时应分别按承载能力极限状态和正常使用极限状态两种情况进行设计。

（1）承载能力极限状态：桩基达到最大承载力、整体失稳或发生不适于继续承载的变形。

（2）正常使用极限状态：桩基达到建筑物正常使用所规定的变形限值或达到耐久性要求的某项限值（包括桩基变形、桩身裂缝、承台裂缝、桩基耐久等方面）。

2. 桩基础的计算和验算

（1）承载能力极限状态验算。承载能力极限状态是桩基设计的主要控制状态，所有桩基均应进行承载能力极限状态的计算和验算。其主要内容包括：

1）根据桩基的使用功能和受力特征进行桩基的竖向抗压承载力、竖向抗拔承载力、水平承载力的计算。

2）对桩身和承台结构承载力进行计算。对桩侧土较弱的细长桩进行桩身压屈验算；对于钢管桩进行局部压屈验算；对于混凝土预制桩应按吊装、运输和锤击作用进行桩身承载力验算。

3）当桩端平面以下存在软弱下卧层时，应验算软弱下卧层的承载力。

4）对于斜坡、岸边的桩基需要验算整体稳定性。

5）在地震设防区的桩基，应验算抗震承载力。

（2）正常使用极限状态验算。正常使用极限状态是在满足承载能力极限状态条件下的进一步设计控制，并非所有的工程均需验算，只有某些特定条件下才需要进行验算。为了验算正常使用极限状态，需要进行下列变形或裂缝的计算：

1）设计等级为甲级的非嵌岩桩和非深厚的坚硬持力层的建筑桩基应验算竖向变形。

2）设计等级为乙级的体形复杂、荷载分布显著不均匀或桩端平面下存在软弱下卧层的建筑桩基应验算竖向变形。

3）受水平荷载较大或对水平变形要求严格的工程应验算水平位移。

4）根据使用条件，要求混凝土不得出现裂缝的桩基应进行抗裂验算；对使用上需限制裂缝宽度的桩基应进行裂缝宽度验算。

3. 作用效应组合与荷载取值

对于不同的极限状态，计算时所取的作用效应组合与荷载值是不同的，《建筑桩基技术规范》JGJ 94—2008 和《公路桥涵地基与基础设计规范》JTG 3363—2019 等行业规范对此均有体现。其中《建筑桩基技术规范》JGJ 94—2008 规定如下：

（1）确定桩数和布桩时，应采用传至承台底面的荷载效应标准组合；相应的抗力应采用基桩或复合基桩承载力特征值。

（2）计算荷载作用下的桩基沉降和水平位移时，应采用荷载效应准永久组合；计算水平地震作用、风荷载作用下的桩基水平位移时，应采用水平地震作用、风载效应标准组合。

（3）验算坡地、岸边建筑桩基的整体稳定性时，应采用荷载效应标准组合；抗震设防区，应采用地震作用效应和荷载效应的标准组合。

（4）在计算桩基结构承载力、确定尺寸和配筋时，应采用传至承台顶面的荷载效应基本组合。当进行承台和桩身裂缝控制验算时，应分别采用荷载效应标准组合和荷载效应准永久组合。

（5）桩基结构安全等级、结构设计使用年限和结构重要性系数 γ_0 应按现行有关建筑结构规范采用，除临时性建筑外，重要性系数 γ_0 不应小于 1.0。

（6）对桩基结构进行抗震验算时，其承载力调整系数 γ_{RE} 应按《建筑抗震设计规范》GB 50011—2010（2016 年版）的规定采用。

4.2　桩和桩基的分类

4.2.1　桩的分类

1. 按桩身材料分类

按桩身材料不同，桩可分为木桩、混凝土桩、钢桩。

（1）木桩

木桩在古代有大量应用，随着建筑物向高、重、大方向发展，木桩因其长度较小、不易接桩、承载力较低、易燃、易腐等缺点而受到很大限制。目前只在少数临时或应急工程中采用。

（2）混凝土桩

混凝土桩是目前工程中应用最广泛的一类桩。混凝土桩可细分为素混凝土桩、钢筋混凝土桩和预应力混凝土桩。

1）素混凝土桩抗压强度高而抗拉强度低，一般只在桩承压条件下使用，不适合荷载条件复杂多变的情况。

2）钢筋混凝土桩可以抗压、抗拉、抗弯和承受水平荷载，广泛应用于各类工程。

3）预应力钢筋混凝土桩通常在地表预制，其截面多为圆形。因为在预制过程中对桩体施加预应力，所以桩体在抗弯、抗拉及抗裂等方面的性能优于普通钢筋混凝土桩。

（3）钢桩

钢桩按照断面形状可分为钢管桩、钢板桩、型钢桩和组合断面桩。钢桩主要优点是桩身抗压、抗弯强度高，质量轻；其次钢桩贯入性能好，能穿越较厚的硬土层，且挤土较少，对土层扰动小；另外，钢桩施工比较方便、速度快，工艺质量比较稳定。钢桩的缺点为造价高、抗腐蚀性能差。

2. 按使用功能分类

桩按使用功能可以分为如下四类：

（1）竖向抗压桩

这是使用最广泛、用量最大的一类桩，建筑物的桩基主要为此类桩。其主要作用是为了承受上部结构传来的竖向荷载和（或）减少地基沉降。

（2）竖向抗拔桩

其在输电线塔、码头结构物、地下抗浮结构中有较多应用。其抗拔力主要是由桩土直接的侧摩阻力来提供。

（3）水平受荷桩

其主要承受水平荷载，最典型的是抗滑桩和基坑支挡结构中的排桩。

（4）复合受荷桩

其为承受竖向、水平荷载均较大的桩。例如码头、挡土墙、高压输电线塔和在强震区中的高层建筑，其基础中的桩都会承受较大的竖向和水平荷载。根据水平荷载的性质，这类桩可以设计成斜桩或交叉桩。

3. 按承载性状分类

桩按摩阻力和端阻力所占比例的不同可分为以下两大类：

（1）摩擦型桩

其是指桩顶竖向荷载全部或主要由桩侧阻力承担的桩，又可细分为摩擦桩和端承摩擦桩两种。

1）摩擦桩

在极限承载力状态下，桩顶竖向荷载基本由桩侧阻力承受，端阻力一般不超过荷载的10％。以下桩可视为摩擦桩：长径比很大且桩周土体侧阻力较高的桩；桩端下无较坚实的持力层的桩；桩端出现脱空的打入桩等。

2）端承摩擦桩

在极限承载力状态下，桩顶竖向荷载主要由桩侧阻力承受。此类桩的桩端持力层多为较坚实的黏土、粉土和砂类土，且长径比较大。因此桩侧阻力相对占比稍大，同时桩端阻力也能得到一定发挥。

（2）端承型桩

其是指桩顶竖向荷载全部或主要由桩端阻力承担的桩，又可细分为端承桩和摩擦端承桩两种。

1）端承桩

在极限承载力状态下，桩顶竖向荷载绝大部分由桩端阻力承受，桩侧阻力很小，可以忽略不计。此类桩的长径比较小（一般小于10），桩身穿越软弱土层，桩端设置在密实砂类、碎石类土层中或位于中风化、微风化及未风化硬质岩顶面。

2）摩擦端承桩

在极限承载力状态下，桩顶荷载主要由桩端阻力承受。

4. 按施工方法分类

桩根据施工方法不同，主要可以分为预制桩和灌注桩两大类。

（1）预制桩

预制桩的桩体先在工厂或施工现场预制好，然后运至工地，最后使用沉桩设备将桩沉入地基至设计标高。预制桩可以是木桩、钢桩或钢筋混凝土桩等。其中混凝土预制桩有方形、八边形、中空形和圆形等截面形式。中空形桩更适用于摩擦型桩，因为单位体积混凝土可以提供更大的接触面积。

预制桩的沉桩方法有锤击沉桩、静压沉桩和振动沉桩三类。其中振动沉桩主要用于斜桩施工，常与射水成桩结合。常用的沉桩方法主要是锤击沉桩和静压沉桩。

1）锤击沉桩：其以打桩机为主，用重锤（或辅以高压射水）将桩击入地基。其适用于松散碎石土（不含大卵石或漂石）、砂土、粉土以及可塑性黏土。锤击时的振动和噪声较大，对周围环境影响较大。

2）静压沉桩：静压沉桩是通过压桩机自重及桩架上的配重作为反力将预制桩压入地基土中的一种沉桩工艺。静压沉桩具有无噪声、无振动、无冲击力、施工应力小、桩顶不易损坏和沉桩精度较高等特点，最适用于均质软土地基。但当较长桩分节压入时，接头较多会影响压桩的效率。

因为预制桩的桩体在地面制作，所以成桩速度快、桩身质量易于保证和控制、桩身混凝土密实、抗腐蚀能力强。沉桩过程的挤土效应可使松散土层的承载力有所提高。

预制桩也有一些缺点：如由于运输、起吊、打桩会对桩体产生弯拉、冲击应力，为避免桩体损坏需要配置较多钢筋、选用较高强度等级的混凝土，使得预制桩造价较高；沉桩时，噪声大，对周围土体扰动大；不易穿透较厚的坚硬土层；桩长相对固定，当持力层高度分布不均时，容易产生截桩或短桩等情况。

（2）灌注桩

灌注桩是通过机械钻孔、人工挖孔等手段直接在设计桩位处成孔，然后在孔内放入钢筋笼再灌注混凝土而成。灌注桩的截面呈圆形，可以做成大直径桩和扩底桩。按照成孔方法不同，灌注桩可分为钻（冲）孔灌注桩、沉管灌注桩和人工挖孔桩等几大类。

1）钻（冲）孔灌注桩

其工艺流程为：用钻机（长螺旋钻、潜水钻、回转钻等）钻土成孔，然后清除孔底残渣，安放钢筋笼，最后灌注混凝土，见图4-2。钻（冲）孔灌注桩常用桩径为600～1200mm。在钻进时通常采用泥浆护壁以防坍孔，清孔后灌注混凝土。

在钻孔灌注桩施工中，因泥浆护壁及清孔不彻底，常在桩周及桩底形成软弱层，使得钻孔灌注桩的侧阻力及端阻力不能有效发挥。目前的工程实践表明，采用后注浆技术可以有效解决这个问题。

灌注桩后注浆技术是在灌注桩成桩后的一定时间，通过预设装置，在桩底桩侧实施后注浆，从而固化沉渣和泥皮，改善桩土结合状态，并加固桩底和桩周一定范围的土体，以

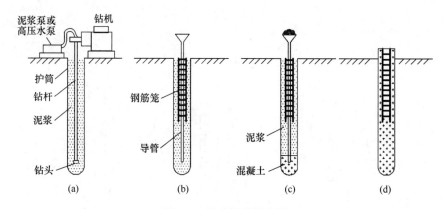

图 4-2 钻孔灌注桩成桩

大幅提高桩的承载力，减小桩基沉降。

2）沉管灌注桩

其施工流程为：用打桩锤或振动锤将一定直径的带有钢筋混凝土预制桩尖或锥形封口桩尖的钢管沉入土中，形成桩孔，然后放入钢筋笼，边浇筑桩身混凝土，边振动拔出钢管，形成所需灌注桩，见图 4-3。

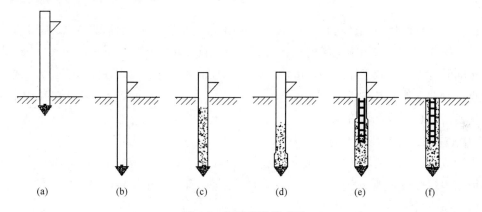

图 4-3 沉管灌注桩成桩

沉管灌注桩具有设备简单、施工方便、操作简单、造价低、无泥浆污染、施工速度快、随地质条件变化适应性强等优点。沉管灌注桩的主要缺点是：由于桩管直径的限制，影响单桩承载力；施工时振动较大、噪声较高；在密实土层中沉桩较困难。

3）人工挖孔桩

其是利用人工挖孔，在孔内放置钢筋笼、浇筑混凝土的一种桩型（图 4-4）。人工挖孔桩宜在地下水位以上施工，适用于人工填土、黏土、粉土、砂土、碎石土和风化岩层，也可在黄土、膨胀土和冻土中使用，适应性强。但在软土、流砂、地下水位较高、用水量较大的土层不宜采用。

人工挖孔桩的桩身直径一般为 800～2000mm，最大直径可达 3500mm，桩端可采用不扩底或扩底两种方法。视桩端土情况，扩底直径一般为桩身直径的 1.3～2.5 倍，最大扩底直径可达 4500mm。

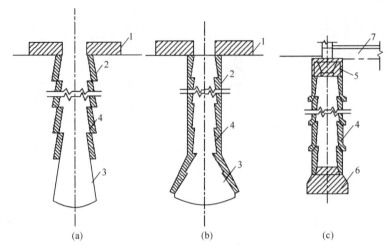

图 4-4　人工挖孔桩的构造

（a）阶梯式护壁；（b）内叠式护壁；（c）竹节式空心桩

1—孔口护板；2—孔壁护圈；3—扩底；4—配筋护壁兼桩身；

5—顶盖；6—混凝土封底；7—梁基础

　　人工挖孔桩的优点是：可以直接观察桩端土层情况、孔底易清理干净；施工机具简单、施工操作方便、占用施工场地小、对周围建筑物无影响；施工噪声小、无污染；场区各桩可同时施工，有效缩短工期；造价低廉；单桩承载力高、受力性能可靠。人工挖孔桩的缺点是：井下作业条件差、环境恶劣、劳动强度大；安全性较差，人员在孔内上下作业，易发生伤亡事故；单桩施工速度较慢；混凝土灌注量较大。

　　5. 按成桩工艺对地基土的影响划分

　　不同成桩方法对周围土层的扰动和排挤程度，将直接影响桩的承载力、成桩质量及周围环境。根据成桩对地基土的影响可以分为挤土桩、部分挤土桩和非挤土桩三类。

　　（1）挤土桩

　　挤土桩是在成桩过程中造成大量挤土，使桩周围土体受到严重扰动，土的工程性质改变很大的桩。其主要有沉管灌注桩、打入（静压）预制桩、闭口预应力混凝土管桩和闭口钢管桩。挤土成桩过程引起的挤土效应主要是地面隆起和土体侧移，导致对周围环境有较大影响；对灌注桩还可能造成断桩、缩径等质量事故；对于预制桩可能会造成桩的侧移、倾斜、上抬甚至断桩等事故。但在松散土和非饱和填土中则会起到加密、提高承载力的作用。

　　（2）部分挤土桩

　　部分挤土桩是在成桩过程中，引起部分挤土效应，桩周围土体受到一定程度的扰动。这类桩主要有预钻孔打入（静压）预制桩、打入（静压）开口桩和 H 型钢桩。

　　（3）非挤土桩

　　非挤土桩是采用钻孔、挖孔将与桩体积相同的土排出，对周围土体基本没有扰动而形成的桩。其包括干作业法钻（挖）孔灌注桩、泥浆护壁法钻（挖）孔灌注桩、套管护壁法钻（挖）孔灌注桩。

6. 按桩径分类

桩按桩径大小可分为小直径桩、中等直径桩和大直径桩。

小直径桩指桩径 $d \leqslant 250\text{mm}$ 的桩。这类桩的施工机械、施工方法一般比较简单。其主要用于地基处理、基础托换、支护结构等工程中。

中等直径桩是指 $250 < d \leqslant 800\text{mm}$ 的桩。这类桩大量应用于工业与民用建筑的基础。

大直径桩是指 $d > 800\text{mm}$ 的桩。此类桩大多为钻、冲、挖孔灌注桩，还有大直径钢管桩等。它通常应用于重型结构物的基础，单桩承载力高，可实现一柱一桩。此类桩多为端承型桩。

4.2.2 桩基的分类

桩基础可以采用单桩的形式承受和传递上部结构的荷载，称为单桩基础。但绝大多数桩基础的桩数不止 1 根，而是由 2 根或 2 根以上的多桩组成群桩，由承台将桩群连接成一个整体，上部结构的荷载通过承台传递给各根桩。这种由 2 根或 2 根以上的桩组成的桩基础称为群桩基础，群桩基础中的单桩称为基桩。

根据承台与地面的相对位置，桩基可一般可分为高承台桩基和低承台桩基。低承台桩基的承台底面位于地面以下，其受力性能好，具有较强的抵抗水平荷载的能力，在工业与民用建筑中，几乎都使用低承台桩基。高承台桩基的承台底面位于地面以上，且常处于水下，水平受力性能差，但可避免水下施工及节省基础材料，多用于桥梁及港口工程，见图 4-5。

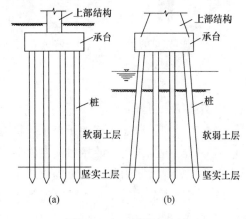

图 4-5 高、低承台桩基

(a) 低承台桩基；(b) 高承台桩基

4.3 竖向荷载下桩的工作性状

了解单桩和群桩在竖向荷载作用下的受力特征是进行桩基研究、设计及复杂问题处理的基础。可以通过研究桩身应力和位移的变化规律来了解桩的承载力和变形性状。

4.3.1 桩的荷载传递机理

作用于桩顶的竖向压力 Q 由作用于桩侧的总摩阻力 Q_s 和作用于桩端的端阻力 Q_p 共同承担（图 4-6），即 $Q = Q_s + Q_p$。

桩侧阻力与桩端阻力的发挥过程就是桩土体系荷载的传递过程。为分析竖向荷载作用下单桩的荷载传递机理，中国建筑科学研究院对桩长 27～42m 的大直径灌注桩的荷载传递情况进行了实验研究，桩端持力层分别为基岩、卵石、粗砂或残积粉质黏土。

1. 不同荷载下桩顶荷载传递规律研究

对单桩分级施加荷载，桩身轴力随深度的变化规律如图 4-7 所示。

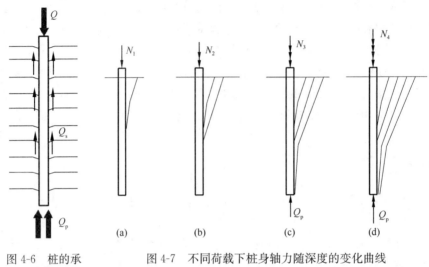

图 4-6　桩的承　　　　图 4-7　不同荷载下桩身轴力随深度的变化曲线
　　载力构成

由实验结果可知：

（1）当竖向荷载逐步施加于桩顶，桩身混凝土受到压缩而产生相对于土的向下位移或位移趋势时，桩侧土与桩的接触面上就会产生抵抗桩侧向下位移的向上的摩阻力。此时桩顶荷载通过桩侧摩阻力传递到桩周土层中去，使得桩身轴力随深度递减。

（2）当桩顶荷载较小时，桩身混凝土的压缩也在桩的上部，桩侧上部土的摩阻力得到逐步发挥，此时桩身中下部桩土相对位移很小，其桩侧摩阻力发挥很小作用或尚未发挥作用。随着桩顶荷载的增加，桩身压缩量和桩土相对位移量逐渐增大，桩侧下部土层的摩阻力随之逐步发挥出来，桩底土层也因桩端被压缩而逐渐产生桩端阻力。

（3）当荷载进一步增大，桩顶传递到桩端的荷载也相应增大，桩端土层的压缩和桩身压缩量加大了桩土间的相对位移，从而使桩侧摩阻力进一步发挥出来。由于桩侧发挥极限摩阻力所需要的位移很小，黏性土为 6～12mm，无黏性土为 8～15mm，所以当桩土界面相对位移大于桩土极限位移后，桩身上部土的侧阻力达到极限值并出现滑移（此时上部桩侧土的抗剪强度由峰值强度降为残余强度），桩身下部土的位移慢慢增大，桩侧阻力也相应增大。

（4）随着荷载的进一步增大，桩端持力层产生破坏，桩顶位移急剧增大，桩的承载力降低，桩表面已破坏。实验数据表明，当桩发生破坏时，除两根支撑于岩石的桩外，桩端阻力都小于桩顶荷载的 10％。这就意味着桩侧界面是桩向土传递荷载的重要的，甚至主要的途径。

2. 不同桩径比条件下，桩端阻力所占比例分析

结合工程数据及实验结果，不同桩径比条件下，桩端阻力占桩极限承载力的比例 Q_p/Q_u 随着桩的长径比变化趋势如图 4-8 所示。

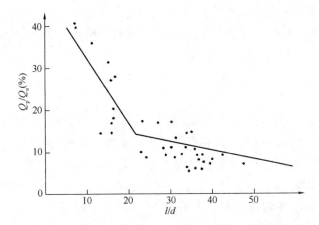

图 4-8 桩长径比对桩端阻力占桩极限承载力比例的影响

由图 4-8 可知，随着桩长径比 l/d 的增大，桩的端阻力对桩承载力的贡献越小。对于长径比 l/d 较大的桩，即使桩端持力层为岩层或坚硬土层，桩端阻力的发挥也是有限的。所以通过加大桩长、将桩端支承在很深的硬土层上以获得较高的端阻力的方法是很不经济的。

4.3.2 单桩的破坏模式

单桩在竖向荷载作用下，其破坏模式主要取决于桩周土的抗剪强度、桩端支承情况、桩的尺寸及桩的类型等条件。单桩的破坏模式有如下几种：

（1）屈曲破坏

由于地基土提供的承载力超过桩身材料强度所能承受的荷载，桩先于土体发生曲折破坏（嵌入坚实岩基的端承桩等）或屈曲破坏（支承在坚硬土层或岩层且桩周土层极为软弱的细长桩），如图 4-9（a）所示。其 $Q\text{-}s$ 曲线具有明显的转折点，即破坏特征点。此时桩的承载力取决于桩身的材料强度。如穿越深厚淤泥质土层的小直径端承桩或嵌岩桩，细长的木桩等多发生此类破坏。

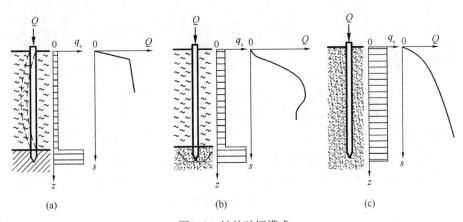

图 4-9 桩的破坏模式

（a）屈曲破坏；（b）整体剪切破坏；（c）刺入破坏

（2）整体剪切破坏

桩穿越软弱层进入较硬持力层，当桩端压力超过持力层极限承载力时，桩端土中将形成完整的剪切滑动面，土体向上挤出而破坏，如图 4-9（b）所示。其 Q-s 曲线有明显的转折点，桩的承载力取决于桩端土的支承力。一般打入式短桩、钻扩短桩等均发生此类破坏。

（3）刺入破坏

当桩的入土深度较大或桩周土层抗剪强度较均匀时，桩在竖向荷载作用下将出现刺入破坏，如图 4-9（c）所示。此时桩顶荷载主要由桩侧摩阻力承受，桩端阻力较小，桩的沉降较大。当桩周土较软弱时，Q-s 曲线为缓变型，无明显拐点，桩的承载力主要由上部结构所能承受的极限沉降量确定；当桩周土抗剪强度较高时，Q-s 曲线可能为陡降型，有明显拐点，桩的承载力主要取决于桩周土的强度。一般情况下，钻孔灌注桩多发生此类破坏。

4.3.3　群桩受力性状

1. 群桩效应

在低承台群桩基础中，作用于承台上的荷载实际上是由桩和地基土共同承担的。群桩、承台、地基土三者之间相互作用产生群桩效应。由多根桩通过承台联成一体所构成的群桩基础，与单桩相比，在竖向荷载作用下，不仅桩直接承受荷载，而且在一定条件下桩间土也可能通过承台底面参与承载；同时各桩之间通过桩间土产生相互影响；来自桩和承台的竖向力最终在桩端平面形成了应力叠加，从而使桩端平面的应力水平大大超过单桩，应力扩散范围也远大于单桩。这些方面影响的综合结果就使群桩的工作性状与单桩有很大的差别，这种现象称为群桩效应（图 4-10、图 4-11）。

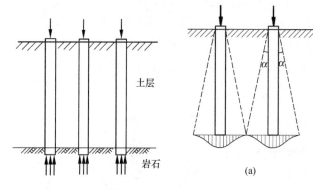

图 4-10　端承群桩

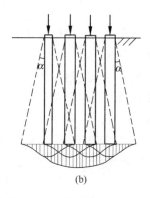

图 4-11　摩擦群桩桩端平面上的压力分布

2. 承台效应

摩擦型群桩基础在竖向荷载作用下，由于桩土相对位移，桩间土对承台产生一定的竖向抗力，成为桩基承载力的一部分而分担荷载，称此种效应为承台效应。承台底地基土承载力特征值发挥率称为承台效应系数。考虑承台效应，即由基桩和承台下地基土共同承担荷载的桩基础，称为复合桩基，单桩及其对应面积承台下地基土组成的复合承载基桩称为复合基桩。

4.4 竖向抗压桩承载力的确定

单桩在竖向荷载作用下达到破坏状态或出现不适合继续承载的变形时所对应的最大荷载称为单桩竖向极限承载力 Q_{uk}。为了满足上部结构的正常使用，单桩竖向极限承载力不能直接用于工程设计中，必须有一定的安全保证。确定桩数和布桩时，采用传至承台底面的荷载效应标准组合，相应的抗力采用基桩或复合基桩承载力特征值 R_a。

单桩竖向承载力特征值 R_a 应按式（4-1）确定：

$$R_a = \frac{1}{K}Q_{uk} \tag{4-1}$$

式中　Q_{uk}——单桩竖向极限承载力标准值；

　　　K——安全系数，取 $K=2$。

4.4.1 单桩竖向承载力的确定

确定单桩竖向承载力的方法包括单桩静载试验、原位测试法、经验参数法等。其中，单桩静载试验是确定单桩承载力的可靠方法，但由于单桩静载试验的费用、时间、人力消耗都比较高，因此应根据工程的实际情况选择合适的确定承载力方法。根据《建筑桩基技术规范》JGJ 94—2008，确定单桩竖向极限承载力标准值应符合下列规定：

1）设计等级为甲级的建筑桩基，应通过单桩静载试验确定；

2）设计等级为乙级的建筑桩基，当地质条件简单时，可参照地质条件相同的试桩资料，结合静力触探等原位测试和经验参数综合确定；其余均应通过单桩静载试验确定；

3）设计等级为丙级的建筑桩基，可根据原位测试和经验参数确定。

1. 按单桩竖向抗压静载试验确定

静载试验是评价单桩承载力最为直观可靠的方法，其除了考虑地基土的支承能力外，也计入了桩身材料强度对承载力的影响。静载试验在同一条件下的试桩数量，不宜小于总桩数的 1%，并不应少于 3 根。工程桩总桩数在 50 根以内时不应少于 2 根。

对于预制桩，由于打桩时土中产生的超孔隙水压力需要时间逐渐消散，土体因打桩扰动而降低的强度随时间逐渐恢复。因此，为了使静载试验能反映桩的真实承载力，要求在桩身强度满足设计要求的前提下，砂类土间歇时间不少于 7d，粉土不少于 10d，非饱和黏性土不少于 15d，饱和黏性土不少于 25d。

（1）试验装置及试验方法

静载试验装置主要由加载设备、反力装置和沉降观测装置三部分构成，见图 4-12。桩上的荷载通过液压千斤顶逐步施加，且每级加载后有足够的时间让沉降发展。加载的反力装置可以采用锚桩、堆载或锚桩与堆载联合。注意反力装置提供的反力不得小于最大加载重量的 1.2 倍，且压重施加于地基的压力不应大于地基承载力的 1.5 倍。桩的沉降用百分表记录。单桩 Q-s 曲线如图 4-13 所示。

试验时加载方式通常有慢速维持荷载法、快速维持荷载法、等贯入速率法、等时间间

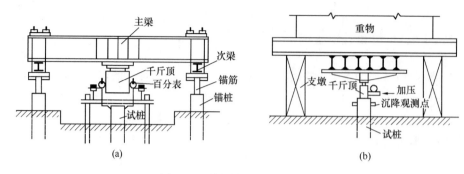

图 4-12　单桩静载试验示意图

（a）锚桩；（b）堆载

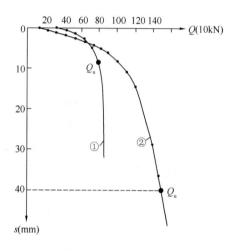

图 4-13　单桩 Q-s 曲线

①陡降型曲线；②缓变型曲线

隔加载法以及循环加载法等。工程中最常用的是慢速维持荷载法，即逐级等量加载，每级荷载宜为最大加载量或预估极限承载力的 1/10，其中第一级荷载可取分级荷载的 2 倍。当每级荷载下桩的沉降连续两次在每小时内小于 0.1mm 时可视为稳定，然后施加下一级荷载直到试桩破坏，再分级卸载到零。对于工程桩的检验性试验，也可采用快速维持荷载法，即一般每隔 1 小时加一级荷载。

（2）终止加载条件

1）某级荷载作用下，桩顶沉降量大于前一级荷载作用下沉降量的 5 倍，且桩顶总沉降量超过 40mm；

2）某级荷载作用下，桩顶沉降量大于前一级荷载作用下沉降量的 2 倍，且经 24 小时尚未达到相对稳定；

3）已达到设计要求的最大加载值且桩顶沉降达到相对稳定标准；

4）工程桩作锚桩时，锚桩上拔量已达到允许值；

5）荷载-沉降曲线呈缓变型时，可加载至桩顶总沉降量 60～80mm；当桩端阻力尚未充分发挥时，可加载至桩顶累计沉降量超过 80mm。

（3）根据试验数据确定单桩竖向抗压极限承载力

1）根据沉降随荷载变化的特征确定：对于陡降型 Q-s 曲线，应取其发生明显陡降的起始点对应的荷载值；

2）根据沉降随时间变化的特征确定：应取 s-$\lg t$ 曲线尾部出现明显向下弯曲的前一级荷载；

3）当符合终止加载条件第 2 款情况时，宜取前一级荷载；

4）对于缓变型 Q-s 曲线，宜根据桩顶总沉降量，取 s 等于 40mm 对应的荷载值；对 D（D 为桩端直径）大于等于 800mm 的桩，可取 s 等于 $0.05D$ 对应的荷载值；

5）当不满足上述 4 条时，桩的竖向抗压极限承载力宜取最大加载值。

（4）试验结果整理

当测出每根试桩的极限承载力 Q_{ui} 后，可以通过统计确定单桩竖向抗压极限承载力标准值 Q_{uk}：

1）参加统计的试桩结果，当满足其极差不超过平均值的 30% 时，取其算术平均值为单桩竖向抗压极限承载力；

2）当极差超过平均值的 30% 时，应分析原因，结合桩型、施工工艺、地基条件、基础形式等工程具体情况，排除突变数据。当不能明确极差过大的原因时，宜增加试桩数量。当低值承载力的出现并非偶然原因造成时，可依次去掉高值承载力后取平均值，直至满足极差不超过 30%；

3）当试桩数量小于 3 根或桩基承台下的桩数不大于 3 根，应取低值。

【例 4-1】某灌注桩基础，桩径 $d=0.5\mathrm{m}$，桩长 20m，经检测桩身完整。对 6 根试桩进行单桩竖向抗压静载试验，成果见下表，请求出该工程的单桩竖向抗压承载力特征值。

试桩号	1	2	3	4	5	6
Q_u（kN）	2880	2580	2940	3060	3530	3360

【解】①对 6 根试桩进行统计

$$Q_{um}=\frac{\sum_{i=1}^{n}Q_{ui}}{n}=\frac{2880+2580+2940+3060+3530+3360}{6}=3058.3\mathrm{kN}$$

极差 $\Delta_m=3530-2580=950\mathrm{kN}$

$$\frac{\Delta_m}{Q_m}=\frac{950}{3058.3}=0.31>0.3$$

② 删除最大值，重新统计

$$Q_{um}=\frac{\sum_{i=1}^{n}Q_{ui}}{n}=\frac{2880+2580+2940+3060+3360}{5}=2964\mathrm{kN}$$

极差 $\Delta_m=3360-2580=780\mathrm{kN}$

$$\frac{\Delta_m}{Q_m}=\frac{780}{2964}=0.26<0.3$$

则 $Q_{uk}=Q_{um}=2964\mathrm{kN}$

③ 单桩竖向抗压承载力特征值为

$$R_a=\frac{Q_{uk}}{2}=\frac{2964}{2}=1482\mathrm{kN}$$

2. 按原位测试法确定

原位测试法一般包括单桥探头静力触探、双桥探头静力触探和贯入试验。

当根据单桥探头静力触探资料确定混凝土预制桩单桩竖向承载力标准值时，如无当地经验，可按下式计算：

$$Q_{uk}=Q_{sk}+Q_{pk}=u\sum q_{sik}l_i+\alpha p_{sk}A_p \tag{4-2}$$

式中　Q_{sk}、Q_{pk}——分别为总极限侧阻力标准值和总极限端阻力标准值（kN）；

$\qquad$ u —— 桩身周长（m）；

$\qquad$ q_{sik} —— 用静力触探比贯入阻力值估算的桩周第 i 层土的极限侧阻力（kPa）；

$\qquad$ l_i —— 桩周第 i 层土的厚度（m）；

$\qquad$ α —— 桩端阻力修正系数，桩入土深度小于 15m 时取 0.75，大于 15m 小于 30m 时取 0.75～0.9，大于 30m 小于 60m 时取 0.9；

$\qquad$ p_{sk} —— 桩端附近的静力触探比贯入阻力标准值（平均值）（kPa）；

$\qquad$ A_p —— 桩端面积。

注：当桩端以上一定范围土层比贯入阻力标准值 p_{sk2} 小于桩端持力土层比贯入阻力标准值 p_{sk1} 时，考虑上部土层对端阻力的影响，应对 p_{sk} 进行折减。

当根据双桥探头静力触探资料确定混凝土预制桩单桩竖向承载力标准值时，对于黏性土、粉土和砂土，如无当地经验，可按下式计算：

$$Q_{uk} = Q_{sk} + Q_{pk} = u \sum l_i \cdot \beta_i \cdot f_{si} + \alpha q_c A_p \qquad (4\text{-}3)$$

式中 $\quad f_{si}$ —— 第 i 层土的探头平均阻力（kPa）；

$\qquad$ q_c —— 桩端平面上、下探头阻力，取桩端平面以上 $4d$ 范围内按土层厚度的探头阻力加权平均值（kPa），然后再和桩端平面以下 d 范围内的探头阻力进行平均；

$\qquad$ α —— 桩端阻力修正系数，对于黏性土、粉土取 2/3，对于饱和砂土取 1/2；

$\qquad$ β_i —— 第 i 层土桩侧阻力综合修正系数，黏性土、粉土：$\beta_i = 10.04(f_{si})^{-0.55}$，砂性土：$\beta_i = 5.05(f_{si})^{-0.45}$。

3. 按经验参数法确定

根据桩侧阻力、桩端阻力的破坏机理，按照静力学原理，建立土的物理指标与桩侧阻力、桩端阻力间的经验关系，并由此确定单桩竖向极限承载力标准值 Q_{uk} 是一种沿用多年的传统方法。这种方法简便而经济，但由于各地区土的变异性大，计算结果的可靠性受到限制，因此这种方法一般只适用于初步设计阶段。

《建筑桩基技术规范》JGJ 94—2008 在大量经验及资料积累的基础上，针对不同的桩型，推荐了相应的竖向承载力计算公式。

（1）一般预制桩及中小直径（$d<800$mm）的灌注桩

$$Q_{uk} = Q_{sk} + Q_{pk} = u \sum q_{sik} l_i + q_{pk} A_p \qquad (4\text{-}4)$$

式中 $\quad q_{sik}$ —— 第 i 层土的极限侧阻力标准值（kPa），如无当地经验时，可查规范取值；

$\qquad$ q_{pk} —— 极限端阻力标准值（kPa），如无当地经验时，可查规范取值。

（2）大直径桩（$d \geqslant 800$mm）的灌注桩

$$Q_{uk} = Q_{sk} + Q_{pk} = u \sum \psi_{si} q_{sik} l_i + \psi_p q_{pk} A_p \qquad (4\text{-}5)$$

式中 $\quad q_{sik}$ —— 第 i 层土的极限侧阻力标准值（kPa），如无当地经验时，可查规范取值，对于扩底桩斜面及变截面以上 $2d$ 长度范围不计侧阻力（图 4-14）；

$\qquad$ q_{pk} —— 桩径为 800mm 的极限端阻力标准值（kPa），对于干作业挖孔（清底干净）可采用深层载荷板试验确定；当不能进行深层载荷板试验时，可按查规范取值；

ψ_{si}、ψ_p ——分别为大直径桩侧阻力尺寸效应系数、端阻力尺寸效应系数，按表 4-1 取值。

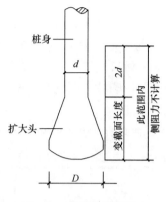

大直径桩侧阻力尺寸效应系数、端阻力尺寸效应系数　表 4-1

土类别	黏性土、粉土	砂土、碎石类土
ψ_{si}	$(0.8/d)^{1/5}$	$(0.8/d)^{1/3}$
ψ_p	$(0.8/D)^{1/4}$	$(0.8/D)^{1/3}$

注：1. 表中 d 为桩径，D 为桩端直径；
　　2. 当桩端为基岩时，尺寸效应系数取 1。

图 4-14　扩底桩桩侧阻力计算原则

由上可知，直径不小于 800mm 的桩为大直径桩，与中小直径桩相比，由于成孔挖土较多，成孔后产生应力释放，孔壁出现松弛变形导致侧阻力有所降低，孔底土回弹造成端阻力降低。

【例 4-2】某人工挖孔扩底灌注桩，桩径 $d=1.0$m、扩底直径 $D=1.6$m，扩底高度 1.2m，桩长 10.5m。桩端持力层为砂卵石，桩端入持力层 0.5m。桩周土层分布为：0～2.3m 黏土，$q_{sik}=20$kPa；2.3～6.3m 黏土，$q_{sik}=50$kPa；6.3～8.6m 粉质黏土，$q_{sik}=40$kPa；8.6～10.0m 细砂，$q_{sik}=60$kPa；以下为砂卵石，$q_{pk}=5000$kPa。试计算：

1）单桩竖向极限承载力标准值；

2）若该桩未扩底，单桩极限承载力为多少？

【解】1）因为此桩为大直径桩，需要考虑尺寸效应系数。

侧阻尺寸效应系数：黏土 $\psi_{s1}=(0.8/1.0)^{1/5}=0.956$

砂土 $\psi_{s2}=(0.8/1.0)^{1/3}=0.928$

端阻尺寸效应系数：砂卵石 $\psi_p=(0.8/1.6)^{1/3}=0.794$

扩底桩可计算侧阻力的长度为 $l=10.5-1.2-2\times1=7.3$m

所以单桩极限侧阻力为

$$Q_{sk}=u\sum\psi_{si}q_{sik}l_i=\pi\times1.0\times(0.956\times2.3\times20+0.956\times4\times50+0.956\times1\times40)$$
$$=858.5\text{kN}$$

单桩极限端阻力为

$$Q_{pk}=\psi_p q_{pk} A_p=0.794\times5000\times3.14\times0.8^2=7978.1\text{kN}$$

则单桩极限承载力标准值为

$$Q_{uk}=Q_{sk}+Q_{pk}=858.5+7978.1=8836.6\text{kN}$$

2）若未扩底，则桩侧全长可计入侧阻力

$$Q_{sk}=3.14\times1.0\times[0.956\times(2.3\times20+4\times50+2.3\times40)+0.928\times1.4\times60]$$
$$=1259.4\text{kN}$$

$$Q_{pk}=\psi_p q_{pk} A_p=(0.8/1.0)^{1/3}\times5000\times3.14\times0.5^2=3643.6\text{kN}$$

$$Q_{uk} = Q_{sk} + Q_{pk} = 1259.4 + 3643.6 = 4903kN$$

（3）钢管桩

$$Q_{uk} = Q_{sk} + Q_{pk} = u \sum q_{sik} l_i + \lambda_p q_{pk} A_p \qquad (4-6)$$

式中　λ_p——桩端土塞效应系数。

钢管桩分为闭口钢管桩和敞口钢管桩。闭口钢管桩的承载、变形机理与混凝土预制桩相同。敞口钢管桩由于沉桩过程中，桩端土将涌入管内形成"土塞"，而桩端土的闭塞程度直接影响桩的承载力性状。对于闭口钢管桩 $\lambda_p = 1$；对于敞口钢管桩，当 $h_b/d < 5$ 时，$\lambda_p = 0.16 h_b/d$，当 $h_b/d \geqslant 5$ 时，$\lambda_p = 0.8$；其中 h_b 为桩端进入持力层深度，d 为钢管桩外径；对于带隔板的半敞口钢管桩，应以等效直径 d_e 代替 d 确定 λ_p，$d_e = d/\sqrt{n}$（n 为桩端隔板分割数，如图 4-15 所示）。

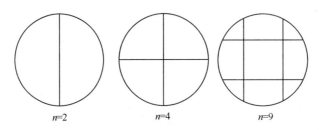

图 4-15　钢管桩隔板分割

（4）混凝土空心桩

$$Q_{uk} = Q_{sk} + Q_{pk} = u \sum q_{sik} l_i + q_{pk}(A_j + \lambda_p A_{p1}) \qquad (4-7)$$

式中　A_j——空心桩桩端净面积；

　　　A_{p1}——空心桩敞口面积；

　　　λ_p——桩端土塞效应系数。

混凝土空心桩与钢管桩类似，桩端敞口，存在桩端土塞效应。不同的是，混凝土空心桩桩壁厚度比钢管桩大得多，计算桩端阻力时，不能忽略桩壁端部提供的桩端阻力。因此混凝土空心桩桩端阻力分为两部分：一部分为桩壁端部的端阻力，另一部分为敞口部分的端阻力。

（5）嵌岩桩

当根据岩石单轴抗压强度确定单桩竖向极限承载力标准值时，可按下式计算

$$Q_{uk} = Q_{sk} + Q_{rk} = u \sum q_{sik} l_i + \zeta_r f_{rk} A_p \qquad (4-8)$$

式中　Q_{sk}、Q_{rk}——分别为土的总极限侧阻力标准值、嵌岩段总极限阻力标准值；

　　　f_{rk}——岩石饱和单轴抗压强度标准值，黏土取天然湿度单轴抗压强度标准值；

　　　ζ_r——桩嵌岩段侧阻和端阻综合系数，与嵌岩深径比 h_r/d、岩石软硬程度和成桩工艺有关。可按表 4-2 取用；表中数值适用于泥浆护壁成桩，对于干作业成桩（清底干净）和泥浆护壁成桩后注浆，ζ_r 应取表中所列数值的 1.2 倍。

不考虑桩端岩层情况、桩的几何尺寸和成桩工艺，凡嵌岩桩均视为端承桩而不计侧阻力是不合理的。通过荷载传递的测试，除桩端置于新鲜或微风化基岩且长径比很小的情况外，上覆土层的侧阻力是可以发挥的。工程实践表明：对于桩周土层较好且长径比大于20的嵌岩桩，其荷载传递具有摩擦型桩的特性。当桩穿越深厚土层进入基岩时，其上覆土层侧摩阻力不容忽视。试验研究和工程实践表明，嵌岩桩桩端阻力不随嵌岩深度的增加单调递增，超过一定深度后，端阻力变化很小，因此强调增加嵌岩深度也是不必要的。

嵌岩段侧阻和端阻综合系数 ζ_r 表 4-2

嵌岩深径比 h_r/d	0	0.5	1.0	2.0	3.0	4.0	5.0	6.0	7.0	8.0
极软岩、软岩	0.60	0.80	0.95	1.18	1.35	1.48	1.57	1.63	1.66	1.70
较硬岩、坚硬岩	0.45	0.65	0.81	0.90	1.00	1.04	—	—	—	—

注：1. 极软岩、软岩的 $f_{rk} \leqslant 15\mathrm{MPa}$，较硬岩、坚硬岩的 $f_{rk} \geqslant 30\mathrm{MPa}$，介于二者之间可内插取值；

    2. h_r 为桩身嵌岩深度，当岩面倾斜时，以坡下方嵌岩深度为准；h_r/d 为非列表值时，ζ_r 可内插取值。

（6）后注浆灌注桩（图 4-16）

$$Q_{uk} = Q_{sk} + Q_{gsk} + Q_{gpk} = u\sum q_{sjk}l_i + u\sum \beta_{si}q_{sik}l_{gi} + \beta_p q_{pk}A_p \tag{4-9}$$

式中 Q_{sk} ——后注浆非竖向增强段的总极限侧阻力标准值；

       Q_{gsk} ——后注浆竖向增强段的总极限侧阻力标准值；

       Q_{gpk} ——后注浆竖向总极限端阻力标准值；

       l_j ——后注浆非竖向增强段第 j 层土的厚度；

       l_{gi} ——后注浆竖向增强段第 i 层土的厚度：对于泥浆护壁成孔灌注桩，当为单一桩端后注浆时，竖向增强段为桩端以上 12m；当为桩端、桩侧复式注浆时，竖向增强段为桩端以上 12m 及各桩侧注浆断面以上 12m，重叠部分应扣除；对于干作业灌注桩，竖向增强段为桩端以上、桩侧注浆断面上下各 6m；

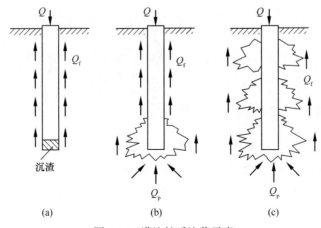

图 4-16 灌注桩后注浆示意

q_{sik}、q_{sjk}、q_{pk} ——分别为后注浆竖向增强段第 i 土层初始极限侧阻力标准值、竖向非增强段第 j 土层初始极限侧阻力标准值、初始极限端阻力标准值；

β_{si}、β_p ——分别为后注浆侧阻力增强系数、端阻力增强系数，无当地经验时，可按表 4-3 取值。对于桩径大于 800mm 的桩，应进行侧阻和端阻尺寸效应修正。

后注浆侧阻力增强系数 $\pmb{\beta_{si}}$、端阻力增强系数 $\pmb{\beta_p}$　　　　　　表 4-3

土层名称	淤泥 淤泥质土	黏性土 粉土	粉砂 细砂	中砂	粗砂 砾砂	砾石 卵石	全风化岩 强风化岩
β_{si}	1.2～1.3	1.4～1.8	1.6～2.0	1.7～2.1	2.0～2.5	2.4～3.0	1.4～1.8
β_p	—	2.2～2.5	2.4～2.8	2.6～3.0	3.0～3.5	3.2～4.0	2.0～2.4

4. 桩身材料强度确定

当由原位测试法和经验参数法估算出的桩基竖向承载力很大，超过桩身材料所能承受的荷载时，桩基的竖向承载力应由桩身材料强度确定。

（1）当桩顶以下 $5d$ 范围的桩身螺旋式箍筋间距不大于 100mm 且配筋率满足要求时，考虑桩身混凝土强度和主筋抗压强度，确定荷载效应基本组合下单桩桩顶轴向压力设计值 N。

$$N \leqslant \psi_c f_c A_{ps} + \beta f_y A_s \tag{4-10}$$

式中　f_c——桩身混凝土轴心抗压强度设计值；

　　　A_{ps}——扣除主筋截面积后的桩身混凝土面积；

　　　A_s——钢筋主筋截面积之和；

　　　β——钢筋发挥系数，$\beta=0.9$；

　　　f_y——钢筋的抗压强度设计值；

　　　ψ_c——基桩成桩工艺系数（工作条件系数），灌注桩一般取 0.6～0.8。

（2）当桩身配筋不符合上述要求时

$$N \leqslant \psi_c f_c A_p \tag{4-11}$$

式中　A_p——桩身混凝土截面积。

（3）由 $N \approx 1.35N_k$，$N_k \leqslant R$，$R = \dfrac{Q_u}{2}$ 可得：

$$Q_u \leqslant \frac{2\psi_c f_c A_p}{1.35} \tag{4-12}$$

实际设计时，必须根据上部结构传递到单桩桩顶的荷载和地质资料来确定桩径、桩长和桩身材料强度。

4.4.2　基桩或复合基桩的竖向承载力特征值

《建筑桩基技术规范》JGJ 94—2008 规定：

（1）对于端承型桩基、桩数少于 4 根的摩擦型柱下独立桩基或由于地层土性、使用条件等因素不宜考虑承台效应时，基桩竖向承载力特征值应取单桩竖向承载力特征值，即

$$R = R_a$$

（2）对于符合下列条件之一的摩擦型桩基，宜考虑承台效应来确定复合基桩的竖向承

载力特征值：①上部结构整体刚度好、体型简单的建（构）筑物；②对差异沉降适应性较强的排架结构和柔性构筑物；③按变刚度调平设计原则设计的桩基刚度相对弱化区；④软土地基的减沉复合疏桩基础。

考虑承台效应的复合桩基竖向承载力特征值可按下列公式确定：

不考虑地震作用
$$R = R_a + \eta_c f_{ak} A_c \tag{4-13}$$

考虑地震作用
$$R = R_a + \frac{\zeta_a}{1.25} \eta_c f_{ak} A_c \tag{4-14}$$

$$A_c = (A - nA_{ps})/n \tag{4-15}$$

式中　η_c——承台效应系数，可按表4-4取值；

　　　f_{ak}——承台下1/2承台宽度且不超过5m深度范围内各层土的地基承载力特征值按厚度加权的平均值；

　　　A_c——计算基桩所对应的承台净面积；

　　　A_{ps}——桩身截面面积；

　　　A——承台计算域面积，对于柱下独立桩基，A为承台总面积；对于桩筏基础，A为柱、墙筏板的1/2跨距和悬臂边2.5倍筏板厚度所围成的面积；桩集中布置于单片墙下的桩筏基础，取墙两边各1/2跨距围成的面积，按条形承台计算η_c；

　　　ζ_a——地基抗震承载力调整系数，按表4-5取值。

当承台底为可液化土、湿陷性土、高灵敏度软土、欠固结土、新填土时，沉桩引起超孔隙水压力和土体隆起时，不考虑承台效应，取$\eta_c = 0$。

承台效应系数 η_c					表4-4
B_c/l S_a/d	3	4	5	6	>6
≤0.4	0.06～0.08	0.14～0.17	0.22～0.26	0.32～0.38	0.50～0.80
>0.4，≤0.8	0.08～0.10	0.17～0.20	0.26～0.30	0.38～0.44	
>0.8	0.10～0.12	0.20～0.22	0.30～0.34	0.44～0.50	
单排桩 条形承台	0.15～0.18	0.25～0.30	0.38～0.45	0.50～0.60	

注：1. 表中 S_a/d 为桩中心距与桩径之比；B_c/l 为承台宽度与桩长之比。当计算基桩为非正方形排列时，$S_a = \sqrt{A/n}$，A 为承台计算域面积，n 为总桩数；

　　2. 对于桩布置于墙下的箱、筏承台 η_c 可按单排桩条形承台取值；

　　3. 对于单排桩条形承台，当承台宽度小于 $1.5d$ 时，η_c 按非条形承台取值；

　　4. 对于采用后注浆灌注的承台，η_c 宜取低值；

　　5. 对于饱和黏性土中的挤土桩基、软土地基上的桩基承台，η_c 宜取低值的 0.8 倍。

地基抗震承载力调整系数 ζ_a	表4-5
岩土名称和性状	ζ_a
岩石，密实的碎石土，密实的砾、粗、中砂，$f_{ak} \geq 300$kPa 的黏性土和粉土	1.5
中密和稍密的碎石土，中密和稍密的砾石，粗、中砂，密实和中密的细、粉砂，150kPa$\leq f_{ak} <$300kPa 的黏性土和粉土，坚硬的黄土	1.3
稍密的细、粉砂，100kPa$\leq f_{ak} <$150kPa 的黏性土和粉土，可塑黄土	1.1
淤泥，淤泥质土，松散的砂，杂填土，新近堆积黄土及流塑黄土	1.0

【**例 4-3**】某柱下桩独立基础，承台埋深 3.0m，承台面积 5m×5m，采用桩径 0.4m 的灌注桩，桩长 12m，桩顶以下土层参数如图 4-17 所示。不考虑地震效应，试计算考虑承台效应前后的单桩竖向承载力特征值（粉质黏土地基承载力特征值 $f_{ak}=200$kPa）。

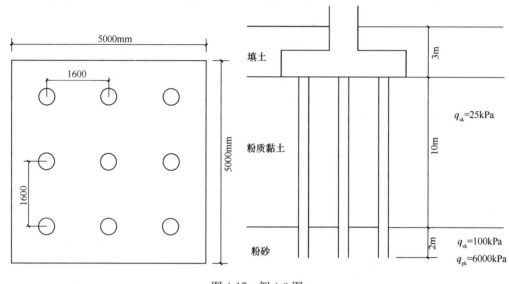

图 4-17 例 4-3 图

【**解**】（1）不考虑承台效应的单桩竖向承载力特征值

单桩竖向极限承载力标准值为

$$Q_{uk} = u\sum q_{sik}l_i + q_{pk}A_p = \pi \times 0.4 \times (25 \times 10 + 100 \times 2) + 6000 \times \pi \times 0.2^2 = 1318.8\text{kN}$$

单桩竖向承载力特征值为

$$R_a = \frac{Q_{uk}}{2} = 659.4\text{kN}$$

（2）考虑承台效应的单桩竖向承载力特征值

$$R = R_a + \eta_c f_{ak}A_c$$

$B_c/l = 5/12 = 0.42$　$S_a/d = 1.6/0.4 = 4$，查表 4-4 得 $\eta_c = 0.17 \sim 0.20$，取 $\eta_c = 0.17$

f_{ak} 取承台下 1/2 承台宽度范围内土层的地基承载力特征值，即 200kPa

$$A_c = (A - nA_{ps})/n = (5 \times 5 - 9 \times 3.14 \times 0.2^2)/9 = 2.65\text{m}^2$$

则复合基桩承载力特征值为

$$R = R_a + \eta_c f_{ak}A_c = 659.4 + 0.17 \times 200 \times 2.65 = 659.4 + 90.1 = 749.5\text{kN}$$

4.4.3 桩的负摩阻力

一般的竖向受压桩都是桩在竖向荷载作用下相对于桩周土有向下的相对位移，桩周土则对桩身作用向上的摩阻力。但有时会发生相反的情况，桩周土对于桩身有向下的位移，此时桩周土对桩身作用向下的摩阻力，即负摩阻力。

1. 桩侧负摩阻力的形成条件

负摩阻力产生的原因很多，主要有下列几种情况：

（1）位于桩周的欠固结软黏土或新近填土在其自重作用下产生新的固结；

（2）桩侧为自重湿陷性黄土、冻土或粉土、细砂土，当发生湿陷、冻土融化或砂土液化后产生较大沉降；

（3）由于抽取地下水或深基坑开挖降水等原因引起地下水位全面下降，使土体有效应力增加，产生大面积地面沉降；

（4）桩侧表面土层因大面积地面堆载引起较大沉降；

（5）在灵敏度较高的饱和黏性土层内打桩引起桩周土的结构破坏而重塑和固结；

（6）桩数多而密集时，打桩使相邻已设置的桩抬升；

（7）长期交通荷载作用引起地面沉降。

2. 桩侧负摩阻力的分布

要确定负摩阻力的大小，首先要确定产生负摩阻力的土层厚度及其侧阻力大小。桩身负摩阻力不一定发生在整个软弱压缩土层中，而是发生在桩周土相对于桩下沉的范围内。在桩身范围存在一断面，在该断面以上，桩周土的下沉量大于桩身的下沉量，桩承受负摩阻力；在该断面以下，桩身的下沉量大于桩周土，桩身承受正摩阻力，见图 4-18。因此该点（该断面）就是正负摩阻力的分界点，称为中性点。在中性点处，桩土位移相等、摩阻力为零、桩身轴力最大。

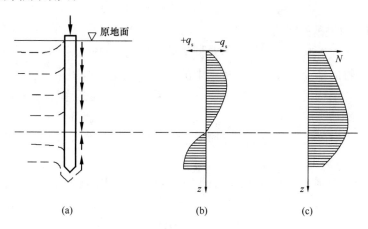

图 4-18 桩侧摩阻力分布与中性点

（a）正负摩阻力分布；（b）桩侧摩阻力分布；（c）桩身轴力分布

目前确定中性点位置的方法主要有：

（1）《建筑桩基技术规范》JGJ 94—2008 中规定，中性点深度 l_n 应按桩周土层沉降与桩沉降相等的条件计算确定，也可参照表 4-6 确定。

中性点深度比   表 4-6

持力层性质	黏性土、粉土	中密以上砂	砾石、卵石	基岩
中性点深度比 l_n/l_0	0.5～0.6	0.7～0.8	0.9	1.0

注：1. l_n、l_0 分别为自桩顶算起的中性点深度和桩周软弱土层下限深度；

2. 桩穿越自重湿陷性黄土层时，l_n 按列表增大 10%（持力层为基岩除外）；

3. 当桩周土层固结与桩基沉降同时完成时，取 $l_n = 0$；

4. 当桩周土层计算沉降量小于 20mm 时，应按表列值乘以 0.4～0.8 折减。

（2）按工程桩的工作性状类别来确定中性点位置，见表 4-7。

经验法确定中性点深度比 表 4-7

桩基承载类型	中性点深度比 l_n/l_0
摩擦桩	0.7～0.8
摩擦端承桩	0.8～0.9
支承在一般砂或砂砾层中的端承桩	0.85～0.95
支承在岩层或坚硬土层上的端承桩	1.0

一般影响中性点深度的主要因素包括：

（1）桩底持力层刚度。持力层越硬，中性点深度越深，且在相同条件下，端承桩的中性点的深度 l_n 大于摩擦桩。

（2）桩周土的压缩性和应力历史。桩周土越软、欠固结度越高、湿陷性越强、相对于桩的沉降越大，则中性点位置越深；在桩、土沉降稳定之前，中性点的深度 l_n 也是变动的。

（3）桩周土层上的外荷载。一般地面堆载越大或抽水使地面下沉越多，那么中性点的深度 l_n 越深。

（4）桩的长径比。一般桩的长径比越小，中性点的深度 l_n 越深。

3. 负摩阻力对桩基的危害

负摩阻力发生在桩基使用过程中，对桩基最为不利。对于摩擦桩，负摩阻力会引起附加下沉，当建筑物的部分基础或同一基础中的部分桩发生负摩阻力，将出现不均匀沉降，严重时可导致上部结构损坏。对于端承桩，负摩阻力会导致桩身荷载增大，致使桩身发生强度破坏，或桩端持力层破坏。

所以当桩周土沉降可能引起桩侧负摩阻力时，应考虑负摩阻力对桩基承载力和沉降的影响。

（1）对于摩擦型基桩，可取桩身计算中性点以上侧阻力为零，按下式验算基桩承载力：

$$N_k \leqslant R_a \tag{4-16}$$

（2）对于端承型基桩，除应满足上式要求外，尚应考虑负摩阻力引起基桩的下拉荷载 Q_g^n，并按下式验算基桩承载力：

$$N_k + Q_g^n \leqslant R_a \tag{4-17}$$

（3）当土层不均匀或建筑对不均匀沉降较敏感时，尚应将负摩阻力引起的下拉荷载计入附加荷载验算桩基沉降。

（4）在中性点处验算桩身材料强度。

4. 桩侧负摩阻力和下拉荷载计算

要精确地计算负摩阻力是比较困难的，国内外大都采用近似的经验公式估算。根据实测结果分析，采用有效应力法比较符合实际。《建筑桩基技术规范》JGJ 94—2008 中规定，桩侧负摩阻力及其引起的下拉荷载，当无实测资料时可按下列规定计算。

（1）中性点以上单桩桩周第 i 层土负摩阻力标准值 q_{si}^n 可以按下式计算（当计算值大于正摩阻力时取正摩阻力）

$$q_{si}^n = \xi_{ni}\sigma_i'$$（4-18）

当填土、自重湿陷性黄土湿陷、欠固结土层产生固结和地下水降低时

$$\sigma_i' = \sigma_{\gamma i}'$$（4-19）

当地面分布大面积荷载时

$$\sigma_i' = p + \sigma_{\gamma i}'$$（4-20）

$$\sigma_{\gamma i}' = \sum_{e=1}^{i-1}\gamma_e z_e + \frac{1}{2}\gamma_i z_i$$（4-21）

式中　ξ_{ni}——桩周第 i 层土负摩阻力系数，可按表 4-8 取值；

　　　σ_i'——桩周第 i 层土平均竖向有效应力（kPa）；

　　　$\sigma_{\gamma i}'$——由土自重引起的桩周第 i 层土平均竖向有效应力（kPa），桩群外围桩自地面算起，桩群内部桩自承台底算起；

　　γ_i、γ_e——分别为第 i 层计算土层和其上第 e 层土的重度，地下水位以下取浮重度（kN/m³）；

　　z_i、z_e——分别为第 i 层土、第 e 层土的厚度（m）；

　　　　p——地面均布荷载（kPa）。

负摩阻力系数 ξ_n 　　　　　　　　　　　　　　　　　　　　　　表 4-8

桩周土类	饱和软土	黏性土、粉土	砂土	自重湿陷性黄土
ξ_n	0.15~0.25	0.25~0.40	0.35~0.50	0.20~0.35

注：1. 在同一类土中，对于挤土桩，取表中较大值，对于非挤土桩，取表中较小值；

　　2. 填土按其组成取表中同类土的较大值。

（2）考虑群桩效应的桩侧总的负摩阻力（下拉荷载）Q_g^n 可按下式计算

$$Q_g^n = \eta_n u \sum_{i=1}^n q_{si}^n l_i$$（4-22）

$$\eta_n = s_{ax}s_{ay}\Big/\left[\pi d\left(\frac{q_s^n}{\gamma_m} + \frac{d}{4}\right)\right]$$（4-23）

式中　n——中性点以上土层数；

　　　l_i——中性点以上第 i 土层的厚度；

　　　η_n——负摩阻力群桩效应系数；

s_{ax}、s_{ay}——分别为纵、横向桩的中心距；

　　　q_s^n——中性点以上桩周土层厚度加权平均负摩阻力标准值；

　　　γ_m——中性点以上桩周土层厚度加权平均重度（地下水位以下取浮重度）。

对于单桩基础或按上式计算的群桩效应系数 $\eta_n > 1$ 时，取 $\eta_n = 1$。

5. 减小桩侧负摩阻力的措施

（1）处理承台底的欠固结土。当欠固结土层厚度不大时，可以考虑人工挖除并替换好土。当欠固结土层厚度较大或无法挖除时，可以对欠固结土层（如新填土地基）采用强夯

挤淤、土层注浆等措施，使承台底土在打桩前或打桩后快速固结，以消除负摩阻力。

（2）套管保护桩法。在中性点以上桩段的外面罩上一段尺寸较桩身大的套管或对钢桩加一层厚度为 3mm 的塑料薄膜，使这段桩身不致受到土的负摩阻力作用。此法能显著降低下拉荷载，但会增加施工工作量。

（3）桩身表面涂层法。在预制桩中性点以上表面涂一层薄沥青，当土与桩发生相对位移时，涂层便会产生剪应变而降低作用于桩表面的负摩阻力，这是目前被认为降低负摩阻力最有效的方法。

（4）预钻孔法。此法既适合打入桩又适合钻孔灌注桩。对于不适于采用涂层法的地质条件，可以先在桩位处钻进成孔，再插入预制桩，在计算中性点以下的桩段宜采用桩锤打入以确保桩的承载力，中性点以上的钻孔孔腔与插入的预制桩之间灌入膨润土泥浆，用以减小负摩阻力。

（5）考虑负摩阻力后，要在设计时增强桩基础的整体刚度，以避免不均匀沉降。

（6）考虑负摩阻力后，承台底部地基的承载力不能考虑，而且低承台桩基由于地基土本身的沉降有可能转变为高承台桩基。

（7）在桩基设计时，考虑桩负摩阻力后，单桩竖向承载力特征值要折减，并注意单桩轴力的最大点不再在桩顶，而是在中性点位置。所以，桩身混凝土强度和配筋要增大，并验算中性点位置处的强度。

【例 4-4】某端承型桩（图 4-19），桩径 600mm，桩端嵌入基岩，桩顶以下 10m 为欠固结的淤泥质土，土的有效重度为 8kN/m³，桩侧土的正摩阻力标准值为 20kPa，负摩阻力系数为 0.25。淤泥质土以下为厚度 8m 的粉土，有效重度为 9kN/m³，桩侧土的正摩阻力标准值为 50kPa，负摩阻力系数为 0.25。计算桩侧负摩阻力引起的下拉荷载。

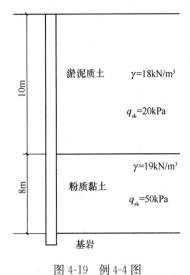

图 4-19　例 4-4 图

【解】1）确定中性点位置。由于负摩阻力是由淤泥质土自重固结产生，其下粉土层的有效应力无变化。因此负摩阻力只在淤泥质土层产生。因为持力层为基岩，所以中性点深度比 $l_n/l_0 = 1$，即 $l_n = 10m$。

2）确定中性点以上桩周土第 i 层土负摩阻力标准值 q_{si}^n

$$\sigma'_i = \sigma'_{\gamma i} = \sum_{e=1}^{i-1} \gamma_e z_e + \frac{1}{2} \gamma_i z_i$$

$$= 0 + \frac{1}{2} \times 8 \times 10 = 40kPa$$

$$q_{si}^n = \xi_i \sigma'_i = 0.25 \times 40 = 10kPa < 20kPa$$

3）确定基桩下拉荷载

$$Q_g^n = \eta_n u \sum_{i=1}^{n} q_{si}^n l_i = 1.0 \times 3.14 \times 0.6 \times 10 \times 10 = 188.4kN$$

【例 4-5】某端承型桩，桩径 600mm，桩长 16m，桩端嵌入基岩，桩顶以下 10m 为欠固结的淤泥质土，土的有效重度为 8kN/m³，桩侧土的正摩阻力标准值为 20kPa，负摩阻力系数为 0.25。淤泥质土以下为厚度 4m 的粉土，有效重度为 9kN/m³，桩侧土的正摩阻力标准值为 50kPa，负摩阻力系数为 0.25。基岩的正摩阻力标准值为 200kPa，端阻力标准值为 5000kPa。分别计算不考虑负摩阻力效应和考虑负摩阻效应时基桩所能承受的最大荷载 N_k。

【解】1）不考虑负摩阻力时

基桩竖向承载力极限值

$$Q_{uk} = Q_{sk} + Q_{pk} = u\sum q_{sik}l_i + q_{pk}A_p$$

$$= 3.14 \times 0.6 \times (20 \times 10 + 50 \times 4 + 200 \times 2) + 3.14 \times 0.3^2 \times 5000$$

$$= 1507.2 + 1413 = 2920.2 \text{kN}$$

$$R_a = Q_{uk}/2 \approx 1460 \text{kN}$$

不考虑负摩阻力时，$N_k \leqslant R_a = 1460$kN

2）考虑负摩阻力时，中性点以上部分侧阻力取零，对于端承桩还应考虑下拉荷载对基桩承载力的不利影响

基桩竖向承载力极限值

$$Q_{uk} = Q_{sk} + Q_{pk} = u\sum q_{sik}l_i + q_{pk}A_p$$

$$= 3.14 \times 0.6 \times (0 \times 10 + 50 \times 4 + 200 \times 2) + 3.14 \times 0.3^2 \times 5000$$

$$= 1130.4 + 1413 = 2543.4 \text{kN}$$

$$R_a = Q_{uk}/2 = 1271.7 \text{kN}$$

对于端承桩考虑负摩阻力时 $N_k + Q_g^n \leqslant R_a$

$$Q_g^n = \eta_n u \sum_{i=1}^n q_{si}^n l_i = 188.4 \text{kN}（下拉荷载计算见例4-4）$$

$$N_k \leqslant R_a - Q_g^n = 1271.7 - 188.4 = 1083.3 \text{kN}$$

4.5 竖向抗拔桩承载力的确定

对于高耸结构物的桩基（如高压输电塔、电视塔、微波通信塔等）、承受巨大浮托力作用的基础（如地下室、地下油罐、取水泵房等），以及冻土地区受冻拔作用的桩等情况，桩侧部分或全部承受上拔力，此时须验算桩的抗拔承载力。

与承压桩不同，当桩受到拉拔荷载时，桩相对于土向上运动，这时桩周土产生的应力状态、应力路径和土的变形都不同于承压桩的情况，所以抗拔的摩阻力一般小于抗压的摩阻力。尤其是砂土中的抗拔摩阻力比抗压小得多。而饱和黏土中，较快的上拔可在土中产生较大的负超静孔隙水压力，可能会使桩的抗拔更困难，但由于其不可靠，所以一般不计入抗拔力中。在拉拔荷载作用下的桩基础可能发生两种拔出情况，即单桩的拔出与群桩整体的拔出，这取决于那种情况提供的抗力较小。

4.5.1 桩基竖向抗拔承载力

对于桩的抗拔机理的研究尚不够充分，所以对于重要的建筑物和在没有经验的情况

下，最有效的单桩抗拔承载力的确定方法是进行现场拔桩静载荷试验。对于非重要建筑物，当无当地经验时，可按下列方法计算：

（1）群桩呈非整体破坏时，基桩的抗拔承载力标准值可按下式计算

$$T_{uk} = \sum \lambda_i q_{sik} u_i l_i \qquad (4\text{-}24)$$

式中 T_{uk}——基桩抗拔承载力标准值（kN）；

u_i——桩身周长（m），对于等直径桩取 $u = \pi d$，对于扩底桩按表 4-9 取值；

λ_i——抗拔系数，可按表 4-10 取值。

扩底桩破坏表面周长 u_i 表 4-9

自桩底算起的长度 l_i	$\leqslant (4 \sim 10)d$	$> (4 \sim 10)d$
u_i	πD	πd

注：l_i 对于软土取低值，对于卵石、砾石取高值；l_i 取值随内摩擦角增大而增大。

抗拔系数 λ 表 4-10

土类	λ
砂土	$0.50 \sim 0.70$
黏性土、粉土	$0.70 \sim 0.80$

（2）群桩呈整体破坏时，基桩的抗拔承载力标准值可按下式计算

$$T_{gk} = \frac{1}{n} u_l \sum \lambda_i q_{sik} l_i \qquad (4\text{-}25)$$

式中 u_l——桩群外围周长（m）。

4.5.2 桩基竖向抗拔承载力验算

承受上拔力的桩，应同时验算群桩基础呈整体破坏和呈非整体破坏时的基桩抗拔承载力。

整体破坏 $\qquad\qquad\qquad N_k \leqslant \dfrac{T_{gk}}{2} + G_{gp} \qquad (4\text{-}26)$

非整体破坏 $\qquad\qquad\qquad N_k \leqslant \dfrac{T_{uk}}{2} + G_p \qquad (4\text{-}27)$

式中 N_k——按荷载效应标准组合计算的基桩上拔力（kN）；

G_{gp}——群桩基础所包围体积的桩土总自重设计值除以总桩数（kN），地下水位以下取浮重度；

G_p——基桩自重（kN），地下水位以下取浮重度，对于扩底桩应按表 4-9 确定桩、土柱体周长后计算桩、土自重；

此外，还应按现行《混凝土结构设计规范》GB 50010—2010（2015 年版）验算桩身的抗拔承载力，并按规定进行裂缝宽度计算或抗裂性验算。

【例 4-6】某桩基工程，桩径 600mm，其剖面及地层分布如图 4-20 所示，土层物理力学指标如下表。试计算群桩呈整体破坏与非整体破坏时的基桩抗拔极限承载力标准值。

土层名称	极限侧阻力 q_{sik}（kPa）	极限端阻力 q_{pik}（kPa）	抗拔系数
填土			
粉质黏土	40		0.7
粉砂	80	3000	0.6
黏土	50		
细砂	90	4000	

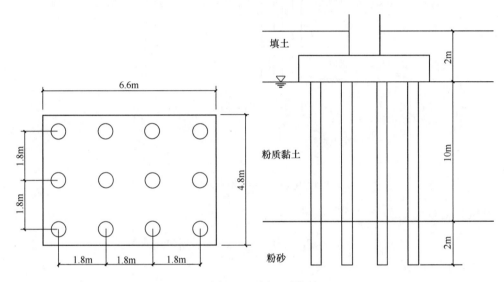

图 4-20　例 4-6 图

【解】群桩呈整体破坏时

$$T_{gk}=\frac{1}{n}u_l\sum\lambda_iq_{sik}l_i$$

$$=\frac{1}{12}\times\{[(1.8\times3+0.6)+(1.8\times2+0.6)]\times2\}\times(0.7\times40\times10+0.6\times80\times2)$$

$$=\frac{1}{12}\times20.4\times376=639.2\text{kN}$$

群桩呈非整体破坏时

$$T_{uk}=\sum\lambda_iq_{sik}u_il_i$$

$$=3.14\times0.6\times(0.7\times40\times10+0.6\times80\times2)$$

$$=1.884\times376=708.4\text{kN}$$

【例 4-7】某地下车库，为抗浮需设置抗拔桩（图 4-21）。荷载效应标准组合作用下基桩的上拔力为 600kN。桩型为钻孔灌注桩，桩径为 0.55m，桩长为 16m，桩群边缘尺寸为 16m×8m，桩数为 40 根。试验算此桩基抗拔承载力是否满足要求（抗拔系数，黏土取 0.7、粉土取 0.6；桩身材料重度取 25kN/m³；群桩基础平均重度取 20kN/m³）。

【解】桩体呈非整体破坏时

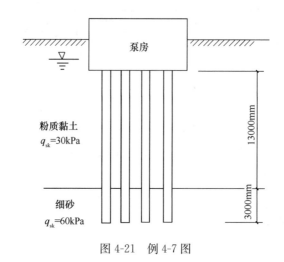

图 4-21　例 4-7 图

$$T_{uk} = \Sigma \lambda_i q_{sik} u_i l_i$$
$$= 3.14 \times 0.55 \times (0.7 \times 30 \times 13 + 0.6 \times 60 \times 3)$$
$$= (471.5 + 186.5) = 658 \text{kN}$$

基桩自重 $G_p = \left[\dfrac{\pi}{4} \times 0.55^2 \times 16 \times (25-10) \right] = 57 \text{kN}$

$T_{uk}/2 + G_p = (658/2 + 57) = 386 \text{kN} < 600 \text{kN} (不满足要求)$

群桩呈整体破坏时

$$T_{gk} = \frac{1}{n} u_l \Sigma \lambda_i q_{sik} l_i$$

$$= \frac{1}{40} \times (16+8) \times 2 \times (0.7 \times 30 \times 13 + 0.6 \times 60 \times 3) = 457.2 \text{kN}$$

$$G_{gp} = \left[\frac{1}{40} \times 16 \times 8 \times 16 \times (20-10) \right] = 512 \text{kN}$$

$T_{gk}/2 + G_{gp} = (457.2/2 + 512) = 740.6 \text{kN} > 600 \text{kN}(满足要求)$

4.6　水平荷载作用下桩的承载力与变形

　　对于工业与民用建筑工程，大多数桩基以承受竖向荷载为主，但有时也要承受一定的水平荷载，如瞬时作用的风荷载、吊车制动荷载、地震作用、土压力、水压力等。由于大多数情况下水平荷载不大，为了施工方便，往往采用竖直桩，同时抵抗水平力。因此，桩基除了满足竖向承载力要求外，还需要满足水平承载力验算要求。

4.6.1　水平荷载作用下桩的工作性状

　　在水平荷载作用下，桩产生变形并挤压桩周土，促使桩周土发生相应的变形而产生水平抗力。水平荷载较小时，桩周土的变形是弹性的，水平抗力主要由靠近地面的表层土提供；随着水平荷载的增大，桩的变形加大，表层土逐渐产生塑性屈服，水平荷载将向更深的土层传递；随着位移和内力的增大，对于低配筋率的灌注桩，通常桩身先出现裂缝，随后桩体断裂破坏，此时单桩水平承载力由桩身强度控制；对于抗弯性能强的桩，如高配筋率的混凝土预制桩和钢桩，桩身虽未断裂，但由于桩侧土体塑性隆起或桩顶水平位移大大超过使用允许值，也认为桩的水平承载力达到极限值，此时单桩水平承载力由位移控制。

影响单桩水平承载力和位移的因素很多，如桩径、桩的入土深度、桩身截面抗弯刚度、地基土刚度（特别是表层地基土的刚度）、桩端约束条件和打桩方式等。

依据桩、土相对刚度不同，水平荷载作用下的桩可分为刚性桩、半刚性桩、柔性桩，其中半刚性桩和柔性桩统称为弹性桩（图 4-22）。刚性桩和弹性桩在水平荷载作用下破坏性状特征如下：

（1）刚性桩。当桩很短或桩周土很软弱时，桩、土相对刚度很大，属于刚性桩。在水平力作用下，当桩顶自由时，桩身如刚体一般围绕桩轴上某点转动；当桩顶嵌固时，桩与桩基承台将呈刚性平移。刚性桩的破坏一般发生于桩周土中，桩身不发生破坏。

（2）弹性桩。半刚性桩（中长桩）和柔性桩（长桩），桩、土相对刚度较低，在水平荷载作用下桩身发生挠曲变形，桩的下段可视为嵌固于土中而不能转动，随着水平荷载增大，桩周土的屈服区逐步向下扩展，桩身最大弯矩截面也因上部土抗力减小而向下部移动。当桩周土失去稳定或桩身最大弯矩处（桩顶嵌固时可在嵌固处和桩身最大弯矩处）出现塑性屈服或桩的水平位移过大时，弹性桩便趋于破坏。

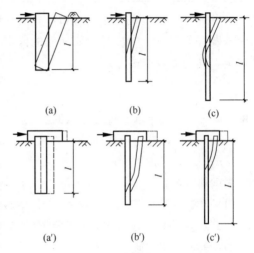

图 4-22　水平受荷桩破坏特征

(a)、(a′) 刚性桩；(b)、(b′) 半刚性桩（弹性中长桩）；(c)、(c′) 柔性桩（弹性长桩）；(a)、(b)、(c) 桩顶自由；(a′)、(b′)、(c′) 桩顶嵌固

由于桩-土相互作用的机理非常复杂，现以弹性桩为例，介绍水平受荷桩的内力和变形理论计算。

4.6.2　弹性桩在水平荷载作用下的理论分析

水平荷载作用下的弹性桩的分析计算方法主要有地基反力系数法、弹性理论法和有限元法等。我国常用的是地基反力系数法。

地基反力系数法是应用文克勒地基模型，把承受水平荷载的单桩视作弹性地基（由水平向弹簧组成）中的竖直梁。通过求解梁的挠曲微分方程来计算桩身的弯矩、剪力以及桩的水平承载力。

桩的挠度曲线的微分方程为

$$EI \frac{\mathrm{d}^4 x}{\mathrm{d}z^4} = -p_x \qquad (4\text{-}28)$$

式中　p_x ——土作用于桩上的水平抗力（kN/m），按文克勒假定为：

$$p_x = k_h x b_0 \tag{4-29}$$

式中　b_0——桩的计算宽度（m），具体取值见表 4-11；

　　　x——桩的水平位移（m）；

　　　k_h——土的水平抗力系数，或称为水平基床系数（kN/m³）。

桩身截面计算宽度 b_0　　　　表 4-11

截面宽度 b 或直径 d（m）	圆桩	方桩
>1	$0.9(d+1)$	$b+1$
≤1	$0.9(1.5d+0.5)$	$1.5b+0.5$

水平抗力系数 k_h 的大小与分布，直接影响上述微分方程的求解。k_h 与土的种类和桩的入土深度有关，由于对 k_h 的分布所作的假定不同，故有不同的计算分析方法，较多采用 4 种假定，其一般表达式为

$$k_h = mz^n \tag{4-30}$$

式中　m——地基土水平抗力系数的比例系数；

　　　z——计算点位于地面以下的深度（m）；

　　　n——待定指数。

根据对 n 的假设不同，计算方法分为：

（1）常数法。假定 k_h 沿桩的深度为常数，即式（4-30）中 $n=0$。

（2）k 法。假定 k_h 在挠度面曲线的第一零点 t 以上为沿深度按直线（$n=1$）或抛物线（$n=2$）增加，其下则为常数（$n=0$）。

（3）m 法。假定随深度成比例增加（$n=1$）。

（4）c 法。假定随深度呈抛物线变化，即式（4-30）中 $n=0.5$，$m=c$。

实测资料表明，当桩的水平位移较大时，在大多数情况下，m 法的计算结果较接近实际，在我国 m 法的应用也最广泛。在 m 法中反映地基土性质的参数是 m 值。m 值应通过水平静载试验确定。当无试验资料时，可参考表 4-12 所列经验值。

地基土水平抗力系数的比例系数 m 值　　　　表 4-12

序号	地基土类型	预制桩、钢桩 m（MN/m⁴）	相应单桩在地面处水平位移（mm）	灌注桩 m（MN/m⁴）	相应单桩在地面处水平位移（mm）
1	淤泥、淤泥质土、饱和湿陷性黄土	2～4.5	10	2.5～6	6～12
2	流塑（$I_L>1$）、软塑（$1≥I_L>0.75$）状黏性土；$e>0.9$ 粉土；松散粉细砂；松散、稍密填土	4.5～6.0	10	6～14	4～8
3	可塑（$0.75≥I_L>0.25$）状黏性土；$e=0.75～0.9$ 粉土；中密填土；稍密细砂	6.0～10	10	14～35	3～6

序号	地基土类型	预制桩、钢桩		灌注桩	
		m （MN/m⁴）	相应单桩在地面处水平位移 （mm）	m （MN/m⁴）	相应单桩在地面处水平位移 （mm）
4	硬塑（$0.25 \geqslant I_L > 0$）、坚硬（$I_L \leqslant 0$）状黏性土；$e < 0.75$ 粉土；中密的中粗砂；密实老填土	10～22	10	35～100	2～5
5	中密、密实的砂砾、碎石类土			100～300	1.5～3

注：1. 当桩顶水平位移大于表列数值或灌注桩配筋率较高（$\geqslant 0.65\%$）时，m 值应适当降低；当预制桩的水平向位移小于 10mm 时，m 值可适当提高；

2. 当水平荷载为长期经常出现的荷载时，应按表列数值乘以 0.4 采用；

3. 当地基为可液化土层时，也应将表列数值按照液化土层影响进行折减。

按 m 法分析时，计算过程如下：

（1）单桩挠曲微分方程

水平受荷弹性桩在荷载作用下产生挠曲，其挠曲微分方程为

$$\frac{\mathrm{d}^4 x}{\mathrm{d}z^4} + \frac{mb_0}{EI}zx = 0 \tag{4-31}$$

令

$$\alpha = \sqrt[5]{\frac{mb_0}{EI}} \tag{4-32}$$

则式（4-31）变为

$$\frac{\mathrm{d}^4 x}{\mathrm{d}z^4} + \alpha^5 zx = 0 \tag{4-33}$$

式中 α——桩的水平变形系数（m^{-1}）。

由上式可以看出，α 反映了桩的相对刚度。桩的刚度与入土深度不同，其受力与破坏特性也不同。为此，可以根据水平受荷载将桩分为刚性短桩（$\alpha h \leqslant 2.5$）、弹性中长桩（$2.5 < \alpha h < 4$）和弹性长桩（$\alpha h \geqslant 4$）。

对于弹性长桩，桩底的边界条件为弯矩为零，剪力为零。代入边界条件，并采用幂级数对式（4-33）求解。可得沿桩身 z 的位移、转角、弯矩、剪力、水平抗力的表达式分别为

位移
$$x_z = \frac{H_0}{\alpha^3 EI}A_x + \frac{M_0}{\alpha^2 EI}B_x$$

转角
$$\varphi_z = \frac{H_0}{\alpha^2 EI}A_\varphi + \frac{M_0}{\alpha EI}B_\varphi$$

弯矩
$$M_z = \frac{H_0}{\alpha}A_M + M_0 B_M \tag{4-34}$$

剪力
$$V_z = H_0 A_V + \alpha M_0 B_V$$

水平抗力
$$p_{x(z)} = \frac{1}{b_0}(\alpha H_0 A_p + \alpha^2 M_0 B_p)$$

式中，A_x、B_x、A_φ、B_φ、A_M、B_M、A_V、B_V、A_p、B_p 均可从表 4-13 中查出。代入式 (4-34) 即可计算并绘制出单桩水平抗力、位移、转角、弯矩、剪力分布，如图 4-23 所示。

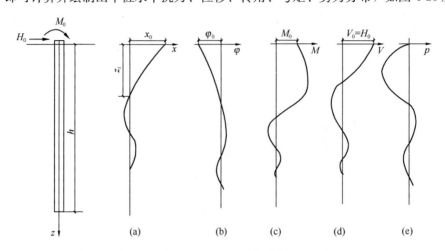

图 4-23　水平受荷弹性长桩内力与变形曲线

(a) 位移 x 分布；(b) 转角 φ 分布；(c) 弯矩 M 分布；(d) 剪力 V 分布；(e) 水平抗力 p 分布

弹性长桩的内力和变形计算常数　　　　　　　　　　　　　　　　表 4-13

换算深度 αz	A_x	B_x	A_φ	B_φ	A_M	B_M	A_V	B_V	A_p	B_p
0.0	2.440	1.621	−1.621	−1.751	0	1.000	1.000	0	0	0
0.1	2.279	1.451	−1.616	−1.651	0.100	1.000	0.989	−0.007	−0.227	−0.145
0.2	2.118	1.291	−1.601	−1.551	0.197	0.998	0.956	−0.028	−0.422	−0.259
0.3	1.959	1.141	−1.577	−1.451	0.290	0.994	0.906	−0.058	−0.586	−0.343
0.4	1.803	1.001	−1.543	−1.352	0.377	0.986	0.840	−0.095	−0.718	−0.401
0.5	1.650	0.870	−1.502	−1.254	0.458	0.975	0.764	−0.137	−0.822	−0.436
0.6	1.503	0.750	−1.452	−1.157	0.529	0.959	0.677	−0.181	−0.897	−0.451
0.7	1.360	0.639	−1.396	−1.062	0.592	0.938	0.585	−0.226	−0.947	−0.449
0.8	1.224	0.537	−1.334	−0.970	0.646	0.931	0.489	−0.270	−0.973	−0.432
0.9	1.094	0.445	−1.267	−0.880	0.689	0.884	0.392	−0.312	−0.977	−0.403
1.0	0.970	0.361	−1.196	−0.793	0.723	0.851	0.295	−0.350	−0.962	−0.364
1.2	0.746	0.219	−1.047	−0.630	0.762	0.774	0.109	−0.414	−0.885	−0.268
1.4	0.552	0.108	−0.894	−0.484	0.765	0.687	−0.056	−0.456	−0.761	−0.157
1.6	0.388	0.024	−0.743	−0.356	0.737	0.594	−0.193	−0.477	−0.609	−0.047
1.8	0.254	−0.036	−0.601	−0.247	0.685	0.499	−0.298	−0.476	−0.445	0.054
2.0	0.147	−0.076	−0.471	−0.156	0.614	0.407	−0.371	−0.456	−0.283	0.140
3.0	−0.087	−0.095	−0.070	0.063	0.193	0.076	−0.349	−0.213	0.226	0.268
4.0	−0.108	−0.015	−0.003	0.085	0	0	−0.106	−0.017	0.201	0.112

（2）桩顶水平位移

桩顶水平位移是控制基桩水平承载力的主要因素，而且 αh 的不同，桩端约束条件不同，其水平荷载下的工作性状也不同。对于弹性长桩的水平位移，可以根据表 4-13 中 $\alpha z=0$ 时的值，代入式（4-34）求得。对于弹性中长桩和刚性短桩，则可由表 4-14 查出 A_x 和 B_x，代入式（4-34）求得。

各类桩的桩顶位移系数　　　　表 4-14

αh	支承在土上		支承在岩石上		嵌固在岩石中	
	A_x	B_x	A_x	B_x	A_x	B_x
0.5	72.004	192.026	48.006	96.037	0.042	0.125
1.0	18.030	24.106	12.049	12.149	0.329	0.494
1.5	8.101	7.439	5.498	3.889	1.014	1.028
2.0	4.737	3.418	3.381	2.081	1.841	1.468
3.0	2.727	1.758	2.406	1.568	2.385	1.586
≥4.0	2.441	1.621	2.419	1.618	2.401	1.600

（3）桩身最大弯矩及位置

在进行桩截面配筋设计时，最关键的是求出桩身最大弯矩值及其相应的截面位置。因为当配筋率较小时，水平承载力由桩身所能承受的最大弯矩控制。

最大弯矩点的深度 z_0 位置为

$$z_0 = \frac{\bar{h}}{\alpha} \tag{4-35}$$

式中　$\bar{h}$——换算深度，对弹性长桩，可按表 4-15 通过 C_1 查得。

计算最大弯矩位置及弯矩系数 C_1 和 C_2 值　　　　表 4-15

$\bar{h}=\alpha z_0$	C_1	C_2	$\bar{h}=\alpha z_0$	C_1	C_2	$\bar{h}=\alpha z_0$	C_1	C_2
0.0	∞	1.000	1.0	0.824	1.728	2.0	−0.865	−0.304
0.1	131.252	1.001	1.1	0.503	2.299	2.2	−1.048	−0.187
0.2	34.186	1.004	1.2	0.246	3.876	2.4	−1.230	−0.118
0.3	15.544	1.012	1.3	0.034	23.438	2.6	−1.420	−0.074
0.4	8.781	1.029	1.4	−0.145	−4.596	2.8	−1.635	−0.045
0.5	5.539	1.057	1.5	−0.299	−1.876	3.0	−1.893	−0.026
0.6	3.710	1.101	1.6	−0.434	−1.128	3.5	−2.994	−0.003
0.7	2.566	1.169	1.7	−0.555	−0.740	4.0	−0.045	−0.011
0.8	1.791	1.274	1.8	−0.655	−0.530			
0.9	1.238	1.441	1.9	−0.768	−0.396			

最大弯矩处桩身截面剪力为零，则由式（4-34）可得

$$C_1 = \alpha \frac{M_0}{H_0} \tag{4-36}$$

最大弯矩 M_{max} 为

$$M_{max} = C_2 M_0 \tag{4-37}$$

式中，C_2 也可由表 4-15 查得。

当摩擦桩的入土深度到达 $4.0/\alpha$ 时，桩身内力及位移几乎为零。故在此深度下，桩身只需按构造配筋或不配钢筋。

4.6.3　单桩水平承载力的确定

受水平荷载的建（构）筑物的单桩基础和群桩中的基桩应满足：

$$H_{ik} \leqslant R_h \tag{4-38}$$

式中　H_{ik}——在荷载效应标准组合下，作用于基桩 i 桩顶处的水平力；

　　　R_h——单桩基础或群桩中的基桩的水平承载力特征值，单桩基础 $R_h = R_a$。

单桩的水平承载力特征值可以采用现场水平静载试验、由桩身强度计算、由桩顶允许位移计算等方法确定。

1. 单桩水平静载试验

桩的水平静载荷试验是在现场条件下进行的，影响桩的承载力的各种因素都将在试验过程中真实反映出来，由此得到的承载力值和地基土水平抗力系数最符合实际情况。如果预先在桩身中埋入量测元件，则试验资料还能反映出加荷过程中桩身截面的应力和位移，并可由此求出桩身弯矩，据以检验理论分析结果。

《建筑桩基技术规范》JGJ 94—2008 规定，对于受水平荷载较大的设计等级为甲级、乙级的建筑桩基，单桩水平承载力特征值应通过单桩水平静载试验确定。

（1）试验装置

将千斤顶水平放置在试桩与相邻桩间进行水平加载，水平力作用点宜与实际工程的桩基承台底面标高一致。如果做力矩产生水平位移的试验，可在承台底以上一定高度给桩施加水平力。为保证作用力的方向始终水平和通过桩轴线，千斤顶和试验桩接触处应安置球形铰支座，同时千斤顶与试验桩接触处宜适当补强。水平位移用大量程百分表（或位移计）测量，在水平力作用面的受检桩两侧应对称安装两个百分表（或位移计）；当需要测量桩顶转角时，尚应在水平力作用面以上 50cm 的受检桩两侧对称安装两个百分表（或位移计）。

（2）加载方式及试验曲线分析

加载方式多采用单向多循环加载法，分级荷载应小于预估水平极限承载力或最大试验荷载的 1/10。每级荷载施加后，保持恒定不变 4min 方可测读水平位移，然后卸载至零，停 2min 后测读残余水平位移，至此完成一个加卸载循环。如此循环 5 次，完成一级荷载的位移观测。试验曲线如图 4-24 所示。也可采用慢速连续加载法，其稳定标准可参照竖向静载试验确定。当桩身折断或桩顶位移超过 30～40mm（软土取 40mm）或水平位移达到设计要求的水平位移允许值，即可终止加载。为了确定单桩的水平临界荷载和极限荷

载，可根据单桩水平静载试验记录绘制"水平力-时间-位移（H_0-t-x_0）"和"水平力-位移梯度（H_0-$\Delta x_0/\Delta H_0$）"曲线（图 4-24）。

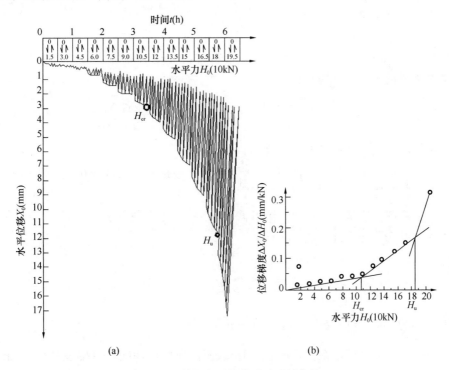

(a)   (b)

图 4-24 单桩水平静载试验成果曲线

（a）H_0-t-x_0 曲线；（b）H_0-$\Delta x_0/\Delta H_0$ 曲线

由图 4-24 可以看出，水平受荷桩从加载到破坏，可分为三个阶段：

第一阶段为弹性阶段。当水平荷载较小时，在水平荷载作用下，桩身发生位移；卸载后，绝大部分变形可以恢复，桩土处于弹性状态。对于该阶段终点的荷载称为临界荷载 H_{cr}。但实际工程中，由于桩周土的非线性，该阶段的线形一般为近似直线。

第二阶段为弹塑性变形阶段。当水平荷载超过临界荷载 H_{cr}，曲线的曲率增大，桩的水平位移增量大于荷载增量。对应于该阶段终点的荷载称为极限荷载 H_u。

第三阶段为破坏阶段。当水平荷载超过极限荷载 H_u 后，桩的水平位移突然增大，同时桩周土出现裂缝，明显破坏。

（3）由试验结果确定单桩水平承载力特征值

因为承载力特征值需要考虑足够的安全储备，不能直接使用极限荷载 H_u 或临界荷载 H_{cr}，某些情况下需对其进行折减。《建筑桩基技术规范》JGJ 94—2008 规定如下：

1）对于钢筋混凝土预制桩、钢桩、桩身配筋率不小于 0.65% 的灌注桩，可根据静载试验结果取地面处水平位移为 10mm（对于水平位移敏感的建筑物取水平位移 6mm）所对应的荷载的 75% 为单桩水平承载力特征值。

2）对于桩身配筋小于 0.65% 的灌注桩，可取单桩水平静载试验的临界荷载 H_{cr} 的 75% 为单桩水平承载力特征值。

3）验算永久荷载控制的桩基的水平承载力时，应将此法确定的单桩水平承载力特征值乘以调整系数 0.80；验算地震作用桩基的水平承载力时，应将此法确定的单桩水平承载力特征值乘以调整系数 1.25。

2. 由桩身强度计算

对低配筋率的灌注桩，通常桩身先出现裂缝，随后断裂破坏。此时单桩水平承载力由桩身强度控制。当缺少单桩水平静载试验资料时，可按以下公式估算桩身配筋率小于 0.65% 的灌注桩的水平承载力特征值：

$$R_{ha} = \frac{0.75\alpha\gamma_m f_t W_0}{\nu_M}(1.25 + 22\rho_g)\left(1 \pm \frac{\zeta_N N_k}{\gamma_m f_t A_n}\right) \tag{4-39}$$

式中　α——桩的水平变形系数，由式（4-32）求得；

$\quad R_{ha}$——单桩水平承载力特征值，"$\pm$"号根据桩顶竖向力性质确定，压力取"$+$"，拉力取"$-$"；

$\quad \gamma_m$——桩截面模量塑性系数，圆形截面 $\gamma_m = 2$，矩形截面 $\gamma_m = 1.75$；

$\quad f_t$——桩身混凝土抗拉强度设计值；

$\quad W_0$——桩身换算截面受拉边缘的截面模量；

圆形截面为：$W_0 = \frac{\pi d}{32}\left[d^2 + 2(\alpha_E - 1)\rho_g d_0^2\right]$

方形截面为：$W_0 = \frac{b}{6}\left[b^2 + 2(\alpha_E - 1)\rho_g b_0^2\right]$

$\quad \nu_M$——桩身最大弯矩系数，按表 4-16 取值，当单桩基础和单排桩基纵向轴线与水平力方向垂直时，按桩顶铰接考虑；

$\quad \rho_g$——桩身配筋率；

$\quad A_n$——桩身换算截面积；

圆形截面为：$A_n = \frac{\pi d^2}{4}\left[1 + (\alpha_E - 1)\rho_g\right]$

方形截面为：$A_n = b^2\left[1 + (\alpha_E - 1)\rho_g\right]$

$\quad \zeta_N$——桩顶竖向力影响系数，竖向压力取 0.5，竖向拉力取 1.0；

$\quad N_k$——在荷载效应标准组合下桩顶的竖向力（kN）。

注意：验算永久荷载控制的桩基的水平承载力时，应将此法确定的单桩水平承载力特征值乘以调整系数 0.80；验算地震作用桩基的水平承载力时，应将此法确定的单桩水平承载力特征值乘以调整系数 1.25。

桩顶（身）最大弯矩系数 ν_M 和桩顶水平位移系数 ν_x 　　　表 4-16

桩顶约束情况	桩的换算埋深 αh（m）	ν_M	ν_x
铰接、自由	4.0	0.768	2.441
	3.5	0.750	2.502
	3.0	0.703	2.727
	2.8	0.675	2.905
	2.6	0.639	3.163
	2.4	0.601	3.526

桩顶约束情况	桩的换算埋深 αh（h）	ν_M	ν_x
固接	4.0	0.926	0.940
	3.5	0.934	0.970
	3.0	0.967	1.028
	2.8	0.990	1.055
	2.6	1.018	1.079
	2.4	1.045	1.095

注：1. 铰接（自由）的 ν_m 系桩身最大弯矩系数，固接的 ν_m 系桩顶最大弯矩系数；

2. 当 $\alpha h > 4$ 时，取 $\alpha h = 4.0$。

3. 由桩顶允许位移计算

对于抗弯性能强的桩，如高配筋率的混凝土预制桩和钢桩，桩身虽未断裂，但由于桩侧土体塑性隆起而失效，或桩顶水平位移大大超过允许值，也认为桩的水平承载力达到极限状态。此时单桩水平承载力由位移控制。当缺少单桩水平静载试验资料时，可按以下公式估算预制桩、钢桩、桩身配筋率不小于 0.65% 的灌注桩的水平承载力特征值：

$$R_{ha} = 0.75 \frac{\alpha^3 EI}{\nu_x} \chi_{0a} \tag{4-40}$$

式中　EI——桩身抗弯刚度，对于钢筋混凝土桩，$EI = 0.85 E_c I_0$；其中 E_c 为混凝土弹性模量，I_0 为桩身换算截面惯性矩：圆形截面 $I_0 = W_0 d_0 / 2$；矩形截面为 $I_0 = W_0 b_0 / 2$；

χ_{0a}——桩顶允许水平位移；

ν_x——桩顶水平位移系数，按表 4-16 取值；

注意：采用此法确定的单桩水平承载力特征值无须乘以调整系数。

【例 4-8】某受压灌注桩桩径为 1.2m，桩端入土深度 20m，桩身配筋率为 0.6%，桩身选用 C30 混凝土，钢筋选用 HPB300，桩顶铰接。在荷载效应标准组合下桩顶竖向力 $N_k = 5000$kN。试计算单桩水平承载力特征值（地基土水平抗力系数的比例系数 $m = 30$MN/m⁴）。

【解】桩身选用 C30 混凝土，其抗拉强度设计值 $f_t = 1.43$N/mm²，$E_c = 3.00 \times 10^4$ N/mm²。钢筋选用 HPB300，$E_s = 2.10 \times 10^5$ N/mm²，则 $\alpha_E = E_s / E_c = 7$。混凝土保护层厚度取 35mm，扣除保护层厚度的桩径 $d_0 = 1.2 - 0.035 \times 2 = 1.13$m。

（1）求换算截面受拉边缘的截面模量 W_0

对于圆形截面桩

$$W_0 = \frac{\pi d}{32} \times [d^2 + 2(\alpha_E - 1)\rho_g d_0^2]$$

$$= \frac{\pi \times 1.2}{32} \times [1.2^2 + 2 \times (7-1) \times 0.006 \times 1.13^2]$$

$$= 0.18 \text{m}^3$$

（2）计算桩的水平变形系数 α

对于钢筋混凝土圆形截面桩 $I_0 = W_0 d_0 / 2 = (0.18 \times 1.13)/2 = 0.1$m⁴

$$E_c = 3 \times 10^4 \, \text{N/mm}^2 = 3 \times 10^7 \, \text{kN/m}^2$$

桩身抗弯刚度 $EI = 0.85 E_0 I_0 = 0.85 \times 3 \times 10^7 \times 0.1 = 2.55 \times 10^6 \, \text{kN} \cdot \text{m}^2$

直径 $d > 1$m，查表 4-11 得桩身截面计算宽度为

$$b_0 = 0.9(d+1) = 0.9 \times (1.2+1) = 1.98 \text{m}$$

桩的水平变形系数

$$\alpha = \left(\frac{mb_0}{EI}\right)^{\frac{1}{5}} = \left(\frac{30 \times 10^3 \times 1.98}{2.55 \times 10^6}\right)^{\frac{1}{5}} = 0.47 \text{m}^{-1}$$

（3）计算桩身换算截面面积 A_n

$$A_n = \frac{\pi d^2}{4}[1 + (\alpha_E - 1)\rho_g] = \frac{\pi \times 1.2^2}{4} \times [1 + (7-1) \times 0.006] = 1.17 \text{m}^2$$

（4）计算单桩水平承载力特征值 R_{ha}

因为此灌注桩桩身配筋率小于 0.65%，所以

$$R_{ha} = \frac{0.75 \alpha \gamma_m f_t W_0}{\nu_M}(1.25 + 22\rho_g)\left(1 \pm \frac{\zeta_N N_k}{\gamma_m f_t A_n}\right)$$

$$= \frac{0.75 \times 0.47 \times 2 \times 1430 \times 0.18}{0.768} \times (1.25 + 22 \times 0.006)\left(1 + \frac{0.5 \times 5000}{2 \times 1430 \times 1.17}\right)$$

$$= 570.5 \text{kN}$$

【例 4-9】 某受压灌注桩桩径为 2m，桩端入土深度 11m，桩身配筋率为 0.66%，桩顶允许水平位移 0.005m，桩侧土水平抗力系数的比例系数 $m = 24 \text{MN/m}^4$。试计算地震作用时，桩顶铰接和桩顶固接的单桩水平承载力特征值（$EI = 2.7 \times 10^7 \text{kN} \cdot \text{m}^2$）。

【解】（1）计算桩的水平变形系数

$$\alpha = \left(\frac{mb_0}{EI}\right)^{\frac{1}{5}} = \left[\frac{24 \times 10^3 \times 0.9 \times (2+1)}{2.7 \times 10^7}\right]^{\frac{1}{5}} = 0.2993 \text{m}^{-1}$$

（2）计算单桩水平承载力特征值

因为桩身配筋率不小于 0.65%，所以单桩水平承载力特征值由允许位移控制

$$R_{ha} = 0.75 \frac{\alpha^3 EI}{\nu_x} \chi_{0a}$$

桩的换算埋深 $\alpha h = 0.2993 \times 11 = 3.29$m

查表 4-16 得，桩顶铰接 $\nu_x = 2.597$；桩顶固接 $\nu_x = 0.994$

桩顶铰接时：$R_{ha1} = 0.75 \frac{\alpha^3 EI}{\nu_x} \chi_{0a} = 0.75 \times \frac{2.993^3 \times 2.7 \times 10^7}{2.597} \times 0.005 = 1045.3 \text{kN}$

桩顶固接时：$R_{ha2} = 0.75 \frac{\alpha^3 EI}{\nu_x} \chi_{0a} = 0.75 \times \frac{2.993^3 \times 2.7 \times 10^7}{0.994} \times 0.005 = 2731 \text{kN}$

4.7 桩基的沉降计算

尽管桩基础与天然地基上的浅基础比较，沉降量可大为减少，但随着建筑物规模和尺

寸的增加以及对沉降变形要求的提高,很多情况下,桩基础也需要进行沉降计算。《建筑桩基技术规范》JGJ 94—2008 规定,对于设计等级为甲级的非嵌岩桩和非深厚坚硬持力层的建筑桩基;设计等级为乙级的体型复杂、荷载分布显著不均匀或桩端平面以下存在软弱土层的建筑桩基;软土地基多层建筑减沉复合疏桩基础等,需要进行桩基沉降计算。

与浅基础沉降计算一样,桩基最终沉降计算应采用荷载效应的准永久组合。计算的方法依然是基于土的单向压缩、均质各向同性和弹性假设的分层总和法。

目前在工程中应用较广泛的桩基沉降分层总和计算方法主要有两大类:一类是所谓假想的实体基础法,另一类是明德林(Mindlin)应力计算法。

在浅基础沉降计算的分层总和法中,土中应力计算用的是布辛内斯克解,它是将荷载作用于半无限弹性体表面进行求解。对于浅基础,只需将埋深 d 以上的土当成 γd 的均布荷载,然后以基底表面为荷载作用表面求解即可。但桩的入土深度有时很深,桩身的摩擦力和桩端荷载实际上作用于土层内部,所以用布氏解有明显的误差。明德林解是当荷载作用于半无限弹性体内部时求弹性体内部应力场的解答。显然对于桩基中地基土的应力计算,明德林解比布辛内斯克解更接近于实际。下面分别介绍这两种应力解在桩基沉降计算中的应用。

4.7.1 实体基础法

这类方法的本质是将桩端平面作为弹性体的表面,应用布辛内斯克解计算桩端以下各点的附加应力,再用与浅基础沉降计算一样的单向压缩分层总和法计算沉降。所谓假想实体基础,就是将在桩端平面以上的一定范围的承台、桩及桩周土当成一实体深基础,也就是说不计从地面到桩端平面间的压缩变形。这类方法适用于桩距 $s \leqslant 6d$ 的情况(d 为桩直径)。

关于如何将上部附加荷载施加到桩端平面,有两种假设:其一是荷载沿桩群外侧扩散,其二是扣除桩群四周的摩阻力。前者的作用面积大一些,后者的附加压力可能小一些。

1. 荷载扩散法

这种方法的计算如图 4-25(a)所示。扩散角取为桩所穿过的土层内摩擦角的加权平均值的 1/4。在桩端平面处的附加压力 p_0 可用式(4-41)计算:

$$p_0 = \frac{F + G_\mathrm{T}}{\left(b_0 + 2l \times \tan\dfrac{\overline{\phi}}{4}\right)\left(a_0 + 2l \times \tan\dfrac{\overline{\phi}}{4}\right)} - p_\mathrm{c} \tag{4-41}$$

式中　F——对应于荷载效应准永久组合时作用在桩基承台顶面的竖向力(kN);

　　　G_T——在扩散后面积上,从桩端平面到设计地面间的承台、桩和土的总重量,可按 20kN/m³ 计算,水下扣除浮力(kN);

　a_0、b_0——分别为群桩的外缘矩形面积的长边、短边的长度(m);

　　　$\overline{\phi}$——桩所穿过土层的内摩擦角加权平均值(°);

　　　l——桩的入土深度(m);

　　　p_c——桩端平面上地基土的自重压力(kPa),地下水位以下应扣除浮力。

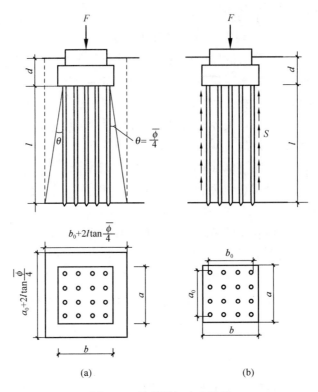

图 4-25　桩端附加应力计算

(a) 荷载扩散法；(b) 扣除侧阻法

计算出桩端平面处的附加压力 p_0 以后，则可按扩散以后的面积进行分层总和法沉降计算：

$$s = \phi_p \sum_{i=1}^{n} \frac{p_i h_i}{E_{si}} \tag{4-42}$$

式中　s——桩基最终计算沉降量，mm；

　　　n——计算分层数；

　　E_{si}——第 i 层土在自重应力至自重应力加上附加应力作用段的压缩模量，MPa；

　　　h_i——桩端平面下第 i 个分层的厚度，m；

　　　p_i——桩端平面下第 i 个分层土的竖向附加应力平均值，kPa；

　　　ϕ_p——桩基沉降计算经验系数，可按不同地区当地工程实测资料统计对比确定，在不具备条件下，可参考表 4-17。

桩基沉降计算经验系数 Ψ_p　　　　　　　　　　表 4-17

$\overline{E_s}$(MPa)	$\overline{E_s} < 15$	$15 \leqslant \overline{E_s} < 30$	$30 \leqslant \overline{E_s} < 40$
Ψ_p	0.5	0.4	0.3

2. 扣除桩群侧壁摩阻力法

如图 4-25 (b) 所示，桩端平面的附加压力 p_0 可用式 (4-43) 计算：

$$p_0 = \frac{F + G - 2(a_0 + b_0) \sum q_{sia} h_i}{a_0 b_0} \tag{4-43}$$

式中　h_i——桩身穿越第 i 层土的土层厚度，m；

　　q_{sia}——桩身穿越第 i 层土的侧阻力特征值，kPa。

式（4-43）是一个近似的计算式，在计算承台底的附加压力时，没有扣除承台以上地基土自重，这里可认为这一差别被 l 段混合体的重量与原地基土重量之差所抵消。将计算所得附加压力代入式（4-42）即可计算最终沉降。

4.7.2　明德林-盖得斯法

盖得斯根据桩传递荷载特点，将作用于单桩顶上的总荷载 Q 分解为桩端阻力 $Q_b(=\alpha Q)$ 和桩侧阻力 $Q_s[=(1-\alpha)Q]$；而桩侧阻力 Q_s 又可分为均匀分布的摩阻力 $Q_u(=\beta Q)$ 和随深度线性增加的摩阻力 $Q_v[=(1-\alpha-\beta)Q]$。其中 α 为端阻力占总荷载的比例，β 为均布摩阻力占总荷载的比例。与此相应，盖得斯又根据明德林解，推导出 Q_b、Q_u 和 Q_v 在地基土中任意一点产生的应力：

$$\sigma_z = \sigma_{zb} + \sigma_{zu} + \sigma_{zv} = (Q_b/L^2)I_b + (Q_u/L^2)I_u + (Q_v/L^2)I_v \qquad (4\text{-}44)$$

式中，I_b、I_u 和 I_v 分别为桩端阻力、桩侧均匀分布阻力和桩侧线性增长分布阻力作用下在土体中任一点的竖向应力系数，其具体计算公式参见《建筑桩基技术规范》JGJ 94—2008 附录 F。

在计算群桩沉降时，将各根单桩在某点所产生的附加应力进行叠加后即可计算群桩产生的沉降。采用明德林-盖得斯应力公式计算稍显复杂，但其计算结果比布辛尼斯克解更符合桩的荷载传递实际情况。

4.8　桩基础设计

桩基础的设计可按下述步骤进行。

4.8.1　收集设计资料

桩基设计之前必须充分掌握设计原始资料，具体应包括：

1. 岩土工程勘察资料。其包括：工程地质报告及附图、岩土物理力学性能指标、水文地质资料、抗震设防烈度及场地不良地质现象等。

2. 建筑场地环境资料。其包括：建筑场地的平面图、交通设施、地下管线和地下构筑物等的分布；相邻建筑物基础形式及埋置深度；周围建筑的防振、防噪声要求；泥浆排泄和弃土条件等。

3. 拟建建筑的有关资料。其包括：建筑物的总平面布置图、安全等级、结构类型、荷载情况、抗震等级等。

4. 施工条件。其包括：施工机械设备的进出场及现场运行等条件。

4.8.2　选定桩型、桩长和截面尺寸

1. 桩型的选定

各种桩型有各自的特点和适用条件，选择桩型时应考虑的因素包括：①结构类型与荷

载；②地质条件，包括土层类别、土质、地下水情况；③施工条件与环境，指当地经验、设备、场地作业空间、排浆排渣条件、噪声振动控制等。几种主要桩型优缺点见表 4-18。

主要桩型的优缺点和施工中的问题 表 4-18

桩的类型	桩型优点	施工中的问题
预制钢筋混凝土方桩	施工质量易于控制，沉桩工期短，单方混凝土的承载力高，工地比较整洁	有挤土、振动和噪声，影响环境；挤土会造成相邻建筑或市政设施损坏；接桩焊接质量如不好或沉桩速度过快，挤土可能会使相邻桩上浮时拔断；穿越砂层时可能发生沉桩困难；当持力层比较密实时难以达到设计标高，有时会打坏桩头
预应力管桩	管桩的混凝土强度高，因而其结构承载力高，抗锤击性能好，综合单价比较低廉	具有上述混凝土方桩类似的一些问题。预应力混凝土管桩不适合含有较多孤石、障碍物的土层，或含有不适作持力层而管桩又难以贯穿的坚硬夹层的土层；容易出现桩身断裂或桩尖滑动
钻孔灌注桩	无挤土作用，用钢量比较省，进入持力层深度不受施工条件限制，桩长可随持力层的埋深而调整，可做大直径桩	施工时易发生塌孔、缩径、沉渣，以及水下浇筑混凝土的质量问题，影响工程质量；大量泥浆外运和堆放会污染环境；钻孔、泥浆沉淀及浇筑等工序相互干扰大；单方混凝土的承载力低于预制桩
人工挖孔桩	具有钻孔灌注桩的特点，且可检测桩侧及桩端土层，桩径不受设备条件限制，造价比较低	劳动条件和安全性差、劳动强度大；地下水位高的场地不宜采用，如采用降水后人工挖孔，则降水可能会引起相邻地面沉降
沉管灌注桩	造价便宜，但桩长和桩径均受设备条件限制	有挤土作用，下管时易挤断相邻桩；拔管过快容易形成缩径、断桩
钢管桩	施工方便，工期短，可用于超长桩，单桩承载力高	造价高；有部分挤土作用

一般高层建筑荷载大而集中，对控制沉降要求较严，水平荷载（风荷载或地震作用）很大，故应宜用大直径桩，且宜支承于岩层或坚实而稳定的砂层、卵砾石层或硬黏土层。可根据环境条件和技术条件选用钢筋混凝土预制桩、大直径预应力混凝土管桩；也可选用钻孔桩或人工挖孔桩；当要穿过较厚砂层时则宜选用钢桩。

多层建筑则最好选用较短的小直径桩，且宜选用造价较低的桩型。当浅层有较好持力层时，人工挖孔桩更有优势。对于基岩面起伏变化的地质条件，则优先考虑钻孔灌注桩。

2. 桩长的确定

确定桩长的关键在于选择桩端持力层。桩端持力层是影响基桩承载力的关键因素，不仅决定桩端阻力，还影响桩侧阻力的发挥。因此桩端持力层应该选择较硬土层。其次，为了有效发挥桩基承载力，桩端应伸入持力层一定深度。桩端进入持力层深度还应考虑成桩工艺的影响。

桩端全断面进入持力层的深度，对于黏性土、粉土不宜小于 $2d$（d 为桩的直径，下同），砂土不宜小于 $1.5d$，碎石类土不宜小于 d。当存在软弱下卧层时，桩基以下持力层

厚度不宜小于 $3d$。对于嵌岩桩，嵌岩深度应综合荷载、上覆土层、基岩、桩径、桩长等因素确定。对于嵌入平整、完整的坚硬岩和较硬岩的深度不宜小于 $0.2d$，且不应小于 $0.2m$。嵌入倾斜岩层的深度，应根据岩层倾斜程度与岩层完整程度确定。在抗震设防区，桩进入液化层以下稳定土层中的全截面长度除满足上述要求外，对于碎石土、砾、中粗砂、密实粉土和坚硬黏土，不应小于 $(2\sim3)d$，对于其他非岩石土，不宜小于 $(4\sim5)d$。

当在施工条件允许的深度内没有坚硬土层存在时，应尽可能选择压缩性较低、强度较高的土层作为持力层，要避免使桩底落在软土层上或离软弱下卧层的距离太近，以免桩基发生过大的沉降。

3. 桩身截面尺寸确定

桩的类型确定后，应根据桩顶荷载大小或基桩承载力大小的要求，结合当地施工机具及建筑经验确定桩截面尺寸。钢筋混凝土预制桩，中小型工程常用 $250mm\times250mm$ 或 $300mm\times300mm$，大型工程常用 $350mm\times350mm$ 或 $400mm\times400mm$。若采用灌注桩，中小桩径一般为 $300\sim800mm$，大直径桩可选 $800\sim2000mm$，甚至更大。

4.8.3 确定桩数及布桩位置

1. 估算桩数

根据第 4.4 节的方法确定单桩承载力特征值 R_a 后，可由承台底面的竖向荷载初步估算桩数 n。

轴心竖向力作用下
$$n\geqslant\frac{F_k}{R_a} \tag{4-45}$$

偏心竖向力作用下
$$n\geqslant\mu\frac{F_k}{R_a} \tag{4-46}$$

式中　F_k——荷载效应标准组合下，作用在承台顶面上的竖向力（kN）；

　　　μ——考虑偏心荷载时各桩受力不均而适当增加桩数的经验系数，可取 $\mu=1.1\sim1.2$。

承受水平荷载的桩基，桩数的确定还应满足对桩的水平承载力的要求。此时，可以简单地以各单桩水平承载力之和作为桩基的水平承载力。

2. 确定合理的桩距

确定合理的桩间距应考虑：

（1）最小桩距适应成桩工艺特点。对于挤土桩要重视减小或消除挤土效应的不利影响，在饱和黏性土和中密以上的土层中，控制最小桩距尤为重要；另一方面，对于松散、稍密的非黏性土，可以利用成桩挤土效应提高群桩承载力。在灵敏度高的软弱黏土中，为避免过度扰动软土造成其承载力大幅下降，宜采用桩距大、桩数少的桩基。

（2）考虑桩距与群桩效应的关系。要避免因桩距过小而明显降低群桩承载力，这点对于黏性土侧阻力影响较明显，对于端承桩则不受此限制。

一般桩的最小中心距应符合表 4-19 的规定。对于大面积桩群，尤其是挤土桩，桩的最小中心距还应适当放大。

<table>
<tr><td rowspan="2" colspan="2">土类与成桩工艺</td><td>排数不少于 3 排
且桩数不少于 9 根的摩擦型桩桩基</td><td>其他情况</td></tr>
</table>

基桩的最小中心距　　　　　　　　　　　表 4-19

土类与成桩工艺		排数不少于 3 排 且桩数不少于 9 根的摩擦型桩桩基	其他情况
非挤土灌注桩		3.0d	3.0d
部分挤土桩	非饱和土、 饱和非黏性土	3.5d	3.0d
	饱和黏性土	4.0d	3.5d
挤土桩	非饱和土、 饱和非黏性土	4.0d	3.5d
	饱和黏性土	4.5d	4.0d
钻、挖孔扩底桩		2D 或 D+2.0m（当 D>2.0m 时）	1.5D 或 D+1.5m（当 D>2.0m 时）
沉管夯扩、 钻孔挤扩桩	非饱和土、 饱和非黏性土	2.2D 且 4.0d	2.0D 且 3.5d
	饱和黏性土	2.5D 且 4.5d	2.2D 且 4.0d

注：1. d——圆桩设计直径或方桩设计边长，D——扩大端设计直径；

2. 当纵横向桩距不相等时，其最小中心距应满足"其他情况"一栏的规定；

3. 当为端承桩时，非挤土灌注桩的"其他情况"一栏可减小至 2.5d。

3. 桩的平面布置

桩数确定后，可根据上部结构形式及桩基受力情况选用单排桩或多排桩桩基。柱下桩基常采用矩形、三角形和梅花形等，墙下桩基可采用单排直线布置或双排交错布置，在纵横墙交接处宜布桩（图 4-26）。

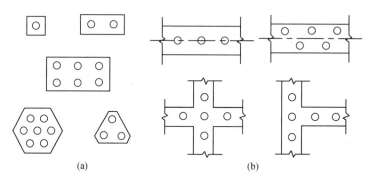

图 4-26　桩的平面布置

（a）柱下桩基；（b）墙下桩基

桩基础中桩的平面布置，除应满足前述最小桩距等构造要求外，还应注意：

（1）宜使竖向永久荷载合力作用点与桩的承载力合力点重合，并使桩基受水平力和力矩较大方向有较大的抗弯模量。

（2）上部荷载在桩基传力路径最短，以达到尽可能减小基础内力的目的。

（3）当作用于桩基的弯矩较大时，宜尽量将桩布置在离承台形心较远处，采用外密内疏的布置方式，宜增大基桩对承台形心或合力作用点的惯性矩，提高桩基的抗弯能力。

（4）按变刚度调平设计，以减小差异沉降。

（5）主裙楼连体时，弱化裙楼布桩。

（6）在梁式承台或板式承台下布桩应本着减小弯矩的原则，尽量在柱下或墙下布桩，避免在墙体洞口下布桩，如必须布桩，应对洞口处的承台梁采取加强措施。

4. 变刚度调平设计

变刚度调平设计是指考虑上部结构形式、荷载和地层分布以及相互作用效应，通过调整桩径、桩长、桩距等方式改变基桩支承刚度分布，以使建筑物沉降趋于均匀、降低承台内力的设计方法。

之所以提出变刚度调平设计理念，是因为传统设计中出现了一些问题。

（1）加大基础刚度，刻意追求利用天然地基。

改革开放初期，受制于较低的经济水平，高层建筑基础设计的主导理念是在天然地基承载力满足荷载要求的情况下，采用箱形基础加大基础刚度，从而避免打桩。然而实践表明，加大基础刚度对于减小差异沉降的效果并不突出，且材料消耗相当可观。另外，由于箱形基础墙体过密，地下室利用率很低。

（2）天然地基，主裙连体箱形基础沉降超标。

北京某大厦，主楼高156m，框架-核心筒结构，裙房地上4层，地下室主裙楼均为3层，置于同一箱形基础上，箱形基础高4m，底板厚0.8m。建成2年后的沉降观测显示，建筑沉降最大值为 $S_{max}=10.2cm$，$S_{min}=1.72cm$。主裙楼之间差异沉降出现于与主楼相邻的裙房一侧第一跨内，达到 $\Delta S_{max}=0.0045L_0$（L_0 为两测点间距，下同）。由于差异沉降过大，箱形基础底板已经开裂。

（3）均匀布桩导致碟形沉降

北京某大厦高113m，框筒结构，采用桩筏基础。桩采用 $\phi 400$ PHC管桩，桩长 $l=11m$，均匀布桩，筏板厚2.5m。建成一年后，最大差异沉降 $\Delta S_{max}=0.002L_0$，随着沉降的进一步发展，ΔS_{max} 必将超过规范允许值。

（4）挤土桩均为密布导致筏板和框架梁开裂

昆明某大厦，高99.5m，框剪结构，地上1~28层，地下2层，采用桩筏基础。桩采用 $\phi 500$ 沉管灌注桩，桩长为22m，桩距为3.6d（d 为桩直径）；梁板式筏形承台。基底以下为粉土、粉质黏土，桩端持力层为中等压缩性黏土。工程建至12层时，基础底板出现局部开裂、渗漏；结构封顶时，底板大面积开裂。事后分析认为，此工程采用均匀密布桩距3.6d 的挤土沉管灌注桩和施工质量失控是酿成事故的主要原因。首先，基桩抗力与不均匀荷载不匹配，导致差异沉降和筏板内力加大；其次，密集的沉管灌注桩的挤土效应导致断桩、缩颈、桩土上涌的可能性增大，而施工过程中未采取有效的质量控制、监测措施，基桩的质量问题加剧了均匀布桩引发的差异沉降和承台开裂。

变刚度调平设计的主要目的在于减小差异变形、降低承台内力和上部结构次生内力，以节约资源，提高建筑使用寿命，确保正常使用功能。当采用变刚度调平概念进行设计时，宜结合具体条件进行如下设置（图4-27）：

（1）对于主裙楼连体建筑，当高层主体采用桩基时，裙房（含纯地下室）的地基或桩基刚度相对弱化，可采用天然地基、复合地基、疏桩或短桩基础。

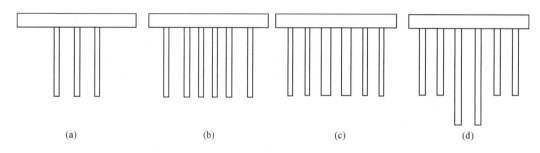

图 4-27 变刚度调平概念设计示意图

(a) 局部增强；(b) 变桩距；(c) 变桩径；(d) 变桩长

（2）对于框架-核心筒结构高层建筑桩基，应强化核心筒区域桩基刚度（如适当增加桩长、桩径、桩数，采用后注浆等措施），相对弱化核心筒外围桩基刚度（采用复合桩基，视土层条件减小桩长）。

（3）对于框架-核心筒结构高层建筑，在天然地基承载力满足要求的情况下，宜于核心筒区域局部设置增强刚度、减小沉降的摩擦型桩。

（4）对于大体量筒仓、储罐的摩擦型桩基，宜按内强外弱原则布桩。

（5）对上述按变刚度调平设计的桩基，宜进行上部结构-承台-桩-土共同工作分析。

4.8.4 基桩承载力验算

1. 基桩的竖向承载力验算

（1）桩顶作用效应的简化计算

对于一般建筑物和受水平力较小的高大建筑物，桩径相同的低承台桩，计算各基桩桩顶所受到的竖向力时，多假定承台为绝对刚性，各桩身刚度相等，且把桩视为受压杆件，按材料力学方法进行计算。此时，在中心竖向力作用下，各桩承担其平均值；在偏心竖向力作用下，各桩上分配的竖向力按与桩群的形心之距离呈线性变化（图 4-28）。

轴心竖向力作用下
$$N_k = \frac{F_k + G_k}{n} \tag{4-47}$$

偏心竖向力作用下
$$N_{ik} = \frac{F_k + G_k}{n} \pm \frac{M_{xk} y_i}{\sum y_j^2} \pm \frac{M_{yk} x_i}{\sum x_j^2} \tag{4-48}$$

式中 F_k——荷载效应标准组合下，作用在承台顶面上的竖向力（kN）；

G_k——桩基础承台和承台上土自重标准值，对于地下水位以下部分扣除浮力（kN）；

N_k——荷载效应标准组合轴心竖向力作用下，基桩或复合基桩的平均竖向力（kN）；

N_{ik}——荷载效应标准组合偏心竖向力作用下，第 i 根基桩或复合基桩的竖向力（kN）；

M_{xk}、M_{yk}——荷载效应标准组合下，作用于承台底面，绕通过桩群形心的 x、y 主轴的力矩（kN·m）；

x_i、x_j、y_i、y_j——第 i、j 根基桩或复合基桩至 y、x 轴的距离；

n——桩基中的桩数。

（2）基桩竖向承载力验算

1）不考虑地震作用及负摩阻力影响时基桩竖向承载力验算的要求

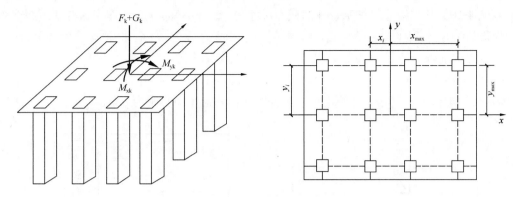

图 4-28　桩顶荷载计算简图

轴心竖向力作用下 $\qquad N_k \leqslant R$ $\qquad$ (4-49)

偏心竖向力作用下，除应满足式（4-49）外，尚应满足

$$N_{kmax} \leqslant 1.2R \qquad (4\text{-}50)$$

式中　N_k——荷载效应标准组合轴心竖向力作用下，基桩或复合基桩的平均竖向力（kN）；

$\quad N_{kmax}$——荷载效应标准组合偏心竖向力作用下，基桩或复合基桩的最大竖向力（kN）；

$\quad R$——基桩或复合基桩竖向承载力特征值（kN）。

2）当考虑地震作用时

轴心竖向力作用下 $\qquad N_{Ek} \leqslant 1.25R$ $\qquad$ (4-51)

偏心竖向力作用下 $\qquad N_{Ekmax} \leqslant 1.5R$ $\qquad$ (4-52)

式中　N_{Ek}——地震作用效应和荷载效应标准组合下，基桩或复合基桩的平均竖向力（kN）；

$\quad N_{Ekmax}$——地震作用效应和荷载效应标准组合下，基桩或复合基桩的最大竖向力（kN）。

3）当考虑桩侧负摩阻力时，轴心竖向力作用下的验算要求

对于摩擦型基桩取桩身计算中性点以上侧阻力为零，按下式验算基桩承载力：

$$N_k \leqslant R_a \qquad (4\text{-}53)$$

对于端承型基桩除应满足上式要求外，尚应考虑负摩阻力引起基桩的下拉荷载 Q_g^n，并按下式验算基桩承载力：

$$N_k + Q_g^n \leqslant R_a \qquad (4\text{-}54)$$

式（4-53）、式（4-54）中基桩的竖向承载力特征值 R_a 只计中性点以下部分侧阻值及端阻值，并且不应考虑承台效应。

2. 基桩的水平承载力验算

受水平荷载的一般建筑物和受水平力较小的高大建筑物单桩基础和群桩基础中基桩应满足下式要求

$$H_{ik} \leqslant R_h \qquad (4\text{-}55)$$

$$H_{ik} = \frac{H_k}{n} \qquad (4\text{-}56)$$

式中　H_{ik}——荷载效应标准组合下，作用于第 i 根基桩或复合基桩（桩顶）的水平力（kN）；

$\quad H_k$——荷载效应标准组合下，作用于承台底面的水平力（kN）。

【例4-10】某二级建筑桩基，柱的截面尺寸为$450mm \times 600mm$，作用在桩基顶面上的荷载标准值$F_k = 2500kN$，$M_k = 150kN$（作用在长边方向）。拟采用截面为$300mm \times 300mm$的钢筋混凝土预制方桩，桩长12m。已确定基桩竖向承载力特征值$R = 500kN$，水平承载力特征值$R_h = 45kN$，承台厚800mm，埋深1.3m，如图4-29（a）所示。试确定所需桩数和承台平面尺寸，并画出桩基布置图（桩的最小中心距为3d）。

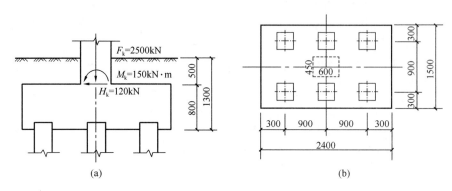

图4-29 例4-10图

【解】（1）初步确定桩数

$n \geqslant \dfrac{F_k}{R} = \dfrac{2500}{5} = 5$，考虑到偏心，将其扩大10％，暂取为6根。

（2）初选承台尺寸

桩距$s = 3d = 3 \times 0.3 = 0.9m$；长边$a = 2 \times (0.3 + 0.9) = 2.4m$；短边$b = 2 \times 0.3 + 0.9 = 1.5m$。桩的平面布置及承台尺寸如图4-29（b）所示。

（3）桩基承载力验算

已知承台厚800mm，埋深1.3m，取承台及其上土的平均重度$\gamma_G = 20kN/m^3$，则桩顶竖向力为：

$$N_k = \frac{F_k + G_k}{n} = \frac{2500 + 20 \times 2.4 \times 1.5 \times 1.3}{6} = 432.3kN < R = 500kN$$

$$N_{k\min}^{k\max} = N_k \pm \frac{(M_k + H_i h) x_{\max}}{\sum x_i^2} = 432.3 \pm \frac{(150 + 120 \times 0.8) \times 0.9}{4 \times 0.9^2}$$

$$= 432.3 \pm 68.3 = \begin{cases} 500.6kN < 1.2R = 600kN \\ 364.0kN > 0 \end{cases}$$

满足要求。

基桩水平力$H_{ik} = \dfrac{H_k}{n} = \dfrac{120}{6} = 20kN < R_h = 45kN$，满足要求。

【例4-11】某端承灌注桩桩径1.0m，桩顶位于地面下2m，桩长9m，桩周土性质参数如图4-30所示。作用在桩顶的竖向力标准值$N_k = 500kN$。当地下水从$-2.0m$降至$-7.0m$后，验算单桩承载力是否满足要求。

【解】（1）确定中性点深度。持力层为砂卵石层，查表4-6得，$l_n/l_0 = 0.9$，$l_0 = 8m$，则中性点深度$l_n = 0.9 \times l_0 = 0.9 \times 8 = 7.2m$

（2）桩侧负摩阻力标准值q_{si}^n的计算。查表4-8可知，负摩阻力系数ξ_n对于淤泥与淤

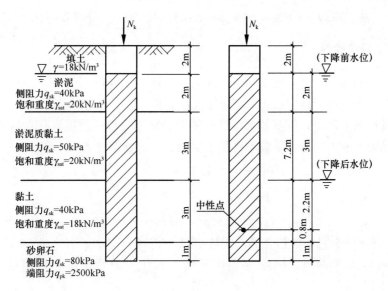

图 4-30　例 4-11 图

泥质黏土按饱和软土取 0.2，黏土取 0.3。代入 $\sigma'_{\gamma i} = \sum\limits_{e=1}^{i-1} \gamma_e \Delta z_e + \dfrac{1}{2}\gamma_i z_i$ 得：

2～4m 淤泥：$\sigma'_1 = 18 \times 2 + 20 \times 2/2 = 56\text{kPa}$，$q_{s1}^n = \xi_{n1}\sigma'_1 = 0.2 \times 56 = 11.2\text{kPa}$

4～7m 淤泥质黏土：$\sigma'_2 = 18 \times 2 + 20 \times 2 + 20 \times 3/2 = 106\text{kPa}$

$$q_{s2}^n = \xi_{n2}\sigma'_2 = 0.2 \times 106 = 21.2\text{kPa}$$

7～9.2m 黏土：$\sigma'_3 = 18 \times 2 + 20 \times 2 + 20 \times 3 + (18-10) \times 2.2/2 = 144.8\text{kPa}$

$$q_{s3}^n = \xi_{n3}\sigma'_3 = 0.3 \times 144.8 = 43.44\text{kPa}$$

$$q_{s3}^n > 40\text{kPa}, \text{ 取 } q_{s3}^n = 40\text{kPa}$$

（3）计算单桩下拉荷载 Q_g^n

$Q_g^n = \eta_n u \sum q_{si}^n l_i = 1.0 \times \pi \times 1.0 \times (11.2 \times 2 + 21.2 \times 3 + 40 \times 2.2) = 546.36\text{kN}$

（4）计算单桩竖向承载力特征值 R_a

桩径 $d = 1000\text{mm} > 800\text{mm}$，所以应采用式（4-5）计算单桩竖向极限承载力标准值 Q_{uk}

查表 4-1 得，黏性土 $\psi_{si} = \left(\dfrac{0.8}{d}\right)^{1/5} = \left(\dfrac{0.8}{1.0}\right)^{1/5} = 0.956$

碎石土 $\psi_{si} = \left(\dfrac{0.8}{d}\right)^{1/3} = \left(\dfrac{0.8}{1.0}\right)^{1/3} = 0.928$，$\psi_p = \left(\dfrac{0.8}{d}\right)^{1/3} = \left(\dfrac{0.8}{1.0}\right)^{1/3} = 0.928$

考虑负摩阻力时，单桩竖向承载力特征值 R_a 只计中性点以下部分侧阻值及端阻值

$Q_{uk} = Q_{sk} + Q_{pk} = u \sum \psi_{si} q_{sik} l_i + \psi_p q_{pk} A_p$

$= \pi \times 1.0 \times [0.956 \times 40 \times (3-2.2) + 0.928 \times 80 \times 1] + 0.928 \times 2500 \times \pi \times 0.5^2$

$= 2150.4\text{kN}$

单桩竖向承载力特征值 $R_a = Q_{uk}/2 = 1075.2\text{kN}$

（5）端承型单桩承载力验算

$$N_{\mathrm{k}} + Q_{\mathrm{g}}^{\mathrm{n}} = 500 + 546.36 = 1046\mathrm{kN} < R_{\mathrm{a}} = 1075.2\mathrm{kN}$$

4.8.5 软弱下卧层验算

对于桩距不超过 $6d$（d 为桩直径）的群桩，当桩端平面以下软弱下卧层承载力与桩端持力层相差过大（低于持力层 1/3）且荷载引起的局部压力超出其承载能力较多时，将引起软弱下卧层侧向挤出，桩基偏沉，严重者引起整体失稳。故桩底存在软弱下卧层时，采用与浅基础类似的方法进行软弱下卧层承载力验算。验算公式如下：

$$\sigma_{\mathrm{z}} + \gamma_{\mathrm{m}} z \leqslant f_{\mathrm{az}} \tag{4-57}$$

$$\sigma_{\mathrm{z}} = \frac{(F_{\mathrm{k}} + G_{\mathrm{k}}) - \frac{3}{2}(A_0 + B_0)\sum q_{sik} l_i}{(A_0 + 2t \cdot \tan\theta)(B_0 + 2t \cdot \tan\theta)} \tag{4-58}$$

式中　σ_{z}——作用于软弱下卧层顶面的附加应力（kPa）；

γ_{m}——软弱层顶面以上各土层重度（地下水位下取浮重度）按厚度加权平均值（$\mathrm{kN/m^3}$）；

f_{az}——软弱下卧层经深度 z 修正的地基承载力特征值（kPa）；

A_0、B_0——分别为桩群外缘矩形底面的长、短边边长（m）；

t——硬持力层厚度（m）；

q_{sik}——桩周第 i 层土的极限侧阻力标准值（kPa）；

θ——桩端持力层压力扩散角，按表 4-20 取值。

桩端持力层压力扩散角　　　　　　　　　　表 4-20

E_{s1}/E_{s2}	$t = 0.25B_0$	$t \geqslant 0.5B_0$
1	4°	12°
3	6°	23°
5	10°	25°
10	20°	30°

注：1. E_{s1}、E_{s2} 分别为硬持力层、软弱下卧层的压缩模量；

2. 当 $t < 0.25B_0$ 时，取 $\theta = 0°$。必要时，宜通过试验确定；当 $0.25B_0 < t < 0.50B_0$ 时，可采用内插法取值。

进行软弱下卧层验算，应注意以下几点：

1）验算范围。桩端平面以下受力层范围存在低于持力层承载力 1/3 的土层才是软弱下卧层。实际工程中，持力层以下存在相对软弱土层是常见现象，只有当强度相差过大时才有必要进行验算。因为下卧层地基承载力与桩端持力层相差不大时，土体的塑性挤出和失稳不会出现。

2）传递至桩端平面的荷载，应扣除实体基础外表面总极限侧阻力的 3/4。因为侧阻力全部发挥时所需变形较大，此时软弱下卧层已进入临界状态。如果扣除全部侧阻力可能导致计算结果偏危险（导致 σ_{z} 偏小）。

3）桩端荷载扩散。持力层刚度越大扩散角越大，与浅基础软弱下卧层验算基本一致。

4）软弱下卧层承载力只进行深度修正。对于地下室中的独立柱下桩基，考虑到承台底面以上土已挖除，下卧层顶面处地基承载力特征值深度修正只算至地下室地面，对于整体桩筏基础深度修正则应算至室外地面。

4.8.6 桩身结构设计

1. 灌注桩

（1）灌注桩的配筋要求（表 4-21）

灌注桩配筋率及配筋长度要求   表 4-21

序号	情况		要求
1	配筋率	桩身直径为 300～2000mm 时	可取 0.65%～0.2%（大直径桩取低值，小直径桩取高值）
2		受荷载特别大的桩、抗拔桩和嵌岩端承桩	根据计算确定配筋率，并不应小于 1
3	配筋长度	端承型桩和位于坡地、岸边的基桩	应沿桩身等截面或变截面通长配筋
4		摩擦型灌注桩 不受水平荷载时	不应小于 2/3 桩长
5		摩擦型灌注桩 受水平荷载时	满足不应小于 2/3 桩长的要求且不宜小于 $4.0/\alpha$
6		受地震作用的基桩	应穿过可液化土层和软弱土层，进入稳定土层的深度不应小于（2～3）d
7		受负摩阻力的桩、因先成桩后开挖基坑而随地基土回弹的桩	应穿过软弱土层并进入稳定土层，进入的深度不应小于（2～3）d
8		抗拔桩及因地震作用、冻胀或膨胀力作用而受拔的桩	应沿桩身等截面或变截面通长配筋

注：α 为桩的水平变形系数；d 为桩直径。

（2）灌注桩的构造配筋要求（表 4-22 及图 4-31）

灌注桩配筋率及配筋长度要求   表 4-22

序号	情况	配筋要求	
1	受水平荷载的桩	主筋应≥8ϕ12	主筋沿桩周均匀布置
2	抗压桩和抗拔桩	主筋应≥6ϕ12	主筋净距≥60mm
3	箍筋	应采用螺旋式 ϕ6～ϕ10@200～300mm	
4	受水平荷载较大的桩 承受水平地震作用的桩 考虑主筋作用计算桩身受压承载力时	桩顶以下 5d 范围内箍筋应加密，间距≤100mm	
5	桩身位于液化土层范围内	箍筋应加密	
6	当考虑箍筋受力作用时	箍筋配置应符合现行《混凝土结构设计规范》GB 50010—2010（2015 年版）规定	
7	钢筋笼长度大于等于 4m 时	应每隔 2m 左右设一道 ϕ12～ϕ18 的焊接加劲箍筋	

（3）混凝土等级和保护层

桩身混凝土强度等级一般不得低于 C25，混凝土预制桩尖不得小于 C30。主筋的混凝

169

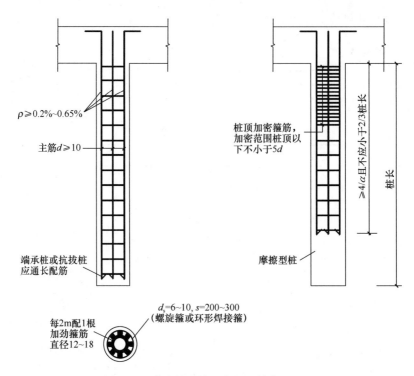

图 4-31 灌注桩配筋示意图（单位：mm）

土保护层厚度大于等于 35mm，水下灌注混凝土桩的保护层厚度大于等于 50mm。

2. 预制桩

（1）混凝土预制桩的基本要求见表 4-23 和图 4-32。

混凝土预制桩的基本要求　　　　　　　　　　　　　　　　表 4-23

序号	情况	要求	
1	混凝土预制桩的截面边长	混凝土预制桩	应≥200mm
		预应力混凝土预制实心桩	宜≥350mm
2	预制桩的混凝土强度等级	混凝土预制桩	宜≥C30
		预应力混凝土预制实心桩	宜≥C40
3	预制桩纵向钢筋的混凝土保护层厚度	宜≥30mm	
4	预制桩的桩身配筋	应按吊运、打桩及桩在使用中的受力等条件计算确定	
5	预制桩的桩身配筋率	锤击成桩法	宜≥0.8%
		静压成桩法	宜≥0.6%
		主筋直径	宜≥ϕ14
		锤击桩桩顶以下（4～5）d 范围内	箍筋应加密，并设钢筋网片
6	预制桩的分节长度	根据施工条件及运输条件确定，接头数量宜≤3	
7	预制桩的桩尖	可将主筋合拢焊在辅助钢筋上	
		持力层为密实砂和碎石土时，宜采用包钢板桩靴	

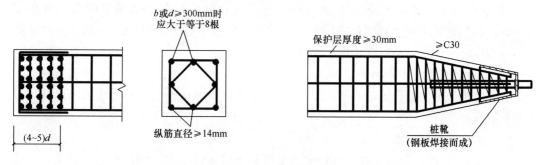

图 4-32　预制桩配筋示意图

（2）预制桩桩身结构强度验算。预制桩除了考虑上述构造要求外，还要考虑运输、起吊和锤击过程的受力进行强度验算。桩在吊装运输过程中的受力状态与梁相同，一般按两支点（桩长 $L \leqslant 18m$ 时）或三支点（桩长 $L > 18m$ 时）起吊和运输。在打桩架下竖起时，按一点吊立。吊点的设置应使桩身在自重下产生的正负弯矩相等，如图 4-33 所示，其中，k 为动力系数，q 为桩身自重（线荷载）。桩身配筋时应按起吊过程中桩身最大弯矩计算，主筋一般通长配筋，当考虑起吊和运输过程中受到冲击和振动时，将桩身重力乘以 1.5 的动力系数。一般普通混凝土桩的桩身配筋由起吊和吊立的强度来控制。

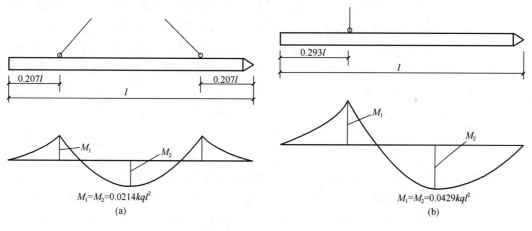

图 4-33　预制桩吊装验算
（a）双点起吊；（b）单点起吊

4.8.7　承台的设计计算

承台的作用是将桩连成一个整体，把建筑物的荷载传递给桩基，并起到一定的调整差异沉降的作用。因此，承台应具有足够的强度和刚度。

承台按受力特点可以分为承台板和承台梁。承台板用于独立的桩基或满堂桩基。承台板平面尺寸应根据上部结构要求、桩数及布桩形式确定。其平面形状有三角形、矩形、多边形和圆形等。承台梁用于柱下两桩桩基及墙下桩基。

1. 承台的构造要求

（1）承台的基本尺寸

1）承台的最小厚度不应小于 300mm。锥形和台阶形承台的边缘厚度也不宜小于 300mm。高层建筑平式式和梁板式筏形承台的最小厚度不应小于 400mm，墙下布桩的剪力墙结构筏形承台的最小厚度不应小于 200mm。

2）承台最小宽度不应小于 500mm，边桩中心至承台边缘的距离不应小于桩直径或边长，且桩的边缘挑出部分不应小于 150mm。对于墙下条形承台梁，其边缘挑出部分可减少至 75mm。

（2）承台的材料要求

1）混凝土。承台混凝土强度等级应满足混凝土耐久性要求，根据现行《混凝土结构设计规范》GB 50010—2010（2015 年版）的规定，当环境类别为二 a 类别时不应低于 C25，二 b 类别时不应低于 C30。除此之外，混凝土强度等级还应满足抗渗要求。

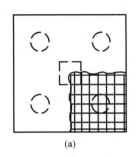
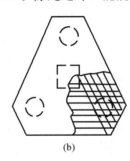

图 4-34　柱下独立桩基承台配筋示意
(a) 矩形承台；(b) 三角形承台

2）钢筋。柱下独立桩基承台的受力钢筋应通长配置，对四桩以上（含四桩）承台宜按双向均匀布置（图 4-34a），对三桩的三角形承台应按三向板带均匀布置，且最里面的三根钢筋围成的三角形应在柱截面范围内（图 4-34b）。钢筋锚固长度自边桩内侧（当为圆桩时，应将其直径乘以 0.8 等效为方桩）算起，不应小于 $35d_g$（d_g 为钢筋直径）；当不满足时应将钢筋向上弯折，此时水平段长度不应小于 $25d_g$，弯折长度不应小于 $10d_g$。承台纵向受力钢筋的直径不应小于 12mm，间距不应大于 200mm。柱下独立桩基承台的最小配筋率不应小于 0.15%，条形承台梁纵向主筋直径不应小于 12mm，应符合梁配筋率要求；架立筋直径不应小于 10mm，箍筋直径不应小于 6mm。

筏形承台板或箱形承台板在计算中当仅考虑局部弯矩作用时，考虑到整体弯曲的影响，在纵横两个方向的下层钢筋配筋率不应小于 0.15%；上层钢筋应按计算配筋率全部贯通。当筏板厚度大于 2000mm 时，为减小大体积混凝土温度收缩的影响，并提高筏板的抗剪承载力，宜在厚板中间部位设置直径不小于 12mm、间距不大于 300mm 的双向钢筋网。

3）保护层厚度。承台底面钢筋的混凝土保护层厚度，当有混凝土垫层时，不应小于 50mm，无垫层时不应小于 70mm；此外保护层厚度尚不应小于桩头嵌入承台内的长度。

（3）桩与承台的连接

桩顶嵌入承台的长度，对于大直径桩不宜小于 100mm，对于中等直径的桩不宜小于 50mm。混凝土桩的桩顶纵向钢筋应锚入承台内，其锚入长度不宜小于 35 倍纵向主筋直径，当不满足时应将钢筋向上弯折。对于大直径灌注桩，当采用一柱一桩时可设置承台或将桩与柱直接连接。

（4）柱与承台的连接

对于一柱一桩基础，柱与桩直接连接时，柱纵向主筋锚入桩身内长度不应小于 35 倍纵向主筋直径。对于多桩承台，柱纵向主筋应锚入承台不小于 35 倍纵向主筋直径；当承台高度不满足锚固要求时，竖向锚固长度不应小于 20 倍纵向主筋直径，并向柱轴线方向呈 90°弯折。当有抗震设防要求时，对于一、二级抗震等级的柱，纵向主筋锚固长度应乘以 1.15 的系数；对于三级抗震等级的柱，纵向主筋锚固长度应乘以 1.05 的系数。

（5）承台与承台的连接

一柱一桩时，应在桩顶两个主轴方向上设置连系梁（也称为拉梁），以保证桩基的整体刚度。当桩与柱的截面直径之比大于 2 时，可不设连系梁。两桩桩基承台短向抗弯刚度较小，因此应设置承台连系梁。有抗震设防要求的柱下桩基承台，由于地震作用下建筑物各桩基承台所受的地震剪力和弯矩不确定，宜沿两个主轴方向设置连续梁。连系梁顶面宜与承台顶面位于同一标高（建议减小 50mm）。连系梁宽度不宜小于 250mm，其高度可取承台中心距的 1/15～1/10，且不宜小于 400mm。连系梁配筋应按计算确定，根据受力和施工要求，梁上下部配筋不宜小于 2ϕ12，且位于同一轴线上的相邻跨连系梁纵筋应连通。

（6）承台埋深

承台底面埋深不应小于 0.6m，且承台顶面应低于室外设计地面不小于 0.1m。承台埋深应考虑建筑物的高度、体型、地震设防烈度、场地冻深等因素，根据桩基承载力和稳定性确定，一般情况下不宜小于建筑物高度的 1/18，当采用桩箱、桩筏基础时不宜小于建筑物高度的 1/20～1/18。

2. 承台的计算

试验表明，承台板有受弯破坏、冲切和受剪破坏两种形式。当承台板厚度比较小，而配筋数量又不足时，常发生弯曲破坏，为了防止发生这种破坏，在承台板底部要配有足够数量的钢筋；当承台板厚度比较小，但配筋数量比较多时，常发生冲切（沿柱边或变阶处形成不小于 45°的破坏锥体，或在角桩处形成不小于 45°的破坏锥体）或剪切破坏。为了防止发生这种冲切（受剪）破坏，承台板要有足够的厚度。

3. 承台板厚度的确定

承台板厚度不能直接求得，通常须根据经验或参考已有类似设计，初步假设一个承台厚度，然后按下列条件验算。

（1）柱对承台的冲切计算

柱对承台的冲切有两种可能破坏形式，即沿柱边缘或沿承台变阶处冲切破坏。由于柱的冲切力要扣除破坏锥体底面下各桩的净反力，当扩散角等于 45°时，可能覆盖更多的桩，所以冲切力反而减少，因而不一定最危险。所以最危险冲切锥为锥体与承台底面夹角大于等于 45°情况，并且此锥体不同方向的倾角可能不等。进行冲切计算时，先由柱边缘引冲切线与最近桩顶内边缘相交（≥45°），形成冲切破坏斜面（图 4-35）。按下式进行

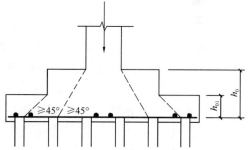

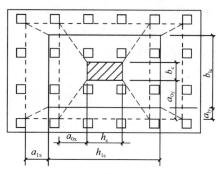

图 4-35　承台受冲切计算示意图

冲切计算：

$$F_l \leqslant 2[\beta_{0x}(b_c + a_{0y}) + \beta_{0y}(h_c + a_{0x})]\beta_{hp}f_t h_0 \tag{4-59}$$

$$F_l = F - \sum N_i \tag{4-60}$$

$$\beta_{0x} = \frac{0.84}{\lambda_{0x} + 0.2}, \beta_{0y} = \frac{0.84}{\lambda_{0y} + 0.2} \tag{4-61}$$

式中　F_l——不计承台及其上土自重，在荷载效应基本组合下作用于冲切破坏锥体上的冲切力设计值；

f_t——承台混凝土抗拉强度设计值；

h_0——承台冲切破坏锥体有效高度；

β_{hp}——承台受冲切承载力截面高度影响系数，当 $h \leqslant 800mm$ 时，β_{hp} 取 1.0，当 $h \geqslant 2000mm$ 时，β_{hp} 取 0.9，其间按线性内插法取值；

β_{0x}、β_{0y}——分别为 x、y 方向的冲切系数；

λ_{0x}、λ_{0y}——分别为 x、y 方向的冲垮比，$\lambda_{0x} = a_{0x}/h_0$，$\lambda_{0y} = a_{0y}/h_0$，$\lambda_{0x}$、$\lambda_{0y}$ 均应满足 0.25~1.0 的要求；

a_{0x}、a_{0y}——分别为 x、y 方向柱边至最近桩边的水平距离；

F——不计承台及其上土重，作用于柱底的竖向力设计值；

$\sum N_i$——冲切破坏锥体范围内各基桩的净反力设计值之和；

h_c、b_c——分别为 x、y 方向的柱截面的边长。

（2）台阶上阶对承台的冲切计算

此时由台阶边缘引冲切线与最近桩顶边缘相交（$\geqslant 45°$）形成冲切破坏斜面(图 4-35)。按下式计算：

$$F_l \leqslant 2[\beta_{1x}(b_{1c} + a_{1y}) + \beta_{1y}(h_{1c} + a_{1x})]\beta_{hp}f_t h_{01} \tag{4-62}$$

$$\beta_{1x} = \frac{0.84}{\lambda_{1x} + 0.2}, \beta_{1y} = \frac{0.84}{\lambda_{1y} + 0.2} \tag{4-63}$$

式中　β_{1x}、β_{1y}——分别为 x、y 方向的冲切系数；

λ_{1x}、λ_{1y}——分别为 x、y 方向的冲垮比，$\lambda_{1x} = a_{1x}/h_0$，$\lambda_{1y} = a_{1y}/h_0$，$\lambda_{1x}$、$\lambda_{1y}$ 均应满足 0.25~1.0 的要求；

a_{1x}、a_{1y}——分别为 x、y 方向承台上阶边至最近桩边的水平距离；

h_{1c}、b_{1c}——分别为 x、y 方向承台上阶的边长。

计算时应当注意的是，对于圆柱及圆桩，计算时应将其截面换算成方柱及方桩，即取换算柱截面边长 $b_c = 0.8d_c$（d_c 为圆柱直径），换算桩截面边长 $b_p = 0.8d$（d 为圆桩直径）。

（3）角桩对承台的冲切计算

由于假设相同的桩型在承台下按照线性规律分担总的竖向力。在偏心荷载作用下，某一角桩会承受最大竖向力。另一方面，角桩向上冲切时，抗冲切的锥面只有一半，即只有两个抗冲切面（另外两个为临空面）。所以此时需进行角桩对承台的冲切验算。

1）多桩矩形承台的角桩冲切计算

四桩以上（含四桩）承台受角桩冲切的承载力按下式计算（图 4-36）：

$$N_l \leqslant \left[\beta_{1x}\left(c_2 + \frac{a_{1y}}{2}\right) + \beta_{1y}\left(c_1 + \frac{a_{1x}}{2}\right)\right]\beta_{hp}f_t h_0 \tag{4-64}$$

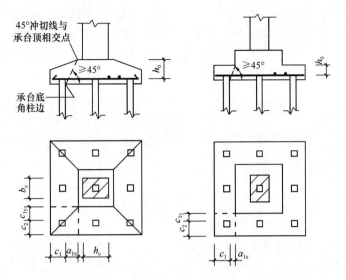

图 4-36 四桩以上（含四桩）承台受角桩冲切验算示意

$$\beta_{1x} = \frac{0.56}{\lambda_{1x} + 0.2}, \ \beta_{1y} = \frac{0.56}{\lambda_{1y} + 0.2} \tag{4-65}$$

式中　N_l——不计承台及其上土自重，在荷载效应基本组合作用下角桩反力设计值（kN）；

β_{1x}、β_{1y}——角桩冲切系数；

λ_{1x}、λ_{1y}——角桩冲垮比，$\lambda_{1x} = a_{1x}/h_0$，$\lambda_{1y} = a_{1y}/h_0$，其值应满足 $0.25 \sim 1.0$ 的要求；

c_1、c_2——分别为 x、y 方向角桩内侧边缘至承台外边缘的距离（m）；

h_0——承台外边缘的有效高度（m）。

2）三桩三角形承台的角桩冲切计算

如图 4-37 所示，按下式计算：

底部角桩

$$N_l \leqslant \beta_{11}(2c_1 + a_{11})\tan\frac{\theta_1}{2}\beta_{hp}f_t h_0 \tag{4-66}$$

$$\beta_{11} = \frac{0.56}{\lambda_{11} + 0.2} \tag{4-67}$$

顶部角桩

$$N_l \leqslant \beta_{12}(2c_2 + a_{12})\tan\frac{\theta_2}{2}\beta_{hp}f_t h_0 \tag{4-68}$$

$$\beta_{12} = \frac{0.56}{\lambda_{12} + 0.2} \tag{4-69}$$

式中　λ_{11}、λ_{12}——角桩冲垮比，$\lambda_{11} = a_{11}/h_0$，$\lambda_{12} = a_{12}/h_0$，其值应满足 $0.25 \sim 1.0$ 的要求；

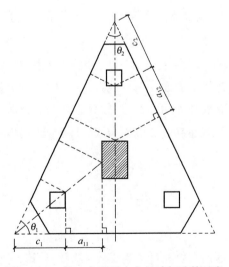

图 4-37 三桩三角形承台角桩冲切验算示意

a_{11}、a_{12}——从承台底角桩顶内边缘引 45°冲切线与承台顶面相交点至角桩内边缘水平距离（m）；当柱边或承台变阶处位于该 45°线以内时，则取由柱边或承台变阶处与桩内边缘连线为冲切锥体的锥线。

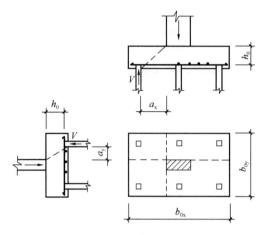

图 4-38　承台斜截面受剪计算示意

（4）承台的受剪计算

柱下桩基承台在荷载作用下，可能发生剪切破坏。剪切破坏面通常发生在柱边与桩边连线形成的贯通承台的斜截面处，因此需对承台的抗剪承载力进行验算。验算斜截面取在柱边。当承台悬挑边有多排基桩时，应对多个斜截面的抗剪承载力分别进行验算。

1）承台斜截面受剪承载力按下式计算（图 4-38）

$$V \leqslant \beta_{hs} \alpha f_t b_0 h_0 \quad (4\text{-}70)$$

$$\alpha = \frac{1.75}{\lambda + 1} \quad (4\text{-}71)$$

$$\beta_{hs} = \left(\frac{800}{h_0}\right)^{1/4} \quad (4\text{-}72)$$

式中　V——不计承台及其上土自重，在荷载效应基本组合作用下斜截面的最大剪力设计值（kN）；

b_0——承台计算截面处的计算宽度（m）；

h_0——承台计算截面处的有效高度（m）；

α——承台剪切系数；

λ——计算截面的剪跨比，$\lambda_x = a_x/h_0$，$\lambda_y = a_y/h_0$，此处，a_x、a_y 为柱边或承台变阶处至 y、x 方向计算一排桩的桩边的水平距离，$0.25 \leqslant \lambda \leqslant 3.0$；

β_{hs}——受剪切承载力截面高度影响系数，当 $h_0 < 800\text{mm}$ 时，h_0 取 800mm，当 $h_0 > 2000\text{mm}$ 时，取 $h_0 = 2000\text{mm}$，其间按线性内插取值。

2）台阶形承台应分别在变阶处（A_1—A_1，B_1—B_1）及柱边处（A_2—A_2，B_2—B_2）进行斜截面受剪承载力计算（图 4-39）。计算变阶处截面的斜截面受剪承载力时，其截面有效高度均为 h_{01}，截面计算宽度分别为 b_{y1} 和 b_{x1}。计算柱边截面的斜截面受剪承载力时，其截面有效高度均为（$h_{01} + h_{02}$），截面计算宽度分别为 b_{y0} 和 b_{x0}，即

A_2—A_2 截面　　　　　$$b_{y0} = \frac{b_{y1} h_{01} + b_{y2} h_{02}}{h_{01} + h_{02}} \quad (4\text{-}73)$$

B_2—B_2 截面　　　　　$$b_{x0} = \frac{b_{x1} h_{01} + b_{x2} h_{02}}{h_{01} + h_{02}} \quad (4\text{-}74)$$

3）对于锥形承台应对变阶处（A—A 及 B—B）两个截面进行受剪承载力计算（图 4-40），截面有效高度均为 h_0，截面的计算宽度分别为

A—A 截面　　　　　$$b_{y0} = \left[1 - 0.5 \frac{h_{02}}{h_0}\left(1 - \frac{b_{y2}}{b_{y1}}\right)\right] b_{y1} \quad (4\text{-}75)$$

B—B 截面　　　　　$$b_{x0} = \left[1 - 0.5 \frac{h_{02}}{h_0}\left(1 - \frac{b_{x2}}{b_{x1}}\right)\right] b_{x1} \quad (4\text{-}76)$$

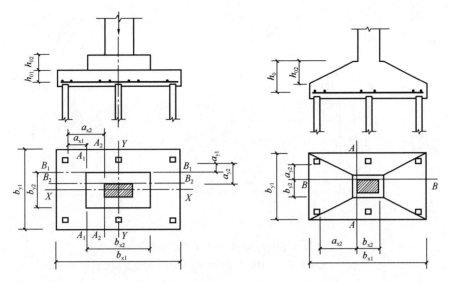

图 4-39 台阶形承台斜截面受剪计算示意　图 4-40 锥形承台斜截面受剪计算示意

4. 承台板配筋计算

承台板在桩顶反力作用下，受力情况与倒置双向板相似，所受弯矩按承台开裂情况分别进行计算。对于矩形承台，裂缝首先在承台底板中部或中部附近平行于短边方向出现，然后在平行于长边方向的中部出现，形成两个相互垂直，通过中心的破裂面（图 4-41a、b、c），故这类承台板应双向配筋；对于平面为三角形的承台板，裂缝则从边缘开始，并向中间展开（图 4-41d），故这种承台应按三角形配筋（配筋宽度取桩的直径），这样可使主筋集中在边缘，并与裂缝垂直，以便有效地阻止裂缝开展。

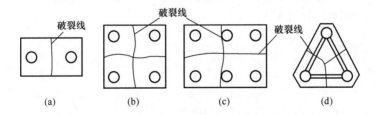

图 4-41 承台板裂缝开展图
（a）二桩承台；（b）四桩承台；（c）六桩承台；（d）三桩承台

（1）多桩矩形承台

利用极限平衡原理，可得两桩条形承台和多桩矩形承台沿 X、Y 两个方向在柱边和变阶处的正截面弯矩（图 4-42a）为

$$M_x = \sum N_i y_i \tag{4-77}$$
$$M_y = \sum N_i x_i \tag{4-78}$$

式中　M_x、M_y——分别为绕 X 轴和 Y 轴方向计算截面处的弯矩设计值，kN·m；

　　　x_i、y_i——分别为垂直 X 轴和 Y 轴方向自桩轴线到相应计算截面的距离，m；

　　　N_i——不计承台及其上土自重，在荷载效应基本组合下的第 i 基桩或复合基桩竖向反力设计值，kN。

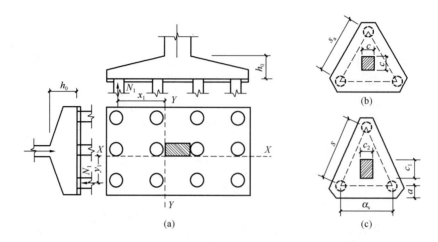

图 4-42　桩基承台内力计算示意图

(a) 矩形多桩承台；(b) 等边三桩承台；(c) 等腰三桩承台

（2）三桩承台

1）等边三桩承台（图 4-42b）

$$M = \frac{N_{max}}{3}\left(s_a - \frac{\sqrt{3}}{4}c\right) \qquad (4\text{-}79)$$

式中　M——通过承台形心至承台边缘正交截面范围内板带的弯矩设计值，kN·m；

　　　N_{max}——不计承台和其上填土自重，在荷载效应基本组合下三桩中最大基桩竖向反力设计值，kN；

　　　s_a——桩中心距 m；

　　　c——方柱边长，圆柱时 $c=0.8d$（d 为圆柱直径）。

2）等腰三桩承台（图 4-42c）

$$M_1 = \frac{N_{max}}{3}\left(s_a - \frac{0.75c_1}{\sqrt{4-\alpha^2}}\right) \qquad (4\text{-}80)$$

$$M_2 = \frac{N_{max}}{3}\left(s_a - \frac{0.75c_2}{\sqrt{4-\alpha^2}}\right) \qquad (4\text{-}81)$$

式中　M_1、M_2——分别为通过承台形心至两腰边缘和底边边缘正交截面范围内的弯矩设计值，kN·m；

　　　s_a——长向桩中心距，m；

　　　α——短向桩中心距与长向桩中心距之比，当 α 小于 0.5 时，应按变截面的二桩承台设计；

　　　c_1、c_2——分别为垂直于、平行于承台底边的柱截面边长。

　　按以上方法求出承台板最不利截面弯矩后，即可按下式进行配筋计算：

$$A_s = \frac{M}{0.9h_0 f_y} \qquad (4\text{-}82)$$

式中　A_s——受力钢筋截面面积，mm^2；

　　　f_y——钢筋抗拉强度设计值，N/mm^2。

5. 局部受压计算

对于柱下桩基，当承台混凝土强度等级小于柱或桩的混凝土强度等级时，应验算柱下或桩上承台的局部受压承载力，按《混凝土结构设计规范》GB 50010—2010（2015 年版）相关规定进行验算。

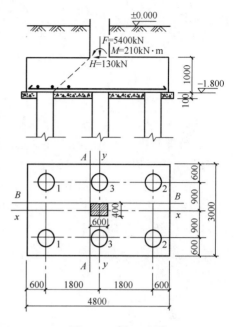

图 4-43　例 4-12 图

【例 4-12】 某柱下桩基础，承台平面及剖面如图 4-43 所示，柱截面尺寸为 $0.6\text{m} \times 0.4\text{m}$，桩径 $d=0.6\text{m}$。作用于柱下端的竖向力设计值 $F=5400\text{kN}$，$M=210\text{kN} \cdot \text{m}$，$H=130\text{kN}$。若承台采用 C25 混凝土，采用 HRB400 钢筋，承台高度取 $h=1.0\text{m}$。试设计该承台。

【解】 柱下桩基础桩身截面为圆桩，应将其截面换算成方桩，即换算截面边长 $b_p=0.8d=0.8 \times 0.6=0.48\text{m}$。

（1）承台内力计算。承台内力计算采用荷载效应基本组合设计值，则基桩净反力设计值为：

$$N_1 = \frac{F}{n} + \frac{M_y x_1}{\sum x_i^2} = \frac{5400}{6} + \frac{(210 + 130 \times 1.0) \times 1.8}{4 \times 1.8^2} = 900 + 47.22 = 947.22\text{kN}$$

$$N_2 = \frac{F}{n} - \frac{M_y x_2}{\sum x_i^2} = \frac{5400}{6} - \frac{(210 + 130 \times 1.0) \times 1.8}{4 \times 1.8^2} = 900 - 47.22 = 852.78\text{kN}$$

$$N_3 = \frac{F}{n} = \frac{5400}{6} = 900\text{kN}$$

（2）承台冲切承载力验算

1）柱边冲切。C25 混凝土，$f_t=1.27\text{N/mm}^2$。承台高度 $h=1.0\text{m}$，钢筋保护层厚度取 50mm，则承台有效高度为 $h_0=1000-50-10=940\text{mm}=0.94\text{m}$（初步假设承台底受力钢筋直径为 20mm）。

承台高度 $h=1000\text{mm}$，$800\text{mm}<h<2000\text{mm}$，按线性内插法，承台承受冲切承载力截面高度影响系数为

$$\beta_{hp} = 1.0 - \frac{1-0.9}{2-0.8} \times (1-0.8) = 0.983$$

柱边至桩内边在 x、y 方向的水平距离为

$a_{0x}=1.8-0.6/2-0.48/2=1.26\text{m}$，$a_{0y}=0.9-0.4/2-0.48/2=0.46\text{m}$

x、y 方向的冲垮比为

$\lambda_{0x}=a_{0x}/h_0=1.26/0.94=1.34>1.0$，取 $\lambda_{0x}=1.0$，此时 $a_{0x}=h_0=0.94\text{m}$

$\lambda_{0y}=a_{0y}/h_0=0.46/0.94=0.49$（介于 0.25～1）

冲切系数为

$$\beta_{0x} = \frac{0.84}{\lambda_{0x}+0.2} = \frac{0.84}{1+0.2} = 0.7, \quad \beta_{0y} = \frac{0.84}{\lambda_{0y}+0.2} = \frac{0.84}{0.49+0.2} = 1.22$$

承台抗冲切承载力为

$$2[\beta_{0x}(b_c + a_{0y}) + \beta_{0y}(h_c + a_{0x})]\beta_{hp}f_t h_0$$
$$= 2 \times \{[0.7 \times (0.4 + 0.46) + 1.22 \times (0.6 + 0.94)]$$
$$\times 0.983 \times 1.27 \times 10^3 \times 0.94\} = 5822.5\text{kN}$$

承台冲切设计值为

$$F_l = F - \sum Q_i = 5400 - 0 = 5400\text{kN}$$

$2[\beta_{0x}(b_c + a_{0y}) + \beta_{0y}(h_c + a_{0x})]\beta_{hp}f_t h_0 > F_l$，满足要求

2）角桩冲切。从角桩内边缘至承台外边缘距离 $c_1 = c_2 = 0.6 + 0.48/2 = 0.84\text{m}$。
柱边至角桩边缘在 x、y 方向的水平距离为

$a_{1x} = (1.8 - 0.6/2 - 0.48/2) = 1.26\text{m}$，$a_{1y} = (0.9 - 0.4/2 - 0.48/2) = 0.46\text{m}$
$\lambda_{1x} = a_{1x}/h_0 = 1.26/0.94 = 1.34 > 1.0$，取 $\lambda_{0x} = 1.0$，此时 $a_{1x} = h_0 = 0.94\text{m}$
$\lambda_{1y} = a_{1y}/h_0 = 0.46/0.94 = 0.49$

$$\beta_{1x} = \frac{0.56}{\lambda_{1x} + 0.2} = \frac{0.56}{1 + 0.2} = 0.47，\beta_{2x} = \frac{0.56}{\lambda_{2x} + 0.2} = \frac{0.56}{0.49 + 0.2} = 0.81$$

$$\left[\beta_{1x}\left(c_2 + \frac{a_{1y}}{2}\right) + \beta_{1y}\left(c_1 + \frac{a_{1x}}{2}\right)\right]\beta_{hp}f_t h_0$$

$$= \{[0.47 \times (0.84 + 0.46/2) + 0.81 \times (0.84 + 0.94/2)] \times 0.983 \times 1.27 \times 10^3 \times 0.94\}$$
$$= 1835.4\text{kN}$$

角桩最大反力设计值 $N_1 = 947.22\text{kN}$

$\left[\beta_{1x}\left(c_2 + \frac{a_{1y}}{2}\right) + \beta_{1y}\left(c_1 + \frac{a_{1x}}{2}\right)\right]\beta_{hp}f_t h_0 > N_1$，承台满足角桩抗冲切要求。

（3）承台剪切承载力验算。承台剪切破坏发生在柱边与桩内边连线所成的斜截面。

1）对于 A—A 截面

$a_x = 1.8 - 0.6/2 - 0.48/2 = 1.26\text{m}$
$\lambda_x = a_x/h_0 = 1.26/0.94 = 1.34$（介于 0.25～3）
剪切系数 $\alpha = 1.75/(1 + \lambda) = 1.75/(1.34 + 1) = 0.75$

受剪切承载力高度影响系数 $\beta_{hs} = \left(\dfrac{800}{h_0}\right)^{1/4} = \left(\dfrac{800}{940}\right)^{1/4} = 0.960$

A—A 截面抗剪承载力为

$\beta_{hs}\alpha f_t b_0 h_0 = 0.96 \times 0.75 \times 1270 \times 3.0 \times 0.94 = 2578.6\text{kN}$

A—A 截面最大剪力 $V = 2N_1 = 2 \times 947.22 = 1894.4\text{kN} < \beta_{hs}\alpha f_t b_0 h_0 = 2578.6\text{kN}$，满足抗剪要求

2）对于 B—B 截面

$a_y = 0.9 - 0.4/2 - 0.48/2 = 0.46\text{m}$
$\lambda_y = a_y/h_0 = 0.46/0.94 = 0.49$（介于 0.25～3）
剪切系数为 $\alpha = 1.75/(1 + \lambda) = 1.75/(0.49 + 1) = 1.17$

B—B 截面抗剪承载力为

$\beta_{hs}\alpha f_t b_0 h_0 = 0.96 \times 1.17 \times 1270 \times 4.8 \times 0.94 = 6436.2\text{kN}$

B—B 截面最大剪力为

$V = N_1 + N_2 + N_3 = 947.22 + 852.78 + 900 = 2841.66\text{kN} < \beta_{hs}\alpha f_t b_0 h_0 = 6436.2\text{kN}$，满

足抗剪要求

（4）承台受弯承载力验算。采用 HRB400 钢筋，$f_y = 360 \text{N/mm}^2$。

1）对于 A—A 截面：取基桩净反力最大值 $N_1 = 947.22 \text{kN}$ 进行计算，则承台计算截面弯矩为：

$$M_y = \sum N_i x_i = 2 \times 947.22 \times (1.8 - 0.6/2) = 2841.66 \text{kN} \cdot \text{m}$$

$$A_{s1} = \frac{M}{0.9 h_0 f_y} = \frac{2841.66 \times 10^6}{0.9 \times 360 \times 940} = 9330 \text{mm}^2$$

选用 $\Phi 25 @ 160$，则钢筋根数 $n = (3000/160) + 1 = 20$，沿平行 x 方向均匀布置，实际配筋面积 $A_s = 9818 \text{mm}^2 > A_{s1}$，配筋率为 $\rho = A_s / bh = 9818/(3000 \times 1000) = 0.33\% > 0.15\%$

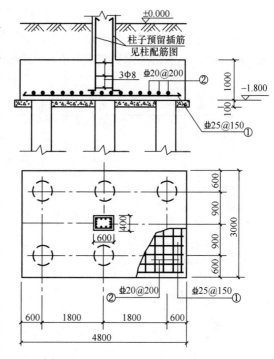

2）对于 B—B 截面：取基桩净反力平均值 $N = 900 \text{kN}$ 进行计算，此时承台有效高度为

$$h_0 = 1 - 0.05 - 0.025 - 0.01 = 0.915 \text{m}$$

$$M_x = \sum N_i y_i = 3 \times 900 \times (0.9 - 0.4/2) = 1890 \text{kN} \cdot \text{m}$$

$$A_{s2} = \frac{M}{0.9 h_0 f_y} = \frac{1890 \times 10^6}{0.9 \times 360 \times 915} = 6375.2 \text{mm}^2$$

选用 $\Phi 18 @ 200$，则钢筋根数 $n = (4800/200) + 1 = 25$，沿平行 y 方向均匀布置，实际配筋面积 $A_s = 6362.5 \text{mm}^2 \approx A_{s2} = 6375.2 \text{mm}^2$，配筋率为 $\rho = A_s / bh = 6362.5/(4800 \times 1000) = 0.13\% < 0.15\%$

图 4-44　例 4-12 承台配筋图

改用 $\Phi 20 @ 200$，$A_s = 7850 \text{mm}^2$，配筋率为 $\rho = 0.16\% > 0.15\%$。具体配筋见图 4-44。

思考题和练习题

4-1　简述桩的分类方法。

4-2　简述预制桩和灌注桩的优缺点。

4-3　桩基设计时所采用的作用效应组合与相应的抗力应符合哪些规定？

4-4　什么是桩基？什么是基桩？两者有什么区别？

4-5　简述桩基础的设计步骤。

4-6　简述负摩阻力对桩基础的不利影响，什么情况会产生负摩阻力？减小负摩阻力的方法有哪些？

4-7　简述桩基础在竖向荷载逐渐增大的情况下，单桩竖向承载力的构成特点。

4-8　简述桩长变化对单桩竖向承载力构成的影响。

4-9　单桩水平承载力与哪些因素有关？设计时如何确定？

4-10　进行桩基础设计时，如何确定桩长和桩径？

4-11　如何确定承台的平面尺寸和厚度？承台应作哪些验算？

4-12　某桩基础采用混凝土预制实心方桩，桩长 16m，边长 0.45m，土层分布及极限侧阻力标准值、极限端阻力标准值如图 4-45 所示。请计算单桩竖向极限承载力标准值和单桩竖向承载力特征值。

4-13　某工程勘察报告揭示的地层条件以及桩的极限侧阻力和极限侧阻力标准值如图 4-46 所示，拟采用干作业钻孔灌注桩，桩径 1.0m，设计桩顶位于地面下 1.0m，桩端进入粉细砂层 2.0m，采用单一桩端后注浆，请计算单桩竖向极限承载力标准值（桩侧阻力和桩端阻力的后注浆增强系数均取规范中的低值）。

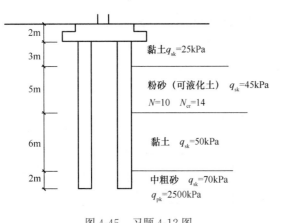

图 4-45　习题 4-12 图

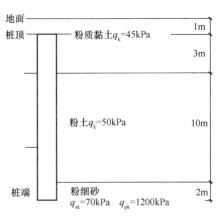

图 4-46　习题 4-13 图

4-14　某钢筋混凝土预制方桩，边长 400mm，混凝土强度等级 C40，主筋为 HPB300 钢筋，$12\phi18$，桩顶以下 2m 范围内箍筋间距 100mm，考虑纵向主筋抗压承载力，计算桩身轴心受压时正截面受压承载力设计值（C40 混凝土 $f_c = 19.1 \text{N/mm}^2$，HPB300 钢筋 $f_y' = 270 \text{N/mm}^2$）。

4-15　某群桩基础如图 4-47 所示，5 桩承台，钢筋混凝土灌注桩，圆形截面桩身，桩径 $d = 0.5$m，扩大头直径 0.8m（扩大头细部见图 4-47），桩长 12m，承台埋深 2m。场地土层分布：0～3m，填土，$q_{s1k} = 20$kPa；3～9m，可塑黏土，$q_{s2k} = 60$kPa；8m 以下为中密中砂，$q_{s3k} = 80$kPa，$q_{pk} = 4000$kPa。作用于承台的轴心荷载标准值 $F_k = 6000$kN，$M_k =$

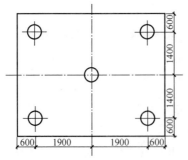

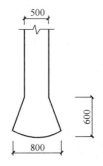

图 4-47　习题 4-15 图

1200kN·m。① 估算扩底桩单桩承载力特征值；② 验算该桩基础承载力是否满足要求（不考虑承台效应）。

4-16 某二级建筑物柱下桩基础，已知作用到承台顶面的荷载为：$F_k=2500$kN，$M_k=150$kN·m（沿承台长边方向作用），静载荷试验得单桩竖向承载力特征值 $R_a=500$kN，选用截面 300mm×300mm 的钢筋混凝土预制桩，桩的长度为 $l=20$m；承台埋深为 $d=1.3$m，承台厚 0.8m（不考虑承台效应，桩的中心距 $s=3d$）。

（1）确定桩数；

（2）确定承台平面尺寸并绘制桩位布置图。

（3）验算基桩承载力是否满足要求。

码4-1 第4章思考题
和练习题参考答案

第 5 章　特 殊 土 地 基

受地质条件、地理环境、气候条件、沉积过程等影响，某些土类具有一些特殊成分或结构，形成一些特殊的、与一般土类显著不同的工程性质，通常把这类土称作特殊土。各种天然形成的特殊土，其地理分布往往存在一定的规律，表现出一定的区域性，所以又称为区域性特殊土。我国主要的区域性特殊土包括软土、湿陷性黄土、膨胀土、红黏土、多年冻土、盐渍土等。如果对区域性土的特殊工程性质缺乏认识，极易引起工程事故。为保证建筑物的安全和正常使用，需要对特殊土地基作出正确的判断和评价，并在设计和施工中采取必要的措施。

5.1　软土地基

软土是指在静水或缓慢水流条件下沉积，天然孔隙比 $e \geqslant 1.0$、天然含水量 $\omega > \omega_{\mathrm{L}}$ 的细粒土，包括淤泥、淤泥质土、泥炭、泥炭质土等。软土沉积多经生物化学作用，土层具有各向异性和成层性的特点。

5.1.1　软土的成因类型及分布

软土在我国分布广泛，主要分布在沿海平原地带、内陆湖盆地、洼地及河流两岸地区。不同成因类型的软土具有一定的分布规律和特征。

1. 滨海沉积

（1）滨海相：常与海浪岸流及潮汐的水动力作用形成的较粗颗粒（粗、中、细砂）相掺杂，在沿岸与垂直岸边方向有较大的变化，土质疏松且具有不均匀性，增加了淤泥和淤泥质土的透水性能。受潮汐水流等影响，上部往往形成厚度在 3m 以内的"硬壳"层。

（2）浅海相：多位于海湾区域内，在较平静的海水中沉积而成，细粒物质来源于入海河流携带的泥砂和浅海中动植物残骸、经海流搬运分选和生物化学作用，形成灰色或灰绿色的淤泥或淤泥质土。

（3）泻湖相：沉积物颗粒细微，分布范围较宽阔，常形成海滨平原，表层为较薄的黏性土，其下为厚层淤泥层，在泻湖边缘常有泥炭堆积。

（4）溺谷相：分布范围略窄，结构疏松，在其边缘表层常有泥炭堆积。

（5）三角洲相：由于河流及海湖的复杂交替作用，而使软土层与薄层砂交错沉积，多呈不规则的尖灭层或透镜体夹层，分选程度差，结构疏松，颗粒细。表层为褐黄色黏性土，其下则为厚层软土或软土夹薄层砂。

2. 湖泊沉积

湖相：近代盆地沉积，其物质来源与周围岩性基本一致，在稳定湖水期逐渐沉积而成。沉积物中夹有粉砂颗粒，呈明显层理，结构松软，呈暗灰、灰绿或黑色，表层硬层不规律，时而有泥炭透镜体。

3. 河滩沉积

河漫滩相、牛轭湖相：成层情况较为复杂，成分不均，走向和厚度变化大，平面分布不规则；软土常呈带状或透镜状，间与砂或泥炭互层，厚度不大。

4. 沼泽沉积

沼泽相：分布在水流排泄不畅的低洼地带，是在蒸发量不足以疏干淹水地面的情况下形成的一种沉积物；多伴以泥炭，且常出露于地表。下部分布有淤泥层或底部与泥炭互层。

5.1.2 软土的工程特性

软土中黏粒含量较高，常含有机质，其黏粒矿物成分主要为高岭石、蒙脱石等，这些矿物颗粒小，呈薄片状，表面带有负电荷，在沉积过程中常形成絮状链接结构，四周吸附着大量的水分子。软土的主要工程特性如下所述。

（1）含水量高，孔隙比大

软土的天然孔隙比 $e \geqslant 1.0$，且天然含水量 $\omega > \omega_L$。软土天然含水量的大小，在一定范围内是影响土的抗剪强度和压缩性的重要因素。

（2）压缩性高

软土具有高压缩性，压缩系数为 $0.7 \sim 1.5 MPa^{-1}$，最大可达 $4.5 MPa^{-1}$。对于近期沉积的软土，如近期围垦的海滩（俗称海涂），由于常处于欠固结状态，还需特别注意其自重压力作用下固结所产生的附加变形。

（3）强度低

软土的不排水剪切强度一般小于 $20kPa$。软土强度与土层的排水固结条件有着密切的关系。在工程实践中必须根据地基排水条件和加荷时间长短，采用不同排水条件下（不排水剪、固结不排水剪和排水剪等）的抗剪强度指标。由于不同深度的土层是在不同的自重压力作用下固结的，因此软土的强度一般随着深度的增加而增大。

（4）透水性差

软土的透水性较差，自重或荷载作用下完成固结所需的时间很长，但软土层中若夹有薄的粉砂层，则水平向固结系数会比竖向固结系数大很多，这种土层的固结速率会比均质软土层要快得多。

（5）结构性显著

软土一旦受到扰动（振动、搅拌或搓揉等），其絮状链接结构受到破坏，土的强度显著降低，甚至呈流动状态。因此，在高灵敏度软土地基上进行地基处理或开挖基坑时，应力求避免土的扰动。软土扰动后，随着静置时间的增长，其强度会逐渐有所恢复，但不能恢复到原来的结构强度。

（6）流变性明显

在固结沉降完成之后，软土还可能继续产生可观的次固结沉降。在剪应力作用下，软土将产生缓慢的剪切变形，并可能导致抗剪强度的衰减，对斜坡、堤岸等地基稳定性不利。

5.1.3 软土地基评价

在软土地区进行岩土工程地质勘察时，需注意软土具有结构性强、易扰动的特点，宜采用多种原位测试手段进行地基评价。软土的抗剪强度以及灵敏度等测定宜采用十字板试验；土的极限承载力以及变形模量或旁压模量确定宜采用旁压试验、螺旋板载荷试验，软弱地基中的砂层或中密粉砂土层应辅以标准贯入试验。软土层中宜采用回转方式钻进，并根据工程要求的试样质量等级选择采样方法及取土器；宜用静压法以薄壁取土器采取原状土试样，并在试样运输、保存以及制备等过程中防止试样扰动。

软土地区地基土承载力特征值应通过多种测试手段，并结合实践经验适当予以增减，其中按变形控制原则比按强度控制原则更为重要。当缺乏建筑经验时，或对于甲级建筑物地基，宜以静载荷试验确定。

1. 地基稳定性评价

在地震区应分析场地和地基的地震效应，对场地软土震陷的可能性做出判定；当拟建建筑物离河岸、海岸、池塘等边坡较近时，应分析软土侧向塑性挤出或滑移的可能性；在地基土受力范围内有基岩或硬土层，其顶面倾斜度较大时，应分析上部软土层沿倾斜面产生滑移、蠕变滑移或不均匀沉降的可能性。

软土地区地下水位一般较高，应根据场地地下水位变化幅度、水头梯度或承压水头等确定其对软土地基稳定性和变形的影响。若主要受力层中存在有砂层，砂层将起排水通道作用，加速软土固结，有利于地基承载力的提高。

2. 软土地基工程措施

在软土地区，当表层有硬壳层（一般厚1～2m）时，一般应充分利用，采用宽基浅埋天然地基基础方案，但需注意验算下卧层软土的强度。应尽可能减小基底附加压力，如采用轻结构、轻质土体，扩大基础底面，设置地下室或半地下室等。

软土地基常用的地基处理方法有换土垫层法、排水固结法、深层搅拌法、高压喷射注浆法等。

施工中抽降地下水时应注意降水形成的降落漏斗会使附近建筑物产生沉降；要适当控制施工加荷速率，若荷载过大，加荷速率过快，将使土体出现局部塑性变形，甚至产生整体剪切破坏。

5.2 湿陷性黄土地基

黄土是一种第四纪地质历史时期干旱和半干旱气候条件下的堆积物，在世界许多地方分布甚广，约占陆地总面积的 9.3%。黄土的内部物质成分和外部形态特征都不同于同时期的其他沉积物，在地理分布上也有一定的规律性。

5.2.1 黄土的分布和主要特征

世界上黄土主要分布于中纬度干旱和半干旱地区，如法国的中部和北部，东欧的罗马尼亚、保加利亚、俄罗斯、乌克兰、乌兹别克，美国沿密西西比河流域及西部不少地方。

在我国，黄土地域辽阔，面积达 60 多万 m^2，其中湿陷性黄土约占黄土总面积的 3/4，主要分布在山西、陕西、甘肃的大部分地区，河南西部和宁夏、青海、河北的部分地区。此外，新疆、内蒙古、山东、辽宁、黑龙江等也有分布，但不连续。在这些地区中，以黄河中游地区最为发育，黄土几乎整片覆盖于全区的地表，厚度可达 100m 以上，而湿陷性黄土的厚度也可达 20～30m。

黄土具有以下一些主要特征：

（1）外观颜色呈黄色或褐黄色。

（2）颗粒组成以粉土颗粒为主，含量常占 60％以上。

（3）孔隙比 e 较大，一般在 0.8～1.2，具有肉眼可见的大孔隙，且垂直节理发育。

（4）富含碳酸钙盐类。

由于黄土的分布地域广，形成时间跨越的年代长，黄土性质差异很大。为了更好地了解和应用各类黄土，我国的地质界和岩土工程界对黄土的分类与命名进行了许多研究工作，对黄土的认识不断深化和提高，从不同的角度提出各自的分类体系。目前人们经常遇到的分类体系有如下两种：

（1）按形成的地质年代分类，将黄土按形成时代的早晚分为老黄土和新黄土。

老黄土是指早更新世形成的黄土（简称 Q_1 黄土或午城黄土）和中更新世形成的黄土（Q_2 黄土或离石黄土）；新黄土是指晚更新世形成的黄土（Q_3 黄土或马兰黄土）和全新世形成的黄土（Q_4 黄土）。在 Q_4 黄土中存在一些沉积年代较短、土质不均、结构疏松、压缩性高、承载力低且湿陷性差别较大的黄土，为引起工程设计上的注意而称为新近堆积黄土 CQD。一般认为，Q_1、Q_2、Q_3 黄土为原生黄土，以风成为主；Q_4 和 CQD 为次生黄土，以水成为主。显然，黄土形成的年代越久，地层位置越深，黄土的密实度越高，工程性质越好，且湿陷性减少直至无湿陷性。

（2）按黄土遇水后的湿陷性分类，分为湿陷性黄土与非湿陷性黄土两大类。

黄土在天然含水量（$\omega=10％\sim20％$）状态下，饱和度大都在 40％～60％以内，一般强度较高，压缩性小，能保持直立的陡坡。当在一定压力下（指土的自重压力或自重压力及附加压力之和），受水浸湿，结构迅速破坏，强度随之降低，并产生显著的附加下沉的现象，叫黄土的湿陷性，具有这种湿陷性的黄土叫湿陷性黄土。也有的黄土因含水量高或孔隙比较小，在一定压力下受水浸湿，并无显著下沉的，叫非湿陷性黄土。非湿陷性黄土的地基设计与一般地基的设计相同，这里主要讨论湿陷性黄土。从黄土形成的地质年代看，Q_1 黄土无湿陷性，Q_2 黄土无湿陷性或有轻微湿陷性，Q_3、Q_4 黄土一般均具有湿陷性乃至强湿陷性。《湿陷性黄土地区建筑标准》GB 50025—2018 给出了我国湿陷性黄土地层的划分，见表 5-1。

黄土地层的划分

表 5-1

时代		地层的划分	说明
全新世（Q_4）黄土	新黄土	黄土状土	一般具有湿陷性
晚更新世（Q_3）黄土		马兰黄土	
中更新世（Q_2）黄土	老黄土	离石黄土	上部部分土层具有湿陷性
早更新世（Q_1）黄土		午城黄土	不具有湿陷性

注：全新世（Q_4）黄土包括湿陷性（Q_4^1）黄土和新近堆积（Q_4^2）黄土。

5.2.2　黄土湿陷性原因及其影响因素

1. 黄土的湿陷原因

黄土的湿陷现象是一个复杂的地质、物理、化学过程，国内外岩土工程工学者已提出多种不同的理论和假说，但至今尚未形成一种大家公认的理论能够充分地解释所有的湿陷现象和本质。尽管解释黄土湿陷原因的观点各异，但归纳起来可分为外因和内因两个方面：外因是水和荷载，内因是组成黄土的物质成分和其特有的结构体系。

（1）黄土的欠压密理论

该理论首先由苏联学者捷尼索夫于 1953 年提出，他认为黄土在沉积过程中处于欠压密状态，存在着超额孔隙是黄土遇水产生湿陷的原因。造成黄土欠压密状态的主要原因与黄土在形成过程中的干旱、半干旱的气候条件相关，在干燥、少雨的气候条件下，土层中的蒸发影响深度常大于大气降水的浸湿深度，处于降水影响深度以下的土层内，水分不断蒸发，土粒间的盐类析出，胶体凝固形成固化黏聚力，从而阻止了上面的土对下面土的压密作用而成为欠压密状态，长此往复循环，使得堆积的欠压密土层越积越厚，以致形成了低湿度、高孔隙比的欠压密、非饱和的湿陷性黄土。一旦水浸入较深，固化黏聚力消失，就产生湿陷。

该理论中的欠压密状态的观点是被公认的，但该理论并未涉及黄土湿陷变形的具体机理。

（2）溶盐假说

该假说认为黄土湿陷性的原因是由于黄土中存在大量的可溶盐，当黄土中的含水量较低时，易溶盐处于微晶状态，附在颗粒表面，起到胶结作用；当受水浸湿后，易溶盐溶解，胶结作用丧失，因而产生湿陷。浸水湿陷现象与黄土中易溶盐的存在有一定的关系，但尚不能解释所有的湿陷现象，例如我国湿陷性黄土中的易溶盐含量都较少。此外，拉里诺夫于 1959 年提出，即使黄土中含水量只有 10% 左右，黄土中的易溶盐也已溶解于毛细角边水中，因此不存在易溶盐的浸水溶解问题。

我国学者的研究也证明了这一点，如有人从西安大雁塔的马兰黄土中取样进行试验研究得知，其中易溶盐含量仅占 0.195%，而且天然含水最为 21.7%，足以将其全部溶解，故认为仅是易溶盐溶解尚不足以说明黄土的湿陷性。

（3）结构学说

该学说是通过对微观黄土结构的研究，应用黄土的结构特征来解释湿陷产生的原因和机理。随着现代科学技术的发展，特别是扫描电镜和 X 射线能谱探测的应用，结构学说获得迅速发展。

按照该学说，黄土湿陷的根本原因是湿陷性黄土所具有的特殊结构体系，这种结构体系是由集粒和碎屑组成的骨架颗粒相互连接形成的一种粒状架空结构体系，这种架空结构体系首先在堆积过程中，除了形成有正常配位排列的粒间孔隙外，还存在着大量非正常配位排列的架空孔隙；其次，颗粒间的连接强度是在干旱、半干旱条件下形成的，这些连接强度主要来源于：①上覆荷重传递到连接点上的有效法向应力；②少量的水在粒间接触处形成的毛细管压力；③粒间电分子引力；④粒间摩擦系数及少量胶凝物质的固化黏聚等。

这个粒状架空结构体系在水和外荷的共同作用下，必然迅速导致连接强度降低、连接点破坏，使整个结构体系失去稳定。结构学说认为这就是湿陷变形发展的机制。

2. 影响黄土湿陷性的因素

（1）物质成分

黄土具有湿陷性的原因是来自组成黄土的物质成分和其特殊的结构，而黄土的结构与组成黄土的物质成分有关。在组成黄土的物质成分中，黏粒含量对湿陷性有一定的影响，一般情况下，黏粒含量越多则湿陷性越小，特别是胶结能力较强的小于0.001mm颗粒的含量影响更大。在我国分布的黄土中，其湿陷性存在着由西北向东南递减的趋势，这与自西北向东南方向砂粒含量减少而黏粒增多的情况一致。另外，黄土中所含的盐类及其存在的状态对湿陷性有着更为直接的影响。例如，起胶结作用而难溶解的碳酸钙含量增大时，黄土的湿陷性减弱；而中溶性石膏及其他碳酸盐、硫酸盐和氯化物等易溶盐的含量越多，则湿陷性越强。

（2）物理性质

物理性质主要是指孔隙比和含水量的大小对湿陷性的影响。在其他条件相同的情况下，黄土的孔隙比越大，湿陷性越强；而含水量越高，则湿陷性越小；但当天然含水量相同时，黄土的湿陷变形随湿度增长程度的增加而加大。浸水前饱和度$S_r \geqslant 85\%$的黄土，可称为饱和黄土，饱和黄土的湿陷性已退化，可按一般细粒土进行地基计算。

除以上两项因素外，黄土的湿陷性还受外加压力的影响，外加压力越大，湿陷结构受破坏越完全，所以随着外加荷载的增大，湿陷量也将显著增大。

5.2.3 黄土湿陷性评价

在湿陷性黄土地区进行建设，正确评价地基的湿陷性具有重要意义。黄土的湿陷性评价一般包括三个方面内容：

（1）需要查明黄土土层在一定压力下浸水有无湿陷性；

（2）如果是湿陷性黄土土层，则要判定场地的湿陷类型，是自重湿陷性，还是非自重湿陷性，因为在其他条件相同时，自重湿陷性黄土地基受水浸湿后的湿陷事故要比非自重湿陷性黄土地基更严重；

（3）判定湿陷性黄土地基的湿陷等级，即根据场地的湿陷类型和在规定的压力作用下地基充分浸水时可能产生的湿陷变形量，判定湿陷的严重程度。

对黄土地基湿陷性的评价标准，各国不尽相同。下面所介绍的评价方法的依据是我国现行《湿陷性黄土地区建筑标准》GB 50025—2018。

1. 湿陷系数及黄土湿陷性的判别

黄土是否具有湿陷性以及湿陷性的强弱，应按室内湿陷性试验所测定的湿陷系数δ_s值判定。

（1）湿陷系数δ_s的测定及应用

δ_s测定方法与一般原状土的侧限压缩试验方法基本相同。将原状不扰动土样装入侧限压缩仪内，逐级加压，在达到规定压力p且下沉稳定后，测定土样的高度，然后对土样浸水饱和，待附加下沉稳定后，再测出土样浸水后的高度（图5-1），即可按下式计算湿

陷系数 δ_s：

$$\delta_s = \frac{h_p - h_p'}{h_0} \tag{5-1a}$$

或

$$\delta_s = \frac{e_p - e_p'}{1 + e_0} \tag{5-1b}$$

式中 h_0——土样原始高度，mm；

     h_p——土样在压力 p 作用下压缩稳定后的高度，mm；

     h_p'——土样浸水（饱和）作用下，附加下沉稳定后的高度，mm；

     e_0——土样的原始孔隙比；

     e_p——土样在压力 p 作用下，下沉稳定后的孔隙比；

     e_p'——浸水（饱和）下沉稳定后的孔隙比。

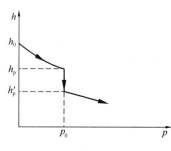

图 5-1 在压力下黄土
浸水压缩曲线

从式（5-1）不难看出，湿陷系数 δ_s 是土样因浸水饱和所产生的附加应变，试验测得的湿陷系数 δ_s 小，则湿陷性弱；湿陷系数 δ_s 大则湿陷性强。湿陷系数 δ_s 的大小不但取决于土的湿陷性，而且还与浸水时的压力 p 有关。试验中，测定湿陷系数时所用的压力 p 用地基中黄土的实际压力虽然比较合理，但存在不少具体问题，特别是在初勘阶段，建筑物的平面位置、基础尺寸和基础埋深等均尚未确定，故实际压力的大小难以预估。鉴于一般工业与民用建筑基底下 10m 内的附加压力与土的自重压力之和接近 200kPa，10m 以下附加压力很小，主要是上覆土层的自重压力，故《湿陷性黄土地区建筑标准》GB 50025—2018 中规定：自基础底面（如基底标高不确定则自地面下 1.5m）算起，基底 10m 以内的土层，p 值应用 200kPa；10m 以下至非湿陷性土层顶面，应用其上覆土的饱和自重压力（当大于 300kPa 时，仍应用 300kPa）。但若基底压力大于 300kPa 时，宜按实际压力下所测定的 δ_s 值判别黄土的湿陷性。对于压缩性较高的新近沉积黄土，基底 5m 内的土层则宜用 100~150kPa 压力，5~10m 和 10m 以下至非湿陷性黄土层顶面，应分别用 200kPa 和上覆土层的饱和自重压力。

湿陷系数 δ_s 在工程中的主要用途是用来判别黄土的湿陷性，当 $\delta_s < 0.015$ 时，定为非湿陷性黄土，当 $\delta_s \geqslant 0.015$ 时，则定为湿陷性黄土。《湿陷性黄土地区建筑标准》GB 50025—2018 中还根据多年的试验研究资料及工程实践增加了对湿陷性黄土"湿陷程度"的判别，可根据湿陷系数 δ_s 的大小分为下列三种：

1）当 $0.015 \leqslant \delta_s \leqslant 0.03$ 时，湿陷性轻微；

2）当 $0.03 < \delta_s \leqslant 0.07$ 时，湿陷性中等；

3）当 $\delta_s > 0.07$ 时，湿陷性强烈。

（2）δ_s 与湿陷起始压力 p_{sh}

用上述方法只能测出在某一个规定压力下的湿陷系数，有时工程上需要确定湿陷起始压力 p_{sh}，这时就要找出不同浸水压力 p 与湿陷系数 δ_s 之间的变化关系，为此，可采用室内压缩试验的单线法或双线法湿陷性试验确定。

单线法湿陷性试验是指在同一取土点的同一深度处至少取 5 个环刀试样，均在天然含水量下逐级加荷，分别加至不同的规定压力，下沉稳定后浸水饱和至附加下沉稳定为止，按式（5-1）即可算出各级压力 p 对应的湿陷系数 δ_s。

双线法湿陷性试验是指在同一取土点的同一深度处取两个环刀试样，一个在天然含水量下逐级加荷，另一个在天然含水量下加第一级荷载，下沉稳定后浸水，至湿陷稳定，再逐级加荷，如图 5-2（a）所示。以两曲线同一压力下的下沉量之差作为湿陷量，同样可按式（5-1）计算出各级压力下对应的湿陷系数值，并可绘出如图 5-2（b）所示的 p-δ 关系曲线图。取该曲线上 $\delta_s = 0.015$ 所对应的压力作为湿陷起始压力 p_{sh} 值。p_{sh} 值是很有用的指标，当地基中的应力（自重应力与附加应力之和）小于 p_{sh} 值时，浸水所产生的湿陷量很小，可按照一般非湿陷性地基考虑。一般来说，双线法测得的湿陷量小于单线法。

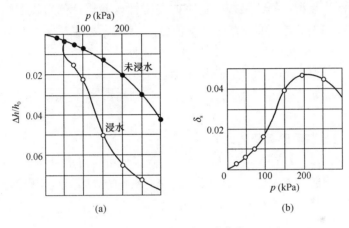

图 5-2　浸水压缩试验曲线

（a）双线法压缩曲线；（b）p-δ 关系曲线

2. 建筑场地湿陷类型的划分

工程实践表明，自重湿陷性黄土场地的湿陷引起的事故要比非自重湿陷性黄土场地多，而且对建筑物的危害较大，因此，在设计前对建筑场地进行勘察，正确划分场地的湿陷类型是非常重要的。划分建筑物场地的湿陷类型有两种方法：一种是按现场试坑浸水试验的自重湿陷量实测值 Δ'_{zs} 判定；另一种是按室内黄土湿陷性试验累计的自重湿陷量计算值 Δ_{zs} 判定。第一种方法虽然比较准确可靠，但费时、费水，有时受各种条件的限制，往往不易做到，因此除在新建区中的重要建筑应采用试坑浸水试验外，对一般建筑物可按自重湿陷量的计算值划分场地湿陷类型。

（1）自重湿陷量的计算

为计算自重湿陷量，首先要测定自重湿陷系数指标 δ_{zs}。δ_{zs} 的测定方法与 δ_s 的测定方法相同，即 $\delta_{zs} = \dfrac{h_z - h'_z}{h_0}$。式中，$h_z$ 是加压至上覆土饱和自重压力时下沉稳定的高度；h'_z 是浸水后，附加下沉稳定后的高度。

根据各深度土层测得的自重湿陷系数 δ_s 和自天然地面算起（当挖、填方的厚度和面积较大时，应自设计地面算起）的全部湿陷性黄土层的厚度（不包括自重湿陷系数指标 $\delta_{zs} < 0.015$ 的土层），可由下式计算该场地的自重湿陷量计算值 Δ_{zs}：

$$\Delta_{zs} = \beta_0 \sum_{i=0}^{n} \delta_{zsi} h_i \tag{5-2}$$

式中　δ_{zsi} ——第 i 层土的自重湿陷系数；

　　　h_i ——第 i 层土的厚度，mm；

　　　β_0 ——因地区土质而异的修正系数，该值根据各地室内试验值和现场试坑浸水资料进行对比分析后得出，在缺乏实测资料时，对陇西地区可取 1.5，陇东、陕北、晋西地区可取 1.2，关中地区取 0.9，其他地区可取 0.5，用 β_0 值修正后，可提高场地湿陷类型判定的准确性和可靠度。

（2）场地湿陷类型的划分

建筑场地的湿陷类型，不论是按上述室内湿陷性试验累计的自重湿陷量计算值 Δ_{zs}，或是按现场浸水试验测定的自重湿陷量实测值 Δ'_{zs}，其判定标准一样，均为：

当 Δ_{zs}（或 Δ'_{zs}）$\leqslant$ 70mm 时，应定为非自重湿陷性黄土场地；

当 Δ_{zs}（或 Δ'_{zs}）$>$ 70mm 时，应定为自重湿陷性黄土场地。

当自重湿陷量的实测值 Δ'_{zs} 和计算值 Δ_{zs} 出现矛盾时，应按自重湿陷量的实测值进行判定。

3. 湿陷性黄土地基湿陷等级的划分

作为建筑物的地基，在评价其湿陷等级时，除了要考虑自重引起的湿陷量外，还要考虑地基中附加应力引起的湿陷量，因而湿陷性黄土地基的湿陷等级是根据地基湿陷量的计算值 Δ_s 和场地自重湿陷量计算值 Δ_{zs} 划分的。

（1）地基湿陷量的计算值 Δ_s

湿陷性黄土地基受水浸湿饱和至下沉稳定时，湿陷量的计算值 Δ_s 应按下式计算：

$$\Delta_s = \sum_{i=1}^{n} \beta \delta_{si} h_i \tag{5-3}$$

式中　δ_{si} ——第 i 层土的湿陷系数；

　　　h_i ——第 i 层土的厚度，mm；

　　　β ——考虑地基土受水浸湿可能性和侧向挤出等因素的修正系数。

从大量室内外试验资料发现，同一场地浸水现场载荷试验的实测湿陷量往往大于室内湿陷性试验的计算湿陷量，这是由于室内湿陷性试验试件无侧向挤出，而现场载荷试验土体侧向挤出较明显。为此，在地基湿陷量的计算值公式中，乘以反映地基土侧向挤出等因素的修正系数 β 值，可使计算的湿陷量接近于实测的湿陷量。β 不是固定不变的常数，《湿陷性黄土地区建筑标准》GB 50025—2018 中规定，在基底下 0~5m 深度内，取 $\beta = 1.5$；5~10m 深度内，取 $\beta = 1$；基底下 10m 以下至非湿陷性黄土层顶面，在自重湿陷性黄土场地，可取工程所在地区的 β_0 值。

计算 Δ_s 时，土层厚度应自基础底面（如基底标高不确定时，自地面下 1.5m）算起。对非自重湿陷性黄土场地，累计至基底下 10m（或压缩层）深度为止；对自重湿陷性黄土场地，累计至非湿陷黄土层的顶面止。其中湿陷系数 δ_s（10m 以下为 δ_{zs}）小于 0.015 的土层不应累计。

按此方法求得的湿陷量计算值Δ_s是在最不利情况下的湿陷量，即地基要受水浸湿达完全饱和时的可能湿陷量，即最大湿陷量。

（2）湿陷等级的划分

根据上述地基湿陷量计算值Δ_s和场地自重湿陷量计算值Δ_{zs}的大小，将湿陷性黄土地基的湿陷等级分为Ⅰ（轻微）、Ⅱ（中等）、Ⅲ（严重）、Ⅳ（很严重）四级，见表5-2。

表5-2

湿陷性黄土地基的湿陷等级（mm）

Δ_s	湿陷类型		
	非自重湿陷性场地	自重湿陷性场地	
	$\Delta_{zs} \leqslant 70$	$70 < \Delta_{zs} \leqslant 350$	$\Delta_{zs} > 350$
$\Delta_s \leqslant 300$	Ⅰ（轻微）	Ⅱ（中等）	
$300 < \Delta_s \leqslant 700$	Ⅱ（中等）	Ⅱ（中等）或Ⅲ（严重）	Ⅲ（严重）
$\Delta_s > 700$	Ⅱ（中等）	Ⅲ（严重）	Ⅳ（很严重）

注：当湿陷量的计算值$\Delta_s > 600$mm，自重湿陷量的计算值$\Delta_{zs} > 300$mm时，可判为Ⅲ级，其他情况可判为Ⅱ级。

5.2.4 湿陷性黄土地基的工程措施

在湿陷性黄土地区进行建设，地基应满足承载力、湿陷变形、压缩变形和稳定性的要求，计算方法与一般浅基础相同，具体的控制数值，如承载力等，则按《湿陷性黄土地区建筑标准》GB 50025—2018 所给的资料查用。此外，尚应根据各地湿陷性黄土的特点和建筑物的类别，因地制宜，采取以地基处理为主的综合措施，以防止或控制地基湿陷，保证建筑物的安全与正常使用。建筑工程设计的综合措施主要有地基处理措施、防水措施和结构措施三种。

1. 地基处理措施

地基处理是防止黄土湿陷性危害的主要措施。通过换土或加密等各种方法，改善土的物理力学性质，消除地基的全部湿陷量，使处理后的地基不具湿陷性；或者是消除地基的部分湿陷量，控制下部未处理土层的湿陷量不超过规范规定的数值。

当地基的湿陷性大，要求处理的土层深，技术上有困难或经济上不合理时，也可采用深基础或桩基础穿越湿陷性土层将上部荷载直接传到非湿陷性土层或岩层中。

《湿陷性黄土地区建筑标准》GB 50025—2018 根据建筑物的重要性及地基受水浸湿可能性的大小，和在使用期间对不均匀沉降限制的严格程度，将建筑物分为甲、乙、丙、丁四类，见表5-3。

表5-3

建筑物分类

建筑物分类	各类建筑的划分
甲类	高度大于 60m 和 14 层及 14 层以上体型复杂的建筑 高度大于 50m 的构筑物 高度大于 100m 的高耸结构 特别重要的建筑 地基受水浸湿可能性大的重要建筑 对不均匀沉降有严格限制的建筑

建筑物分类	各类建筑的划分
乙类	高度为24～60m的建筑 高度为30～50m的构筑物 高度为50～100m的高耸结构 地基受水浸湿可能性较大的重要建筑 地基受水浸湿可能性大的一般建筑
丙类	除乙类以外的一般建筑和构筑物
丁类	次要建筑

对甲类建筑要求消除地基的全部湿陷量，或采用桩基础穿透全部湿陷性土层，或将基础设置在非湿陷性黄土层上；对乙、丙建筑则要求消除地基的部分湿陷量；丁类属于次要建筑，地基可不作处理。表5-4列出了处理湿陷性黄土地基的常用方法及其适用范围和可处理的湿陷性黄土层厚度。

湿陷性黄土地基常用处理方法　　　　　　　　　　　表5-4

名称	适用范围	可处理的湿陷性黄土层厚度（m）
垫层法	地下水位以上，局部或整片处理	1～3
强夯法	地下水位以上，$S_r \leqslant 60\%$ 的湿陷性黄土，局部或整片处理	3～12
挤密法	地下水位以上，$S_r \leqslant 65\%$ 的湿陷性黄土	5～15
预浸水法	自重湿陷性黄土场地，地基湿陷等级为Ⅲ级或Ⅳ级，可消除地面下6m以下湿陷性黄土层的全部湿陷性	6m以上，尚应采用垫层或其他方法处理
其他方法	经试验研究或工程实践证明行之有效	

2. 防水措施

防水措施的目的是消除黄土发生湿陷变形的外因，因而也是保证建筑物安全和正常使用的重要措施之一，一定要做好建筑物在施工中及长期使用期间的防水、排水工作，防止地基土受水浸漫。一些基本的防水措施包括：做好场地平整和排水系统，不使地面积水；压实建筑物四周地表土层，做好散水，防止雨水直接渗入地基；主要给水排水管道离开房屋要有一定防护距离；配置检漏设施，避免涌水浸泡局部地基土等。

3. 结构措施

对于一些地基不处理，或处理后仅消除了地基的部分湿陷量的建筑，除了要采用防水措施外，还应采取结构措施，以减小建筑物的不均匀沉降或使结构能适应地基的湿陷变形，因此结构措施是前两项措施的补充手段。

5.3 膨胀土地基

5.3.1 膨胀土的特征及对建筑物的危害

膨胀土是一种很重要的地区性特殊土类，按照《膨胀土地区建筑技术规范》GB

50112—2013，膨胀土应是土中黏粒成分主要由亲水性矿物组成，同时具有显著的吸水膨胀和失水收缩两种变形特性的黏性土。众所周知，一般黏性土也都有膨胀、收缩特性，但其量不大，对工程没有太大的影响；而膨胀土的膨胀—收缩—再膨胀的周期性变形特性非常显著，并常给工程带来危害，因而工程上将其从一般黏性土中区别出来，作为特殊土对待。此外，由于它同时具有吸水膨胀和失水收缩的往复胀、缩性，故也称为胀缩性土。

1. 膨胀土的一般特征及分布

膨胀土在自然状态下，液性指数 I_L 常小于零，呈坚硬或硬塑状态，孔隙比 e 一般为 $0.6\sim1.1$，压缩性较低，具有红褐、黄、白等颜色。对工程建设这种土有潜在的破坏性，而且一旦发生工程事故，治理难度很大。

裂隙发育是膨胀土的一个重要特性，常见的裂隙有竖向、斜交和水平三种。竖向裂隙常出露地表，裂隙宽度随深度增加而逐渐尖灭，裂隙间常充填有灰绿色或灰白色黏土。

膨胀土在我国分布范围很广，据现有的资料，广西、云南、湖北、安徽、四川、河南、山东等20多个省、自治区、直辖市均有膨胀土。国外如美国，40个州有膨胀土，此外印度、澳大利亚、南美洲、非洲和中东广大地区，也都不同程度地分布着膨胀土。目前膨胀土的工程问题已成为世界性的研究课题。自1965年在美国召开首届国际膨胀土学术会议以来，每4年一届。我国对膨胀土的工程问题给予高度重视，自1973年开始有组织地在全国范围内开展了大规模的研究工作，总结出在勘察、设计、施工和维护等方面的成套经验，于1987年编制出我国第一部《膨胀土地区建筑技术规范》GBJ 112—1987，2013年对上述规范进行了修订，编制了《膨胀土地区建筑技术规范》GB 50112—2013，修订的规范总结了1987年以来20余年的工程建设实践经验，并参考了国外技术法规和技术标准。

2. 影响膨胀土胀缩特性的主要因素

膨胀土具有胀缩特性的机理很复杂，属于非饱和土的理论与实践问题，膨胀土的胀缩特性可归因于膨胀土的内在机制与外界因素两个方面。

影响膨胀土胀缩性质的内在机制，主要是指矿物成分及微观结构两方面。试验证明，膨胀土含大量的活性黏土矿物，如蒙脱石和伊利石，尤其是蒙脱石，比表面积大，在低含水量时对水有巨大的吸力，土中蒙脱石含量的多少直接决定着土的胀缩性质的强弱。除了矿物成分因素外，这些矿物成分在空间上的联结状态也影响其胀缩性质。经对大量不同地点的膨胀土扫描电镜分析得知，面-面连接的叠聚体是膨胀土的一种普遍的结构形式，这种结构比团粒结构具有更大的吸水膨胀和失水收缩的能力。

影响膨胀土胀缩性质的最大外界因素是水对膨胀土的作用，水分的迁移是控制土胀缩特性的关键外在因素，因为只有土中存在着可能产生水分迁移的梯度和进行水分迁移的途径，才有可能引起土的膨胀或收缩。尽管某一种黏土具有潜在的较高的膨胀势，但如果它的含水量保持不变，则不会有体积变化。实践证明，含水量的轻微变化，哪怕只是1%～2%的量值，就足以引起有害的膨胀。土中水分迁移的方式与各种环境因素诸如气候条件、地下水位、地形特征、地面覆盖以及地质构造、土的种类等条件有关。

3. 膨胀土对建筑物的危害

膨胀土显著的吸水膨胀、失水收缩特性，给工程建设带来极大危害，使大量的轻型房屋发生开裂、倾斜，公路路基发生破坏，堤岸、路堑产生滑坡。据不完全统计，我国在膨胀土地区修建的各类工业与民用浅表层轻型结构，因地基土胀缩变形而导致损坏或破坏每年造成的经济损失达数百亿元。全国通过膨胀土地区的铁路线约占铁路总长度的 15%～25%，因膨胀土而带来的各种病害非常严重，每年直接的整修费就在数亿元以上。由于上述情况，膨胀土的工程问题引起学术界和工程界的高度重视。

在我国，房屋建筑工程是涉及膨胀土较早的工程，故有关膨胀土对房屋建筑造成危害的研究开展较早。研究结果表明，建造在膨胀土地基上的房屋破坏具有如下一些规律：

（1）建筑物的开裂破坏一般具有地区性成群出现的特点，且以低层、轻型、砌体结构损坏最为严重，因为这类房屋重量轻，结构刚度小，基础埋深浅，地基土易受外界环境变化的影响而产生胀缩变形。

（2）房屋在垂直和水平方向都受弯和受扭，故在房屋转角处首先开裂，墙上出现正、倒八字形裂缝和 X 形交叉裂缝（图 5-3a、c），外纵墙基础由于受到地基在膨胀过程中产生的竖向切力和侧向水平推力的作用，造成基础外移而产生水平裂缝，并伴有水平位移（图 5-3b）。

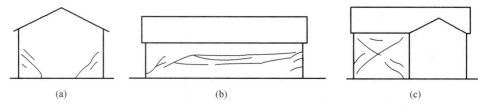

（a）　　　　　　　　　　　　　（b）　　　　　　　　　　　　　（c）

图 5-3　墙面裂缝

（a）山墙上的对称斜裂缝；（b）外纵墙的水平裂缝；（c）墙面的交叉裂缝

（3）坡地上的建筑物，地基不仅有垂直向变形，还伴随有水平向变形，因而损坏要比平地上普遍而又严重。

5.3.2　膨胀土的特性指标和膨胀土地基的胀缩等级

1. 膨胀土的胀缩性指标

为判别膨胀土以及评价膨胀土的胀缩性，常用下述一系列胀缩性指标。

（1）自由膨胀率 δ_{ef}

将人工制备的磨细烘干土样，经无颈漏斗注入量土杯（图 5-4），量其体积，然后倒入盛水的量筒中，经充分吸水膨胀稳定后，再测其体积。增加的体积与原体积比值的百分率称为自由膨胀率。

$$\delta_{ef} = \frac{V_w + V_0}{V_0} \times 100\% \tag{5-4}$$

式中　V_0——干土样原有体积，即量土杯体积，mL；

　　　V_w——土样在水中膨胀稳定后的体积，由量筒刻度量出，mL。

自由膨胀率 δ_{ef} 表示干土颗粒在无结构力影响下和无压力作用下的膨胀特性指标，可反映土的矿物成分及其含量。该指标一般只用作膨胀土膨胀潜势的判别指标，它不能反映原状土的胀缩变形，也不能用来定量评价地基土的胀缩幅度。

（2）膨胀率 δ_{ef} 与膨胀力 P

膨胀率 δ_{ef} 表示原状土或扰动土样在侧限压缩仪中，在一定压力下，浸水膨胀稳定后，土样增加的高度与原高度之比的百分率，表示为

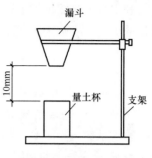

$$\delta_{ep} = \frac{h_w + h_0}{h_0} \times 100\% \qquad (5\text{-}5)$$

式中　h_w——某级荷载下土样浸水膨胀稳定后的高度，mm；

图 5-4　自由膨胀率试验装置

　　　　h_0——土样的原始高度，mm。

在不同压力下的膨胀率可用于计算地基的实际膨胀变形量或胀缩变形量，其中在 50kPa 压力下的膨胀率用于计算地基的分级变形量，划分地基的胀缩等级。

以各级压力下的膨胀率 δ_{ef} 为纵坐标，压力 p 为横坐标，将试验结果绘制成图 5-5 所示关系曲线，该曲线与横坐标的交点称为试样的膨胀力。膨胀力表示在侧限条件下原状土样或扰动土样，在体积不变时，由于浸水膨胀产生的最大内应力。膨胀力在选择基础形式及基底压力时，是个很有用的指标。在设计上如果希望消除膨胀变形，应使基底压力接近等于膨胀力。

（3）线缩率 δ_{sr} 与收缩系数 λ_s

膨胀土失水收缩，其收缩性可用线缩率与收缩系数表示。

线缩率 δ_{sr} 是指天然湿度下烘干或风干后的环刀土样的竖向收缩变形与原高度之比的百分率，表示为

$$\delta_{sri} = \frac{h_0 - h_i}{h_0} \times 100\% \qquad (5\text{-}6)$$

式中　h_0——土样的原始高度，mm；

　　　　h_i——某含水量 ω_i 时的土样高度，mm。

根据不同时刻的线缩率及相应含水量，可绘收缩曲线（图 5-6）。可以看出，随着水分的蒸发，土样高度逐渐减小，δ_{sr} 增大，图 5-6 中 ab 段为直线收缩段，bc 段为曲线收缩过渡段，至 c 点后，含水量虽然继续减少，但体积收缩已基本停止。

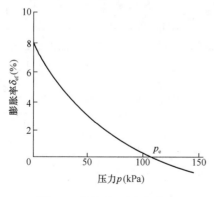

图 5-5　膨胀率-压力曲线图

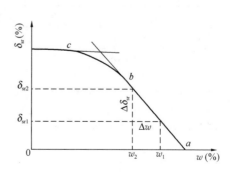

图 5-6　收缩曲线

利用直线收缩段可求得收缩系数 λ_s，其定义为：环刀土样在直线收缩阶段内，含水量每减少 1% 时所对应的竖向线缩率的改变值，即

$$\lambda_s = \frac{\Delta\delta_{sr}}{\Delta\omega} \qquad (5\text{-}7)$$

式中　　$\Delta\omega$ —— 收缩过程中，直线变化阶段内，两点含水量之差，%；

　　　　$\Delta\delta_{sr}$ —— 收缩过程中，直线变化阶段，两点含水量之差对应的竖向线缩率之差，%。

收缩系数与膨胀率是膨胀土地基变形计算中的两项主要指标。

2. 场地膨胀土的判别

按地貌地形条件，场地可分为两类，即平坦场地与坡地场地。平坦场地是指地形坡度小于 50° 或地形坡度虽为 5°~14°，但距坡肩水平距离大于 10m 的坡顶地带；坡地场地是指地形坡度大于 5° 或地形坡度虽小于 5°，但同一建筑物范围内局部地形高差大于 1m 的场地。在进行地基基础设计时要注意区别对待地形条件。

判别场地膨胀土的主要依据是工程地质特征与自由膨胀率。《膨胀土地区建筑技术规范》GB 50112—2013 中规定，凡具有下列工程地质特征及建筑物破坏形态的场地，且自由膨胀率大于等于 40% 的黏性土应判定为膨胀土。

（1）裂隙发育，常有光滑面和擦痕，有的裂隙中充填着灰白、灰绿等杂色黏土，在自然条件下呈坚硬或硬塑状态；

（2）多出露于二级或二级以上阶地、山前和盆地边缘丘陵地带，地形较平缓，无明显自然陡坎；

（3）常见有浅层滑坡、地裂，新开挖坑（槽）壁易发生坍塌等现象；

（4）建筑物多呈"倒八字""X"形或水平裂缝，裂缝随气候变化而张开和闭合。

3. 膨胀土地基的胀缩等级划分

在评价膨胀土地基胀缩等级时，应根据地基的膨胀变形量和收缩变形量对低层砌体房屋的影响程度进行划分，这是因为轻型结构的基底压力小，胀缩变形量大，易引起结构破坏的缘故，所以《膨胀土地区建筑技术规范》GB 50112—2013 规定以 50kPa 压力下（相应于一层砖石结构的基底压力）测定的土的膨胀率计算的地基分级变形量，作为划分胀缩等级的标准，表 5-5 给出了膨胀土地基的胀缩等级。

表 5-5

膨胀土地基的胀缩分级

地基分级变形量 s_c（mm）	级别
$15 \leqslant s_c < 35$	I
$35 \leqslant s_c < 70$	II
$s_c \geqslant 70$	III

5.3.3　膨胀土场地地基基础设计要点

1. 地基基础设计要求

膨胀土场地上的建筑物，根据其重要性、规模、功能要求和工程地质特征，以及土中水分变化可能造成建筑物破坏或影响正常使用的程度，将地基基础分为甲、乙、丙三个设

计等级，见表 5-6。

膨胀土场地地基基础设计等级　　　　　　　　　　表 5-6

设计等级	建筑物和地基类型
甲级	（1）覆盖面积大、重要的工业与民用建筑物 （2）使用期间用水量较大的湿润车间，长期承受高温的烟囱、炉、窑以及负温的冷库等建筑物 （3）对地基变形要求严格或对地基往复升降变形敏感的高温、高压、易燃、易爆的建筑物 （4）位于坡地上的重要建筑物 （5）胀缩等级为Ⅲ级的膨胀土地基上的低层建筑物 （6）高度大于3m的挡土结构、深度大于5m的深基坑工程
乙级	除甲级、丙级以外的工业与民用建筑物
丙级	（1）次要的建筑物 （2）场地平坦、地基条件简单且荷载均匀的胀缩等级为Ⅰ级的膨胀土地基上的建筑物

根据建筑物地基基础设计等级及长期作用下地基胀缩变形和压缩变形对上部结构的影响程度，地基基础设计应符合下列规定：

（1）建筑物的地基计算应满足承载力计算的有关规定；

（2）地基基础设计等级为甲级、乙级的建筑物，均应按地基变形设计；

（3）建造在坡地或斜坡附近的建筑物以及经常受水平荷载作用的高层建筑、高耸构筑物和挡土结构、基坑支护等工程，尚应进行稳定性验算。验算时应考虑水平膨胀力的作用。

2. 基础埋置深度

考虑到地表土层长期受到胀缩干湿循环变形的影响，土中裂隙发育，土的强度指标，特别是黏聚力显著降低，坡地上的大量浅层滑坡往往发生在地表下 1.0m 的范围内，是活动性极强的地带，因此规范规定建筑物的基础埋置深度不应小于 1.0m。

建筑物对变形有特殊要求时，应通过地基胀缩变形计算确定。平坦场地上的多层建筑物，以基础埋深为主要防治措施时，基础埋深不应小于大气影响急剧层深度。对于坡脚为 5°～14° 的坡地，当基础外边缘至坡肩的水平距离为 5～10m 时，基础埋深（图 5-7）可以按照式（5-8）确定

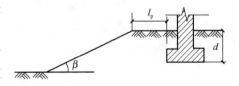

图 5-7　坡地上的基础埋深

$$d = 0.45 d_{\mathrm{a}} + (10 - l_{\mathrm{p}})\tan\beta + 0.3 \tag{5-8}$$

式中　d ——基础埋置深度；

　　　d_{a} ——大气影响深度；

　　　β ——斜坡坡角；

　　　l_{p} ——基础外边缘至坡肩的水平距离。

3. 地基承载力计算

膨胀土场地地基承载力的要求参照第 2 章的要求，修正后的地基承载力特征值应按式（5-9）计算。

$$f_a = f_{ak} + \gamma_m(d - 1.0) \tag{5-9}$$

式中 γ_m ——基础底面以上土的加权平均重度，地下水位以下取浮重度；

       f_{ak} ——地基承载力特征值，对于重要建筑物宜采用现场浸水载荷试验确定，对于已有大量试验资料和工程经验的地区可按当地经验确定。

4. 地基变形量计算和变形允许值

膨胀土地基的变形指的是胀缩变形，而其变形形态与当地气候、地形、地势、地下水运动以及地面覆盖、树木植被、建筑物重量等因素有关，在不同条件下可表现为三种不同的变形形态，即上升型变形、下降型变形、升降型变形。因此，膨胀土地基变形量计算应根据实际情况，可按下列三种情况分别计算：

① 当离地表 1m 处地基土的天然含水量等于或接近最小值时，或地面有覆盖且无蒸发可能时，以及建筑物在使用期间经常受水浸湿的地基，可按膨胀变形量计算；

② 当离地表 1m 处地基土的天然含水量大于 1.2 倍塑限含水量时，或直接受高温作用的地基，可按收缩变形量计算；

③ 其他情况下可按胀缩变形量计算。

地基变形量的计算方法仍采用分层总和法，这里分别将上述三种变形量计算方法介绍如下。

（1）地基土的膨胀变形量 s_e（mm）

$$s_e = \varphi_e \sum_{i=1}^{n} \delta_{epi} h_i \tag{5-10}$$

式中 φ_e ——计算膨胀变形量的经验系数，宜根据当地经验确定，若无可依据经验时，3层及 3 层以下建筑物，可采用 0.6；

       δ_{epi} ——基础底面下第 i 层土在该层土的平均自重应力与平均附加应力之和作用下的膨胀率，由室内试验确定；

       h_i ——第 i 层土的计算厚度，mm；

       n ——自基础底面至计算深度 z_n 内所划分的土层数（图 5-8a），计算深度应根据大气影响深度确定，有浸水可能时，可按浸水影响深度确定。

（2）地基土的收缩变形量 s_c（mm）

$$s_c = \varphi_s \sum_{i=1}^{n} \lambda_{si} \Delta \omega_i h_i \tag{5-11}$$

式中 φ_s ——计算收缩变形量的经验系数，宜根据当地经验确定，若无可依据经验时，3层及 3 层以下建筑物，可采用 0.8；

       λ_{si} ——基础底面下第 i 层土的收缩系数，应由室内试验确定；

       $\Delta \omega_i$ ——地基土收缩过程中，第 i 层土可能发生的含水量变化的平均值（以小数表示）（图 5-8b）；

       n ——自基础底面至计算深度内所划分的土层数，在计算深度内，各土层的含水量变化平均值 $\Delta \omega_i$（图 5-8b）应按式（5-12）、式（5-13）计算，地表下 4m深度内存在不透水基岩时，可假定含水量变化值为常数（图 5-8c）。

$$\Delta \omega_i = \Delta \omega_1 - (\Delta \omega_1 - 0.01) \frac{z_i - 1}{z_n - 1} \tag{5-12}$$

$$\Delta \omega_1 = \omega_1 - \varphi_w \omega_p \tag{5-13}$$

式中　ω_1、ω_p——地表下 1m 处土的天然含水量和塑限含水量（以小数表示）；

　　　　φ_w——土的湿度系数；

　　　　z_i——第 i 层土的深度，m；

　　　　z_n——收缩变形计算深度，应根据大气影响深度确定，当有热源影响时，可按热源影响深度确定，在计算深度内有稳定地下水位时，可计算至水位以上 3m。

膨胀土湿度系数指在自然气候影响下，地表下 1m 深度处土层含水量可能达到的最小值与其塑限值之比，应根据当地记录资料确定，无此资料时可按《膨胀土地区建筑技术规范》GB 50112—2013 中的公式计算。

膨胀土的大气影响深度，应由各气候区的深层变形观测或含水量观测及地温观测资料确定；无此资料时，可按表 5-7 采用。

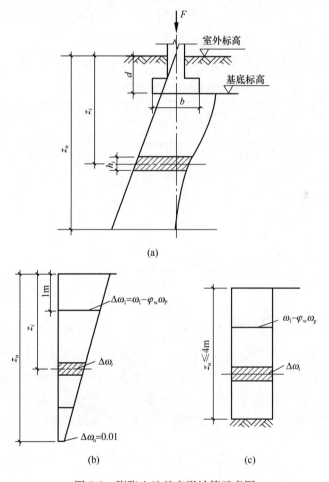

图 5-8　膨胀土地基变形计算示意图

大气影响深度　　　　　　　　　　表 5-7

土的湿度系数 φ_w	大气影响深度 d_a(m)
0.6	5.0
0.7	4.0
0.8	3.5
0.9	3.0

（3）地基土的胀缩变形量 s_{es}（mm）

$$s_{es} = \varphi_{es} \sum_{i=1}^{n} (\delta_{epi} + \lambda_{si}\Delta\omega_i) h_i \tag{5-14}$$

式中　　φ_{es}——计算胀缩变形量的经验系数，宜根据当地经验确定，无可依据经验时，3 层及 3 层以下建筑物可取 0.7。

膨胀土地基上建筑物的地基变形计算值不应大于地基变形允许值，即：

$$s \leqslant [s] \tag{5-15}$$

式中　s——天然地基或经处理后地基的变形量，mm；

$[s]$——建筑物的地基变形允许值，mm，对膨胀土地基，可按表 5-8 取值。

膨胀土地基建筑物地基变形允许值　　　　表 5-8

结构类型	相对变形		变形量
	种类	数值	（mm）
砌体结构	局部倾斜	0.001	15
房屋长度三到四开间及四角有构造柱或配筋的砌体承重结构	局部倾斜	0.0015	30
工业与民用建筑相邻柱基			
（1）框架结构无填充墙时	变形差	$0.001l$	30
（2）框架结构有填充墙时	变形差	$0.0005l$	20
（3）当基础不均匀升降时不产生附加应力的结构	变形差	$0.003l$	40

注：l 为相邻柱基的中心距离，m。

5.3.4　膨胀土地基的主要工程措施

由于膨胀土的变形受外界影响因素较多，对环境变化极为敏感，使得膨胀土地基问题十分复杂，在该种地基上建物的设计应遵循预防为主、综合治理的原则。鉴于膨胀土地基的胀缩特点，地基设计时必须严格控制地基最大变形量不超过建筑物的允许变形值；当不满足要求时，应从地基、基础、上部结构以及施工等方面采取措施。

1. 建筑措施

（1）建筑物应尽量布置在地形条件比较简单、土质比较均匀、地形坡度小，胀缩性较弱的场地，不宜建在地下水位升降变化大的地段。

（2）建筑物体型应力求简单。在挖方与填方交界处或地基土显著不均匀处；建筑物平面转折部位或高度（荷重）有显著变化部位以及建筑结构类型不同部位，应设置沉降缝。

（3）加强隔水、排水措施，尽量减少地基土的含水量变化。室外排水应畅通，避免积水，屋面排水宜采用外排水。散水宽度宜稍大，一般均应大于 1.2m，并加隔热保温层。

（4）室内地面设计应根据要求区别对待。对Ⅲ级膨胀土地基和使用要求特别严格的地面，可采取地面配筋或地面架空的措施。对一般工业与民用建筑地面，可按普通地面进行设计，也可采用预制混凝土块铺砌，但块体间应嵌填柔性材料。大面积地面应做分格变形缝。

（5）建筑物周围散水以外的空地宜种草皮。在植树绿化时应注意树种的选择，例如不宜种植吸水量和蒸发最大的桉树等速生树种，而尽可能选用蒸发量小且宜成林的针叶树种或灌木。

2. 结构措施

（1）膨胀土地区宜建造 3 层以上的高层房屋，以加大基底压力，防止膨胀变形。

（2）较均匀的弱膨胀土地基可采用条形基础，若基础埋深较大或条基基底压力较小时，宜采用墩基础。

（3）承重砌体结构可采用实心墙，墙厚不应小于 240mm，不得采用空斗墙、砌块墙或无砂混凝土砌体，不宜采用砖拱结构、无砂大孔混凝土和无筋中型砌块等对变形敏感的结构。

（4）为增加房屋的整体刚度，基础顶部和房屋顶层宜设置圈梁，多层房屋的其他各层可隔层设置，必要时也可层层设置。

（5）钢和钢筋混凝土排架结构、山墙和内隔墙应采用与柱基相同的基础形式；围护墙应砌置在基础梁上，基础梁底与地面之间宜留有 100mm 左右的空隙。

3. 地基处理

膨胀土地基处理的目的在于减小或消除地基胀缩对建筑物产生的危害，常用的方法有如下几种。

（1）换土垫层

在较强或强膨胀性土层出露较浅的建筑场地，或建筑物在使用上对不均匀变形有严格要求时，可采用非膨胀性的黏性土、砂石、灰土等置换全部或部分膨胀土，以达到减少地基胀缩变形量的目的。换土厚度应通过变形计算确定。平坦场地上Ⅰ、Ⅱ级膨胀土的地基处理，宜采用砂、碎石垫层，垫层厚度不应小于 300mm，基础两侧宜采用与垫层相同的材料回填，并做好防水隔水处理。

（2）增大基础埋深

平坦场地上的多层建筑物，当以基础埋深为主要防治措施时，基础最小埋深不应小于大气影响急剧层深度。

（3）石灰灌浆加固

在膨胀土中掺入一定量的石灰能有效提高土的强度，增加土中湿度的稳定性，减少膨胀量。工程上可采用压力灌浆的办法将石灰浆液灌入膨胀土的裂隙中，起加固作用。

（4）桩基

当大气影响深度较深，膨胀土层厚，选用地基加固或墩式基础施工有困难或不经济时，以及胀缩等级为Ⅲ级或设计等级为甲级的膨胀土地基，可选用桩基。这种情况下，桩端应锚固在非膨胀土层或伸入大气影响急剧层以下的土层中。桩基设计应满足《膨胀土地区建筑技术规范》GB 50112—2013 的要求。

在膨胀土地基上进行基础施工时，宜采用分段快速作业法，施工过程不得使基坑暴晒或泡水，雨期施工应采取防水措施，基础施工出地面后，基坑应及时分层回填完毕。

对于坡地，由于膨胀土边坡具有多向失水性及不稳定性，且坡地建筑一般都需要挖填方，致使土质不均匀性更为突出，因此坡地上的建筑破坏普遍比平坦场地严重，应尽量避免将房屋建造在这类坡上。当必须在坡上修建房屋时，则应首先治坡，整治环境，待治坡完成后再开始兴建建筑物。因为如果坡体一旦处于不稳定状态，单纯的局部地基处理是很难奏效的。

治坡包括排水措施、设置支挡和设置护坡三个方面。护坡对膨胀土边坡的作用不仅是防止冲刷，更重要的是保持坡体内含水量的稳定。

5.4　红黏土地基

红黏土是石灰岩、白云岩等碳酸盐类岩石在炎热潮湿气候条件下，经长期的成土化学风化作用（红土化作用）形成的高塑性黏土，其液限一般大于 50％。原生红黏土经过搬运、沉积后仍保留其基本特征，且液限大于 45％的土，称为次生红黏土。

5.4.1　红黏土的形成和分布

红黏土是碳酸盐岩系出露区的岩石经红土化作用的产物，呈褐红、棕红、紫红及黄褐色，矿物成分主要为高岭石、伊利石和绿泥石，化学成分以 Fe_2O_3、Al_2O_3、SiO_2 为主。红黏土在我国云南、贵州、广西分布广泛，在广东、海南、福建、江西、四川、湖北、湖南、安徽等也有分布。一般在山区或丘陵地带居多，常堆积于山麓坡地、丘陵、谷地等处，主要为残积、坡积类型。岩溶地区的基岩上常覆盖红黏土，由于地表水和地下水运动引起的冲蚀和潜蚀作用，红黏土中常产生土洞。

5.4.2　红黏土的工程特征

从土的承载力来看，红黏土是建筑物较好的地基，但是，红黏土又具有表面收缩、上硬下软、裂隙发育的特征。

1. 物理力学性质

红黏土黏粒含量高，小于 0.005mm 的颗粒含量达 55％～70％；天然含水量为 20％～75％，饱和度大于 85％；液限大于 50％，塑限大于 30％；液性指数较小，为 0.1～0.4，大多数呈坚硬与硬塑状态；孔隙比在 1.1～1.7 之间。红黏土含水量虽高，但多以结合水的形式存在，所以土体一般仍处于硬塑或坚硬状态，具有较高的强度和较低的压缩性。

次生红黏土情况比较复杂，在矿物和粒度成分上，次生红黏土由于搬运过程掺合其他成分和较粗颗粒物质，呈可塑至软塑状，其固结度差，压塑性普遍比红黏土高。

2. 工程特性

红黏土地基主要存在下列问题。

（1）地基的不均匀性

红黏土地区基岩面起伏大，土层厚度分布不均，其厚度与下卧基岩面的状态和风化深度有关。常有石芽埋藏于浅层土中，并有溶沟等存在，从而使上覆红黏土的厚度在短距离内相差悬殊，造成红黏土地基的不均匀性，应考虑地基不均匀沉降。

（2）上硬下软现象

红黏土地层沿深度从上向下含水量增加，土质有由硬至软的明显变化。接近下卧基岩面处，溶沟、溶槽等低洼岩面处易于积水，使土呈软塑至流塑状态，其强度低、压缩性较大。

（3）裂隙发育

土中裂隙发育是红黏土的一大特征。原状红黏土浸水后膨胀量很小，失水后收缩剧烈。因胀缩交替变化，红黏土中网状裂隙发育，呈竖向开口状，裂隙延伸至地下 3~4m，破坏了土体的连续性和完整性，使土体整体强度降低，且使失水通道向深部延伸。位于斜坡、陡坎上的竖向裂隙，可能形成滑坡。

（4）岩溶、土洞发育

由于红黏土的成土母岩为碳酸盐系岩石，这类基岩在水的作用下岩溶发育。上覆红黏土层受地表水和地下水的冲蚀和潜蚀作用，常形成土洞。岩溶发育常常引发浅埋、扁平状、跨度大的岩溶洞体顶板塌落，而土洞塌落则会形成场地坍塌，两者都可能造成严重的地基稳定问题。

实践表明，土洞对建筑物的影响远大于岩溶。其主要原因是土洞埋藏浅、分布密、发育快、顶板强度低，因而危害大。

（5）水力条件变化

岩溶水的动态变化会给施工和建筑物造成不良影响，雨季深部岩溶水通过漏斗、落水洞等竖向通道向地面排泄，场地可能暂时被水淹没或浸泡。场地平整后地势的改变可能改变地表水排泄和地下水存储状态，产生新的土洞或引发地表塌陷。

5.4.3 红黏土地基评价与工程措施

尽管红黏土有较高的含水量和较大的孔隙比，却具有较高强度和较低的压缩性，如果分布均匀，又无岩溶、土洞存在，则是中小型建筑物的良好地基。《岩土工程勘察规范》GB 50021—2001（2009 年版）按照基底下临界深度范围内的岩土构成情况，将红黏土地基划分为两类：对于Ⅰ类地基（全部由红黏土组成），可不考虑地基均匀性问题；对于Ⅱ类地基（由红黏土和下覆基岩组成），根据不同情况设检验段验算其沉降差是否满足要求。

红黏土地区的地基必须注意场地的稳定性及不均匀性。

1. 设计措施

红黏土上硬下软，所以基础应尽量浅埋，既利用了上部坚硬或硬塑状态的土作为持力层，又可使基底下保持相对较厚的硬土层，进而使传递至软塑土上的附加压力相对减小，满足下卧层承载力的要求。

基础浅埋且有较大水平荷载，外侧地面倾斜或有临空面时，要首先考虑地基稳定性问题。确定承载力时应考虑裂隙状况、开挖面暴露时间、复浸水的影响，土的抗剪强度应做相应折减。

2. 地基处理措施

（1）基础下红黏土厚度变化较大的地基易产生不均匀沉降，主要采用调整基础沉降的办法。可以选用压缩性较低的材料或重度较小的填土来置换局部原有的红黏土以达到沉降均匀的目的；也可采用改变基础宽度调整相邻地段基底压力，或增减基础埋深使基底下可压缩土层厚相对均匀；对土层厚度、状态不均匀的地段可用低压缩材料做置换处理；对基岩面起伏大、岩质坚硬的地基，可采用大直径嵌岩桩或墩基础。

（2）对地基中有危及建筑物安全的岩溶和土洞应进行处理。为了消除红黏土中地基存在的石芽、土洞和土层不均匀等不利因素的影响，应采取换土、填洞、褥垫等方法，或采用桩基和其他深基础等措施。

3. 施工措施

在建筑物施工和使用期间均应做好防水排水措施。红黏土裂隙发育，基坑开挖时应采取保湿措施，边坡及时维护，防止失水干缩。对于边坡及基槽，应防止破坏植被和自然排水系统，已有裂隙应加填塞，采取可靠的地表水、地下水及生产、生活用水的排泄防渗等措施，保证土体的稳定性。

思考题

5-1　软土地基的特点是什么？如何评价软土地基？

5-2　什么叫黄土的湿陷性？黄土为什么具有湿陷性？是不是所有黄土都具有湿陷性？

5-3　湿陷性黄土主要的特征是什么？

5-4　黄土的湿陷性用什么指标判定？

5-5　湿陷性黄土地基的工程措施有哪些？

5-6　什么叫膨胀土？它具有哪些主要的外观特征？

5-7　膨胀土地基按胀缩量划分成几种等级？胀缩变形量如何计算？

5-8　红黏土的工程特性有哪些？红黏土地基的处理措施有哪些？

码5-1　第5章思考题
参考答案

第6章 软弱地基处理

6.1 概述

在工程建设中，不可避免地会遇到地质条件不良或地基软弱的情况，在这样的地基上修筑建筑物，则不能满足其设计和正常使用的要求。随着建筑物高度不断增高，建筑物的荷载日益增大，对地基变形的要求也越来越严格，因而，即使原来一般可被评价为良好的地基，也可能在特定的条件下必须进行地基加固。

地基处理是指提高地基强度，改善其变形性质或渗透性质而采取的技术措施。

6.1.1 地基处理的目的

地基处理的目的就是通过采用各种地基处理方法，改善地基土的下述工程性质，以满足工程设计的要求。

（1）提高地基土的抗剪强度。

地基承载力、土压力及人工和自然边坡的稳定性，主要取决于土的抗剪强度。因此，为了防止土体剪切破坏，需要采取一定措施，提高和增加地基土的抗剪强度。

（2）改善地基土的压缩性。

建筑物超过允许值的倾斜、差异沉降将影响建筑物的正常使用，甚至危及建筑物的安全性。地基土的压缩模量等指标是反映其压缩性的重要指标，通过地基处理，可改善地基土的压缩模量等压缩性指标，减少建筑物沉降和不均匀沉降，同时也可防止土体侧向流动（塑性流动）产生的剪切变形。

（3）改善地基土的渗透特性。

地下水在地基土中运动时，将引起堤坝等地基的渗漏现象；基坑开挖过程中，也会因土层夹有薄层粉砂或粉土而产生流砂和管涌。这些都会造成地基承载力下降、沉降加大和边坡失稳，而渗漏、流砂和管涌等现象均与土的渗透特性密切相关。为此，必须采用某种（些）地基处理措施，一是增加地基土的透水性、加快固结，二是降低透水性或减少其水压力（基坑抗渗透）。

（4）改善地基土的动力特性。

在地震运动、交通荷载以及打桩和机器振动等动力荷载作用下，将会使饱和松散的砂土和粉土产生液化，或使邻近地基产生振动下沉，造成地基土承载力丧失，或影响邻近建筑物的正常使用甚至破坏。因此，工程中有时需采取一定的措施，防止地基土液化，并改善其动力特性，提高地基的抗震（振）性能。

（5）改善特殊土地基的不良特性。

特殊土地基有其不良特性，如黄土的湿陷性、膨胀土的胀缩性和冻土的冻胀性等。因此，在特殊土地基上修筑建筑物时，需要采取一定的措施，以减小不良特性对工程的影响。

6.1.2 地基处理的对象及其工程特性

地基处理的对象是软弱地基和特殊土地基。

1. 软弱地基

软弱地基是指主要由淤泥、淤泥质土、冲填土、杂填土和其他高压缩性土所构成的地基。

（1）软土

软土是淤泥和淤泥质土的总称。它形成于第四纪晚期，属于海相、泻湖相、河谷相、湖沼相、角洲相等的黏性土沉积物或河流冲积物。软土多分布于沿海、河流中下游或湖泊附近地区。如上海、广州等地为三角洲相沉积，温州、宁波地区为滨海相沉积，闽江口平原为溺谷相沉积等。软土的性质如下：

黏粒含量较多，塑性指数 I_p 一般大于 17，属黏性土。软土多呈深灰、暗绿色，有臭味，含有机质；含水量较高，一般大于 40%；孔隙比一般为 1.0～2.0，其中孔隙比为 1.0～1.5 称为淤泥质黏土，孔隙比大于 1.5 时称为淤泥。

其高黏粒含量、高含水量、大孔隙比，使得其力学性质呈现出与之对应的特点———低强度、高压缩性、高灵敏度。渗透系数很小是软黏土的又一重要特点，渗透系数小则固结速率很慢，有效应力增长缓慢，从而沉降稳定慢，地基强度增长十分缓慢这一特点是严重制约地基处理方法和处理效果的重要因素。

（2）杂填土

杂填土主要出现在一些老的居民区和工矿区内，是人们生活和生产活动所遗留或堆放的垃圾土。这些土一般分为三类，即建筑垃圾土、生活垃圾土和工业生产垃圾土。垃圾土很难用统一的强度指标、压缩指标、渗透性指标加以描述。

杂填土的主要特点是无规划堆积、成分复杂、性质各异、厚薄不均规律性差，因而同一场地可能会表现出压缩性和强度的明显差异，极易造成不均匀沉降，通常都需要进行地基处理。

（3）冲填土

冲填土是人为的用水力充填方式而沉积的土，近年来多用于沿海滩涂开发及河漫滩造地。西北地区常见的水坠坝（也称冲填坝）即是冲填土堆筑的坝。冲填土形成的地基可视为天然地基的一种。冲填土地基一般具有如下特点：

① 颗粒沉积分选性明显，在入泥口附近，粗颗粒先沉积，远离入泥口处，所沉积的颗粒变细，同时在深度方向上存在明显的层理。

② 冲填土的含水量较高，一般大于液限，呈流动状态停止冲填后，表面自然蒸发后常呈龟裂状，含水量明显降低，但当排水条件较差时，下部冲填土仍呈流动状态，冲填土颗粒越细，这种现象越明显。

③ 冲填土地基早期强度很低，压缩性较大，这是因为冲填土处于欠固结状态。冲填

土地基随静置时间的增长逐渐达到正常固结状态。其工程性质取决于颗粒组成、均匀性、排水固结条件以及冲填后静置时间。

（4）饱和松散砂土

其主要指饱和粉砂土、饱和细砂土和饱和砂质粉土，当振动荷载（地震、机械振动等）作用时，饱和松散砂土地基则有可能产生液化或大量震陷变形，甚至丧失承载力。

2. 特殊土地基

特殊土地基有地区性特点，包括湿陷性黄土、膨胀土、多年冻土、盐渍土、垃圾填埋土和岩溶等构成的地基。

（1）湿陷性黄土。在上覆土层自重应力作用下，或者在自重应力和附加应力共同作用下，因浸水后土的结构破坏而发生显著附加变形的土称为湿陷性黄土，属于特殊土。有的杂填土也具有湿陷性。广泛分布于我国东北、西北、华中和华东部分地区的黄土多具湿陷性。湿陷性黄土又分为自重湿陷性和非自重湿陷性两类。在湿陷性黄土地基上进行工程建设时，必须考虑因地基湿陷引起附加沉降对工程可能造成的危害，应选择适宜的地基处理方法。

（2）膨胀土。膨胀土的矿物成分主要是蒙脱石，它具有很强的亲水性，吸水时体积膨胀，失水时体积收缩。这种胀缩变形往往很大，极易对建筑物造成损坏。膨胀土在我国的分布范围很广，如广西、云南、河南、湖北、四川、陕西、河北、安徽、江苏等地均有膨胀土存在。膨胀土常用的地基处理方法有换土、土性改良、预浸水，以及防止地基土含水量变化等。

（3）多年冻土。多年冻土是指温度连续 3 年或 3 年以上保持在 0℃ 或 0℃ 以下，并含有冰的土层。多年冻土的强度和变形有其特殊性：例如，冻土中因有冰和冰水存在，在长期荷载作用下将发生强烈的流变性。在人类活动影响下，多年冻土可能产生融化。因此，多年冻土作为建筑物地基时需慎重考虑，需要采取一些处理措施方可使用。

（4）盐渍土。通常将易溶盐含量（按质量分数计）超过 0.3% 的土称为盐渍土。盐渍土中的盐遇水溶解后可能会发生地基溶陷，使地基强度降低。某些盐渍土（如含 Na_2SO_4 的土）在环境温度和湿度变化时，可能产生体积膨胀。此外，盐渍土中的盐溶液还会导致地下设施的建筑材料腐蚀，造成建筑物的破坏。我国盐渍土主要分布在新疆、青海、甘肃、宁夏和内蒙古等地。

（5）垃圾填埋土。垃圾填埋土地基的性质取决于填埋的垃圾类别和性质。垃圾填埋土地基处理的目的之一是防止其对周围环境的影响，特别是对地下水的污染；之二是垃圾填埋土地基自身的利用。

（6）岩溶。土洞和山区地基岩溶又称"喀斯特"，它是石灰岩、白云岩、泥灰岩、大理石、岩盐、石膏等可溶性岩层受水的化学作用和机械作用而形成的溶洞、溶沟、裂隙，以及因溶洞的顶板塌落使地表产生陷穴、洼地等现象的总称。土洞是岩溶地区上覆土层被地下水冲蚀或被地下水潜蚀所形成的洞穴。岩溶和土洞对建筑物影响很大，可能造成地面变形、地基陷落、渗漏和涌水现象，需引起足够重视。

除了在上述各种软弱和特殊土地基上建造建筑物时需要考虑地基处理外，当旧房改造、增高加层、动力设备更新和道路加宽等造成荷载增大，原有地基不能满足新的要求，或对原有地基提出更高要求时，或者在开挖基坑及建造地下工程中遇到土体稳定、变形和渗流问题时，也需要进行地基处理。地基处理也常用于减少或消除施工扰动对周围环境的影响。

6.1.3　地基处理方法及适用范围

地基处理方法通常有以下几种不同分类：根据处理时间，可分为临时处理和永久处理；根据处理深度，可分为浅层处理和深层处理；根据被处理土的特性，可分为砂性土处理和黏性土处理、饱和土处理和非饱和土处理；根据地基处理的作用机理，可分为置换处理、排水固结处理、压实和夯实处理等。

按地基处理的作用机理对地基处理方法进行分类，能充分体现各种处理方法自身的特点，较为妥当和合理。但是严格的分类是困难的，同一种处理方法可能同时起到不止一种的作用效果，很难说该处理方法属于哪一类。例如，土桩和灰土桩既有挤密作用又有置换作用。另外，有些地基处理方法的加固机理及计算方法还不是很明确，处于研究探讨阶段，加之地基处理方法在应用中不断发展与完善，其功能不断扩大，很难做到精确分类。根据地基处理的作用机理进行的基本分类如下：

（1）置换法

置换法是指利用物理力学性质较好的岩土材料置换天然地基中部分或全部软弱土体，以形成双层地基或复合地基，实现提高地基承载力、减少沉降的目的。

属于置换的地基处理方法具体有换填垫层法、挤淤置换法、褥垫法、砂石桩置换法、强夯置换法、石灰桩法等。另外，气泡混合轻质料填土法和EPS超质料填土法一般不用于置换，主要用于填方，采用轻质填料代替比较重的填料。为了叙述方便，也可将气泡混合轻质料填土法和EPS超质料填土法归为置换法。

（2）排水固结法

排水固结法的基本原理是软土地基在附加荷载的作用下完成排水固结，使孔隙比减小，抗剪强度提高，以实现提高地基承载力，减少工后沉降。

按预压加载方法，排水固结法又可分为堆载预压法、超载预压法、真空预压法、真空预压与堆载预压联合作用法、电渗法，以及降低地下水位法等。

按设在地基中的竖向排水系统还可分为普通砂井法、袋装砂井法和塑料排水带法等。

（3）压实法和夯实法

压实法是利用机械自重或辅以振动产生的能量对地基进行压实。夯实法是利用机械落锤产生的能量对地基进行夯击使其密实，提高土的强度和减小压缩量。压实法包括碾压法、夯实法和振动压实法，夯实法包括重锤夯实和强夯。

（4）振密、挤密法

振密、挤密法是指采用振动或挤密的方法使地基土体孔隙比减小，土体密实，以达到提高地基承载力和减少沉降的目的。属于振密、挤密的地基处理方法有表层原位压实法、强夯法、振冲碎石桩法、挤密砂石桩法、爆破挤密法、土桩和灰土桩法、夯实水泥土桩法、柱锤冲扩桩法、孔内夯扩法和石灰桩法等。

（5）灌入固化物法

灌入固化物法也称为胶结法，是指向土体内灌入或拌入水泥、水泥砂浆以及石灰等化学固化物，在地基中形成加固体或增强体，以达到地基处理的目的。

灌入固化物法主要有深层搅拌法、高压喷射注浆法、灌浆法等。灌浆法根据灌浆压力及工艺不同又可分为渗入性灌浆、劈裂灌浆、挤密灌浆和电化学灌浆等方法。

（6）加筋法

加筋法是在地基中设置强度高、弹性模量大的筋材，如土工格栅、土工织物等。加筋法主要有加筋土垫层法、加筋土挡墙法、锚定板挡土墙结构、土钉法等。

（7）热学处理法

热学处理法是通过冻结地基土体，或焙烧、加热地基土体，以改变土体物理力学性质的地基处理方法。例如通过人工冷却软黏土（或饱和的砂土），使地基温度低到孔隙水的冰点以下，使之固化，从而达到理想的截水性能和较高的承载力。

（8）托换法

托换法是对已有建筑物地基和基础进行处理和加固的方法。常用托换技术有基础加宽与加深技术、锚杆静压桩技术、树根桩技术、桩式托换技术、灌浆地基加固技术等。

6.1.4 地基处理方案的选择

地基处理方法众多，每种处理方法都有其各自的适用条件、局限性和优缺点；每种处理方法的作用通常又具有多重性，加之地基土成因复杂，性质多变，具体工程对地基的要求又不尽相同，施工机械、技术力量、施工条件和环境等千差万别，因此在选择地基处理方案时，应从实际出发，对具体的地基条件、处理要求（包括处理前后地基应达到的各项指标、处理范围、工程进度等）、工程费用以及施工机械、技术力量和材料等因素进行综合分析比较，优化、比选处理方案。在选择处理方案时还应提高环保意识，注意节约能源和保护环境，尽量避免地基处理时对地面和地下水产生污染，以及振动和噪声对周围环境的不良影响等。

选择地基处理方案前，应进行深入调查，充分收集资料。在调查、收集资料时，应考虑以下 5 个方面的内容：

① 上部结构和基础设计情况。

② 建筑场地的工程地质条件。

③ 施工用地、施工工期、工程用料来源等。

④ 施工时对周围环境的影响。

⑤ 施工单位技术力量、机具设备、施工管理水平及施工经验等。

在充分调查研究、收集资料的基础上，确定地基处理方案的步骤如下：

（1）根据结构类型、荷载大小及使用要求，结合地形地貌、地层结构、工程地质及水文地质条件、环境情况和对相邻建筑的影响等因素，初步选定几种处理方案。

（2）对初步选定的各种地基处理方案，分别从加固机理、适用范围、预期效果、材料来源及消耗、机具条件、工期要求、施工队伍素质和对环境的影响等方面进行技术经济分析和对比，确定最优处理方案。

（3）对已选定的地基处理方案，根据建筑物的安全等级、施工场地的复杂程度，可在有代表性的场地上进行相应的现场试验，以验证各项设计参数，选择合理的施工方法（其目的是调试机具设备、确定施工工艺、用料及配合比等各项施工参数）和确定处理效果。

（4）进行地基处理方案设计时，还应充分考虑环保问题，减小或避免对周围空气、地面和地下水的污染以及对场地周围的振动、噪声等影响。

6.2　换填垫层法

换填垫层法也称为换填法，是将基础下一定深度范围内的软弱土层或不均匀土层全部或部分挖除，然后分层回填砂、碎石、素土、灰土、粉煤灰、高炉干渣等强度较大、性能稳定且无侵蚀性的材料，并分层夯实（或振实）至要求的密实度。

当软弱地基的承载力和变形不能满足建筑物要求，且软弱土层的厚度又不很大时，换填垫层法是一种较为经济、简单的软土地基浅层处理方法。不同的回填材料形成不同的垫层，如砂垫层、碎石垫层、素土或灰土垫层、粉煤灰垫层及煤渣垫层等。

换填法适用于淤泥、淤泥质土、湿陷性黄土、素填土、杂填土地基及暗沟、暗塘等浅层处理，常用于轻型建筑、地坪、堆料场地和道路工程等地基处理。当建筑物荷载不大，软弱土层厚度较小时，采用换填垫层法能取得较好的效果。换填垫层的厚度应根据置换软弱土的深度及下卧层的承载力确定，厚度宜为 0.5～3m。

6.2.1　换填垫层的作用

换填垫层处理软土地基，其作用主要体现在以下几个方面：

（1）提高浅层地基承载力

以抗剪强度较高的砂或其他填筑材料代替软弱的土，可提高地基承载力，并将建筑物基础压力扩散到垫层以下的软弱地基，避免地基破坏。

（2）减少地基的变形量

一般地基浅层部分沉降量在总沉降量中所占的比例是比较大的。以条形基础为例，在相当于基础宽度的深度范围内的沉降量约占总沉降量的 50%。如以密实砂或其他填筑材料代替上部软弱土层，就可以减少这部分的沉降量。由于砂垫层或其他垫层的应力扩散作用，使作用在下卧层土上的压力较小，会相应减少下卧层土的沉降量。

（3）加速软土层的排水固结

砂垫层和砂石垫层等垫层材料透水性大，软弱土层受压后，垫层可作为良好的排水面，可以使基础下面的孔隙水压力迅速消散，加速垫层下软弱土层的固结和提高其强度，避免地基土塑性破坏。用透水材料做垫层相当于增设了一层水平排水通道，起到排水作用。在建筑物施工过程中，孔压消散加快，有效应力增加也加快，有利于提高地基承载力，增加地基的稳定性，加速施工进度以及减小建筑物建成后的工后沉降。

（4）防止土的冻胀

粗颗粒的垫层材料孔隙大，不易产生毛细管现象，因此可以防止寒冷地区土中结冰所造成的冻胀。这时，砂垫层的底面应满足当地冻结深度的要求。

（5）消除特殊土的湿陷性、胀缩性

对湿陷性黄土、膨胀土或季节性冻土等特殊土，其处理目的主要是消除或部分消除地基土的湿陷性、胀缩性。在膨胀土地基上可选用砂、碎石、块石、煤渣、二灰或灰土等材料作为垫层，以消除胀缩作用，但垫层厚度应依据变形计算确定，一般不少于 0.3m，且垫层宽度应大于基础宽度，而基础两侧宜用与垫层相同的材料回填。

6.2.2 垫层的设计计算

垫层的设计不但要满足建筑物对地基变形及稳定的要求，还应符合经济合理的原则。设计时，应根据建筑的体型、结构特点、荷载性质、岩土工程条件，施工机械设备及填料性质和来源等进行综合分析。其设计内容主要是确定换填的合理厚度和合理宽度。对于垫层，要求有足够的厚度以置换可能被剪切破坏的软弱土层，有足够的宽度防止砂垫层向两侧挤出。对于主要起排水作用的垫层来说，除要求一定的厚度和宽度以外，还需在基底下形成一个排水面，以保证地基土排水路径的畅通，促进软弱土层的固结，从而提高地基强度。

1. 垫层厚度的确定

垫层的厚度 z 一般应根据需要置换的软弱土层的深度或垫层底部下卧土层的承载力确定。垫层内应力的分布如图 6-1 所示，并应符合式 (6-1) 的要求：

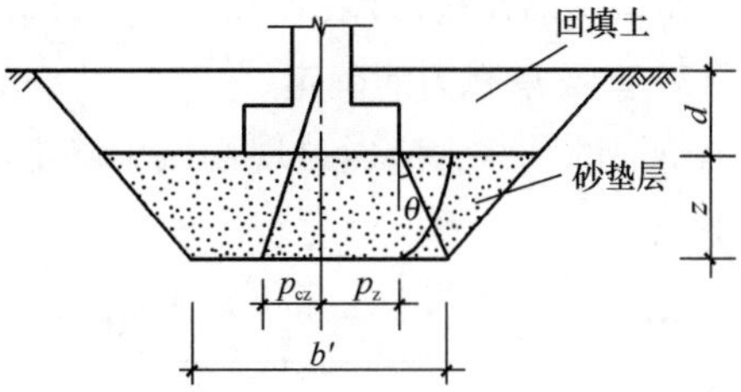

$$p_z + p_{cz} \leqslant f_{az} \qquad (6\text{-}1)$$

图 6-1 垫层内应力分布

式中 p_z——相应于荷载效应标准组合时，垫层底面处的附加应力值，kPa；

p_{cz}——垫层底面处土自重应力值，kPa；

f_{az}——垫层底面处经深度修正后的地基承载力特征值，kPa。

垫层底面处的附加应力值可以按压力扩散角 θ 进行计算。

条形基础

$$p_z = \frac{b(p_k - p_c)}{b + 2z\tan\theta} \qquad (6\text{-}2)$$

矩形基础

$$p_z = \frac{lb(p_k - p_c)}{(l + 2z\tan\theta)(b + 2z\tan\theta)} \qquad (6\text{-}3)$$

式中 b——条形基础或矩形基础底面的宽度，m；

l——矩形基础底面的长度，m；

p_k——相应于作用的标准组合时，基础底面处的平均压力值，kPa；

p_c——基础底面处的自重应力值，kPa；

z——基础底面以下垫层的厚度，m；

θ——垫层的压力扩散角，°，按表 6-1 选取。

垫层压力扩散角 θ 表 6-1

换填材料 z/b	中砂、粗砂、砾砂、圆砾、角砾、 石屑、卵石、碎石、矿渣	粉质黏土、粉煤灰	灰土
0.25	20°	6°	28°
≥0.50	30°	23°	

注：1. 当 $z/b<0.25$ 时，除灰土仍取 $\theta=28°$ 外，其余材料均取 $\theta=0°$，必要时，宜由试验确定；

2. 当 $0.25<z/b<0.50$ 时，θ 值可内插确定；

3. 土工合成材料加筋垫层的压力扩散角宜由现场试验确定。

计算时，一般先拟定一个垫层厚度，再用式（6-1）验算。如不符合要求，则改变厚度，重新验算，直至满足要求为止。垫层厚度不宜小于 0.5m，也不宜大于 3.0m。太厚施工困难且不经济，太薄则换填垫层的作用不明显。

2. 垫层宽度的确定

垫层的宽度 b' 除应满足应力扩散的要求外，还应防止垫层向两侧挤出，可根据当地经验或按式（6-4）计算。

$$b' \geqslant b + 2z\tan\theta \tag{6-4}$$

式中 b'——垫层底面宽度，m。

垫层的底宽确定后，再根据开挖基坑所要求的坡度延伸至地面，即得垫层的设计断面。垫层顶面宽度一般宜超出基础底边不小于 0.3m，整片垫层的宽度可根据施工要求适当加宽。

3. 垫层承载力的确定

垫层的承载力应通过现场试验确定，当无试验资料时，可按表 6-2 选用，并验算下卧层承载力。

各种垫层的承载力及压实标准　　　　　　　　　　　　表 6-2

施工方法	换填材料类别	压实系数 λ_c	承载力标准值（kPa）
碾压振密或夯实	碎石、卵石	≥0.97	200~300
	砂夹石（其中碎石、卵石占全重的 30%~50%）		200~250
	土夹石（其中碎石、卵石占全重的 30%~50%）		150~200
	中砂、粗砂、砾砂、角砾、圆砾、石屑		150~200
	粉质黏土		130~180
	灰土	≥0.95	200~250
	粉煤灰	≥0.95	120~150

注：1. 压实系数 λ_c 为土的控制干密度 ρ_d 与最大干密度 ρ_{dmax} 的比值，土的最大干密度宜采用击实试验确定，碎石或卵石的最大干密度可取（2.1~2.2）$\times 10^3 kg/m^3$；

2. 表中压实系数 λ_c 是使用轻型击实试验测定土的最大干密度 ρ_{dmax} 时给出的压实控制标准，采用重型击实试验时，对于粉质黏土、灰土、粉煤灰及其他材料，压实标准为压实系数 $\lambda_c \geqslant 0.94$。

4. 沉降计算

对于重要的建筑或垫层下存在软弱下卧层的建筑，还应进行地基变形计算。建筑物基础沉降等于垫层自身的变形量 s_1 与下卧土层的变形量 s_2 之和。

对于超出原地面标高的垫层或换填材料的密度高于天然土层密度的垫层，宜早换填并考虑其附加的荷载对建筑物的影响。

6.2.3 垫层施工

（1）机械碾压法

机械碾压法是采用各种压实机械来压实地基土。此法常用于基坑底面积宽大、开挖土方量较大的工程。

（2）重锤夯实法

重锤夯实法是用起重机将夯锤提升到某一高度，然后自由落锤，不断重复夯击以加固地基。重锤夯实法一般适用于地下水位距地表 0.8m 以上，稍湿的黏性土、砂土、湿陷性黄土、杂填土和分层填土。

（3）平板振动法

平板振动法是使用振动压实机来处理无黏性土或黏粒含量少、透水性较好的松散杂填土的一种方法。

（4）垫层材料

目前常用的垫层材料有砂石、粉质黏土、灰土、粉煤灰、矿渣。可根据换填场地的水文地质条件、荷载要求选用，施工时应注意压实系数的控制。

6.2.4 垫层质量检验

对于粉质黏土、灰土、粉煤灰和砂石垫层的施工质量检验，可以用环刀、贯入仪、静力触探、轻型动力触探或标准贯入试验；对于砂石、矿渣垫层，可用重型动力触探检验，并均应通过现场试验，以设计压实系数对应的贯入度为标准检验垫层的施工质量。压实系数也可以用环刀法、灌砂法、灌水法或其他方法检验。

垫层的施工质量检验必须分层进行。应在每层的压实系数符合设计要求后再铺填上层土。

竣工验收采用荷载试验检验垫层的承载力时，每个单体工程不宜少于 3 个点；对于大型工程则应按单体工程的数量或工程的面积确定检验点数。

【例 6-1】某柱下钢筋混凝土矩形基础底面边长为 $b \times l = 1.8\text{m} \times 2.4\text{m}$，埋深 $d = 1.0\text{m}$，所受轴心荷载标准值 $F_k = 800\text{kN}$。地表为厚度 0.7m 的粉质黏土层，重度 $\gamma = 17.0\text{kN/m}^3$；其下为淤泥质土，重度 $\gamma = 17.0\text{kN/m}^3$，淤泥质土地基的承载力特征值 $f_{ak} = 95\text{kPa}$。若在基础下用粗砂做厚度为 1.0m 的砂垫层，且已知垫层重度 $\gamma = 20.0\text{kN/m}^3$。试验算基础底面尺寸和砂垫层厚度是否满足要求，并确定砂垫层的底面尺寸。

【解】（1）垫层厚度验算

垫层厚度 $z = 1.0\text{m}$，$z/b = 1.0/1.8 > 0.5$，则垫层的压力扩散角 $\theta = 30°$。

基础底面处的自重应力为

$$p_c = 17.0 \times 0.7 + 16.5 \times 0.3 = 16.85\text{kPa}$$

基础底面处基底压力为

$$p_k = \frac{F_k + G_k}{A} = \frac{800 + 20 \times 1.8 \times 2.4 \times 1}{1.8 \times 2.4} = 205.18\text{kPa}$$

垫层底面处的附加压力值为

$$p_z = \frac{bl(p_k - p_c)}{(b + 2z\tan\theta)(l + 2z\tan\theta)}$$

$$= \frac{1.8 \times 2.4 \times (205.18 - 16.85)}{(1.8 + 2 \times 1 \times \tan30°)(2.4 + 2 \times 1 \times \tan30°)} = 77.4\text{kPa}$$

垫层底面处土的自重应力为

$$p_{cz} = 17.0 \times 0.7 + 20.0 \times 1.3 = 37.9\text{kPa}$$

查《建筑地基基础设计规范》GB 50007—2011 中承载力修正系数表得 $\eta_d = 1.0$，则垫

层底面处经深度修正后淤泥质土的承载力特征值为

$$f_{az} = f_{ak} + \eta_d \gamma_{mz}(d + z - 0.5)$$
$$= 95 + 1.0 \times [(17.0 \times 0.7 + 16.5 \times 1.3)/2] \times (2.0 - 0.5) = 120\text{kPa}$$
$$p_z + p_{cz} = 77.4 + 37.9 = 115.3\text{kPa} < f_{az}$$

强度满足要求，垫层厚度选 1.0m 合适。

（2）确定垫层底面尺寸

$b' \geqslant b + 2z\tan\theta = 1.8 + 2 \times 1 \times \tan30° = 2.95\text{m}$，取 $b'=3.0\text{m}$。

$l' \geqslant l + 2z\tan\theta = 2.4 + 2 \times 1 \times \tan30° = 3.55\text{m}$，取 $l'=3.6\text{m}$。

6.3　强夯法和强夯置换法

强夯法又叫动力固结法或动力压实法。它通过一般重达 8～30t（最大可达 200t）的重锤和 8～12m 的落距（最高可达 40m），反复对地基土施加很大的冲击能，一般能量为 1000～8000kN·m。在地基土中产生的冲击波和高应力，可以提高地基土的强度、降低土的压缩性、改善砂土的抗液化性能、消除湿陷性黄土的湿陷性等。同时，夯击还可以提高土层的均匀程度，减少将来可能出现的差异沉降。

强夯置换法是在夯坑内回填块石、碎石、钢渣等粗颗粒材料，用夯锤夯击形成连续的强夯置换墩的地基处理方法。

《建筑地基处理技术规范》JGJ 79—2012 规定："强夯法适用于处理碎石土、砂土、低饱和度的粉土与黏性土、湿陷性黄土、素填土和杂填土等地基。强夯置换法适用于高饱和度的粉土与软塑-流塑的黏性土等地基上对变形控制要求不严的工程"。强夯法应用时应注意其对周围建筑物或设备的振动影响，必要时应采取防振、隔振措施。强夯置换法在设计前必须通过现场试验确定其适用性和处理效果。

6.3.1　强夯法的加固机理

强夯法是利用强大的夯击能给地基一个冲击力，并在地基中产生冲击波，在冲击力作用下，夯锤对上部土体进行冲切，土体结构破坏，形成夯坑，并对周围土体进行动力挤压。目前普遍认为，强夯法加固地基的机理包括以下三种：

（1）动力密实

强夯法在处理多孔隙、粗颗粒、非饱和土体时，夯锤给土体施加冲击型动力荷载，夯击能使得土体骨架变形，土体中的空隙减小，变得密实。

（2）动力固结

强夯法在处理细颗粒饱和土时，巨大的冲击能破坏了土体原有结构，使土体局部发生液化并产生许多裂隙，增加了排水通道，从而加速土体固结。

（3）动力置换

当采用强夯置换法时，在强夯的同时，夯坑中可放入碎石，强行挤走软土。强夯置换法可分为整体式置换和桩式置换，如图 6-2 所示。

整体式置换的作用机理类似于换填垫层。

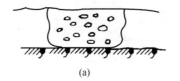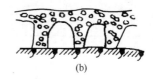

图 6-2　动力置换分类

(a) 整式置换；(b) 桩式置换

桩式置换是通过强夯将碎石夯入土中，在软土中形成碎石桩（墩）。其作用机理类似于振冲法等形成的碎石桩，置换所形成的碎石桩（墩）与其周围土体一起构成复合地基。

6.3.2　强夯法的设计与施工

强夯法加固地基的设计步骤主要包括以下几点：

（1）查明场地地质情况、环境影响、工程规模及重要性。

（2）根据已查明的资料，确定加固处理的目的。初步设计计算夯实能量，确定加固深度，选择重锤。

（3）根据已确定的施工参数，制定施工计划、确定夯点布置、编写施工说明。

（4）强夯施工前应进行试夯，并检验加固效果。通过对加固效果的分析，确定是否需要修改原强夯设计方案。

1. 有效加固深度的确定

强夯法的有效加固深度可以根据修正的梅那（Menard）公式来进行估算：

$$H = \alpha\sqrt{Mh} \tag{6-5}$$

式中　H——有效加固深度，m；

　　　M——夯锤重，kN；

　　　h——落距，m；

　　　α——修正系数，应根据所处理地基土性质决定，对软土可取 0.5，对黄土可取 0.34～0.5。

实际上影响强夯法有效加固深度的因素很多，除了锤重和落距外，还有地基土的性质、不同土层的厚度和埋藏顺序、地下水位以及强夯法的其他设计参数等。因此，强夯法的有效加固深度应根据现场试夯或当地经验确定。在缺少试验资料或经验时，也可按表 6-3 预估。

强夯法的有效加固深度（m）　　　　　　　　　　　　　　　　表 6-3

单击夯击能（kN·m）	碎石土、砂土等粗颗粒土	粉土、黏性土、湿陷性黄土等细颗粒土
1000	4.0～5.0	3.0～4.0
2000	5.0～6.0	4.0～5.0
3000	6.0～7.0	5.0～6.0
4000	7.0～8.0	6.0～7.0
5000	8.0～8.5	7.0～7.5

续表

单击夯击能（kN·m）	碎石土、砂土等粗颗粒土	粉土、黏性土、湿陷性黄土等细颗粒土
6000	8.5~9.0	7.5~8.0
8000	9.0~9.5	8.0~8.5
10000	9.5~10.0	8.5~9.0
12000	10.0~11.0	9.0~10.0

注：强夯的有效加固深度应从最初的起夯面算起；单击夯击能 E 大于 12000kN·m 时，强夯的有效加固深度应通过试验确定。

2. 夯锤和落距

单击夯击能为夯锤重 M 与落距 h 的乘积。一般来说，夯击时最好锤重和落距大，则单击能量大，夯击击数少，夯击遍数也相应减少，加固效果和技术经济较好。整个加固场地的总夯击能量（即锤重×落距×总夯击数）除以加固面积称为单位夯击能。强夯和强夯置换的单位夯击能应根据地基土类别、结构类型、荷载大小和要求处理的深度等综合考虑，并可通过试验确定。

对饱和黏性土所需的能量不能一次施加，否则土体会产生侧向挤出，强度反而有所降低，且难于恢复。根据需要可分几遍施加，两遍间可间歇一段时间，这样可逐步增加土的强度，改善土的压缩性。

在设计中，根据需要加固的深度初步确定采用的单击夯击能，然后再根据机具条件因地制宜地确定锤重和落距。

一般国内夯锤质量可取 10~25t。夯锤材质最好为铸钢，也可用钢板外壳内灌混凝土的锤。夯锤的平面一般为圆形（常见夯锤形状见图 6-3）。

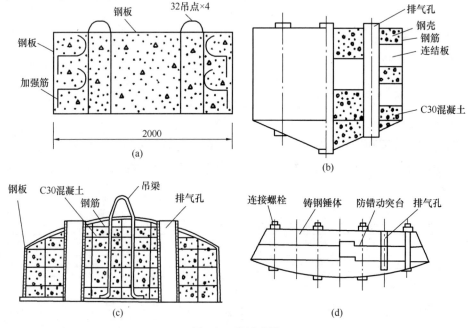

图 6-3　夯锤形状

（a）平底方形锤；（b）锥底圆柱形锤；（c）平底圆柱形锤；（d）球底圆台形锤

夯锤确定后，根据要求的单点夯击能量，就能确定夯锤的落距。国内通常采用的落距是 8~25m。对相同的夯击能量，常选用大落距的施工方案，这是因为增大落距可获得较大的接地速度，能将大部分能量有效地传到地下深处，增加深层夯实效果，减少消耗在地表土层塑性变形的能量。

3. 夯击点布置及间距

（1）夯击点布置

强夯夯击点位置可根据基底平面形状，采用等边三角形、等腰三角形或正方形布置。同时夯击点布置时应考虑施工时起重机械的行走通道。强夯置换墩位布置宜采用等边三角形或正方形。对独立基础或条形基础可根据基础形状与宽度相应布置。

强夯和强夯置换处理范围应大于建筑物基础范围，具体的放大范围，可根据建筑物类型和重要性等因素考虑决定。对一般建筑物，每边超出基础外缘的宽度宜为设计处理深度的 1/2~2/3，并不宜小于 3m；对可液化地基，基础边缘的处理宽度，不应小于 5m；对湿陷性黄土地基，应符合《湿陷性黄土地区建筑标准》GB 50025—2018 的有关规定。

（2）夯击点间距

强夯第一遍夯击点间距可取夯锤直径的 2.5~3.5 倍，第二遍夯击点位于第一遍夯击点之间，以后各遍夯击点间距可适当减小。对处理深度较深或单击夯击能较大的工程，第一遍夯击点间距宜适当增大。夯击点间距（夯距）的确定，一般根据地基土的性质和要求处理的深度而定，以保证使夯击能量传递到深处，且使邻近夯坑周围产生辐射向裂隙。

强夯置换墩间距应根据荷载大小和原土的承载力选定，当满堂布置时可取夯锤直径的 2~3 倍，对独立基础或条形基础可取夯锤直径的 1.5~2.0 倍。墩的计算直径可取夯锤直径的 1.1~1.2 倍。

4. 夯击击数与遍数

（1）夯击击数

强夯夯点的夯击击数，应按现场试夯得到的夯击击数和夯沉关系曲线确定，且应同时满足下列条件：

1）最后两击的平均夯沉量不宜大于下列数值：当单击夯击能小于 4000kN·m 时为 50mm；当夯击能为 4000~6000kN·m 时为 100mm；当夯击能为 6000~8000kN·m 时为 150mm；当夯击能为 8000~12000kN·m 时为 200mm；当夯击能大于 12000kN·m 时，应通过试验确定。

2）夯坑周围地面不应发生过大隆起；

3）不因夯坑过深而发生起锤困难。

强夯置换夯点的夯击次数应通过现场试夯确定，且应同时满足下列条件：①墩底穿透软弱土层，且达到设计墩长；②累计夯沉量为设计墩长的 1.5~2.0 倍；③最后两击的平均夯沉量不大于强夯的规定值。

（2）夯击遍数

夯击遍数应根据地基土的性质确定，可采用点夯 2~4 遍，对于渗透性较差的细颗粒土，必要时夯击遍数可适当增加。最后再以低能量满夯 2 遍，满夯可采用轻锤或低落距锤多次夯击，锤印搭接。

5. 垫层铺设

当场地表土软弱或地下水位较高时，施工前要求拟加固的场地必须具有一层稍硬的表层，使其能支承起重设备，并便于"夯击能"得到扩散，同时也可加大地下水位与地表面的距离，因此有时必须铺设垫层。对场地地下水位在－2m深度以下的砂砾石土层，可直接施行强夯，无需铺设垫层。对地下水位较高的饱和黏性土与易液化流动的饱和砂土，都需要铺设砂、砂砾或碎石垫层才能进行强夯，否则土体会发生流动。垫层厚度由场地的土质条件、夯锤重量及其形状等条件而定。当场地土质条件好，夯锤小或形状构造合理，起吊时吸力小者，也可减少垫层厚度。垫层厚度一般为0.5~2.0m。铺设的垫层不能含有黏土。

6. 间歇时间

对于需要分两遍或多遍夯击的工程，两遍夯击间应有一定的时间间隔。各遍间的间歇时间取决于加固土层中孔隙水压力消散所需要的时间。对砂性土，孔隙水压力的峰值出现在夯完后的瞬间，消散时间只有2~4min，故对渗透性较大的砂性土，两遍夯间的间歇时间很短，即可连续夯击。

对黏性土，由于孔隙水压力消散较慢，故当夯击能逐渐增加时，孔隙水压力也相应地叠加，其间歇时间取决于孔隙水压力的消散情况，一般为2~3周。目前国内有的工程对黏性土地基的现场埋设了袋装砂井（或塑料排水带），以便加速孔隙水压力的消散，缩短间歇时间。有时根据施工流水顺序，两遍间也能达到连续夯击的目的。

7. 注意事项

当强夯施工所引起的振动和侧向挤压对邻近建筑物产生不利影响时，应设置监测点，并采取挖隔振或防振措施。

6.3.3　质量检验

强夯施工结束后应间隔一定时间方能对地基加固质量进行检验。对碎石土和砂土地基，其间隔时间可取1~2周；对粉土和黏性土地基可取2~4周。强夯置换地基间隔时间可取4周。

质量检验方法可采用：①室内试验；②十字板试验；③动力触探试验（包括标准贯入试验）；④静力触探试验；⑤旁压仪试验；⑥载荷试验；⑦波速试验。

强夯处理后的地基竣工验收时，承载力检验应采用原位测试和室内土工试验。强夯置换后的地基竣工验收时，承载力检验除应采用单墩载荷试验检验外，尚应采用动力触探等有效手段查明置换墩着底情况及承载力与密度随深度的变化，对饱和粉土地基允许采用单墩复合地基载荷试验以代替单墩载荷试验。

【例6-2】某工程采用强夯法加固，加固面积为5000m²，锤重为10t，落距为10m，单点击数为8击，夯点数为200，夯击5遍，求：（1）单击夯击能；（2）单点夯击能；（3）总夯击能；（4）该场地的单位夯击能。

【解】（1）单击夯击能

单击夯击能＝锤重×落距＝100×10＝1000kN·m

（2）单点夯击能

单点夯击能＝单击夯击能×单点击数＝1000×8＝8000kN·m

（3）总夯击能

总夯击能＝单点夯击能×总夯点数×遍数＝8000×200×5＝8×10⁶kN·m

（4）单位夯击能

单位夯击能＝总夯击能/加固面积＝8000000/5000＝1600kN·m/m²

6.4 排水固结法

排水固结法是利用地基排水固结的特性，通过施加预压荷载，并增设各种排水条件（砂井和排水垫层等排水体），使土体中的孔隙水排出，逐渐固结，地基发生沉降，同时强度逐步提高的一种软土地基处理方法。该法常用于解决软黏土地基的沉降和稳定问题，可使地基的沉降在加载预压期间基本完成或大部分完成，使建筑物在使用期间不致产生过大的沉降和沉降差。同时，可增加地基土的抗剪强度，从而提高地基的承载力和稳定性。

根据所施加的预压荷载不同，排水固结法可分为堆载预压法、真空预压法和联合预压法。

6.4.1 加固原理与应用条件

1. 堆载预压加固机理

预压法是在建筑物建造以前，在建筑场地进行加载预压，使地基的固结沉降基本完成并提高地基土强度的方法。

在饱和软土地基上施加荷载后，孔隙水被缓慢排出，孔隙体积随之逐渐减少，地基发生固结变形。同时随着超静水压力逐渐消散，有效应力逐渐提高，地基土强度就逐渐增长。在荷载作用下，土层的固结过程就是超静孔隙水压力（简称孔隙水压力）消散和有效应力增加的过程。如地基内某点的总应力增量为 $\Delta\sigma$，有效应力增量为 $\Delta\sigma'$，孔隙水压力增量为 Δu，则三者满足以下关系：

$$\Delta\sigma' = \Delta\sigma - \Delta u \qquad (6-6)$$

用填土等外加荷载对地基进行预压，是通过增加总应力 $\Delta\sigma$ 并使孔隙水压力 Δu 消散而增加有效应力 $\Delta\sigma'$ 的方法。堆载预压是在地基中形成超静水压力的条件下排水固结，称为正压固结。

土层的排水固结效果和排水边界条件有关。当土层厚度相对荷载宽度（或直径）比较小时，土层中孔隙水向上下面透水层排出而使土层发生固结（图 6-4a），称为竖向排水固结。根据固结理论，黏性土固结所需时间与排水距离的平方成正比。因此，为了加速土层的固结，最有效的方法是增加土层的排水途径，缩短排水距离。砂井、塑料排水板等竖向排水体就是为此目的而设置的，如图 6-4（b）所示。

2. 真空预压加固机理

真空预压法是在需要加固的软土地基表面先铺设砂垫层，然后埋设垂直排水管道，再用不透气的封闭膜使其与大气隔绝，薄膜四周埋入土中，通过砂垫层内埋设的吸水管道，用真空装置进行抽气，使其形成真空，增加地基的有效应力。当抽真空时，先后在地表砂

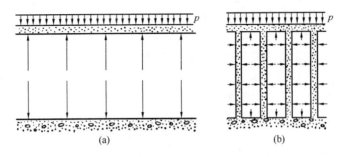

图 6-4　排水法的原理

(a) 竖向排水情况；(b) 砂井地基排水情况

垫层及竖向排水通道内逐步形成负压，使土体内部与排水通道、垫层之间形成压差。在此压差作用下，土体中的孔隙水不断由排水通道排出，从而使土体固结。

真空预压的原理主要反映在以下几个方面：

(1) 薄膜上面承受等于薄膜内外压差的荷载。

(2) 地下水位降低，相应增加附加应力。

(3) 封闭气泡排出，土的渗透性加大。

真空预压是将覆盖于地面的密封膜下抽成真空，膜内外形成气压差，使黏土层产生固结压力，即在总应力不变的情况下，通过减小孔隙水压力来增加有效应力的方法。真空预压和降水预压是在负超静水压力下排水固结，称为负压固结。

实际上，排水固结法是由排水系统和加压系统两部分共同组合而成的。排水系统是一种手段，如没有加压系统，孔隙中的水没有压力差就不会自然排出，地基也就得不到加固。如果只增加固结压力，不缩短土层的排水距离，则不能在预压期间尽快地完成设计所要求的沉降量，强度不能及时提高，加载也不能顺利进行。所以上述两个系统，在设计时总是联系起来考虑的。

排水固结法适用于处理各类淤泥、淤泥质土及冲填土等饱和黏性土地基。对于砂类土和粉土，因透水性良好，无须用此法处理。对于含水平砂夹层的黏性土，因其具有较好的横向排水性能，所以不用竖向排水体（砂井等）处理，也能获得良好的固结效果。

砂井法特别适用于存在连续薄砂层的地基。但砂井只能加速主固结而不能减少次固结，对有机质土和泥炭等次固结土，不宜只采用砂井法，克服次固结可采用超载的方法。真空预压法适用于能在加固区形成（包括采取措施后形成）稳定负压边界条件的软土地基，由于真空预压法不增加剪应力，地基不会产生剪切破坏，所以很适用于很软弱的黏土地基。

6.4.2　堆载预压法设计

堆载预压法处理地基的设计应包括下列内容：

① 选择竖向排水井，确定其断面尺寸、间距、排列方式和深度；

② 确定预压区范围、预压荷载大小、荷载分级、加载速率和预压时间；

③ 计算地基土的固结度、强度增长、抗滑稳定性和变形。

1. 竖向排水井尺寸

（1）竖向排水井直径

竖向排水井分为普通砂井、袋装砂井和塑料排水带。普通砂井直径可取 300～500mm，袋装砂井直径可取 70～120mm。塑料排水带已标准化，一般相当于直径 60～70mm。

（2）砂井或塑料排水带间距

砂井或塑料排水带的间距可根据地基土的固结特性和预定时间内所要求达到的固结度确定。通常砂井的间距可按井径比选用，井径比 n 按式（6-7）确定：

$$n = d_e/d_w \tag{6-7}$$

式中　d_e——砂井的有效排水圆柱体直径，mm；

　　　d_w——竖井直径，mm。

普通砂井的间距可按 $n=6～8$ 选用；袋装砂井或塑料排水带的间距可按 $n=15～22$ 选用。

塑料排水带常用当量直径表示，塑料排水带宽度为 b，厚度为 δ，则换算直径可按式（6-8）计算：

$$d_p = \frac{2(b+\delta)}{\pi} \tag{6-8}$$

式中　d_p——塑料排水带当量换算直径（mm）；

　　　b——塑料排水带宽度（mm）；

　　　δ——塑料排水带厚度（mm）。

目前应用的塑料排水带产品尺寸一般为 100mm×4mm（图 6-5），成卷包装，每卷长约数百米，用专门的插带机插入软土地基，先在空心套管装入塑料排水带，并将其一端与预制的专用钢靴连接，插入地基下预定标高处，拔出空心套管，由于土对钢靴的阻力，塑料带留在软土中，在地面将塑料带切断，即可移动插带机进行下一个循环作业。

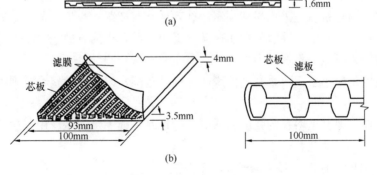

图 6-5　塑料排水带尺寸

（a）多孔单一结构型塑料排水带；（b）复合结构塑料排水带

（3）竖井排列方式

竖井的平面布置可采用等边三角形或正方形排列，如图 6-6 所示。一个竖井的有效排水圆柱体的直径 d_e 和竖井间距 l 的关系按下列规定取用：

等边三角形布置：　　　　　　　$d_e = 1.05l$　　　　　　　　　　　　　　　（6-9）

正方形布置：　　　　　　　　　$d_e = 1.13l$　　　　　　　　　　　　　　　（6-10）

由于等边三角形排列较正方形紧凑和有效，应用较多。竖井的布置范围应稍大于建筑物基础范围，扩大的范围可由基础轮廓线向外增大 2～4m。

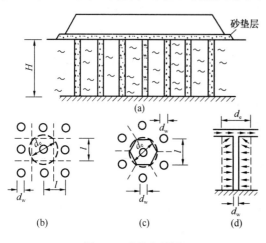

图 6-6　砂井布置图

(a) 剖面图；(b) 正方形布置；

(c) 等边三角形布置；(d) 砂井的排水途径

（4）砂井深度

砂井的深度应根据建筑物对地基的稳定性、变形要求和工期确定。对以地基抗滑稳定性控制的工程，砂井深度至少应超过最危险滑动面 2m。对以变形控制的建筑物，如压缩土层厚度不大，砂井宜贯穿压缩土层；对深厚的压缩土层，砂井深度应根据在限定的预压时间内消除的变形量确定，若施工设备条件达不到设计深度，则可采用超载预压等方法来满足工程要求。

若软土层厚度不大或软土层含较多的薄粉砂夹层，预计固结速率能满足工期要求时，可不设置竖向排水体。

（5）砂垫层

在砂井顶面应铺设排水砂垫层，以连通各个砂井形成通畅的排水面，将水排到场地以外。砂垫层厚度不应小于 0.5m；水下施工时，砂垫层厚度一般为 1.0m 左右。为节省砂料，也可采用连通砂井的纵横砂沟代替整片砂垫层，砂沟的高度一般为 0.5～1.0m，砂沟宽度取砂井直径的 2 倍。

2. 确定加载的大小、范围和速率

预压荷载的大小，应根据设计要求确定，通常可与建筑物的基底压力大小相同。对于沉降有严格限制的建筑，应采用超载预压法处理地基，超载大小应根据预定时间内要求消除的变形量通过计算确定，并宜使预压荷载下受压土层各点的有效竖向压力等于或大于建筑荷载所引起的相应点的附加压力。

加载的范围不应小于建筑物基础外缘所包围的范围，以保证建筑物范围内的地基得到均匀加固。

加载速率应与地基土增长的强度相适应，待地基在前一级荷载作用下达到一定的固结度后，再施加下一级荷载。

3. 计算地基的固结度、强度增长和变形

（1）地基固结度计算

根据《建筑地基处理技术规范》JGJ 79—2012，在一级或多级等速加载条件下，某一时间 t 对应总荷载的地基平均固结度可按下式计算：

$$\overline{U}_t = \sum_{i=1}^{n} \frac{\dot{q}_i}{\sum \Delta p} \Big[(T_i - T_{i-1}) - \frac{\alpha}{\beta} e^{-\beta \cdot t} (e^{\beta T_i} - e^{\beta T_{i-1}}) \Big] \tag{6-11}$$

式中 $\overline{U}_{\mathrm{t}}$——$t$ 时间地基的平均固结度；

$\dot{q}_i$——第 i 级荷载的加载速率（kPa/d）；

$\Sigma \Delta p$——各级荷载的累加值（kPa）；

T_i、T_{i-1}——分别为第 i 级荷载的起始和终止时间（从零点起算）（d），当计算第 i 级荷载过程中某时间 t 的固结度时，T_i 改为 t；

α、β——参数，根据地基土排水固结条件按表 6-4 采用。

α、β 值   表 6-4

排水固结条件 参数	竖向排水固结 $\overline{U}_{\mathrm{t}} > 30\%$	向内径向 排水固结	竖向和向内径向 排水固结（砂井贯 穿受压土层）	说明
α	$\dfrac{8}{\pi^2}$	1	$\dfrac{8}{\pi^2}$	$F_n = \dfrac{n^2}{n^2-1}\ln(n) - \dfrac{3n^2-1}{4n^2}$； C_{v}——土的竖向排水固结系数（cm³/s）； C_{h}——土的水平排水固结系数（cm³/s）； H——土层竖向排水距离（cm）； n——井径比
β	$\dfrac{\pi^2 C_{\mathrm{v}}}{4H^2}$	$\dfrac{8C_{\mathrm{h}}}{F_n d_{\mathrm{e}}^2}$	$\dfrac{8C_{\mathrm{h}}}{F_n d_{\mathrm{e}}^2} + \dfrac{\pi^2 C_{\mathrm{v}}}{4H^2}$	

（2）地基强度和变形计算

预压荷载下，正常固结饱和黏性土地基中某点任意时间的抗剪强度 τ_{ft} 可按下式计算：

$$\tau_{\mathrm{ft}} = \tau_{\mathrm{f0}} + \Delta\sigma_{\mathrm{z}} \cdot U_{\mathrm{t}} \tan\varphi_{\mathrm{cu}} \tag{6-12}$$

式中 τ_{f0}——地基土的天然抗剪强度（kPa）；

$\Delta\sigma_{\mathrm{z}}$——预压荷载引起的该点的附加竖向应力（kPa）；

U_{t}——该点土的固结度；

φ_{cu}——三轴固结不排水试验求得的土的内摩擦角（°）。

（3）预压荷载下地基的最终竖向变形量计算

$$s_{\mathrm{f}} = \xi \sum_{i=1}^{n} \frac{e_{0i} - e_{1i}}{1 + e_{0i}} h_i \tag{6-13}$$

式中 s_{f}——最终竖向变形量（m）；

e_{0i}——第 i 层中点土自重应力所对应的孔隙比，由室内固结试验所得的孔隙比 e-p 曲线查得；

e_{1i}——第 i 层中点土自重应力和附加应力之和所对应的孔隙比，由室内固结试验所得的孔隙比 e-p 曲线查得；

h_i——第 i 层土层厚度（m）；

ξ——经验系数，对正常固结饱和黏性土地基可取 $\xi = 1.1 \sim 1.4$。荷载较大、地基土较软弱时取较大值，否则取较小值。

变形计算时，可取附加压力与自重压力的比值为 0.1 的深度作为受压层的计算深度。

6.4.3　真空预压法设计

真空顶压法设计包括下列内容：

（1）竖向排水体尺寸。采用真空预压法处理地基必须设置竖向排水体。竖向排水体可采用直径为 700mm 的袋装砂井，也可采用普通砂井或塑料排水带。其间距可按照加载预压法设计的砂井或塑料排水带间距选用。砂井深度应根据设计要求在预压期间完成的沉降量和拟建建筑物地基稳定性的要求，通过计算确定。砂井的砂粒应采用中粗砂，其渗透系数 k 宜大于 1×10^{-2} cm/s。

（2）预压区面积。真空预压区边缘应大于建筑物基础轮廓线，每边增加量不得小于 3.0m。每块预压面积宜尽可能大且呈方形。

（3）真空预压的膜内真空度应保持在 650mmHg 以上，相当于 86.7kPa 的真空压力，且应均匀分布；竖井深度范围内土层的平均固结度应大于 90%。

（4）沉降计算。先计算加固前建筑物荷载下天然地基的沉降量，后计算真空预压期间所完成的沉降量，两者之差即为预压后在建筑物使用荷载下可能发生的沉降。

6.4.4　现场监测设计

堆载预压法现场监测项目一般包括地面沉降观测、水平位移观测和孔隙水压力观测，如有条件可监测径向地基中深层沉降和水平位移观测。预压荷载的卸荷时间一般控制在固结度为 85% 左右时。

【例 6-3】有一 10m 厚的饱和黏土层，土层底部为不透水层，拟采用砂井处理。砂井的直径 $d_w = 20$cm，长 $l = 10$m，砂井有效排水直径 $d_e = 200$cm；土层的固结系数 $C_v = 8.34 \times 10^{-4}$ cm²/s、$C_h = 8.34 \times 10^{-3}$ cm²/s。预压总荷载 $p = 100$kPa，分两级等速加载。第一级荷载 $p_1 = 60$kPa，10 天加载完成。第二级荷载拟于加固土在第一级荷载作用下固结度达到 80% 时施加，请计算第二级荷载施加的时间（不考虑井阻与涂抹作用）。

【解】由平均固结度计算公式

$$\overline{U}_t = \sum_{i=1}^{n} \frac{\dot{q}_i}{\sum \Delta p} \Big[(T_i - T_{i-1}) - \frac{\alpha}{\beta} e^{-\beta \cdot t} (e^{\beta T_i} - e^{\beta T_{i-1}}) \Big]$$

第一级荷载的加载速率：$\dot{q}_1 = 60/10 = 6$kPa/d

荷载的累加值：$\sum \Delta p = 60$kPa

T_i，T_{i-1}，t 分别为第 i 级荷载加载的起始时间、终止时间和总固结时间（d）。

第一次堆载：$T_0 = 0$d，$T_1 = 10$d

井径比：$n = d_e/d_w = 200/20 = 10$

α、β 及 F_n 由表 6-4 得：

$$F_n = \frac{n^2}{n^2 - 1} \ln(n) - \frac{3n^2 - 1}{4n^2} = \frac{10^2}{10^2 - 1} \times \ln(10) - \frac{3 \times 10^2 - 1}{4 \times 10^2} = 1.578$$

$$\alpha = 8/\pi^2 = 0.81$$

$$\beta = \frac{8C_h}{F_n d_e^2} + \frac{\pi^2 C_v}{4H^2} = \frac{8 \times 8.34 \times 10^{-3} \times 8.64}{1.578 \times 2^2} + \frac{\pi^2 \times 8.34 \times 10^{-4} \times 8.64}{4 \times 10^2} \approx 0.0915 \text{d}^{-1}$$

则地基土的平均固结度：

$$\overline{U}_t = 0.8 = \frac{6}{60}\left[(10-0) - \frac{0.81}{0.0915}e^{-0.0915 \times t}(e^{0.0915 \times 10} - e^0)\right]$$

$$0.8 = 1 - \frac{1}{10} \times \frac{0.81}{0.0915}e^{-0.0915t}(2.497 - 1)$$

$$0.2 = \frac{1}{10} \times \frac{0.81}{0.0915}e^{-0.0915t}(2.497 - 1)$$

$$0.2 = 1.325e^{-0.0915t}$$

$$t = 21d$$

【例 6-4】根据例 6-3 的已知条件，第二级荷载于前一级荷载加载完成 21 天后开始，$p_2 = 40\text{kPa}$，5 天加载完成。求第二级荷载加载完成时，地基土的固结度。

【解】由平均固结度计算公式

$$\overline{U}_t = \sum_{i=1}^{n} \frac{\dot{q}_i}{\sum \Delta p}\left[(T_i - T_{i-1}) - \frac{\alpha}{\beta}e^{-\beta \cdot t}(e^{\beta T_i} - e^{\beta T_{i-1}})\right]$$

第一级荷载的加载速率：$\dot{q}_1 = 60/10 = 6\text{kPa/d}$

第二级荷载的加载速率：$\dot{q}_2 = 40/5 = 8\text{kPa/d}$

各级荷载的累加值：$\sum \Delta p = 100\text{kPa}$

$$T_0 = 0d, T_1 = 10d; T_2 = 31d, T_3 = 36d$$

$$\overline{U}_t = \frac{6}{100}\left[(10-0) - \frac{0.81}{0.0915}e^{-0.0915 \times 36}(e^{0.0915 \times 10} - e^0)\right]$$

$$+ \frac{8}{100}\left[(36 - 31) - \frac{0.81}{0.0915}e^{-0.0915 \times 36}(e^{0.0915 \times 36} - e^{0.0915 \times 31})\right]$$

$$\overline{U}_t = 0.71$$

6.5 复合地基理论

6.5.1 复合地基的概念与分类

1. 复合地基的概念

复合地基是指天然地基在地基处理过程中部分土体被增强或被置换形成增强体，由增强体和其周围地基土共同承担荷载的地基。复合地基有两个基本特点：①加固区是由增强体和其周围地基土两部分组成，是非均质和各向异性的；②增强体和其周围地基土体共同承担荷载并协调变形。复合地基与天然地基同属地基范畴，为此，两者间有内在联系，但又有本质区别；复合地基与桩基都是以桩的形式处理地基，故两者有其相似之处，但复合地基属于地基范畴，而桩基属于基础范畴，所以两者又有其本质区别。复合地基中桩体与基础往往不是直接相连的，它们之间通过垫层（碎石或砂石垫层）来过渡；而桩基中桩体与基础（承台）直接相连，两者形成一个整体，因此，它们的受力特性也存在着明显差异，如图 6-7 所示。复合地基的主要受力层在加固体内而桩基的主要受力层是在桩尖以下一定范围内。由于复合地基理论的最基本假定为桩与桩周土的协调变形，为此，从理论而

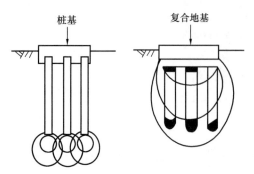

图 6-7　复合地基与桩基受力特征对比

言，复合地基中也不存在类似桩基中的群桩效应。

2. 分类

根据地基中增强体的方向可分为水平向增强体复合地基和竖向增强体复合地基，如图 6-8 所示。水平向增强体复合地基主要包括由各种加筋材料，如土工聚合物、金属材料格栅等形成的复合地基。竖向增强体复合地基通常称为桩体复合地基。

在桩体复合地基中，桩的作用是主要的，而地基处理中桩的类型较多，性能变化较大。为此，复合地基的类型按桩的类型进行划分较妥。然而，桩又可根据成桩所采用的材料以及成桩后桩体的强度（或刚度）来进行分类。

图 6-8　复合地基示意图
（a）水平向增强体复合地基；（b）竖向增强体复合地基

桩体如按成桩所采用的材料可分为：
① 散体土类桩，如碎石桩、砂桩等；
② 水泥土类桩，如水泥土搅拌桩、旋喷桩等；
③ 混凝土类桩，树根桩、CFG 桩等。
桩体如按成桩后的桩体的强度（或刚度）可分为：
① 柔性桩，散体土类桩属于此类桩；
② 半刚性桩，如水泥土类桩；
③ 刚性桩，如混凝土类桩。
半刚性桩中水泥掺入量的大小将直接影响桩体的强度。当掺入量较小时，桩体的特性类似柔性桩；而当掺入量较大时，又类似于刚性桩，为此，它具有双重特性。

由柔性桩和桩间土所组成的复合地基可称为柔性桩复合地基，其他依次为半刚性桩复合地基、刚性桩复合地基。

6.5.2　复合地基的作用机理及设计参数

1. 作用机理

不论何种复合地基，都具备以下一种或多种作用，具体如下：
（1）桩体作用
由于复合地基中桩体的刚度较周围土体为大，在刚性基础下等量变形时，地基中应力将按材料模量进行分布。因此，桩体产生应力集中现象，大部分荷载由桩体承担，桩间土上应力相应减小。这样就使得复合地基承载力较原地基有所提高，沉降量有所减少。随着桩体刚度的增加，其桩体作用发挥得更加明显。

（2）垫层作用

桩与桩间土复合形成的复合地基或称复合层，由于其性能优于原天然地基，它可起到类似垫层的换土、均匀地基应力和增大应力扩散角等作用。在桩体没有贯穿整个软土层的地基中，垫层作用尤其明显。

（3）加速固结作用

除碎石桩、砂桩具有良好的透水特性，可加速地基的固结外，水泥土类和混凝土类桩在某种程度上也可加速地基固结。因为地基固结，不但与地基土的排水性能有关，而且还于地基土的变形特性有关。从固结系数 c_v 的计算式反映出来 $[c_v = k(1+e_0)/\gamma_w \cdot a]$。虽然水泥土类桩会降低地基土的渗透系数 k，但它同样会减小地基土的压缩系数 a，而且通常后者的减小幅度较前者大。为此，使加固后水泥土的固结系数 c_v 大于加固前原地基土的系数，同样可起到加速固结的作用。

（4）挤密作用

挤密作用如砂桩、土桩、石灰桩、砂石桩等在施工过程中由于振动、挤压、排土等原因，可使桩间土起到一定的密实。另外，石灰桩、粉体喷射搅拌桩中的生石灰、水泥具有吸水、放热和膨胀作用，对桩间土也有一定的挤密效果。

（5）加筋作用

各种桩土复合地基除了可提高地基的承载力外，还可用来提高土体的抗剪强度，增加土坡的抗滑能力。目前在国内深层搅拌桩、粉体喷搅桩和砂桩等已被广泛地用于高速公路等路基或路堤的加固，这都利用了复合地基中桩体的加筋作用。

2. 设计参数

复合地基设计参数主要包括面积置换率、桩土应力比和复合压缩模量。

（1）面积置换率

在复合地基中，取一根桩及其所影响的桩周土所组成的单元体作为研究对象。桩体的横截面积 A_p 与该桩体所承担的复合地基面积 A_e 之比称为复合地基面积置换率 m，则：

$$m = \frac{A_p}{A_e} = \frac{d^2}{d_e^2} \tag{6-14}$$

式中　　d——桩身平均直径（m）；

d_e——一根桩分担的处理地基面积的等效圆直径（m）。

根据复合地基桩体的平面布置形式（见图 6-9），d_e 可按下列方法计算：

等边三角形布桩：$d_e = 1.05s$；正方形布桩：$d_e = 1.13s$；矩形布桩：$d_e = 1.13\sqrt{s_1 s_2}$。

（2）桩土应力比

桩土应力比 n 是指复合地基中桩体的竖向平均应力 σ_p 与桩间土的竖向平均应力 σ_s 之比。桩土应力比是复合地基的一个重要设计参数，它关系复合地基承载力和变形的计算。假定在刚性基础下，桩体和桩间土的竖向应变相等，于是可得桩土应力比 n 的计算式为：

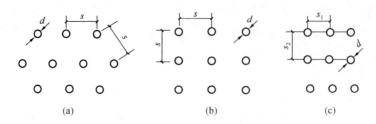

图 6-9　桩体平面布置形式

（a）等边三角形布置；（b）正方形布置；（c）矩形布置

$$n = \frac{\sigma_p}{\sigma_s} = \frac{E_p}{E_s} \tag{6-15}$$

式中　E_p、E_s——分别为桩身和桩间土的压缩模量（MPa）。

影响桩土应力比的因素有荷载水平、桩土模量比、复合地基面积置换率、原地基土强度、桩长、固结时间和垫层情况等。其他条件相同时，桩体材料刚度越大，桩土应力比就越大；桩越长，桩土应力比就越大；面积置换率越小，桩土应力比就越大。

（3）复合压缩模量

复合土层是由桩体和桩间土两部分组成的，是非均质复合土层。在复合地基计算中，为了简化计算，将其视为一均质的复合土层，那么与原非均质复合土层沉降量等价的均质复合土层的压缩模量称为复合压缩模量 E_{sp}。一般可按下列公式计算：

$$E_{sp} = mE_p + (1-m)E_s \tag{6-16}$$

或

$$E_{sp} = [1+m(n-1)]E_s \tag{6-17}$$

6.5.3　复合地基承载力的确定

1. 复合地基承载力确定

复合地基承载力一般应通过现场复合地基荷载试验确定，应按《建筑地基处理技术规范》JGJ 79—2012 的附录确定。初步设计时也可按复合求和法估算。复合求和法是先分别确定桩体的承载力和桩间土的承载力，再根据一定的原则叠加这两部分承载力得到复合地基的承载力。在这个理论的基础上，针对不同复合地基类型又分为两种计算方式，即应力复合法和变形复合法。

应力复合法认为，复合地基在达到其承载力的时候，复合地基中的桩与桩间土也同时达到各自的承载力，因此复合地基承载力可用下式表示：

$$f_{spk} = mf_{pk} + (1-m)f_{sk} \tag{6-18}$$

$$f_{spk} = [1+m(n-1)]f_{sk} \tag{6-19}$$

式中　f_{spk}、f_{pk}、f_{sk}——分别为复合地基、桩体和桩间土承载力特征值（kPa）；

　　　　　m——面积置换率；

　　　　　n——桩土应力比。

上述两公式在计算原理上完全相同，但在应用上有所不同。应用式（6-18）需要先通过计算或者试验得到单桩承载力特征值，而应用式（6-19）则需要先取得桩土应力比。

变形复合法认为复合地基在达到其承载力的时候，复合地基中的桩与桩间土并不同时达到各自的承载力，桩的承载力全部发挥而土的承载力并未全部发挥。由于土的应力与变形有关，因此采用变形复合法求解复合地基承载力的公式为：

$$f_{spk} = \lambda m \frac{R_a}{A_p} + \beta(1-m)f_{sk} \tag{6-20}$$

$$\beta = s_{sp}/s_s \tag{6-21}$$

式中　λ——单桩承载力发挥系数，可按地区经验取值；

　　　β——桩间土承载力发挥系数，其值小于1；

　　　s_{sp}——与复合地基承载力 f_{spk} 对应的复合地基变形（mm）；

　　　s_s——与桩间土承载力 f_{sk} 对应的地基变形（mm）；

　　　R_a——单桩竖向承载力特征值（kN）；

　　　A_p——桩的截面积（m^2）。

单桩竖向承载力特征值的计算公式为：

$$R_a = u_p \sum_{i=1}^{n} q_{si}l_{pi} + \alpha_p q_p A_p \tag{6-22}$$

式中　u_p——桩的周长（m）；

　　　n——桩长范围内所划分的土层数；

　　　q_{si}——桩周第 i 层土的侧阻力特征值（kPa）；

　　　l_{pi}——桩长范围内第 i 层土的厚度（m）；

　　　q_p——桩端地基土未经修正的承载力特征值（kPa），可按现行国家标准《建筑地基基础规范》GB 50007—2011 的有关规定确定；

　　　α_p——桩端天然地基土的承载力折减系数，按地区经验确定。

有粘结强度复合地基增强体桩身强度应满足桩身强度验算公式（6-23）的要求。当复合地基承载力进行基础埋深的深度修正时，增强体桩身强度应满足式（6-24）的要求。

$$f_{cu} \geqslant 4 \frac{\lambda R_a}{A_p} \tag{6-23}$$

$$f_{cu} \geqslant 4 \frac{\lambda R_a}{A_p} \left[1 + \frac{\gamma_m(d-0.5)}{f_{spa}} \right] \tag{6-24}$$

式中　f_{cu}——桩体试块标准养护的立方体抗压强度平均值（kPa）；

　　　γ_m——基础底面以上土的加权平均重度（kN/m^3），地下水位以下取有效重度；

　　　d——基础埋置深度（m）；

　　　f_{spa}——深度修正后的复合地基承载力特征值（kPa）。

《建筑地基处理技术规范》JGJ 79—2012 中对于初步设计时各种复合地基的承载力计算方法的选用做了详细规定：对于砂石桩复合地基、石灰桩复合地基等柔性桩复合地基采用应力复合法；对于水泥土搅拌桩、CFG 桩复合地基和旋喷桩复合地基等半刚性、刚性桩复合地基采用变形复合法。《建筑地基处理技术规范》JGJ 79—2012 还给出了其中的计算参数，如桩土应力比和桩间土折减系数的取值范围。

在计算复合地基承载力的时候，还需要确定桩身承载力 f_{pk} 和桩间土承载力 f_{sk}。对于桩身承载力 f_{pk}，可采用单桩承载力除以其桩身截面积得到。对于不同类型的桩，计算公式不尽相同，参考各具体复合地基类型的介绍。单桩承载力也可采用现场单桩载荷试验测定。

需要指出的是：桩间土承载力 f_{sk} 为处理后基础持力层桩间土的承载力。当处理前后桩间土的承载力变化不大时，可以直接采用勘察报告中给出的未经修正的承载力特征值。但对于处理前后桩间土的承载力变化较大（如桩身挤压效果明显、施工扰动较大等），则需要确定处理后桩间土的承载力。表 6-5 给出了不同地基处理方式后桩间土承载力的变化趋势，具体数据需根据现场试验确定。

地基处理后桩间土承载力变化趋势　　　　　　　　　　　表 6-5

复合地基类型	桩间土类型	处理后桩间土承载力
砂石桩	砂土	增大
	粉土、杂填土、含粗粒较多的素填土	增大
	非饱和黏性土	增大
	饱和黏性土	减小
石灰桩	黄土、低含水量填土	增大
	饱和软土	增大
水泥土搅拌桩	各类土	基本不变
CFG桩	砂土、粉土、松散填土、粉质黏土、非饱和黏土	增大
	饱和黏土、淤泥质土	减小

2. 复合地基承载力的修正

经处理后的地基，仅根据基础埋深对地基承载力特征值进行修正，见式（6-25）：

$$f_{spa} = f_{spk} + \eta_d \gamma_m (d - 0.5) \tag{6-25}$$

式中　η_d——基础埋置深度的地基承载力修正系数。大面积压实填土地基，对于压实系数大于 0.95、黏粒含量 $\rho_c \geqslant 10\%$ 的粉土，可取 1.5；对于干重度大于 $21kN/m^3$ 的级配砂石可取 2.0；其他地基处理均取 1.0。

6.5.4 复合地基变形计算

复合地基变形的计算与天然地基变形计算过程基本相同。计算之前应根据附加应力分布确定变形计算深度 z_n。复合地基变形计算深度的确定方法与天然地基相同，按式（6-26）计算。

$$\Delta s'_n \leqslant 0.025 \sum_{i=1}^{n} \Delta s'_i \tag{6-26}$$

式中　$\Delta s'_i$——在计算深度 z_n 范围内，第 i 层土的计算变形值（mm）；

$\Delta s'_n$——在计算深度 z_n 处向上取厚度为 Δz 的土层计算变形值（mm），Δz 按表 6-6 确定。

	Δz			表 6-6
b（m）	≤2	$2<b≤4$	$4<b≤8$	$b>8$
Δz（m）	0.3	0.6	0.8	1.0

若变形计算深度 z_n 小于加固深度 H_1，则 $z_n=$ H_1，地基变形仅需计算加固区变形，即：

$$s = s_1 \qquad (6-27)$$

若变形计算深度 z_n 大于加固深度 H_1，则地基变形由加固区变形和下卧层变形两部分组成，如图 6-10 所示。

$$s = s_1 + s_2 \qquad (6-28)$$

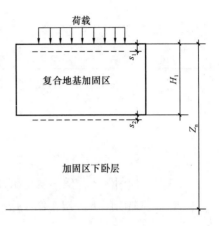

图 6-10 复合地基沉降计算模式

式中 s——地基永久变形值（mm）；

s_1——复合地基加固区变形值（mm）；

s_2——下卧层的变形值（mm）。

地基（包括加固区和下卧层）压缩变形量计算通常采用分层总和法或《建筑地基基础设计规范》GB 50007—2011 提供的方法，表达式为：

$$s = \psi_s s' = \psi_s \left[\sum_{i=1}^{n} \frac{p_0}{E_{spi}} (z_i \bar{\alpha}_i - z_{i-1} \bar{\alpha}_{i-1}) + \sum_{j=1}^{m} \frac{p_0}{E_{sj}} (z_j \bar{\alpha}_j - z_{j-1} \bar{\alpha}_{j-1}) \right] \qquad (6-29)$$

式中 s——地基总沉降量（mm）；

s'——按分层总和法计算出来的地基变形量（mm）；

ψ_s——沉降计算经验系数，根据地区沉降观测资料及经验确定，无地区经验时可根据变形计算深度范围内压缩模量的当量值（$\bar{E}_s$）、基底附加压力按表 6-7 取值；

n、m——分别为地基变形计算深度范围内加固区所划分的土层数和下卧层所划分的土层数；

p_0——相应于荷载效应的准永久组合时基础底面的附加压力（kPa）；

E_{spi}——加固区第 i 层土的复合压缩模量（MPa）；

E_{sj}——下卧层第 j 层土的压缩模量（MPa）；

z_i、z_{i-1}、z_j、z_{j-1}——基础底面分别至第 i 层土、第 $i-1$ 层土、第 j 层土、第 $j-1$ 层土底面的距离（m）；

$\bar{\alpha}_i$、$\bar{\alpha}_{i-1}$、$\bar{\alpha}_j$、$\bar{\alpha}_{j-1}$——基础底面计算点分别至第 i 层土、第 $i-1$ 层土、第 j 层土、第 $j-1$ 层土底面范围内平均附加应力系数，按《建筑地基基础设计规范》GB 50007—2011 采用。

加固区土层的复合压缩模量 E_{spi} 按式（6-16）、式（6-17）计算，也可按下式计算：

$$E_{spi} = \zeta E_{si} \qquad (6-30)$$

$$\zeta = \frac{f_{spk}}{f_{ak}} \qquad (6-31)$$

式中 ζ——复合地基承载力提高系数；

E_{si}——加固区第 i 层土的天然压缩模量（MPa）；

f_{spk}——复合地基承载力特征值（kPa）；

f_{ak}——基础底面下天然地基承载力特征值（kPa）。

沉降计算经验系数 ψ_s

表 6-7

$\overline{E}_s$	4.0	7.0	15.0	20.0	35.0
ψ_s	1.0	0.7	0.4	0.25	0.2

注：$\overline{E}_s$ 为变形计算深度范围内压缩模量的当量值，应按式（6-32）计算。

$$\overline{E}_s = \frac{\sum_{i=1}^{n} A_i + \sum_{j=1}^{m} A_j}{\sum_{i=1}^{n} \dfrac{A_i}{E_{spi}} + \sum_{j=1}^{m} \dfrac{A_j}{E_{si}}} \tag{6-32}$$

式中 A_i——加固区土层第 i 层土附加应力系数沿土层厚度的积分值；

A_j——加固区下卧层土第 j 层土附加应力系数沿土层厚度的积分值。

6.5.5 复合地基一般设计过程

1. 资料分析

在进行地基处理之前，应进行深入的调查研究，搜集详细的岩土工程勘察资料、上部结构及基础设计资料等；结合工程情况，了解当地地基处理经验和施工条件，对于有特殊要求的工程，尚应了解其他地区相似场地上同类工程的地基处理经验和使用情况等；根据工程的要求和采用天然地基存在的主要问题，确定地基处理的目的和处理后要求达到的各项技术指标等；调查邻近建筑、地下工程、周边道路及有关管线等情况；了解施工场地的周边环境情况。

2. 复合地基处理方案的确定

根据结构类型、荷载大小及使用要求，结合地形地貌、地层结构、土质条件、地下水特征、环境情况和对邻近建筑的影响等因素进行综合分析，初步选出几种可供考虑的复合地基处理方案，包括选择两种或多种地基处理措施组成的综合处理方案；对初步选出的各种复合地基处理方案分别从加固原理、使用范围、预期处理效果、耗用材料、施工机械、工期要求和对环境影响等方面进行技术经济分析和对比，选择最佳的地基处理方法。

3. 选择桩截面尺寸

根据选择的地基处理方案、上部建筑结构类型、荷载大小、穿越土层、地下水位、施工设备、施工环境、施工经验、制桩材料供应条件等，选择经济合理、安全施工的桩身截面尺寸。

4. 加固深度选择

根据地基处理目的及要求，选择合适的持力层作为桩端持力层，从而确定地基加固深度，一般选择压缩性低而承载力高的较硬土层作为复合地基桩端持力层。

5. 加固范围的确定

根据地基处理方式，选择满足要求的地基处理范围。

6. 桩体承载力的确定

根据工程场地的试桩或式（6-22），可以确定桩体承载力。

7. 复合地基承载力特征值的确定

修正后复合地基承载力应满足式（6-33）的要求：

$$f_{spa} \geqslant p_k \tag{6-33}$$

$$p_k = \frac{F_k + G_k}{A} = \frac{F_k}{A} + \gamma_G \overline{d} \tag{6-34}$$

式中　f_{spa}——经深度修正后的复合地基承载力特征值（kPa），按式（6-25）计算；

　　　p_k——相应于荷载效应标准组合时的基底平均压力（kPa）；

　　　F_k——相应于荷载效应标准组合时，上部结构传至基础顶面处的竖向力（kN）；

　　　G_k——基础自重和基础上土重（kN）；

　　　A——基础底面面积（m²）；

　　　γ_G——基础和基础上覆土的平均重度，地下水位以下取有效重度（kN/m³）；

　　　$\overline{d}$——基础埋深，取基础底面距离基础两侧设计地面的平均值（m）。

由式（6-35）可计算出未经修正的复合地基承载力特征值的基本要求：

$$f_{spk} \geqslant p_k - \eta_d \gamma_m (d - 0.5) \tag{6-35}$$

式中　γ_m——基础底面以上埋深范围内土的加权平均重度，地下水位以下取有效重度（kN/m³）；

　　　d——基础埋深（m）。

8. 确定面积置换率

根据复合地基处理的类型可分别按下式计算面积置换率。

当采用应力复合法计算复合地基承载力时：

$$m = \frac{f_{spk} - f_{sk}}{f_{pk} - f_{sk}} = \frac{f_{spk}/f_{sk} - 1}{n - 1} \tag{6-36}$$

当采用变形复合法计算复合地基承载力时：

$$m = \frac{f_{spk} - \beta f_{sk}}{\lambda f_{pk} - \beta f_{sk}} = \frac{f_{spk} - \beta f_{sk}}{\lambda \dfrac{R_a}{A_p} - \beta f_{sk}} \tag{6-37}$$

9. 确定复合地基桩的平面布置和桩间距

复合地基桩的平面布置可采用等边三角形或正方形排列，可根据基础尺寸的形状选择布置，一般大面积布桩采用等边三角形布置。由式（6-36）或式（6-37）计算出的面积置换率 m，根据式（6-14）可计算出桩间距 s。

10. 复合地基承载力验算

要求复合地基承载力满足以下要求：

$$f_{spa} \geqslant p_k \tag{6-38}$$

$$1.2 f_{spa} \geqslant p_{kmax} \tag{6-39}$$

处理后的地基，当在受力范围内仍存在软弱下卧层时，应进行软弱下卧层地基承载力验算。

11. 其他验算

按地基变形设计或应做变形验算且需进行地基处理的建筑物或构筑物，应对处理后的地基进行变形验算。

对建造在处理后的地基土上受较大水平荷载或位于斜坡上的建筑物或构筑物，应进行地基稳定性验算。

6.6　砂石桩法

碎石桩和砂桩总称为砂石桩，又称粗颗粒土桩，是指用振动、冲击或水冲等方式在软弱地基中成孔后，再将碎石或砂挤压入已成的孔中，形成大直径的砂石所构成的密实桩体，并和桩周土组成复合地基的地基处理方法。

1. 碎石桩

国内采用振冲挤密法碎石桩较多，本章节主要以振冲法碎石桩为主来介绍。《建筑地基处理技术规范》JGJ 79—2012 中规定："振冲法适用于处理砂土、粉土、粉质黏土、素填土和杂填土等地基。对大型的、重要的或场地地层复杂的工程，以及对于处理不排水抗剪强度不小于 20kPa 的饱和黏性土和饱和黄土地基，应在施工前通过现场试验确定其适用性。不加填料振冲加密适用于处理黏粒含量不大于 10％的中砂、粗砂地基，在初步设计阶段宜进行现场工艺试验，确定不加填料振密的可行性，确定孔距、振密电流值、振冲水压、振后砂层的物理力学指标等施工参数；30kW 振冲器振密深度不宜超过 7m，75kW 振冲器振密深度不宜超过 15m。"

2. 砂桩

目前国内外砂桩常用的成桩方法有振动成桩法和冲击成桩法。振动成桩法是使用振动打桩机将桩管沉入土层中，并振动挤密砂料。冲击成桩法是使用蒸汽或柴油打桩机将桩管打入土层中，桩管内添加砂料，并用内管夯击密实砂料的沉管法。因此，砂桩的沉桩方法，对于砂性土相当于挤密法，对黏性土则相当于排土成桩法。

砂桩适用于挤密松散砂土、粉土、黏性土、素填土、杂填土等地基。对饱和黏土地基上对变形控制要求不严的工程也可采用砂石桩置换处理。砂桩也可用于处理可液化地基。早期砂桩用于加固松散砂土和人工填土地基，如今在软黏土中，国内外都有使用成功的丰富经验。但国内也有失败的教训，对砂桩用来处理饱和软土地基持有不同观点的学者和工程技术人员，认为黏性土的渗透性较小，灵敏度又大，成桩过程中土内产生的超孔隙水压力不能迅速消散，故挤密效果较差，相反却又破坏了地基土的天然结构，使土的抗剪强度降低。如果不预压，砂石桩施工后的地基仍会有较大的沉降，因而对沉降要求严格的建筑物而言，就难以满足沉降的要求。所以应按工程对象区别对待，最好能进行现场试验研究以后再确定。

6.6.1　砂石桩的作用原理

1. 松散砂土和粉土中的作用

由于成桩方法不同，在松散砂土和粉土中成桩时对周围砂层产生挤密作用或同时产生振密作用。采用冲击法或振动法往砂土中下沉桩管和一次拔管成桩时，由于桩管下沉对周围砂土产生很大的横向挤压力，桩管就将地基中同体积的砂挤向周围的砂层，使其孔隙比减小，密度增大，这就是挤密作用，有效挤密范围可达 3～4 倍桩直径。当采用振动法往砂土中下沉桩管和逐步拔出桩管成桩时，下沉桩管对周围砂层产生挤密作用，拔起桩管对周围砂层产生振密作用，有效振密范围可达 6 倍桩直径左右。此时振密作用比挤密作用更显著，其主要特点是砂桩周围一定距离内地面发生较大下沉。

2. 软弱黏性土中的作用

密实的砂石桩在软弱黏性土中取代了同体积的软弱黏性土，即起置换作用并形成"复合地基"，使承载力有所提高，地基沉降减小。此外，砂石桩在软弱黏性土地基中可以像砂井一样起排水作用，从而加快地基的固结沉降速率。

6.6.2 砂石桩设计

1. 处理范围

砂石桩处理范围应大于基底范围，处理宽度宜在基础外缘扩大 1～3 排桩。对可液化地基，在基础外缘扩大宽度不应小于可液化土层厚度的 1/2，并不应小于 5m。

2. 桩直径及桩位布置

根据地基土质情况、成桩方式和成桩设备等，砂石桩的平均直径可按每根桩所用填料量计算。振冲碎石桩桩径宜为 800～1200mm；沉管砂石桩桩径宜为 300～800mm。对饱和黏性土地基宜选用较大直径。

砂石桩孔位宜采用等边三角形或正方形布置。对于砂土和粉土地基，因靠砂石桩的挤密提高桩周土的密度，所以采用等边三角形更为有利。对于软黏土地基，主要靠置换，因而选用任何一种均可。

3. 桩长

砂石桩桩长可根据工程要求和工程地质条件通过计算确定。

（1）当相对硬土层埋深较浅时，可按相对硬层埋深确定；

（2）当相对硬土层埋深较大时，应按建筑物地基变形允许值确定；

（3）对按稳定性控制的工程，桩长应不小于最危险滑动面以下 2m 的深度；

（4）对可液化的地基，桩长应按要求处理液化的深度确定；

（5）桩长不宜小于 4m。

4. 砂石桩间距

砂石桩间距应通过现场试验确定。对于振冲碎石桩，30kW 振冲器布桩间距可采用 1.3～2.0m；55kW 振冲器布桩间距可采用 1.4～2.5m；75kW 振冲器布桩间距可采用 1.5～3.0m；不加填料振冲挤密孔距可为 2.0～3.0m。沉管砂石桩的桩间距，对于粉土和砂土地基不宜大于砂石桩直径的 4.5 倍，对于黏性土地基不宜大于砂石桩直径的 3 倍。

由于砂石桩在松散砂土和粉土中与黏性土中的作用机理不同，所以桩间距的计算方法也有所不同。

（1）松散砂土和粉土地基桩距确定

桩的间距应通过现场试验确定。初步设计时松散砂土和粉土地基的桩间距可根据挤密后要求达到的孔隙比 e_1 来确定。

等边三角形布置

$$s = 0.95 \xi d \sqrt{\frac{1 + e_0}{e_0 - e_1}} \qquad (6\text{-}40)$$

正方形布置

$$s = 0.89 \xi d \sqrt{\frac{1 + e_0}{e_0 - e_1}} \qquad (6\text{-}41)$$

$$e_1 = e_{\max} - D_{r1}(e_{\max} - e_{\min}) \qquad (6\text{-}42)$$

式中　s ——砂石桩间距（m）；

　　　d ——砂石桩直径（m）；

　　　ξ ——修正系数，当考虑振动下沉密实作用时，可取 1.1～1.2；不考虑振动下沉密实作用时，可取 1.0；

　　　e_0 ——地基处理前砂土的孔隙比，可按原状土样试验确定，也可根据动力或静力触探等对比试验确定；

　　　e_1 ——地基挤密后要求达到的孔隙比；

$e_{\max}$、$e_{\min}$——分别为砂土的最大、最小孔隙比，可按现行国家标准《土工试验方法标准》GB/T 50123的有关规定确定；

　　　D_{r1} ——地基挤密后要求砂土达到的相对密实度，可取 0.70～0.85。

（2）黏性土地基中桩距确定

对于黏性土地基，桩距的初步设计应先通过式（6-18）或式（6-19）确定复合地基的面积置换率 m，根据已选的桩径 d 和式（6-14）可计算出一根桩分担的处理地基面积的等效圆直径 d_e：

$$d_e = \frac{d}{\sqrt{m}} \qquad (6\text{-}43)$$

根据等边三角形布桩 $d_e = 1.05s$，正方形布桩 $d_e = 1.13s$，矩形布桩 $d_e = 1.13\sqrt{s_1 s_2}$，可计算出不同布桩形式下的桩间距。

需要指出的是，由于在此步计算过程中砂石桩的承载力并未确定，可先根据当地施工经验初选桩身承载力进行试算，如试算的桩间距不满足下一步的复合地基承载力验算，则应重新选择桩间距，直到满足设计要求为止。

5. 承载力计算

砂石桩复合地基承载力初步设计可按式（6-18）、式（6-19）估算，处理后桩间土承载力特征值，可按地区经验确定，如无经验时，对于松散砂土和粉土可取原天然地基承载力特征值的 1.2～1.5 倍，对于黏性土可取天然地基承载力特征值；复合地基桩土应力比 n，宜采用实测值确定，如无实测资料时，对于砂土、粉土可取 1.5～3.0，对黏性土可取 2.0～4.0。

6. 沉降计算

砂石桩的沉降计算主要包括复合地基加固区的沉降和加固区下卧层的沉降。加固区下卧层的沉降可按国家标准《建筑地基基础设计规范》GB 50007—2011 计算，此处不再赘述。

地基土加固区的沉降计算也可按国家标准《建筑地基基础设计规范》GB 50007—2011

的有关规定执行，而复合土层的压缩模量可按下式计算：

$$E_{sp} = [1 + m(n-1)]E_s \qquad (6\text{-}44)$$

式中　E_{sp}——复合土层的压缩模量（MPa）；

　　　E_s——桩间土的压缩模量（MPa）。

目前尚未形成砂石桩复合地基的沉降计算经验系数 ψ_s。韩杰（1992 年）通过对 5 幢建筑物的沉降观测资料分析得到 $\psi_s = 0.43 \sim 1.20$，平均值为 0.93，在没有统计数据时可假定 $\psi_s = 1.0$。

7. 砂石垫层

砂石桩顶部宜铺设一层厚度为 300~500mm 的砂石垫层。

6.6.3 砂石桩施工

目前砂石桩施工方法多种多样，主要介绍两种施工方法，即振冲法和沉管法。

1. 振冲法

振冲法是碎石桩的主要施工方法，它是以起重机吊起振冲器（图 6-11），启动潜水电机后，带动偏心块，使振冲器产生高频振动，同时开动水泵，使高压水通过喷嘴喷射高压水流，在边振边冲的联合作用下，将振冲器沉到土中的设计深度。经过清孔后，就可从地面向孔中逐段填入碎石，每段填料均在振动作用下被振挤密实，达到所要求的密实度后提升振冲器，如此重复填料和振密，直至地面，从而在地基中形成一根大直径、很密实的桩体（图 6-12）。

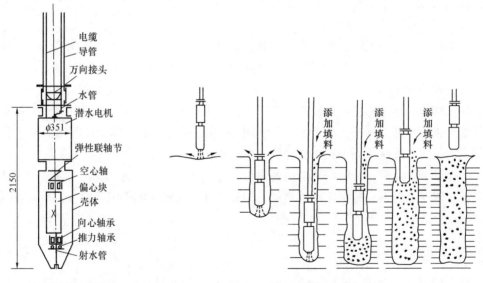

图 6-11　振冲器构造示意图（mm）　　　　图 6-12　振冲施工过程

起重机械一般采用履带式起重机、汽车式起重机、自行井架式专用起重机。起重能力和提升高度均应满足施工要求，并需符合起重规定的安全值，一般起重能力为 10~15t。

（1）施工顺序

对砂土地基，其施工顺序宜从外围或两侧向中间进行。对黏性土地基，其一般可采用

"由里向外"或"一边向另一边"的顺序进行，以保证到达设计要求的置换率。在地基强度较低的软黏土地基中施工时，要考虑减少对地基土的扰动影响，因而可采用"间隔跳打"的方法。当加固区附近有其他建筑物时，必须先从邻近建筑物一边的桩开始施工，然后逐步向外推移。

整个加固区施工完后，桩体顶部向下1m左右这一土层，由于上覆压力小，桩的密实度难以保证，应予挖除另作垫层，也可另用振动或碾压等密实方法处理。

（2）振冲置换法施工操作要求

在黏性土层中制桩，孔中的泥浆水太稠时，碎石料在孔内下降的速度将减慢，且影响施工速度，所以要在成孔后，留有一定时间清孔，使回水把稠泥浆带出地面，降低泥浆的密度。

若土层中夹有硬层时，应适当进行扩孔，振冲器应上下往复多次，使孔径扩大，以便于加碎石料。

（3）施工质量控制

施工质量保证的关键因素是填料量、密实电流和留振时间，这三者实际上是相互联系和保证的。只有在一定的填料量的情况下，才能把填料挤密振密。一般来说，在粉土地基中制桩，密实电流容易达到规定值，这时要注意掌握好留振时间和填料量。反之，在软黏土地基中制桩，填料量和留振时间容易达到规定值，这时要注意掌握好密实电流。

2. 沉管法

沉管法过去主要用于制作砂桩，近年来已开始用于制作碎石桩，这是一种干法施工。沉管法包括振动成桩法和冲击成桩法两种。

（1）振动成桩法

振动成桩法是用振动打桩机将下端装有活瓣钢桩靴的桩管沉入土层中到设计深度，将料斗插入桩管，向桩管内灌砂（碎石），边振动边拔出桩管到地面的成桩工艺。

（2）冲击成桩法

冲击成桩法是用蒸汽打桩机或柴油打桩机将下端带有活瓣钢制桩靴的或预制钢筋混凝土锥形桩尖（留在土中）的桩管打入土层中到规定深度，用料斗向桩管内灌砂（碎石），按规定的拔出速度从土层中拔出桩管的成桩工艺。

为保证施工质量，沉管法施工前要进行成桩工艺和成桩挤密试验。当成桩质量不能满足设计要求时，应调整桩间距、填料量、提升高度、挤密时间等施工参数，重新进行试验或改变设计。

6.6.4　质量检验

砂石桩施工结束后，除砂土地基外，应间隔一定时间后方可进行质量检验。对粉质黏土地基间隔时间不宜少于21d，对粉土地基不宜少于14d，对砂土和杂填土地基不宜少于7d。

施工质量检验常用的方法有单桩载荷试验和动力触探试验。加固效果检验常用的方法有单桩复合地基和多桩复合地基大型载荷试验。

【例6-5】某松散砂土地基，处理前现场测得砂土孔隙比为0.81，土工试验测得砂土的最大、最小孔隙比分别为 0.90 和 0.60。现拟采用砂石桩法，要求挤密后砂土地基达到的相对密度为 0.80。砂石桩的桩径为 0.70m，等边三角形布置。

求：（1）处理后地基的孔隙比；（2）砂石桩的桩距（不考虑振动下沉挤密作用）。

【解】（1）计算挤密后的砂土孔隙比

由式（6-42）得：$e_1 = 0.90 - 0.8 \times (0.90 - 0.60) = 0.66$

（2）计算桩距

由式（6-40）得：$s = 0.95 \xi d \sqrt{\dfrac{1+e_0}{e_0 - e_1}} = 0.95 \times 1.0 \times 0.7 \times \sqrt{\dfrac{1+0.81}{0.81 - 0.66}} = 2.31\text{m}$

【例 6-6】某均质砂土场地中采用砂桩处理，等边三角形布桩，砂桩直径为 0.5m，桩体承载力为 300kPa，场地土层天然孔隙比为 0.92，最大孔隙比为 0.96，最小孔隙比为 0.75，天然地基承载力为 120kPa，要求加固后砂土的相对密实度不小于 0.7，采用振动沉管施工法，修正系数 $\xi = 1.1$，场地土层加固后承载力为 160kPa。

试确定：（1）合适的桩间距 s；（2）处理后复合地基的承载力。

【解】（1）设处理后砂土相对密实度为 0.7，则

$$D_r = \frac{e_{\max} - e_1}{e_{\max} - e_{\min}} = 0.7$$

所以加固后砂土的孔隙比：$e_1 = e_{\max} - 0.7(e_{\max} - e_{\min}) \approx 0.813$

砂桩为等边三角形布桩，其桩间距应为

$$s = 0.95 \cdot \xi \cdot d \sqrt{\frac{1+e_0}{e_0 - e_1}} = 0.95 \times 1.1 \times 0.5 \times \sqrt{\frac{1+0.92}{0.92 - 0.813}} \approx 2.21\text{m}，\text{取 } s = 2.2\text{m}$$

（2）当砂桩间距为 2.2m 时

$$m = \frac{d^2}{d_e^2} = \frac{0.5^2}{(1.05 \times 2.2)^2} \approx 0.047$$

复合地基承载力：$f_{spk} = [1 + m(n-1)]f_{sk}$

因未告知复合地基桩土应力比，所以取 $n = \dfrac{f_{pk}}{f_{sk}}$ 则：

$$f_{spk} = (1-m)f_{sk} + mf_{pk} = (1-0.047) \times 160 + 0.047 \times 300 \approx 166.5\text{kPa}$$

【例 6-7】某可液化土层厚 6m，建筑物基础底面积为 18m×32m。拟采用碎石桩法进行处理，处理后的桩间土承载力特征值 $f_{sk} = 120$kPa，桩土应力比 $n = 3$。设计要求处理后复合地基承载力特征值 $f_{spk} = 160$kPa。已知碎石桩直径 $d = 0.8$m，等边三角形布置。

请确定需要布桩的数量。

【解】（1）确定需要处理的地基面积

因为碎石桩处理可液化地基时，其处理范围在基础外缘扩大宽度不应小于基底可液化土层厚度的 1/2，且不应小于 5m。所以实际需处理的地基土面积为

$$A = (5 + 18 + 5) \times (5 + 32 + 5) = 1176\text{m}^2$$

（2）求满足处理要求时的面积置换率 m

由 $f_{spk} = [1 + m(n-1)]f_{sk}$ 可得：

$$160 = [1 + m(3-1)] \times 120 \Rightarrow m = 0.167$$

（3）确定所需布桩数量

由 $m = \dfrac{\sum A_{pi}}{A} = \dfrac{N \times 3.14 \times 0.4^2}{1176} = 0.167$，得 $N \approx 390$

所以需要布桩数量为 390 根。

6.7　水泥土搅拌法

水泥土搅拌法是用于加固饱和黏性土地基的一种新方法。它是利用水泥（或石灰）等材料作为固化剂，通过特制的搅拌机械，在地基深处就地将软土和固化剂（浆液或粉体）强制搅拌，由固化剂和软土间所产生的一系列物理-化学反应，使软土硬结成具有整体性、水稳定性和一定强度的水泥加固土，从而提高地基强度和增大变形模量。

水泥土搅拌法分为深层搅拌法（以下简称湿法）和粉体喷搅法（以下简称干法）。水泥土搅拌法适用于处理正常固结的淤泥、淤泥质土、素填土、黏性土（软塑、可塑）、粉土（稍密、中密）、粉细砂（松散、中密）、中粗砂（松散、稍密）、饱和黄土等土层。该方法不适合用于含大孤石或障碍物较多且不易清除的杂填土、欠固结的淤泥和淤泥质土、硬塑及坚硬的黏性土、密实的砂类土，以及地下水渗流影响成桩质量的土层。当用于处理泥炭土、有机质土、pH 值小于 4 的酸性土、塑性指数大于 25 的黏土，或在腐蚀性环境中以及无工程经验的地区使用时，必须通过现场和室内试验确定其适用性。冬期施工时，应注意负温对处理效果的影响。湿法的加固深度不宜大于 20m，干法不宜大于 15m。

水泥加固土的室内试验表明，有些软土的加固效果较好，而有的不够理想。一般认为含有高岭石、多水高岭石、蒙脱石等黏土矿物的软土加固效果较好，而含有伊里石、氯化物和水铝石英等矿物的黏性土以及有机质含量高、酸碱度（pH 值）较低的黏性土的加固效果较差。

6.7.1　加固机理

水泥土搅拌法加固机理包括对天然地基土的加固硬化机理（微观机理）和形成复合地基，加固地基土、提高地基土强度、减少沉降量的机理（宏观机理）。

（1）水泥土硬化机理（微观机理）

当水泥浆与土搅拌后，水泥颗粒表面的矿物很快与黏土中的水发生水解和水化反应，在颗粒间形成各种水化物。这些水化物有的继续硬化，形成水泥石骨料，有的则与周围具有一定活性的黏土颗粒发生反应。通过离子交换和团粒化作用使较小的土颗粒形成较大的土团粒；通过硬凝反应，逐渐生成不溶于水的稳定的结晶化合物，从而使土的强度提高。此外，水泥水化物中的游离 $Ca(OH)_2$ 能吸收水中和空气中的 CO_2 发生碳酸化反应，生成不溶于水的 $CaCO_3$，这种碳酸化反应也能使水泥土增加强度。通过以上反应，使软土硬结成具有一定整体性、水稳性和一定强度的水泥加固土。

（2）复合地基加固机理（宏观机理）

通过水泥搅拌法的施工，在土中形成一定直径的桩体，与桩间土形成复合地基，承担基础传来的荷载，可提高地基承载力和改善地基变形特性。有时，当地基土较软弱、地基承载力和变形要求较高时，也采用壁式加固，形成纵横交错的水泥土墙，形成格栅形复合地基，甚至直接将拟加固范围内土体全部进行处理，形成块式加固实体。

6.7.2 水泥土搅拌桩的设计要点

1. 对地质勘察的要求

确定处理方案前应搜集拟处理区域内详尽的岩土工程资料，包括：①填土层的厚度和组成；②软土层的分布范围、分层情况；③地下水位及酸碱度（pH 值）；④土的含水率、塑性指数和有机质含量等。

2. 布桩形式的选择

布桩形式可根据上部结构特点及对地基承载力和变形的要求，采用柱状、壁状、格栅状或块状等不同形式。桩可只在基础平面范围内布置，独立基础下的桩数不宜少于 3 根。柱状加固可采用正方形、等边三角形等布桩形式。

3. 桩长和桩径的确定

竖向承载搅拌桩的长度应根据上部结构对承载力和变形的要求确定，并宜穿透软弱土层到达承载力相对较高的土层；为提高抗滑稳定性而设置的搅拌桩，其桩长应超过危险滑弧面以下 2m。湿法的加固深度不宜大于 20m，干法的加固深度不宜大于 15m。水泥土搅拌桩的桩径不应小于 500mm。

4. 单桩竖向承载力的确定

单桩竖向承载力特征值应通过现场载荷试验确定。初步设计时也可按式（6-45）估算，并应同时满足式（6-46）的要求，应使由桩身材料强度确定的单桩承载力大于（或等于）由桩周土和桩端土的抗力所提供的单桩承载力。

$$R_a = u_p \sum_{i=1}^{n} q_{si} l_{pi} + \alpha_p q_p A_p \tag{6-45}$$

$$R_a = \eta f_{cu} A_p \tag{6-46}$$

式中　f_{cu}——与搅拌桩桩身水泥土配合比相同的室内加固土试块（边长为 70.7mm 的立方体，在标准养护条件下 90d 龄期的立方体抗压强度平均值，（kPa）；

　　　η——桩身强度折减系数，干法可取 0.20~0.25；湿法可取 0.25；

　　　u_p——桩的周长（m）；

　　　n——桩长范围内所划分的土层数；

　　　q_{si}——桩周第 i 层土的侧阻力特征值（kPa）。对淤泥可取 4~7kPa；对淤泥质土可取 6~12kPa；对软塑状态的黏性土可取 10~15kPa；对可塑状态的黏性土可以取 12~18kPa；

　　　l_{pi}——桩长范围内第 i 层土的厚度（m）；

　　　q_p——桩端地基土未经修正的承载力特征值（kPa），可按现行国家标准《建筑地基基础设计规范》GB 50007—2011 的有关规定确定；

　　　α_p——桩端端阻力发挥系数，可取 0.4~0.6，承载力高时取低值。

5. 水泥土桩复合地基的设计计算

加固后搅拌桩复合地基承载力特征值应通过现场复合地基载荷试验确定，也可按式（6-20）初步估算。处理后桩间土承载力特征值 f_{sk} 可取天然地基承载力特征值；桩间土承

载力发挥系数 β，对于淤泥、淤泥质土和流塑状软土等处理土层，可取 $0.1 \sim 0.4$，对其他土层可取 $0.4 \sim 0.8$，差值大时或设置褥垫层时均取高值；单桩承载力发挥系数 λ 可取 1.0。

根据设计要求的单桩竖向承载力特征值 R_a 和复合地基承载力特征值 f_{spk} 计算搅拌桩的置换率 m 和总桩数 n：

$$m = \frac{f_{spk} - \beta f_{sk}}{\lambda \dfrac{R_a}{A_p} - \beta f_{sk}} \tag{6-47}$$

$$n = \frac{mA}{A_p} \tag{6-48}$$

式中　A——地基加固的面积（m^2）。

竖向承载搅拌桩复合地基应在基础和桩之间设置褥垫层。褥垫层厚度可取 $200 \sim 300mm$。其材料可选用中砂、粗砂、级配砂石等，最大粒径不宜大于 $20mm$，褥垫层的夯填度不应大于 0.9。

当搅拌桩处理范围以下存在软弱下卧层时，应按现行国家标准《建筑地基基础设计规范》GB 50007—2011 的有关规定进行下卧层承载力验算。

6. 水泥土搅拌桩沉降验算

竖向承载搅拌桩复合地基的变形包括搅拌桩复合土层的平均压缩变形 s_1 与桩端下未加固土层的压缩变形 s_2，按式（6-29）计算。

6.7.3 施工工艺

由于湿法和干法的施工设备不同水泥土搅拌法施工步骤（图 6-13）略有差异。其主要步骤应为：

（1）搅拌机械就位、调平；

（2）预搅下沉至设计加固深度；

（3）边喷浆（粉）、边搅拌提升直至预定的停浆（灰）面；

（4）重复搅拌下沉至设计加固深度；

（5）根据设计要求，喷浆（粉）或仅搅拌提升直至预定的停浆（灰）面；

（6）关闭搅拌机械。在预（复）搅下沉时，也可采用喷浆（粉）的施工工艺，但必须确保全桩长上下至少再重复搅拌一次。

6.7.4 质量检验

水泥土搅拌桩的质量控制应贯穿施工的全过程，并应坚持全程的施工监理。施工过程中必须随时检查施工记录和计量记录，并对照规定的施工工艺对每根桩进行质量评定。检查重点是水泥用量、桩长、搅拌头转数和提升速度、复搅次数和复搅深度、停浆处理方法等。

水泥土搅拌桩的施工质量检验可采用以下方法：

（1）成桩后 3d 内，可用轻型动力触探（N10）检查每米桩身的均匀性。检验数量为施工总桩数的 1%，且不少于 3 根。

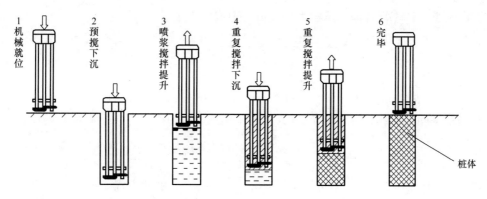

图 6-13　水泥土搅拌法（湿法）施工过程

（2）成桩 7d 后，采用浅部开挖桩头［深度宜超过停浆（灰）面下 0.5m］，目测检查搅拌的均匀性，量测成桩直径。检查量为总桩数的 5%。

竖向承载水泥土搅拌桩地基竣工验收时，承载力检验应采用复合地基载荷试验和单桩载荷试验。

基槽开挖后，应检验桩位、桩数与桩顶质量，如不符合设计要求，应采取有效补强措施。

【例 6-8】有一独立柱基础，其上部结构传至基础顶面的竖向力标准值 $F_k=1340$kN，基础及其工程地质剖面图如图 6-14 所示。由于建筑场地的限制，基底指定设计成正方形，基底边长为 3.5m，天然地基承载力不能满足设计要求，需对地基进行处理，采用水泥土搅拌桩法处理柱基下淤泥质土，形成复合地基，使其承载力满足设计要求。已知：（1）桩直径 $D=0.5$m，桩长 $L=$ 8m；（2）桩身试块无侧限抗压强度平均值 $f_{cu}=$ 1800kPa；（3）桩身强度折减系数 $\eta=0.4$；（4）桩周土的平均摩擦力 $q_s=10$kPa；（5）桩端天然地基土的承载力折减系数 $\alpha=0.5$；（6）桩间土承载力折减系数 $\beta=0.3$，单桩承载力发挥系数 $\lambda=$

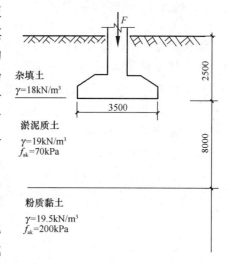

杂填土
$\gamma=18$kN/m³

淤泥质土
$\gamma=19$kN/m³
$f_{ak}=70$kPa

粉质黏土
$\gamma=19.5$kN/m³
$f_{ak}=200$kPa

图 6-14　例题 6-8 图（mm）

1.0；（7）基础及其台阶上回填土的平均重度 $\gamma=20$kN/m³。试计算面积置换率 m、桩距及所需搅拌桩的桩数 n。

【解】由题意得桩周长 $u_p=3.14\times0.5=1.57$m

桩身截面积 $A_p=3.14\times0.5^2/4=0.196$m²

由桩周土和桩端土抗力提供的单桩承载力特征值计算：

$$R_a=u_p\sum_{i=1}^{n}q_{si}l_i+\alpha q_pA_p=1.57\times10\times8+0.5\times200\times0.196=145.2\text{kPa}$$

由桩身强度计算的单桩承载力特征值计算：

$$R_a=\eta f_{cu}A_p=0.4\times1800\times0.196=141.12\text{kPa}$$

两者取小值计算复合地基承载力特征值，即 $R_a = 141.12\text{kPa}$

而　　　　　$p_k = \dfrac{F_k + G_k}{A} = \dfrac{1340 + 20 \times 3.5 \times 3.5 \times 2.5}{3.5 \times 3.5} = 159.4\text{kPa}$

由式（6-35）得：

$$f_{spk} \geqslant p_k - \eta_d \gamma_m (d - 0.5) = 159.4 - 1.0 \times 18 \times (2.6 - 0.5) = 123.4\text{kPa}$$

处理后桩间土承载力特征值 f_{sk} 取天然地基承载力特征值，即 $f_{sk} = f_{ak} = 70\text{kPa}$

由　　　　　$$f_{spk} = \lambda m \dfrac{R_a}{A_p} + \beta(1 - m) f_{sk}$$

得：$123.4 = 1.0 \times \dfrac{141.12}{0.196} m + 0.3 \times (1 - m) \times 70$，解此方程，可得 $m = 0.167$

一根桩承担的处理地基面积的等效圆直径 $d_e = \dfrac{d}{\sqrt{m}} = \dfrac{0.5}{\sqrt{0.167}} = 1.223\text{m}$

采用正方形布桩，则桩距为 $s = d_e / 1.13 = 1.223 / 1.13 = 1.08\text{m}$。

所需搅拌桩的桩数为 $n = \dfrac{mA}{A_p} = \dfrac{0.167 \times 3.5 \times 3.5}{0.196} = 10.4$ 根，考虑到布桩方便，取

12 根桩。

6.8　水泥粉煤灰碎石桩法

水泥粉煤灰碎石桩简称 CFG 桩，是在碎石桩基础上加进一些石屑、粉煤灰和少量水泥，加水拌合制成的一种具有一定粘结强度的桩。通过调整水泥掺量及配合比，可使桩体强度等级在 C5～C30 之间变化。这种地基加固方法吸取了振冲碎石桩和水泥土搅拌桩的优点。第一，施工工艺与普通振动沉管灌注桩一样，工艺简单，与振冲碎石桩相比，无场地污染，振动影响也较小。第二，所用材料仅需少量水泥，便于就地取材。第三，受力特性与水泥土搅拌桩类似。

水泥粉煤灰碎石桩（CFG 桩）法适用于处理黏性土、粉土、砂土和已自重固结的素填土地基。水泥粉煤灰碎石桩应选择承载力相对较高的土层作为桩端持力层。

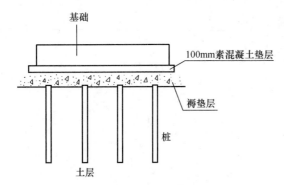

图 6-15　CFG 桩复合地基示意图

6.8.1　加固机理

CFG 桩加固软弱地基，桩和桩间土一起通过褥垫层形成 CFG 桩复合地基，如图 6-15 所示。其加固软弱地基主要有三种作用：①桩体作用；②挤密与置换作用；③褥垫层作用。

1. 桩体作用

CFG 桩不同于碎石桩，是具有一定粘结强度的混合料。在荷载作用下 CFG 桩的压缩性明显比其周围软土小，因此基础传给复合地基的附加应力随地基的变形逐渐集中到桩体上，出现应力集中现象，复合地基的 CFG 桩起到了桩体作用。

2. 挤密与置换作用

当 CFG 桩用于挤密效果好的土时，可采用振动沉管法等挤土施工工艺，其振动和挤压作用使桩间土得到挤密，复合地基承载力的提高既有挤密又有置换；当 CFG 桩用于不可挤密的土时，CFG 桩可采用长螺旋钻中心压灌法等非挤土施工工艺，其承载力的提高只是置换作用。

3. 褥垫层作用

褥垫层不是基础施工时通常做的 100mm 厚的素混凝土垫层，而是由粒状材料组成的散体垫层。由于 CFG 桩为高粘结强度桩，褥垫层是桩和桩间土形成复合地基的必要条件，即褥垫层是 CFG 桩复合地基不可缺少的一部分。CFG 桩复合地基中的褥垫层具有保证桩土共同承担荷载、调整桩土荷载分担比例、减少基础底面应力集中、降低桩承担的水平荷载等作用。

6.8.2 CFG 桩的设计

1. 桩径尺寸及桩的布置

水泥粉煤灰碎石桩可只在基础范围内布置。长螺旋钻中心压灌、干成孔和振动沉管成桩桩径可取 350~600mm；泥浆护壁钻孔成桩宜为 600~800mm。桩距应根据设计要求的复合地基承载力、所处理场地地基土性质、施工工艺等因素确定，采用非挤土成桩工艺和部分挤土成桩工艺，桩间距宜为 3~5 倍桩径；采用挤土成桩工艺和墙下条形基础单排布桩的桩间距宜为 3~6 倍桩径；桩长范围内有饱和粉土、粉细砂、淤泥、淤泥质土层，采用长螺旋钻中心压灌成桩施工中可能发生串孔时宜采用较大桩距。对于独立基础、箱形基础、筏形基础，基础边缘到边桩的中心距一般不小于一个桩径或基础边缘到桩边缘的最小距离不宜小于 150mm，对于条形基础边缘到桩边缘的最小距离不宜小于 75mm。

2. 承载力计算

水泥粉煤灰碎石桩复合地基承载力特征值，应通过现场复合地基载荷试验确定，初步设计时也可按式（6-20）进行估算。其中，单桩承载力发挥系数 λ 和桩间土承载力发挥系数 β 应按地区经验取值，无经验时 λ 可取 0.8~0.9；β 可取 0.9~1.0；处理后桩间土承载力特征值 f_{sk}，对于非挤土成桩工艺，可取天然地基承载力特征值；对于挤土成桩工艺，一般黏性土可取天然地基承载力特征值；松散砂土、粉土可取天然地基承载力特征值的 1.2~1.5 倍，原土强度低的取大值。

单桩竖向承载力特征值 R_a 如采用单桩载荷试验确定时，取单桩极限承载力的一半，初步设计时也可按式（6-22）估算，桩端端阻力发挥系数可取 1.0。

桩体试块抗压强度平均值应满足式（6-23）、式（6-24）要求。

【例 6-9】 某厂房地基为软土地基，承载力特征值为 90kPa。设计要求复合地基承载力特征值达到 140kPa。拟采用水泥粉煤灰碎石桩法处理地基，桩径 0.36m，单桩承载力特征值按 340kN 计，单桩承载力发挥系数 $\lambda=0.9$。基础下正方形布桩，桩间土承载力发挥系数取 $\beta=0.80$。请确定 CFG 桩桩距。

【解】 CFG 桩复合地基承载力计算公式如下：

$$f_{spk} = \lambda \cdot m \frac{R_a}{A_p} + \beta \cdot (1-m) f_{sk}$$

将 $f_{spk} = 140\text{kPa}$、$f_{sk} = 90\text{kPa}$、$\lambda = 0.9$、$\beta = 0.80$、$R_a = 340\text{kN}$ 代入上式得：

$$140 = 0.9m \frac{340}{3.14 \times 0.18^2} + 0.8(1-m) \times 90$$

解得 $m \approx 0.227$

因为 $m = \dfrac{d^2}{d_e^2} = 0.227$，所以 $\dfrac{d}{d_e} \approx 0.15$

即 $\dfrac{d}{1.13s} = 0.15 \Rightarrow s \approx 2.11\text{m}$

为方便施工，最终确定 CFG 桩桩距 $s = 2.1\text{m}$

3. 褥垫层

褥垫层厚度宜为桩径的 40%～60%。褥垫层材料宜用中砂、粗砂、级配砂石或碎石等，最大粒径不宜大于 30mm。

4. 沉降计算

地基处理后的变形计算应按现行国家标准《建筑地基处理技术规范》JGJ 79—2012 的有关规定执行。

6.8.3　施工方法

水泥粉煤灰碎石桩的施工，应根据现场条件选用下列施工工艺：

（1）长螺旋钻孔灌注成桩，适用于地下水位以上的黏性土、粉土、素填土、中等密实以上的砂土地基；

（2）长螺旋钻中心压灌成桩，适用于黏性土、粉土、砂土和素填土地基，对噪声或泥浆污染要求严格的场地可优先选用；穿越卵石层夹层时应通过试验确定适用性；

（3）振动沉管灌注成桩，适用于粉土、黏性土及素填土地基；挤土造成地面隆起量较大时，应采用较大桩距施工；

（4）泥浆护壁成孔灌注成桩，适用于地下水以下的黏性土、粉土、砂土、填土、碎石土及风化岩层等地基；桩长范围和桩端有承压水的土层应通过试验确定其适用性。

6.8.4　质量检验

CFG 桩施工结束后，应间隔一定时间方可进行质量检验。一般养护龄期可取 28 天。

（1）桩间土检验。桩间土质量检验可用标准贯入、静力触探和钻孔取样等试验对桩间土进行处理前后的对比试验。对砂性土地基可采用标准贯入或动力触探等方法检测挤密程度。

（2）单桩和复合地基检验。可采用单桩载荷试验、单桩或多桩复合地基载荷试验进行处理效果检验。试验数量不少于总桩数的 1%，且每个单体工程的试验数量不应少于 3 点。

（3）桩身完整性检验。采用低应变动力试验检测桩身完整性，检查数量不低于总桩数的 10%。

【例 6-10】某高层住宅楼，设计地上 26～28 层，地下 2 层，基础埋深 9.6m，基础底面以上土的有效加权平均重度为 12.8kN/m³。设计要求地基承载力特征值（不做深度修正）f_{ak} 为 450kPa，建筑物的绝对沉降量小于等于 60mm，差异沉降量符合国家现行规范要求。基础底面设计褥垫层以下各土层的物理力学指标见表 6-8。

土的物理力学指标　　　　　　　　　　表 6-8

土层编号＼指标	孔隙比 e	液性指数 I_L	压缩模量 E_s (MPa)	标贯击数 N	动力触探击数 $N_{63.5}$	土的侧阻力特征值 (kPa)	土的端阻力特征值 (kPa)	地基承载力特征值 f_{ak} (kPa)	土层平均厚度 (m)
粉质黏土④	0.65	0.50	7.18	11		25		180	2.4
细中砂⑤						25		210	3.3
黏质粉土⑥	0.52	0.24	9.20	23		28		210	3.6
细中砂⑦						28		220	局部夹层
粉质黏土⑧	0.62	0.36	9.30	36		32	1300	210	6.8
细中砂⑨				41		35	1500	220	0.6
粉质黏土⑩	0.68	0.27	10.60	43		33	1500	230	5.6
细中砂				42		35	2000	220	3.3
重粉质黏土	0.61	0.11	20.50			35		240	3.0
中粗砂				37		38		230	2.1
卵石					46	55		400	＞8.0

地基处理方案采用 CFG 桩复合地基，CFG 桩桩径 400mm，桩长 16.5m，正方形布桩，桩距 1.55m，设计桩身混凝土强度等级 C30，单桩承载力发挥系数 $\lambda=0.9$，桩间土承载力折减系数 $\beta=0.95$。

（1）试验算该 CFG 桩复合地基承载力是否满足要求？

（2）求该 CFG 桩复合地基第④层复合土层的压缩模量。

【解】（1）正方形布桩，$d=0.4m$，$d_e=1.13s=1.13\times1.55=1.75m$

则 CFG 桩置换率 $m=\dfrac{d^2}{d_e^2}=\dfrac{0.4^2}{1.75^2}=0.0523$

根据式（6-22）计算 CFG 桩单桩承载力特征值

$$R_a=u_p\sum_{i=1}^{n}q_{si}l_i+\alpha_p q_p A_p$$

$$=0.4\times\pi(25\times2.4+25\times3.3+28\times3.6+32\times6.8+35\times0.4)$$
$$+1.0\times0.2^2\times\pi\times1500$$
$$=587.1+188.5=785kN$$

根据式（6-23）进行 CFG 桩混合料材料强度等级初步验算：

$$4\frac{\lambda R_a}{A_p}=4\times\frac{0.9\times785}{0.2^2\times\pi}=22500kPa<f_{cu}=30000kPa$$

验算结果表明：桩身混凝土强度满足单桩承载力要求。

由式（6-20）知 CFG 桩复合地基估算承载力特征值为：

$$f_{\text{spk}} = \lambda m \frac{R_{\text{a}}}{A_{\text{p}}} + \beta(1-m)f_{\text{sk}} = 0.9 \times 0.0523 \times \frac{785}{0.2^2 \times \pi} + 0.95 \times (1-0.0523) \times 180$$

$$= 456.2\text{kPa} > 450\text{kPa}$$

根据式（6-24）再次复核桩体强度

$$4\frac{\lambda R_{\text{a}}}{A_{\text{p}}}\left[1 + \frac{\gamma_{\text{m}}(d-0.5)}{f_{\text{spa}}}\right] = 4 \times \frac{0.9 \times 785}{0.2^2 \times \pi} \times \left[1 + \frac{12.8 \times (9.6-0.5)}{456.2}\right]$$

$$= 28244.8\text{kPa} < f_{\text{cu}} = 30000\text{kPa}$$

满足承载力设计要求。

（2）沉降计算时，分别将处理深度内的各层土的压缩模量乘以 $\zeta = \frac{f_{\text{spk}}}{f_{\text{ak}}} = \frac{456.2}{f_{\text{ak}}}$

由式（6-30）可得第④层复合土层的压缩模量为：

$$E_{\text{sp4}} = \zeta E_{\text{s4}} = \frac{456.2}{180} \times 7.18 = 18.2\text{MPa}$$

6.9　山区机场建设中的地基与边坡问题

在世界范围内，削山填谷建设的机场越来越多，如我国广西河池金城江机场、攀枝花保安营机场，九寨沟黄龙机场，国外的尼泊尔卢卡拉机场等，山区机场建设和普通机场建设存在明显的差别。

6.9.1　国外机场建设发展

国内外机场建设均经历了 3 个发展阶段，国外的机场建设发展略早于中国的机场建设。

1903 年 12 月 17 日上午 10 时，这是全世界人们为之兴奋的时刻，莱特兄弟制造的人类历史上第一架飞机"飞行者一号"试飞成功，因此诞生了最早的机场，也就是美国北卡罗来纳州基蒂霍克的一片荒地，但它还不能算作严格意义上的机场。

国际上早期的机场建设阶段是从 1903 年开始，一直到 1920 年，美国和德国均建设了早期的机场，但此时的机场只是一片划定的草地，多为圆形或者方形，草地对飞机的起降存在阻力，在潮湿天气下容易变得泥泞不堪，不利于飞机的起飞。早期的机场由工作人员管理飞机起降，配备风向仪和简易的帐篷机库用来停放木质或帆布制作的飞机。

在国际机场早期建设阶段，诞生了世界上最老的机场，但到底哪个机场最老呢？这还存在争议，有两个机场被认为是最老的机场，一个是 1909 年建成的美国马里兰州的大学园区机场（College Park Airport），它被普遍认为是世界上最老并且持续经营的机场。

另一个是美国亚利桑那州的道格拉斯国际机场（Bisbee-Douglas International Airport），在 1909 年，成为首架动力飞行飞机的停放区域，罗斯福总统曾在一封信里宣布它是"美国的第一座国际机场"。

国际机场建设发展到第二阶段，也就是现代机场的雏形阶段，这一阶段从 1920 年到 1940 年左右，这个时期欧洲和美国逐渐开始建立早期的民用航线，建设了大量的机场。机场有了航站楼、灯塔和照明设备，跑道开始采用水泥混凝土道面，为飞机的起降提供了便利。

在国际机场建设发展的第二阶段有一件重要的事情，那就是 1922 年，第一个供民航业使用的永久机场和航站楼出现在德国柯尼斯堡。

从 1940 开始，国际机场建设发展到了第三阶段，随着喷气式飞机的出现和发展，机场开始大量采用水泥混凝土道面和沥青混凝土道面。尤其是第二次世界大战后，大量航空技术由军用转向民用，民用航空得到了空前发展，客货运输量成倍增长，促进了机场建设的发展，大型中心机场开始出现，配套的建筑设施不断完善，航线变得繁忙而拥挤。

这一阶段的标志性事件是 1944 年国际民航组织的成立，这是第一个对世界航空运输统一协调管理的机构，52 个国家在国际民航组织的倡导下，在芝加哥签署了关于国际航空运输的《芝加哥公约》，其成为现行国际航空法的基础。

纵观国际机场建设的发展历程，机场的功能从简易到综合多样化不断完善，机场跑道结构以及跑道道面形式不断提升，跑道道面从无铺装发展到混凝土路面和沥青路面铺装，机场也从无统一组织管理发展到由民航组织进行规范系统化管理。

6.9.2 中国机场建设发展

中国的机场建设也分为三个阶段，从 1910 年开始，略晚于国际机场建设的发展。

中国的机场建设起步于 1910 年，清朝政府在北京南苑开辟了飞机场，这是中国的首座机场。到了 1920 年，济南张庄、上海虹桥等地出现了早期的民用机场。

在 1931—1949 年，已有军用机场和民用机场之分。截至中华人民共和国成立前，我国仅有 36 座机场，其规模小，设备简陋。

从中华人民共和国成立到 1978 年，中国的机场建设进入了缓慢发展阶段，其中 20 世纪五六十年代是农林类通用机场建设的高峰时期，早在 1952 年便已经拥有可供通用航空生产作业的机场或者起降点 40 个。这期间还改扩建了天津张贵庄机场、上海虹桥机场、广州白云机场等；新建了杭州览桥机场、兰州中川机场等；到改革开放前夕，用于航班运输的机场达到 70 多座。

从 1978 年开始，中国的机场建设进入快速发展阶段，新建以及改扩建了许多机场，1978—1990 年期间，新建了厦门大连等机场，1991—1995 年，新建了西安、西宁等 16 座机场，1996—2000 年，新建了郑州等 17 座机场，中国的机场建设蓬勃发展。

从我国的建设规划可以看到 2011—2020 年期间新增机场 52 座，民用机场达到 244 座。

这一发展阶段的重要事项就是 2017 年 4 月 14 日，中国民航局发布了统一的《通用机场分类管理办法》，各地区相关的管理制度全部取消，它成为通用机场建设取证的唯一规章。截至 2018 年 12 月 31 日，中国民航局共颁发了 202 座通用机场使用许可证。

在未来的航空发展中，我国潜在的机场建设需求超 2000 座，具有广阔的建设空间。随着智能建造和智慧机场的发展，机场建设将会迎来日新月异的发展。

6.9.3 山区机场建设的特点

山区机场与普通机场建设的主要区别在于山区机场建设存在高填方边坡，因此工程的设计、施工以及监测更加复杂。山区机场高填方边坡工程

码6-1 山区机场建设 (1)

是在起伏不平的场址为了修建机场跑道等构筑物通过填方形成的边坡。

九寨黄龙机场的最大填方高度为 104m，昆明新机场的最大填方高度为 52m，因此山区机场高填方边坡的稳定性成为主要研究内容。

山区机场边坡由于存在不同高度的填方，面临着两个主要问题，第一个问题就是由于高填方引起的地基过大沉降和不均匀沉降。2003 年，九寨黄龙机场元山子沟高填方地基在跑道及其周边区域出现了大规模的不均匀沉降，最大沉降量达到了 2.2m。过大的沉降量和不均匀沉降量会导致机场跑道开裂，影响飞机的正常起降。

造成山区机场填方边坡过大沉降以及不均匀沉降的影响因素主要包括原来的地形地貌、地下水、填方高度以及填方区域压实质量等。

表 6-9 给出了几个山区机场的填方信息统计表，可以看出山区机场均存在高填方、大填方量的问题，填料一般就地取材，采用碾压、强夯等方法压实，需要控制填方的压实度。

国内部分山区机场填方信息统计表　　　　　　　　　　　　表 6-9

机场名称	最大填方高度（m）	填料	压实方式	填方量（万 m³）
龙洞堡机场	54	石灰岩大块碎石	强夯	1200
广元机场	38	砂泥岩块碎石	碾压、强夯	600
攀枝花机场	65	沙泥岩块碎石	强夯	2400
兴义机场	42	白云岩大块碎石	强夯	1199
九黄机场	104	含泥沙砾石	碾压、强夯	2763
大理机场	30	白云岩石渣	强夯	750
荔波机场	46	沙泥岩块碎石	强夯	1184
腾冲机场	61	粉质黏土	碾压、强夯	731
康定机场	47	冰碛碎石土	碾压、强夯	1900
昆明新机场	52	白云岩大块碎石	碾压、强夯	10800

山区机场建设中的第二个问题就是边坡的稳定性问题，例如，攀枝花保安营机场高填方 12 号边坡从 2000 年机场开工建设到 2019 年 6 月，先后发生了 5 次较大规模的滑动和 2 次强烈变形，其中 2011 年 6 月 25 日直接导致攀枝花机场被迫停航，经过边坡排水和加固处理后的攀枝花保安营机场于 2013 年 6 月 29 日正式复航。

通过以上内容可以看出，山区机场建设中，由于高填方边坡的存在，与普通机场建设存在较大的差异，主要表现在地质勘察、地基处理、边坡支护、边坡排水以及工程监测等方面。

6.9.4　山区机场建设流程

山区机场建设主要包括工程地质勘察、地基处理、边坡支护以及机场监测。

码6-2 山区机场
建设 (2)

1. 工程地质勘察

机场建设的第一步是进行地质勘察，山区机场和普通机场建设都需要勘察机场建设场址的地质条件和水文条件，获得建设场址相关的岩土体物理力学参数、评价场地的承载能力、地基的稳定性以及场区抵御地震等灾害的能力。而山区高填方机场建设还需要进行三方面的工作，即评价原有边坡的稳定性、建议开挖后的地基持力层以及评价填料的性能。

码6-3 山区机场建设 (3)

由于山区机场建设需要进行挖填方工作，勘察点的布置更加密集，钻孔的深度也更大。例如四川阆中机场因勘察点布置不合理，没有勘察到基层下覆的老金洞，机场跑道在浇筑过程中因连续大雨出现了大规模的塌方。

2. 地基处理

在进行地质勘察后，需要对地基进行处理，这一阶段必须处理地基的排水问题，通常设置盲沟或塑料排水板进行排水。

普通机场在进行地基处理时，一般采用挖除法，挖除地表的淤泥或软土层，属于浅层处理；而山区机场建设则需要进行大规模的挖方填方，属于深层处理。

普通机场在进行地基处理时，由于是浅层处理，一般采用重型压路机或振动式压路机进行压实就可以满足压实度的要求；而山区机场由于巨大的填方量，则需要用到强夯法、置换强夯法、碎石桩法、灌浆法等地基处理方式，这些地基处理方式有不同的适用范围。

直接强夯法适用于处理碎石土、砂土、非饱和细粒土、湿陷性黄土、素填土和杂填土等地基。

置换强夯法适用于处理高饱和度的粉土、软塑状淤泥或淤泥质土、黏性土等地基。

碎石桩法适用于处理挤密松散砂土、素填土和杂填土等地基。

灌浆法适用于处理工程地质条件较差，上部地层由杂填土、淤泥或淤泥质土等组成的地基。

3. 边坡支护

和普通机场建设相比，山区机场建设存在边坡，因此要保证边坡的稳定性，就要对边坡进行支护设计，常用的边坡支护方式包括直接加固方法、间接加固法和特殊加固法。直接加固法就是采用挡土墙、锚杆、锚索、抗滑桩、土工合成材料加筋土等加固边坡，间接加固方法是通过削坡减载来提高边坡的稳定性；特殊加固方法则是通过高压灌注石灰浆、化学溶液阳离子置换处理软弱黏土层来提高山区机场填方边坡的稳定性。

影响边坡稳定性的首要因素是边坡排水，因此山区机场建设中设计边坡的排水至关重要，边坡排水主要包括坡面排水工程和坡体排水工程，通常在坡面对裂缝进行喷浆勾缝以及植被保护，防止地表水入渗，在坡体中设置排水洞，排除地下水以及地表渗水。

比如湖北神农架机场的排水结合飞行区地势进行设计，以跑道中线为分水岭，场内地势设计整体为北高南低，设计的排水沟走向与地势基本保持一致，由北向南，环绕整个场区平整边界布置，共设置了三个出水口，同时在挖方边坡的坡脚处设置了排水沟。

4. 机场监测

机场建设在施工中以及施工后都需要进行监测，监测内容包括监测原地基持力层的沉降以获得建设场区的整体沉降；监测各层填筑体的沉降以调整施工进度，监测填筑体表层沉降以获得建设场区的整体沉降和不均匀沉降；对边坡则要进行稳定性监测，监测内容包括填筑体边坡的水平位移、填筑体各层水平位移、填筑体内孔隙水压力以及填筑体内水位。

　　山区机场建设与普通机场建设中存在明显差别，最主要的区别在于山区机场建设存在高填方边坡，因此要进行边坡的排水设计、加固设计以及监测等。

思考题

码6-4　工程建设
案例：攀枝花保安
营机场滑坡及加固

6-1　地基处理的目的是什么？

6-2　地基处理分成哪几大类？其加固土的机理是什么？

6-3　换土垫层法对垫层材料有哪些要求？

6-4　垫层的主要尺寸（宽度和厚度）如何确定？

6-5　水泥土搅拌桩可分成几类？如何成桩？

6-6　高压喷射注浆法按成桩设备分成哪几类？与单管法相比为什么双管法（或双重管法）能制作出直径较大的桩？

6-7　水泥土搅拌法和高压喷射注浆法的主要特点是什么？各适用于什么土类？

6-8　深层挤密法中的土桩与置换法中复合地基的土石桩在功能上的主要差异是什么？

6-9　简述振冲法加固地基的机理。

6-10　如何确定经过砂桩加固后地基的承载能力？

6-11　什么叫强夯法？说明强夯法加固地基的机理。

6-12　如何确定强夯法的有效加固深度？

6-13　预压加固法分成哪几类？简要说明每类方法的加固原理。

6-14　砂井预压法的原理是什么？如何计算预压的固结度？

6-15　灌浆法是水工建筑物地基加固的主要方法，灌浆法分成哪几类？各适用于什么条件？

6-16　常用的化学灌浆有哪些种类？其主要的优缺点是什么？

6-17　什么叫复合地基？它与复合桩基的主要区别是什么？

6-18　复合地基分成哪几类？其设计上最主要的特点是什么？

码6-5　第6章思考题
参考答案

第7章　基坑开挖与地下水控制

7.1　概述

20世纪初，美国帝国大厦的建成标志着现代意义上的超高层建筑物的正式诞生，随后高层建筑不断涌现，目前世界最高楼为阿联酋的哈利法塔，高度为828m。为满足地震及其他横向荷载作用下高层建筑的稳定要求，除岩石地基外，要求高层建筑有一定的埋置深度，天然地基上的高层建筑埋深不宜小于建筑物高度的1/15，因而高层建筑与深基坑往往密不可分。

在我国的高层建筑总造价中，地基基础部分常占1/4～1/3，在复杂地质条件下甚至更高。地基基础工程的工期往往占总工期的1/3以上，其中基坑工程是保证主体建筑物的地基基础工程顺利完成的关键。一方面，它要确保基坑本身的土体和支护结构的稳定；另一方面，还要确保周围建筑物、地下设施及管线、道路的安全与正常使用。由于基坑工程一般是临时性工程，在设计施工中常常有很大的节省造价和缩短工期的空间，因而基坑工程既具有很大的风险，也有很高的灵活性和创造性。

在我国，高层建筑和地下工程实践在迅速发展，但相应的理论和技术落后于工程实践。这表现在：一方面，设计偏于保守而造成财力和时间的浪费；另一方面，基坑工程事故频发，造成很大经济损失和人员的伤亡。影响基坑工程精确设计的理论难点主要有如下几方面。

（1）基坑支护结构上的土压力计算

不同地区的大批现场监测资料表明，按传统土压力理论计算的支护结构中的内力常常比实测值大。这主要是由于在原状土中开挖，作用于预先设置的支挡结构上土压力的大小及分布形态受原状土的性质、支护的变形、基坑的三维效应和地基土的应力状态及应力路径等诸多因素影响，与墙后人工填土作用于挡土墙上的土压力有很大的不同，准确分析目前尚有困难。

（2）土中水的赋存形态及其运动

随着基坑开挖深度的增加，它可能涉及赋存形态不同的几层地下水，如上层滞水、潜水和承压水。基坑开挖、排水和降水将引起复杂的地下水渗流，这不但增加了计算支护结构上的水压力和土压力的难度，也使基坑在渗流作用下的渗透稳定性成为深基坑开挖中必须解决的问题。

（3）基坑工程对周围环境的影响

如果说确保基坑本身的安全主要采用极限平衡的稳定分析进行设计，则在分析估计基坑开挖、支护、降水对于相邻建筑物、地下设施及管线的影响时，常常需要进行变形计算，而变形预测的难度远高于稳定分析。

解决这三个难点，固然要依赖于岩土力学理论的发展和工程师们经验的积累，改进现有尚不成熟的设计方法；更需要在施工过程中，对基坑及支护结构进行严密精细的实时监测，用监测获得的信息及时修正设计并采取必要的工程措施以保证基坑的安全。

7.2　基坑的开挖和支护方法

7.2.1　基坑支护结构的安全等级

基坑的开挖及支护结构的设计应满足以下两方面的功能要求：

（1）不致使坑壁土体失稳或支护结构发生破坏从而导致基坑本身、周边建筑物和环境的破坏。

（2）基坑及支护结构的变形不应影响主体建筑物的地下结构施工或导致相邻建筑物和地下设施、管线、道路等不能正常使用。

根据建筑物本身及周边环境的具体情况，《建筑基坑支护规程》JGJ 120—2012 将基坑支护结构安全等级分为三级。应指出，同一基坑支的不同部位可以有不同的安全等级，从而采用不同的开挖与支护方案。表 7-1 为《建筑基坑支护规程》JGJ 120—2012 所提供的安全等级，并给出可靠度分析设计中相应的重要性系数。对于不同安全等级的基坑支护结构，其支护方案、监测项目和设计计算也都有所不同。

<table>
<tr><td colspan="2" align="center">支护结构的安全等级</td><td align="right">表 7-1</td></tr>
<tr><td>安全等级</td><td align="center">破坏后果</td><td align="center">γ_0</td></tr>
<tr><td>一级</td><td>支护结构失效、土体过大变形对基坑周边环境或主体结构施工安全的影响很严重</td><td>1.1</td></tr>
<tr><td>二级</td><td>支护结构失效、土体过大变形对基坑周边环境或主体结构施工安全的影响严重</td><td>1.0</td></tr>
<tr><td>三级</td><td>支护结构失效、土体过大变形对基坑周边环境或主体结构施工安全的影响不严重</td><td>0.9</td></tr>
</table>

7.2.2　基坑开挖及支护的类型

基坑开挖时是否采用支护结构，采用何种支护结构应根据基坑周边环境、主体建筑物、地下结构的条件、开挖深度、工程地质和水文地质、施工作业设备、施工季节等条件因地制宜地按照经济、技术、环境综合比较确定。

不用任何支护结构的基坑开挖为放坡开挖，有时也可对开挖的坡面进行简单的防护。城市的深基坑开挖常需用支护结构，支护结构有很多形式，可概括为表 7-2 所示的几种类型。在一个基坑中，不同安全等级的支护结构可以采用不同支护形式，同一断面的上下部分的支护结构也可以不同。例如施工中，经常是上部采用放坡开挖或者土钉墙支护，下部采用排桩支护。

表 7-2 为各类支护结构的适用条件。

各类支护结构的适用条件   表 7-2

结构类型		适用条件		
	安全等级	基坑深度、环境条件、土类和地下水条件		
桩板式支挡结构 — 锚拉式结构	一级二级三级	适用于较深的基坑		1. 排桩适用于可采用降水或截水帷幕的基坑
桩板式支挡结构 — 支撑式结构		适用于较深的基坑		2. 地下连续墙宜同时用作主体地下结构外墙,可同时用于截水
桩板式支挡结构 — 悬臂式结构		适用于较浅的基坑		3. 锚杆不宜用在软土层和高水位的碎石土、砂土层中
桩板式支挡结构 — 双排桩		当锚拉式、支撑式和悬臂式结构不适用时,可考虑采用双排桩		4. 当邻近基坑有建筑物地下室、地下构筑物等,锚杆的有效锚固长度不足时,不应采用锚杆
桩板式支挡结构 — 支护结构与主体结构结合的逆作法		适用于基坑周边环境条件很复杂的深基坑		5. 当锚杆施工会造成基坑周边建(构)筑物的损坏或违反城市地下空间规划等规定时,不应采用锚杆
土钉墙 — 单一土钉墙	二级三级	适用于地下水位以上或经降水的非软土基坑,且基坑深度不宜大于 12m		当基坑潜在滑动面内有建筑物、重要地下管线时,不宜采用土钉墙
土钉墙 — 预应力锚杆复合土钉墙		适用于地下水位以上或经降水的非软土基坑,且基坑深度不宜大于 15m		
土钉墙 — 水泥土桩复合土钉墙		用于非软土基坑时,基坑深度不宜大于 12m;用于淤泥质土基坑时,基坑深度不宜大于 6m;不宜用在高水位的碎石土、砂土层中		
土钉墙 — 微型桩复合土钉墙		适用于地下水位以上或经降水的基坑,用于非软土基坑时,基坑深度不宜大于 12m;用于淤泥质土基坑时,基坑深度不宜大于 6m		
重力式水泥土墙	二级三级	适用于淤泥质土、淤泥基坑,且基坑深度不宜大于 7m		
放坡	三级	1. 施工场地应满足放坡条件 2. 可与上述支护结构形式结合		

注:1. 当基坑不同侧壁的周边环境条件、土层性状、基坑深度等不同时,可在不同部位分别采用不同的支护形式;

  2. 支护结构可采用上、下部以不同结构类型组合的形式。

1. 放坡开挖

当条件允许时,放坡开挖是最为经济和快捷的基坑开挖方法,采用这种开挖方法需要满足下列条件:第一是土质条件,它适用于一般黏性土或粉土、密实碎石土和风化岩石等情况。第二是地下水条件,它适用于地下水位较低,或者采用人工降水措施的情况。第三是场地具有可放坡的空间,也要求基坑周围有堆放土料、机具的空间和交通道路,并且放坡对相邻建筑和市政设施不会产生不利影响。

对于基坑深度范围内为密实碎石土、黏性土、风化岩石或其他良好土质,并且基坑较浅，也可接近竖直开挖。这种无支护的竖直开挖可认为是放坡开挖的一种特例。

放坡开挖可以单独使用，也经常与其他支护开挖相结合。例如基坑上部放坡开挖，下部采用土钉墙、排桩等支护开挖；也可在基坑一侧或一部分采用放坡开挖，其余采用支护开挖。为了防止边坡的岩土风化剥落及降雨冲刷，可对放坡开挖的坡面实行保护，如水泥抹面、铺设土工膜、喷射混凝土护面、砌石等。有时在坡脚采用一定的防护措施。在有上层滞水的情况下，坡面应采用一定排水措施。为了防止周围雨水入渗和沿坡面流入基坑，可在基坑周围地面设排水沟、挡水堤等，也可在周围地面抹砂浆。

放坡坡度可参考表 7-3 和表 7-4（选自《深圳市基坑支护技术规范》SJG 05—2011），对于深度大于 5m 的基坑，可分级开挖，并设分级平台；边坡可按上陡、下缓的原则设计。由于基坑的开挖常常是在非饱和的黏性土中进行，原状土的结构性强度和非饱和土的吸力可为地基土提供附加抗剪强度。由于基坑是临时工程，如果施工速度快，实践中常采用比表内规定更陡的坡度，甚至直立边坡开挖。但是一旦降雨、浸水或者施工拖延，会引起边坡塌落，欲速则不达。

岩石边坡坡率允许值　　　　　　　　　　表 7-3

岩土类别	风化程度	坡率允许值（高宽比）	
		坡高在 8m 以内	坡高 8～15m
硬质岩石	微风化	1：0.10～1：0.20	1：0.20～1：0.35
	中等风化	1：0.20～1：0.35	1：0.35～1：0.50
	强风化	1：0.35～1：0.50	1：0.50～1：0.75
软质岩石	微风化	1：0.35～1：0.50	1：0.50～1：0.75
	中等风化	1：0.50～1：0.75	1：0.75～1：1.00
	强风化	1：0.75～1：1.00	1：1.00～1：1.25

土质边坡坡率允许值　　　　　　　　　　表 7-4

土质类别	状态	坡率允许值（高宽比）	
		坡高 5m 以内	坡高 5～10m
碎石土	密实	1：0.35～1：0.50	1：0.50～1：0.75
	中实	1：0.50～1：0.75	1：0.75～1：1.00
	稍实	1：0.75～1：1.00	1：1.00～1：1.25
黏性土	坚硬	1：0.75～1：1.00	1：1.00～1：1.25
	硬塑	1：1.00～1：1.25	1：1.25～1：1.50
残积黏性土	硬塑	1：0.75～1：0.85	1：0.85～1：1.00
	可塑	1：0.85～1：1.00	1：1.00～1：1.15
全风化黏性土	坚硬	1：0.50～1：0.75	1：0.75～1：0.85
	硬塑	1：0.75～1：0.85	1：0.85～1：1.00

注：1. 表中碎石土的充填物若为黏性土，应为坚硬或硬塑黏性土；

　　2. 对砂土或充填物为砂土的碎石土，边坡坡率允许值宜按自然休止角确定；

　　3. 表中残积黏性土主要指花岗岩残积黏性土，全风化黏性土主要指花岗岩全风化黏性土。

2. 土钉墙支护和复合土钉墙

（1）土钉墙支护

土钉墙支护是由较密排列的土钉体和喷射混凝土面层所构成的一种支护形式。其中土钉是主要的受力构件，它是将一种细长的金属杆件（通常是钢筋）插入在土壁中预先钻（掏）成的斜孔中，钉端焊接于混凝土面层内的钢筋网上，然后全孔注浆封填而成。基坑侧壁一般开挖成一定的斜坡，通常不陡于 1:0.1。但是由于城市地价昂贵，也有很多采用竖直开挖的情况。土钉长度宜为开挖深度的 0.5~1.2 倍，与水平方向俯角宜为 $5°~20°$。

土钉墙支护的基坑施工步骤见图 7-1。

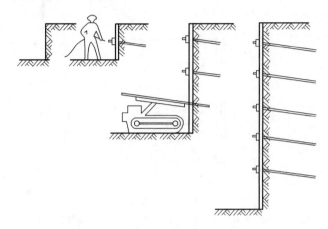

图 7-1　土钉墙支护步骤施工示意图

1) 根据不同土质，在无支护情况下开挖一定深度；

2) 在这一深度的作业面上钻孔，设置土钉，挂钢筋网，喷射混凝土面层；

3) 继续下挖，重复以上步骤，直至开挖到设计的基坑深度。

20 世纪 70 年代初期，土钉墙支护技术出现在法国，主要用于公路和铁路的边坡施工。随后很快被用于基坑开挖的支护中，后来德国、美国、加拿大和英国先后将其用于基坑工程中，我国于 20 世纪 90 年代在较浅的基坑开挖时开始应用这种技术。由于与此前广泛使用的地下连续墙和排桩相比，其造价低廉，施工快捷，所以目前成为应用最广的基坑支护形式之一。同时各国也相应开展了施工工艺、加筋机理和设计计算方面的研究。由于土钉是在土中全长注浆与周围土连接，增加了土体的强度，如果将含有土钉的土体作为复合土体，则土钉与土间粘结，摩擦力为内力，改善了整个土体的力学性质，所以土钉也是一种土的加筋技术。

土钉墙支护适用于一般黏性土、粉土、杂填土和素填土、非松散的砂土、碎石土等，但不太适用于有较大粒径的卵石、碎石层，因为在这种土层钻（掏）孔比较困难。它也不适用于饱和的软黏土场地。对基坑底在地下水位以下的情况应采用降水措施。特别值得注意的是当有上层滞水，上、下水管道漏水，或有积水的化粪池、枯井、防空洞等情况时，常会引起土钉墙局部坍陷，要查清水的来源和分布，并妥善处理。土钉墙的喷射混凝土面层中一般应设排水孔，有时可将排水孔向上斜插入含水土层，以利于排水。

土钉全孔注浆，不施加预应力，而钢筋与土的变形模量相差很大，因而只有土体与土钉间发生一定的相对位移，土钉才会起到加筋作用，因而基坑侧壁的位移及基坑周围地面的沉降将是比较大的，当周边有重要建（构）筑物时不宜使用土钉墙支护。

（2）复合土钉墙

土钉墙支护造价低、便于土方开挖、可缩短工期，因而被广泛应用，但它不能用于软黏土地基、未经人工降水的地下水以下土层和对地面沉降有严格要求的场地。工程技术人员在工程实践中，将其他一些工程技术手段应用于土钉墙，创造出复合土钉墙这种新型支护形式。目前主要是将土钉墙与微型桩、水泥土截水墙、预应力锚杆等相结合，从而拓宽了土钉墙的使用范围。图 7-2 为 3 种不同形式的复合土钉墙的示意图，还有同时使用两种以上支护形式的情况。

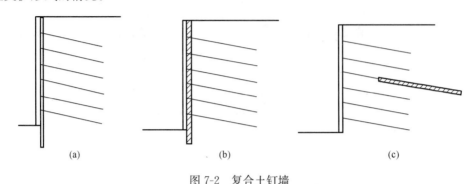

图 7-2　复合土钉墙

(a) 土钉墙＋微型桩；(b) 土钉墙＋水泥土截水墙；(c) 土钉墙＋预应力锚杆

当地基土存在软土层时，在植入土钉和挂网喷浆之前侧壁难以自稳，这时可以打入钢管桩、微型钢筋混凝土桩等进行超前支护；如果土层含有地下水，并且人工降水受限制，可以预先完成旋喷、深层搅拌等水泥土帷幕后，再在帷幕内进行土钉施工；如果基坑开挖可能引起环境不允许的变形与沉降，则可将土钉与预应力锚杆联合使用。

(3) 喷锚支护

从表面上看，喷锚支护与土钉墙支护没有明显的区别，实际上两者的加固机理有很大区别。喷锚支护的构造如图 7-3 所示，主要受力构件是土层锚杆。每根土层锚杆严格区分为锚固段与自由段，锚固段设在土体主动滑裂面之外，采用压力注浆；自由段在土体滑动面之内，全段不注浆。锚杆杆体一般选用钢绞线或精轧螺纹钢筋。锚杆一般施加预应力张拉，在墙面要设置有足够刚度的腰梁以传递锚杆拉力。喷锚支护原来主要用于风化岩层，现在也常用于硬黏土、一般黏性土和粉土层，但不适用于有机土层、相对密度小于 0.3 的

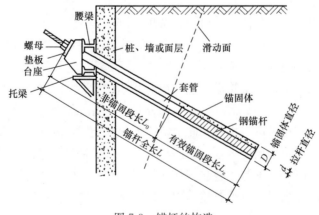

图 7-3　锚杆的构造

砂土层和液限含水率大于50%的黏土层。上下排锚杆间距不宜小于2.5m,水平方向间距不宜小于1.5m。锚固体上覆土层厚度不宜小于4.0m,锚杆的倾角为15°~35°。

由于锚杆上施加了预应力,锚杆通过腰梁及钢筋网喷射混凝土将压力施加在墙面土体上,并锚固在墙后被动区土体中,所以其受力机理与土钉墙不同,因而其基坑侧壁和地面变形较小,可用于深度在12m以上的基坑。

3. 重力式水泥土墙支护与水泥土坑底加固

水泥土墙是在设计基坑的外侧用深层搅拌法或高压喷射注浆法施工的数排相互搭接的水泥土桩,形成格栅式或连续式的墙体。墙体的深度为基坑的深度加必要的嵌固深度。开挖基坑时该墙体就成为重力式水泥土墙支护,其适用土层情况见表7-2。水泥土墙有一定的防渗能力,作为一种重力式挡土结构,使用的基坑深度不宜大于7m。其设计计算与一般重力式挡土墙相似,要验算其抗滑稳定、抗倾覆稳定和整体稳定等。

深层搅拌法和高压喷射注浆法还可用于基坑的局部加固、截水、防渗等,图7-4为其在基坑工程中的应用情况。

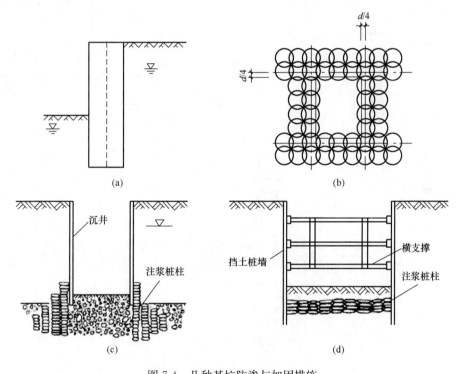

图 7-4 几种基坑防渗与加固措施

(a) 重力式水泥土墙;(b) 格栅式重力水泥土墙;

(c) 高压喷射注浆侧壁防渗,减少向上渗透;(d) 高压喷射注浆法加固坑底,增加内部支撑和防渗

4. 板桩支护

板桩支护一般适用于开挖深度较小的基坑。最原始的是木板桩,目前使用广泛的是各种钢板桩,也有少量的钢筋混凝土板桩。钢板桩一般适用于开挖深度不大于7m的基坑,且邻近无重要的建筑物和市政设施,适用的土层为黏性土、粉土、砂土和素填土,以及厚度不大的淤泥和淤泥质土,含有大颗粒的土和坚硬土层不宜使用板桩支护。

钢板桩可以是钢管、钢板、各种型钢和工厂专门制作的定型产品，它们可以间隔式打入，也可以是带楔槽连接，中间有专门的防渗构件；还可以预先连接成片，形成"屏风"，整片沉入。用完后可以拔出，也可以不拔出而留在土中。图 7-5 为几种钢板桩的断面和结构。图 7-6 为"屏风式"钢板桩施工。

对于较浅的基坑，可用悬臂式板桩；对于较深的基坑，可采用带内支撑或外部锚定的板桩。

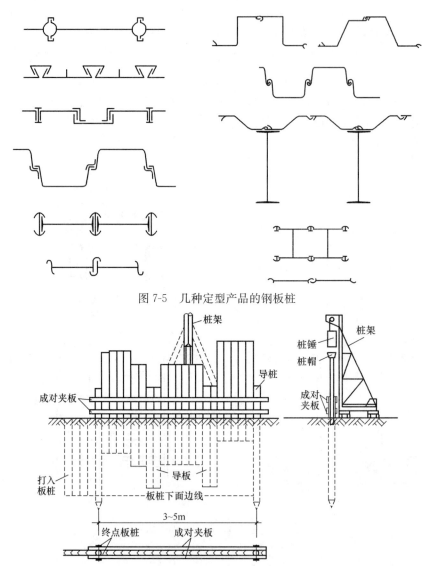

图 7-5　几种定型产品的钢板桩

图 7-6　"屏风式"钢板桩施工

5. 排桩（护坡桩）支护

排桩支护是应用最为广泛的基坑支护结构形式，一般是钻孔灌注桩，有时也采用人工挖孔桩。采用钻孔灌注桩时，桩径不小于 400～500mm；采用人工挖孔桩，桩径不小于 800mm，并且应在地下水位以上，或采用人工降水。

施工时预先在设计的基坑外缘的地面向下浇筑钢筋混凝土桩，待桩身混凝土达到一定强度后再开挖基坑，这时排桩就可支挡其后的土体。排桩可以是悬臂式的，采用悬臂式排桩支护的基坑不宜深过 6m，否则不经济，且侧壁容易发生较大位移。当基坑较深时，常常加设一道或几道土层锚杆或内支撑。在平面上，桩可以是一根根紧密排列，也可以间隔布置，通常相距 2 倍左右的桩径。一般都是单排的，但也有双排布置的。当需要支护结构挡水时，可以在排桩后用高压喷射注浆法（摆喷）或者深层搅拌法做出连续的水泥土防渗帷幕。

6. 地下连续墙支护

地下连续墙是用专门的挖槽设备，按一定顺序沿着基础或者地下结构的周边按要求的宽度和深度挖出一个槽形孔，然后在槽形孔内安放钢筋笼，浇筑混凝土，再将一个个槽板连成一道钢筋混凝土地下连续墙，成为基坑施工中有效的支挡结构。地下连续墙支护可以挡土和防渗，按开挖深度不同可以是悬臂式的，也可以采用土层锚杆和内支撑加固；有时还可以成为永久建筑物的地下室外墙。这种支护结构的刚度大，整体性好，因基坑开挖而引起的四周地基土的变形小，较之其他形式的支护更能保证周边建筑物的安全。地下连续墙的施工步骤见图 7-7，它适用的土类很广，一般无土类限制；在合理支撑条件下，目前尚没有深度限制，但造价较高。

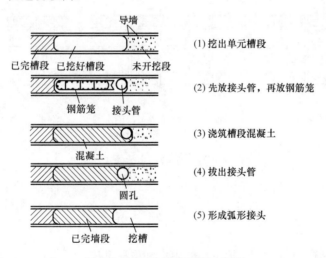

图 7-7 地下连续墙的施工步骤

7. 型钢水泥土墙

与钢板桩、地下连续墙和排桩一样，型钢水泥土墙也是靠自身的抗弯强度抵抗横向水土压力的，属于桩墙式支挡结构。图 7-8 所示为两种不同形式和不同施工方法的型钢水泥土墙。图 7-8（a）表示的是咬合式水泥土桩内插入型钢，图 7-8（b）所示为直接开槽搅拌水泥土后插入型钢。前者可用 SMW 工法，后者为 TRD 工法。

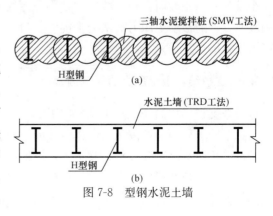

图 7-8 型钢水泥土墙

TRD工法是采用与墙深相等的开挖搅拌机械沿墙的纵向移动,纵向无接缝地形成水泥土墙,随后插入 H 型钢。型钢水泥土墙可以挡土,也可截水,适用于不是很坚硬的土层。

8. 逆作法

所谓逆作法是以主体工程的地下结构的梁、板、柱等作为开挖的支撑,自上而下施工的方法。由于支护结构与永久地下室结构合二为一,节省了临时支护结构,施工速度可以加快,同时地下与地上部分可以同时施工。但施工开挖工作面狭小,出土受限制,柱、墙与梁、板的结点需妥善处理。图 7-9 为位于道路下方的地铁车站的逆作法施工示意图。

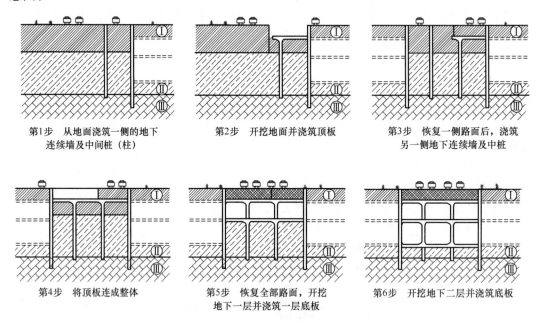

第1步　从地面浇筑一侧的地下
连续墙及中间桩(柱)
第2步　开挖地面并浇筑顶板
第3步　恢复一侧路面后,浇筑
另一侧地下连续墙及中桩
第4步　将顶板连成整体
第5步　恢复全部路面,开挖
地下一层并浇筑一层底板
第6步　开挖地下二层并浇筑底板

图 7-9　地铁车站的逆作法施工示意图

7.3　基坑支护结构上的水、土压力计算

基坑和支护结构的稳定、支护结构的内力和位移都决定于作用在其上的水、土压力的大小及分布。一般而言,基坑支护结构外侧的土压力及两侧水压力差被认为是荷载,而内侧基底以下的被动土压力被认为是抗力。与一般挡土墙上的土压力相比,支护结构上的土压力影响因素更加复杂,很难准确计算。

7.3.1　支护结构上土压力的影响因素

(1) 支护结构的变形对土压力的影响

挡土墙土压力分布表明,墙体位移的方向和位移量决定着所产生的土压力的性质(如主动、静止或被动)和大小。基坑支护结构是挡土结构,与重力式挡土墙相比,它的刚度要小很多,受荷载后要产生挠曲,变形量和变形方向随位置而不同,使土压力的分布十分复杂。设计中一般认为,支护结构受力后产生的位移足以使墙后土体达到主动极限平衡状态，产生主动土压力。图 7-10 表示单锚式板桩墙后土压力的实际分布情况，图中虚线为静止土压力分布。多支撑的板桩上的土压力分布就更复杂。

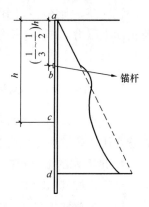

图 7-10　单锚式板桩墙后
土压力分布图

（2）施工状况对土压力的影响

施工方法和施工次序对支护结构上土压力的大小和分布也有很大的影响。图 7-11 表示的是预应力多支撑的板桩施工中墙后净土压力的变化情况。一般而言，在支撑上施加预应力以后，墙和土并没有恢复到原来的位置，但是引起的土压力比主动土压力要大。

另外，随着时间的变化，一些黏性土发生流变，强度降低，使墙后土压力逐渐增加；对某些硬黏土，若基坑暴露时间过长，由于含水量的变化、风化、张力缝的发展和扰动等原因，也会使土的黏聚强度损失而使墙后土压力增加。

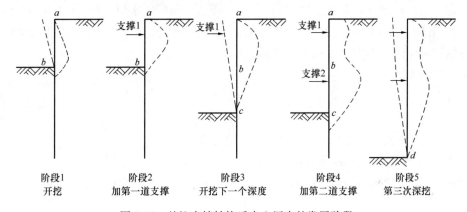

图 7-11　基坑支挡结构后净土压力的发展阶段

（3）不同土类对压力的影响

作用在支护结构后的土压力的大小和分布与土的种类关系很大。原状土的结构强度、非饱和土的吸力会明显减少支护结构上的土压力。黄土和膨胀土的土压力对土的含水量十分敏感；冻胀性土在冻结时会产生很大的冻土压力，而这些因素又都随外界的气候条件变化。

（4）影响土压力的其他因素

除上述因素外，还有以下因素影响基坑中土压力：基坑及支护结构的三维效应；地下水的赋存形式和降排水方式；相邻建筑物、周边堆载、道路交通和施工机械等也不同程度地影响支护结构上的土压力。支挡结构前后土体在基坑开挖过程中的应力路径也是影响土压力的重要因素。

由于影响支护土压力的因素十分复杂，至今无法用理论精确地计算支护土压力。一般认为作用于支护结构外侧（墙后）的土压力为主动土压力，用朗肯或者库仑土压力理论计算；基底以下，支护结构内侧（墙前）的土压力视为抗力，尽管产生被动土压力所需的位移较大，实际上被动土压力难以完全发挥作用，但是由于原状土的强度通常比室内试验土样的强度高，所以在我国的相关规范中仍规定，在设计中稳定分析用库仑或者朗肯理论计算被动土压力，作为水平抗力。如果按变形原则设计支护结构，则应根据结构与土的相互作用原理计算土压力。

7.3.2　支护结构上的水压力及其对土压力的影响

地下水位以上土压力不受地下水影响。而在地下水位以下的土是饱和的，土中一般存在静水压力，这时土压力的计算应考虑地下水赋存的形态。

1. 地下水的赋存形态与土压力计算

地下水按其赋存形态可分为上层滞水、潜水和承压水。

（1）上层滞水

上层滞水是由于降雨或者输水管线滞水等原因形成的，也称为包气带水，不与其他水域相连，为暂时性水，时空变化较大。图 7-12 中表示上层弱透水层（1）中充满了滞水，由于它被大气隔离，所以并没有静水压力，即支护结构上的水压力为 0。这种情况也适用于原来地下水位在地面，后在土层（2）中人工降水，而弱透水层（1）中土在一段时间内是饱和的。这时主动土压力的计算可采用黏性土层的饱和重度 γ'_{sat}。如果以土骨架作隔离体，当稳定渗流时，考虑滞水向下的渗流，则

水力坡降 $\qquad\qquad\qquad i = 1.0 \qquad\qquad\qquad$ (7-1)

渗透力 $\qquad\qquad\qquad j = \gamma_w i \qquad\qquad\qquad$ (7-2)

有效竖向应力 $\qquad \sigma'_z = \sigma'_{cz} + jz = (\gamma' - \gamma_w)z = \gamma_{sat} z \qquad$ (7-3)

式中　σ'_z——考虑渗透力作用，深度 z 处土的有效竖向应力；

$\qquad$ σ'_{cz}——深度 z 处土的自重应力，取浮重度计算。

即在计算墙后主动土压力时，上层滞水范围内土的重度应当采用饱和重度。

（2）潜水

潜水是地表以下具有自由水面的含水层中的自由水，见图 7-12 土层（2）。潜水一般被弱（不）透水层隔开，通常认为是静水。水压力为：

$$p_w = \gamma_w(z - h_w) \qquad\qquad (7-4)$$

主动土压力

$$p_a = K_a \sigma'_z \qquad\qquad (7-5)$$

对于 σ'_z，滞水位下的弱透水层按饱和重度计算，潜水位以下的砂层按浮重度计算。

（3）承压水

承压水是充满于两个隔水层间含水层的重力水，其测管水头高于所在含水层的上界限，所以未能形成自由水面，如图 7-12 所示。

基坑底如果接近承压水层，必须验算承压水作用下基底的渗透稳定

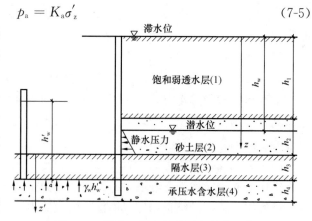

图 7-12　滞水、潜水和承压水的水压力

性，也称突涌，必要时采用降水减压措施。在图 7-12 中承压水含水层（4）的承压水头为 h'_w，因此墙前流经隔水层（3）的渗流坡降为：

$$i = \frac{h'_w - h_3}{h_3} \tag{7-6}$$

而在计算墙前的被动土压力时，隔水层（3）的重度除采用浮重度外，尚应减去竖直向上的渗透力，即

$$p_p = K_p(\gamma' - \gamma_w i)z' \tag{7-7}$$

2. 基坑内排水情况下的均匀土层中的水压力

除水下挖土沉井法施工外，地下水位以下的基坑开挖一般采用人工井点降水或基坑内集水井排水的方法降水后再进行土方开挖。这时支护结构内外有水位差，一般应通过渗流计算确定水压力。均匀土的地基中基坑内降水情况见图 7-13（c）。当采用基坑内集水井排水时，由于这时地基土的渗透系数很小，而基坑的开挖速度较快，不一定在地基土内形成稳定的渗流，这样就存在着不同的假设。图 7-13（a）中假设无渗流发生，两侧水压力均按静水压力计算，但这样在墙底处存在无限大的水力坡降，显然不合理，这只适用于支挡结构插入不透水层的情况；另一种假设认为渗流只发生在坑底高程以下，如图 7-13（b）所示，墙后坑底高程以上按静水压计算，坑底高程以下净水压力为三角形分布；如果认为基坑内外达到了稳定渗流，如图 7-13（c）所示的流网，其两侧的水压力如图 7-13（d）所示；也可以假设 $i = \Delta h/(h + 2\,l_d)$ 简化计算水压力，如图 7-13（e）所示。上述的不同水压力计算结果将产生不同的渗透力，从而也影响土压力的大小及分布。

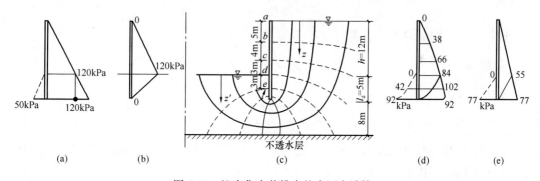

图 7-13 坑内集水井排水的水压力计算

7.3.3 水、土压力的计算

《建筑地基基础设计规范》GB 50007—2011 规定，当验算支护结构稳定时，土压力一般可按主动土压力或被动土压力计算，采用库仑或朗肯土压力理论。但当对支护结构水平位移有严格限制时，则应采用静止土压力计算。而当按变形控制原则设计支护结构时，作用在支护结构的土压力可按支护结构与土体的相互作用原理计算。

1. 地下水位以上的土压力计算

在基坑支护结构的稳定计算中，一般按朗肯土压力理论计算坑壁外侧的主动土压力和内侧的被动土压力，见图 7-14。

支护结构后地面以下深度为 z_j 点的主动土压力 p_{aj} 为：

$$p_{aj} = K_{aj}\left(q_0 + \sum_{i=1}^{j} \gamma_i h_i\right) - 2 c_j \sqrt{K_{aj}}$$

(7-8)

$$K_{aj} = \tan^2\left(45° - \frac{\varphi_j}{2}\right) \quad (7\text{-}9)$$

式中　φ_j ——深 z_j 处土的内摩擦角；

　　　c_j ——深 z_j 处土的黏聚力；

　　　q_0 ——墙后地面上均布荷载；

　　　γ_i ——第 i 层土的重度；

　　　h_i ——第 i 层土的厚度。

坑底下深度为 z'_j 处的被动土压力 p_{pj} 为：

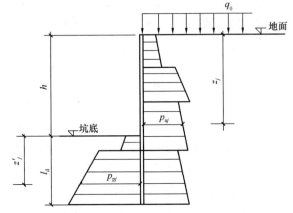

图 7-14　支护结构上的土压力计算示意图

$$p_{pj} = K_{pj} \sum_{i=1}^{j} \gamma_i h_i + 2 c_j \sqrt{K_{pj}}$$

（7-10）

$$K_{aj} = \tan^2\left(45° - \frac{\varphi_j}{2}\right)$$

（7-11）

2. 地下水位以下的水压力及土压力计算

按照有效应力原理，一点的竖向应力可表示为：

$$\sigma_z = \sigma'_z + u$$

（7-12）

这样，该点的横向主动土压力为：

$$p_a = K_a \sigma'_z - 2c \sqrt{K_a}$$

（7-13）

水压力为：

$$p_w = u$$

（7-14）

我国的多数规范都规定对于砂土和碎石土，采用有效应力强度指标计算土压力；对于黏性土采用固结不排水强度指标计算土压力。

如上所述，水下的黏性土中由于渗流和渗透力作用，其中的土压力计算较为复杂；而基坑开挖过程中墙前后土体复杂的应力路径，使采用常规计算的主动、被动土压力加上静水压力的结果偏于保守，往往使结构材料的设计内力远大于实测值。因而有人提出对黏性土的所谓"水土合算"的方法，即在按式（7-8）和式（7-10）计算主动、被动土压力时采用饱和重度与固结不排水强度指标，不再考虑水压力。目前很多规范都规定：在有经验的情况下，对于地下水位以下的黏性土可以采用水土合算的算法。但水土合算是一种经验的方法，存在一定的片面性。

7.3.4　基坑工程的设计方法与作用组合

基坑工程设计方法有基于可靠度理论的分项系数法和基于不同极限状态的安全系数法。属于承载能力极限状态的设计项目包括：支护结构与土体的整体滑动，坑底的隆起失稳，挡土构件的倾覆与滑移，锚杆与土钉的拉拔失稳，地下水渗流引起的渗透破坏等。属于正常使用极限状态的项目有：支护结构的变形位移影响主体结构的正常施工，地下水渗涌影响正常施工，基坑开挖与降水引起支护结构的位移及土体变形，使周边地面、道路、建筑物和地下管线沉降变形损坏等。分项系数法的设计用于验算支护结构与连接件的强度。不同设计的作用组合的效应是不同的。

（1）支护结构与连接件的强度验算采用分项系数法，其作用组合采用基本组合。

$$\gamma_0 S_d \geqslant R_d \tag{7-15}$$

式中　S_d——作用基本组合的效应，$S_d = \gamma_F S_K$，作用分项系数 $\gamma_F = 1.25$，S_K 为作用标准组合时的效应值；

　　　　R_d——结构构件抗力的设计值，为其承载力或强度的标准值乘以抗力分项系数；

　　　　γ_0——重要性系数，对于支护结构安全等级为一、二、三级的基坑，γ_0 分别为 1.1、1.0 和 0.9。

（2）岩土体、构件与岩土体一起失稳，或构件与岩土之间失稳的情况，采用承载能力极限状态的安全系数法设计，这时采用作用标准组合的效应。

$$\frac{R_K}{S_K} \geqslant K \tag{7-16}$$

式中　S_K——作用标准组合的效应；

　　　　R_K——极限抗力的标准值；

　　　　K——设计要求的安全系数。

（3）支护结构的位移及地面与建筑物的沉降验算，属于正常使用极限状态的设计，采用作用标准组合效应。

$$S_K \leqslant C \tag{7-17}$$

式中　S_K——作用标准组合的效应（位移、沉降等）；

　　　　C——支护结构位移、基坑周边建筑物和地面沉降的限值。

地基沉降计算中采用的是作用准永久组合的效应，而这里采用作用标准组合的效应。两者的区别在于，对于地基的沉降，更关注"工后沉降"，即主要是黏性土地基的固结沉降。这种沉降对于可变荷载不敏感，所以采用准永久组合，将可变荷载乘以一个小于 1.0 的组合系数，例如对于宿舍与办公楼，其楼面均布活荷载的准永久系数只有 0.4。

但是基坑的变形与沉降主要发生在饱和软黏土地基，这时支护结构上的活荷载（堆土、车辆、人群等）会立即产生瞬时的变形

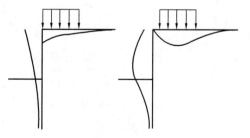

图 7-15　活荷载引起的支护结构
变形与地面沉降

和沉降，并且荷载撤销，变形也不会恢复，如图 7-15 所示。所以采用活荷载的标准组合是合适的。

7.4　基坑的稳定计算

基坑失事主要是由于失稳，失稳的形式有局部失稳和整体失稳。基坑的稳定性计算属于承载能力极限状态设计的内容，一般采用作用标准组合的效应进行验算。导致失稳的原因可能是土的抗剪强度不足、支护结构的强度不足或渗透破坏。应当注意的是，土中水常常是引起基坑失稳的主要因素。降雨、浸水、邻近水管漏水或地下水处理不当都会使地基土的抗剪强度降低，引起异常的渗流。异常渗流常常会增加荷载，冲刷地基土或使地基土发生渗透破坏，严重时引起基坑失稳。

7.4.1　桩、墙式支挡结构的稳定验算

1. 抗倾覆稳定验算

支挡式结构坑底以下的嵌固深度 l_d 主要是由其抗倾覆稳定决定的。这种结构有两大类：即悬臂式和锚支式，如图 7-16 所示。

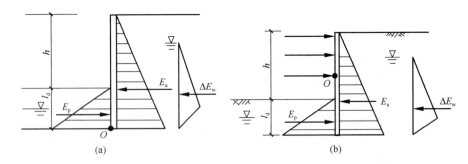

$$(a) \qquad\qquad\qquad (b)$$

图 7-16　悬臂式支挡结构与锚支式支挡结构的抗倾覆稳定

悬臂式支挡结构的嵌固深度应满足桩、墙整体相对于墙底内侧点 O 的抗倾覆稳定，即抗倾倒稳定性（图 7-16a）；锚杆或者内支撑的支挡结构，应满足相对于最下一道锚杆或支撑的支点 O 的抗倾覆稳定（抗踢脚）（图 7-16b）。它们应满足式（7-18）的要求：

$$\frac{\sum M_{Ep}}{\sum M_{Ea}} \geqslant K_t \tag{7-18}$$

式中　　K_t——桩、墙式支挡结构抗倾覆稳定安全系数；

　　　　$\sum M_{Ea}$——主动区倾覆作用力矩总和，包括主动土压力和两侧的水压力差 ΔE_w 的倾覆力矩，$kN \cdot m$；

　　　　$\sum M_{Ep}$——被动区抗倾覆作用力矩总和，$kN \cdot m$。

【例 7-1】某高层建筑物的基坑开挖深度为 6.1m，地面超载 $q_0 = 65kPa$，拟采用钢筋混凝土排桩支挡，土质分布如图 7-17 所示，地下水位在地面下 15m。

（1）如果采用悬臂式排桩（见图 7-17a），嵌固深度为 8m，要求安全系数 K 为 1.2，验算其抗倾覆稳定；

（2）如果采用单锚式排桩（见图 7-17b），锚杆头在地面以下 3.1m，排桩嵌固深度为

2.5m，要求安全系数 K 为 1.2，验算其抗倾覆稳定。

【解】分别计算各土层的主（被）动土压力及其作用点位置，计算安全系数。计算结果见表 7-5 和表 7-6。a_{ai} 为排桩上各土层主动土压力作用点到 O 点的距离，a_{pi} 为被动土压力作用点到 O 点的距离。

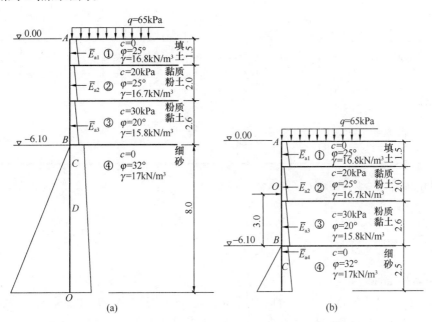

图 7-17 例 7-1 图（m）

悬壁式排桩单位长度上侧向土压力的计算   表 7-5

z(m)	土层	h_i (m)	γ_i (kN/ m³)	φ_i (°)	c_i (kPa)	K_{ai}	K_{pi}	$q+$ $\sum\gamma_i h_i$ (kPa)	p_{ai} (kPa)	p_{pi} (kPa)	$\overline{E}_{ai}=$ $\frac{1}{2}(p_{ai1}+$ $p_{ai2})h_i$ (kN/m)	a_{ai} (m)	E_{pi} (kN/m)	a_{pi} (m)
0	①	1.5	16.8	25	0	0.406		65	26.4		47.25	13.3		
1.5								90.2	36.6					
	②	2.0	16.7	25	20	0.406			11.1		35.8	11.47		
3.5								123.6	24.7					
	③	2.6	15.8	20	30	0.49			18.6		74.5	9.15		
6.1								164.7	38.7	0				
									50.6					
14.1	④	8.0	17.0	32	0	0.307	3.26	300.7	92.3	$8\times17\times$ $K_p=443$	571.6	3.61	1771	2.67

对于桩底抗倾覆安全系数

$$K=\frac{1771\times2.67}{47.25\times13.3+35.8\times11.47+74.5\times9.15+571.6\times3.61}$$

$$=\frac{4723}{3784}=1.248>K_t=1.20$$

单锚式排桩单位长度上侧向土压力计算　　　　　　　　　　　　　　表 7-6

z(m)	土层	h_i (m)	γ_i (kN/m³)	φ_i (°)	c_i (kPa)	K_{ai}	K_{pi}	$q+$ $\sum\gamma_i h_i$ (kPa)	p_{ai} (kPa)	p_{pi} (kPa)	E_{ai}(kN/m)	a_{ai} (m)	E_{Pi} (kN/m)	a_{pi} (m)
0	①	1.5	16.8	25	0	0.406		65	26.4		47.25	−2.31		
1.5								90.2	36.6					
	②	2.0	16.7	25	20	0.406			11.1		35.8	−0.47		
3.5								123.6	24.7					
	③	2.6	15.8	20	30	0.49			18.6		74.5	1.85		
6.1								164.7	38.7	0				
									50.6					
8.5	④	2.5	17.0	32	0	0.307	3.26	300.7	63.6	2.5× 17×K_p =138.6	143	4.3	173	4.67

相对于锚杆支点的抗倾覆安全系数

$$K = \frac{173 \times 4.67}{-47.25 \times 2.31 - 0.47 \times 35.8 + 74.6 \times 1.85 + 4.3 \times 143}$$

$$= \frac{808}{627} = 1.29 > K_\text{t} = 1.20$$

2. 整体稳定性验算

支挡结构的整体稳定性可采用瑞典圆弧滑动条分法进行验算，见图 7-18。采用圆弧滑动条分法时，其整体稳定性应符合下列规定，当为悬臂式支挡结构时，没有式（7-19）中分子的后一项（即 $R'_{k,k} = 0$）。

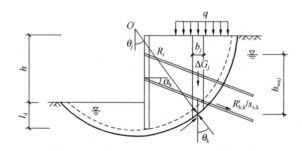

图 7-18　支挡式结构的整体稳定验算

$$\frac{\sum\{c_j l_j + [(q_j l_j + \Delta G_j)\cos\theta_j - u_j l_j]\tan\varphi_j\} + \sum R'_{k,k}[\cos(\theta_k + \alpha_k) + \varphi_v]/s_{x,k}}{\sum(q_j b_j + \Delta G_j)\sin\theta_j} \geqslant K_s$$

$$\tag{7-19}$$

$$\varphi_v = 0.5\sin(\theta_k + \alpha_k)\tan\varphi \tag{7-20}$$

式中　K_s——圆弧滑动整体稳定安全系数；

　　c_j、φ_j——第 j 土条滑弧面处土的黏聚力，kPa，和内摩擦角，°；

　　　　b_j——第 j 土条的宽度，m；

　　　　θ_j——第 j 土条滑弧面中点处的半径与垂直线的夹角，°；

　　　　l_j——第 j 土条的滑弧段长度，m，取 $l_j = b_j/\cos\theta_j$；

q_j ——作用在第 j 土条上的附加分布荷载标准值，kPa；

ΔG_j ——第 j 土条的自重，kN，按天然重度计算；

u_j ——第 j 土条在滑弧面上的孔隙水压力，kPa；

$R'_{k,k}$ ——第 k 层锚杆对圆弧滑动体的极限拉力值，kN，应取锚杆在滑动面以外的锚固体极限抗拔承载力标准值与锚杆体受拉承载力标准值的较小值；

α_k ——第 k 层锚杆的倾角，°；

θ_k ——滑动面在第 k 层锚杆处的法线与垂直线的夹角，°；

$s_{x,k}$ ——第 k 层锚杆的水平间距，m；

φ_v ——锚杆在滑动面上法向力产生的抗滑力矩的计算系数；

φ ——第 k 层锚杆与滑弧交点处土的内摩擦角，°。

上式是对于某一圆弧滑动面的整体稳定计算，还需进行不同圆心和半径的各种滑动面稳定计算，其中最小的安全系数应满足大于等于 K_s 的要求。

3. 坑底隆起稳定性验算

当坑底为饱和软黏土时，如果支挡结构的插入深度 l_d 不足，则可能发生坑底隆起，见图 7-19。坑底隆起会引发地基土结构破坏，支挡结构水平位移和墙后地面沉降等一系列问题。坑底隆起稳定性应满足式（7-21）的要求。

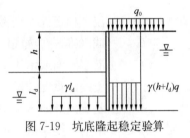

图 7-19 坑底隆起稳定验算

$$\frac{N_c c_u + \gamma l_d}{\gamma(h + l_d) + q_0} \geqslant K_d \tag{7-21}$$

式中　K_d ——入土深度底部土抗隆起稳定安全系数；

N_c ——承载力系数，$N_c = 5.14$；

c_u ——由十字板试验确定的墙底以下土的不排水抗剪强度，kPa；

γ ——土的天然重度，kN/m³；

l_d ——支护结构入土深度，m；

h ——基坑开挖深度，m；

q_0 ——地面荷载，kPa。

4. 渗透稳定验算

当采用基坑内排水，产生稳定渗流时，可参考图 7-13（c）绘制的流网，对粉土和砂土进行抗渗稳定性验算，渗流的水力梯度不应超过临界水力梯度。

$$\frac{i_{er}}{i} \geqslant K_f \tag{7-22}$$

当悬挂式截水帷幕底端位于碎石土、砂土或粉土含水层时（图 7-20），对均质含水层，也可用式（7-23）进行近似计算。两式的计算大体上相同，都是以土骨架为隔离体，考虑渗透力的流土破坏的稳定分析。对渗透系数不同的非均质含水层，宜采用数值方法进行渗流稳定性分析。

$$\frac{(2l_d + 0.8D_1)\gamma'}{\Delta h \gamma_w} \geqslant K_f \tag{7-23}$$

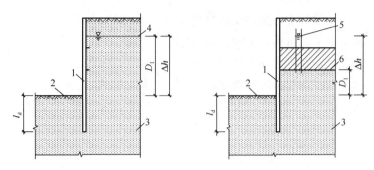

图 7-20　采用悬挂式帷幕截水时的流土稳定性验算

1—截水帷幕；2—基坑底面；3—含水层；4—潜水水位；

5—承压水测管水位；6—承压含水层顶面

式中　　K_f——流土稳定性安全系数；

l_d——截水帷幕在坑底以下的插入深度，m；

D_1——潜水水面或承压水含水层顶面至基坑底面的土层厚度，m；

γ'——土的浮重度，kN/m^3；

Δh——基坑内外的水头差，m；

γ_w——水的重度，kN/m^3。

当上部为不透水层，坑底下某深度处有承压水层时，基坑底也可能发生隆起，见图 7-21。这种情况常被称为"突涌"，突涌也是一种考虑饱和土体竖向稳定的坑底隆起的现象，但是在稳定渗流的情况下，它同时也是一种流土破坏。可按下式验算突涌。

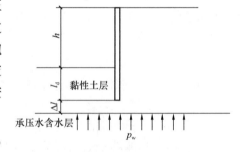

$$\frac{\gamma_m(l_d + \Delta t)}{p_w} \geqslant K_h \qquad (7\text{-}24)$$

图 7-21　承压水基坑的突涌稳定

式中　　K_h——抗突涌稳定安全系数，因为黏性

土存在黏聚力，它通常比无黏性土的流土稳定性安全系 K_f 要小；

γ_m——坑底以下，透水层以上土的天然重度，kN/m^3；

$l_d + \Delta t$——透水层顶面距基坑底面的深度，m；

p_w——含水层顶处水压力，kPa。

7.4.2　重力式水泥土墙的稳定和墙身强度验算

重力式水泥土墙常用于较软的黏性土中，除需验算抗圆弧滑动、抗基底隆起和抗渗稳定外，还有如下几项需验算。

1. 抗倾覆稳定验算

图 7-22 为重力式水泥土墙的抗倾覆稳定验算示意图，重力水泥土墙的宽度主要是由其抗倾覆稳定决定的。

重力式水泥土墙为了保证有足够的抗倾覆稳定性，应当有一定的底宽 b 及埋深 h，一般可采用：

$$l_d = (0.8 \sim 1.2)h; \quad b = (0.6 \sim 0.8)h \tag{7-25}$$

式中　　h——墙的挡土高度，m。

墙趾处 O 点要达到抗倾覆稳定要求，应满足

$$\frac{\sum M_{Ep} + G\dfrac{b}{2} - Ul_w}{\sum M_{Ea} + \sum M_w} \geqslant K_{OV} \tag{7-26}$$

式中　　K_{OV}——抗倾覆稳定安全系数；

$\sum M_{Ep}$、$\sum M_{Ea}$——被动土压力与主动土压力对于 O 点的总力矩，kN·m；

$\sum M_w$——墙前与墙后水压力对于 O 点力矩的代数和，kN·m；

G——墙身重量，kN；

b——墙身宽度，m；

l_w——U 的合力作用点距 O 点距离，m；

U——用于墙底面上水的扬压力合力，kN。

$$U = \frac{\gamma_w(h_{wa} + h_{wp})}{2}b \tag{7-27}$$

【例 7-2】　一基坑位于饱和淤泥质土地基上，开挖深度为 5m，采用重力式水泥土墙支护，墙的嵌入深度为 6m，水泥土重度 $\gamma_{cs} = 20\text{kN/m}^3$。淤泥质土的重度 $\gamma = 17.4\text{kN/m}^3$，墙底处不排水强度 $C_u = 40\text{kPa}$。如图 7-23 所示，如果抗隆起安全系数为 $K_d = 1.4$，验算该基坑的抗隆起稳定性。

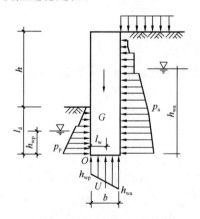

图 7-22　重力式水泥土墙的
抗倾覆稳定验算示意图

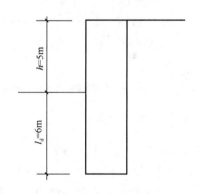

图 7-23　例 7-2 图

【解】　根据式（7-21）得：

$$\frac{N_C c_u + \gamma l_d}{\gamma_{cs}(h + l_d)} = \frac{5.14 \times 40 + 17.4 \times 6}{20 \times (5 + 6)} = \frac{310}{220}$$

$$= 1.41 > K_d = 1.4$$

满足坑底抗隆起稳定性。

2. 抗水平滑动稳定验算

参看图 7-22，重力式水泥土墙为保证沿墙底有足够的抗水平滑动的能力，应满足

$$\frac{\sum E_p + (G - U)\tan\varphi + cb}{\sum E_a + \sum E_w} \geqslant K_{sl} \tag{7-28}$$

式中　K_{sl}——抗滑移稳定安全系数；

ΣE_p、ΣE_a——总被动土压力和总主动土压力，kN；

　　ΣE_w——作用于墙前与墙后总水压力的合力，kN；

　　　φ——墙底处土的内摩擦角，°；

　　　c——墙底处土的黏聚力，kPa。

计算中土的强度指标对于砂土可用有效应力强度指标；对于黏性土取固结不排水强度指标。

3. 重力式水泥土墙的墙身强度验算

由于水泥土的材料强度不高，所以尽管属于"重力式"挡土墙，仍然需要进行桩身强度的验算。这种验算属于材料的强度问题，应采用分项系数法进行，荷载项采用作用基本组合的效应。

（1）拉应力

$$\frac{6M}{b_2} - \gamma_{cs}z \leqslant 0.15f_{cs} \tag{7-29}$$

（2）压应力

$$\gamma_0 \gamma_F \gamma_{cs}z + \frac{6M}{b_2} \leqslant f_{cs} \tag{7-30}$$

式中　M——作用基本组合的水泥土墙验算截面的弯矩设计值，kN·m；

　　b_2——验算截面处水泥土墙的宽度，m；

　γ_{cs}——水泥土的重度，kN/m³；

　　z——验算截面至水泥土墙顶的垂直距离，m；

　f_{cs}——水泥土开挖龄期时的轴心抗压强度设计值，kPa，应根据现场试验或工程经验确定；

　γ_F——作用基本组合的综合分项系数，取 $\gamma_F = 1.25$。

7.4.3　土钉墙的稳定验算

土钉墙实际上是一种土工加筋体，即利用钢筋与土间模量的不同，在砂浆界面产生摩阻力，从而约束土体，提高土的强度和刚度。被加固的复合土体形成一个重力式挡土墙，所以土钉墙的整体稳定与水泥土墙相似，也要进行抗滑移稳定、抗倾覆稳定、抗坑底隆起及整体圆弧滑动稳定验算。另外在加筋土体内还要满足局部稳定及土钉的锚固稳定。

为了满足以上稳定要求，在设计施工中土钉墙一般应满足如下条件：

土钉墙墙面与垂直方向成 0°～25°倾角；土钉水平倾角一般为 5°～20°；土钉长度 L 不宜小于 6m。

土钉的间距：水平间距为 (10～15)D，D 为锚固体（钢筋＋灌注水泥砂浆）的直径，一般水平与竖直间距为 1.0～2.0m。

土钉采用直径不小于 16mm HRB400 级以上的螺纹钢筋；采用水泥砂浆或水泥素浆注浆，其强度不宜低于 20MPa。

1. 土钉墙的整体稳定验算

近年来土钉的布置常常采用长短不同的形式，其中复合土钉墙桩的锚杆更长，因而一般都不再对土钉墙的加筋土体进行整体的倾覆、滑移稳定性验算，而是采用各种不同滑动面的圆弧滑动面，用瑞典条分法进行验算，如图 7-24 所示。

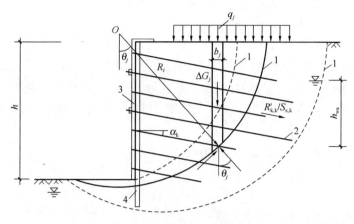

图 7-24 土钉墙整体稳定性验算

1—滑动面；2—土钉或锚杆；3—喷射混凝土面层；4—水泥土桩或微型桩

由于圆弧可穿过一些土钉和锚杆，因而它们所产生的抗滑力矩应当计入，具体的计算公式与式（7-19）相同。但其中的 $R'_{k,k}$ 为第 k 层土钉或锚杆的极限拉力标准值，它取以下两个值的较小者：

（1）土钉或者锚杆的滑动面以外的极限锚固抗拔力的标准值；

（2）土钉或者锚杆的极限抗拉强度的标准值。

在复合土钉墙中，考虑土钉、锚杆、水泥土桩和微型桩承载力机理不同，共同作用时拉力的发挥次序不同，因而它们的抗力应乘以不同的折减系数。

这种圆弧滑动的稳定分析也要假设不同圆心和半径的滑动面，使最小计算安全系数也能满足大于等于 K_s 的要求。

2. 土钉的抗拔稳定验算

单根土钉的抗拔承载力应符合式（7-31）的规定：

$$\frac{R_{k,j}}{N_{k,j}} \geqslant K_t \tag{7-31}$$

式中　K_t——土钉抗拔安全系数；

　　$N_{k,j}$——第 j 层土钉的轴向拉力标准值，kN，按式（7-32）计算；

　　$R_{k,j}$——第 j 层土钉的极限抗拔承载力标准值，kN。

$$N_{k,j} = \frac{1}{\cos \alpha_j} \zeta \, p_{ak,j} \, s_{xj} \, s_{zj} \tag{7-32}$$

式中　α_j——第 j 层土钉的倾角，°；

　　ζ——墙面倾斜时的主动土压力折减系数，要按式（7-33）确定。

　　$p_{ak,j}$——第 j 层土钉处的主动土压力强度标准值，kPa；

　　s_{xj}——土钉的水平间距，m；

　　s_{zj}——土钉的垂直间距，m。

坡面倾斜时的主动土压力折减系数可按式（7-33）计算：

$$\zeta = \tan \frac{\beta - \varphi_m}{2} \left(\frac{1}{\tan \dfrac{\beta + \varphi_m}{2}} - \frac{1}{\tan\beta} \right) / \tan^2 \left(45° - \frac{\varphi_m}{2} \right) \tag{7-33}$$

式中　β——土钉墙坡面与水平面的夹角，°；

　　　φ_m——基坑底面以上各土层按土层厚度加权的等效内摩擦角平均值，°。

值得注意的是，在土钉墙中，实际土钉的拉力分布并不完全符合朗肯土压力计算的直线分布，如图 7-25 所示。由于边界条件约束，并且每排土钉的最大拉力值不一定同时发生在基坑开挖到坑底时，而是在开挖高程某一阶段，所以有的规范对土钉的拉力分布进行了调整。

单根土钉的极限抗拔承载力标准值可按式（7-34）估算，但应通过土钉抗拔试验进行验证：

$$R_{k,j} = \pi\, d_j \sum q_{sik}\, l_i \tag{7-34}$$

式中　d_j——第 j 层土钉的锚固体直径，m；

　　　q_{sik}——第 j 层土钉在第 i 层土的极限粘结强度标准值，kPa，可根据工程经验并结合表 7-7 取值；

　　　l_i——第 j 层土钉在滑动面外第 i 土层中的长度，m，计算单根土钉极限抗拔承载力时，取如图 7-26 所示的直线滑动面，直线滑动面与水平面的夹角取 $\dfrac{\beta + \varphi_m}{2}$。

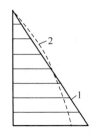

图 7-25　土钉最大拉力
的分布示意图

1—朗肯土压力理论计算结果；2—实测结果

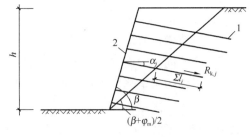

图 7-26　土钉抗拔承载力计算图

1—土钉；2—喷射混凝土面层

土钉的极限黏结强度标准值 q_{sik}　　　　　　　　　　　　　　表 7-7

土的名称	土的状态	q_{sik}(kPa)	
		成孔注浆土钉	打入钢管土钉
素填土		15～30	20～35
淤泥质土		10～20	15～25
黏性土	$0.75 < I_L \leqslant 1.00$	20～30	20～40
	$0.25 < I_L \leqslant 0.75$	30～45	40～55
	$0 < I_L \leqslant 0.25$	45～60	55～70
	$I_L \leqslant 0$	60～70	70～80
粉土		40～80	50～90
砂土	松散	35～50	50～65
	稍密	50～65	65～80
	中密	65～80	80～100
	密实	80～100	100～120

3. 土钉的抗拉强度验算

土钉杆体的抗拉强度应符合下列规定：

$$N_j \leqslant f_y A_s \tag{7-35}$$

式中　N_j——作用基本组合第 j 层土钉的轴向拉力设计值，kN，$N_j = \gamma_0 \gamma_F N_{k,j}$；

　　　　f_y——土钉杆体的抗拉强度设计值，kPa；

　　　　A_s——土钉杆体的截面面积，m^2。

【例 7-3】 一基坑开挖深度为 6m，采用竖直的土钉墙支护（图 7-27）。地基为均匀的黏性土，$I_L = 0.5$，$\gamma = 19kN/m^3$，$c = 20kPa$，$\varphi = 25°$，地面超载 $q_0 = 30kPa$。土钉采用钢筋 20HRB400（$f_y = 360N/mm^2$），土钉长度为 6m，倾角 15°，水平和竖直间距都是 1.5m，锚固体直径为 100mm。如果抗拔的安全系数为 1.4，作用基本组合效应的分项系数为 1.25，验算地面以下 4m 处土钉的抗拔稳定与抗拉强度。

【解】 计算滑动面倾角 $\theta = 45° - \varphi/2 = 45° - 25°/2 = 32.5°$，土钉在滑动面内的长度：$l_n = \dfrac{2 \times \sin 32.5°}{\sin 72.5°} = 1.139m$；土钉在滑动面外的长度：$l_w = 6 - l_n = 4.87m$；地面下 4m 处主动土压力：

$$
\begin{aligned}
p_a &= K_a(\gamma z + q_0) - 2c\sqrt{K_a} \\
&= 0.406 \times (19 \times 4 + 30) - 2 \times 20 \times 0.64 \\
&= 17.5kPa
\end{aligned}
$$

用式（7-32）计算 4m 处土钉轴向力的标准值：

$$N_k = \frac{1}{\cos 15°} \times 1.5 \times 1.5\, p_a = 41kN$$

查表 7-7，地基土的极限粘结强度为 $q_{sik} = 37.5kPa$，该土钉的抗拔极限承载力为 $R_K = 37.5 \times \pi \times 0.1 \times 4.87 = 57.4kN$。

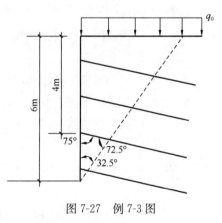

图 7-27　例 7-3 图

（1）根据式（7-16）验算抗拔稳定性 $\dfrac{R_k}{S_k} = \dfrac{57.4}{41} = 1.4$，满足抗拔稳定性要求。

（2）根据式（7-35）验算土钉的抗拉强度：

$$N = \gamma_F N_k = 1.25 \times 41 = 51.3kN$$

$$f_y A_s = 360 \times \pi \times 20^2/4 = 113kN$$

$$N < f_y A_s$$

土钉抗拉强度满足要求。

7.5　桩、墙式支挡结构的设计计算

7.5.1　桩、墙式支挡结构的内力变形计算

桩、墙式支挡结构断面刚度较小，在横向水土压力作用下会发生较大的变形。所以仅

仅保证稳定性还不够，也需要进行内力和变形的计算。计算内力和变形是基于支护结构与地基土之间的共同作用与变形协调原理，其中最简单的共同作用计算就是侧向弹性地基反力法，或称侧向弹性地基梁法。它和文克尔地基梁原理是相同的，但由于这个梁是竖向放置的，所以地基抗力系数（基床系数）不再是常数，而是与深度有关，即采用 m 法。

对于平面问题，侧向弹性地基反力法一般可取单位计算宽度的支护结构进行计算，包括单位宽度的桩墙、内支撑（或锚杆）在单位宽度内的作用力及墙后单位宽度的土体，按平面的梁、杆系统计算。其中内支撑（或锚杆）当作弹性支座，支挡结构作为弹性梁，坑内坑底以下地基土当作弹性地基，按照变形协调条件进行结构的内力与变形分析，如图 7-28 所示。

对于支挡结构的受力变形可采用如下的弹性梁微分方程：

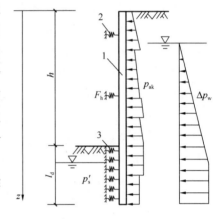

图 7-28　侧向弹性地基反力法
1—地下连续墙；2—支撑或锚杆；3—弹性地基

$$EI\frac{\mathrm{d}^4 v}{\mathrm{d} z^4} = p_a + \Delta p_w - k_s v \qquad (7\text{-}36)$$

式中　E——支挡结构梁材料弹性模量，kN/m^2；

$\quad\quad I$——梁截面惯性矩，m^4；

$\quad\quad p_a$——图 7-28 中的外侧土压力，开挖面以下取两侧主动土压力差，kPa；

$\quad\quad \Delta p_w$——两侧水压力差，kPa；

$\quad\quad k_s$——地基抗力系数，kN/m^3；

$\quad\quad v$——梁的挠度，即 x 方向的位移，m。

其中地基抗力系数随着深度线性增加，用式（7-37）计算：

$$k_s = m(z - h) \qquad (7\text{-}37)$$

式中　m——地基抗力系数的比例系数，kN/m^4；

$\quad\quad z$——计算点距地面的距离，$z > h$，m。

因为土的种类极多，土性又极为复杂，各地域的土性相差很大。系数 m 主要靠经验，表 7-8 和表 7-9 所列数值可供参考。

《建筑桩基技术规范》建议排桩 m 的经验值　　　　　　　表 7-8

序号	地基土类别	预制桩、钢桩		泄注桩	
		m（MN/m⁴）	桩顶水平位移（mm）	m（MN/m⁴）	桩顶水平位移（mm）
1	淤泥；淤泥质土；饱和湿陷性黄土	2~4.5	10	2.5~6	6~12
2	流塑（$I_L > 1$）、软塑（$0.75 < I_L \leqslant 1$）状黏性土；$e > 0.9$ 粉土；松散粉细砂；松散、稍密填土	4.5~6.0	10	6~14	4~8
3	可塑（$0.25 < I_L \leqslant 0.75$）状黏性土；湿隐性黄土；$e = 0.75~0.9$ 粉土；中密填土；稍密细砂	6.0~10	10	14~35	3~6

续表

序号	地基土类别	预制桩、钢桩		泄注桩	
		m（MN/m⁴）	桩顶水平位移（mm）	m（MN/m⁴）	桩顶水平位移（mm）
4	硬塑（$0 < I_L \leqslant 0.25$）、坚硬（$I_L \leqslant 0$）黏性土；湿陷性黄土；$e < 0.75$ 粉土；中密的中粗砂、密实老填土	10～22	10	35～100	2～5
5	中密、密实的砾砂；碎石			100～300	1.5～3

上海地区 m 的经验取值　　　　表 7-9

地基土分类		m（kN/m⁴）
流塑的黏性土		1000～2000
软塑的黏性土、松散的粉砂性土和砂土		2000～4000
可塑的黏性土、稍密～中密的粉性土和砂土		4000～6000
坚硬的黏性土、密实的粉性土、砂土		6000～10000
水泥土搅拌桩加固，置换率>25%	水泥量<8%	2000～4000
	水泥掺量>12%	4000～6000

对于地下连续墙，弹性支座在单位宽度上的支点力计算采用式（7-38）。

$$F_h = k_R(v_R - v_{R0}) + P_h \tag{7-38}$$

式中　F_h——单位宽度内弹性支座的水平反力，kN/m；

k_R——单位宽度内弹性支座的刚度系数，（kN/m）/m；

v_R——挡土结构支点处的水平位移，m；

v_{R0}——设置支撑或锚杆时，支点的初始水平位移，m；

P_h——单位宽度上水平方向的预加力，kN/m。

其中弹性支座的刚度系数 k_R 比较容易确定，对于锚杆可以通过现场拉拔试验确定，见式（7-39）。

$$k_R = \frac{Q_2 - Q_1}{(s_2 - s_1)s} \tag{7-39}$$

式中　Q_1、Q_2——锚杆循环加荷或逐级加荷试验中 Q-s 曲线上对应锚杆锁定值与轴向拉力标准值的荷载值，kN；

s_1、s_2——Q-s 曲线上对应于荷载为 Q_1、Q_2 的锚头位移值，m；

s——锚杆水平间距，m。

可通过杆件的线弹性计算求得支撑式支挡结构的弹性支座的刚度系数。

利用式（7-36）的微分方程求解支护结构上的内力与变形，还必须代入一定的边界条件。对于悬臂式支挡结构，没有支撑结构，即无支座；对于图 7-28 所示有几个内支撑或锚杆的情况，可以将它们当成弹性支座，它对支挡结构作用有单位宽度上水平方向的作用力 F_h。

7.5.2　土层锚杆和内支撑

如上所述，采用基坑内部的内支撑或基坑外的锚杆，可以大大减少支挡结构上的内力，减小支挡结构的变形和周边地面的沉降，从而减少对主体建筑物施工和相邻道路、建筑物、地下设施的影响。

1. 土层锚杆

对于土质条件较好，具备土层锚杆施工条件的场地，应首先考虑使用土层锚杆。因为它可以在基坑内形成开阔的空间，便于开挖与施工，缩短工期。土层锚杆由锚头、锚筋和锚固体三部分组成，见图 7-3。锚杆的验算与土钉类似，但由于锚杆施加预应力及锚固体采用压力注浆，所以与土钉有一些区别。

（1）抗拔承载力验算

用于基坑的支护结构中，锚杆的极限抗拔承载力验算与式（7-31）相同，可表示为式（7-40）的形式：

$$\frac{R_K}{N_K} \geqslant K_t \tag{7-40}$$

式中　K_t——锚杆抗拔安全系数；

$\quad\quad N_K$——锚杆轴向拉力标准值，kN，按式（7-41）计算；

$\quad\quad R_K$——锚杆极限抗拔承载力标准值，kN，按式（7-42）确定。

$$N_K = \frac{F_h s}{\cos\alpha} \tag{7-41}$$

式中　F_h——挡土构件单位计算宽度内的弹性支点水平反力，kN/m，按式（7-38）

$\quad\quad\quad$计算；

$\quad\quad s$——锚杆水平间距，m；

$\quad\quad \alpha$——锚杆倾角，°。

锚杆极限抗拔承载力标准值应通过抗拔试验确定；也可按式（7-42）估算，但应通过抗拔试验进行验证。

$$R_K = \pi d \sum q_{sik} l_i \tag{7-42}$$

式中　d——锚杆的锚固体直径，m；

$\quad\quad l_i$——锚杆的锚固段在第 i 土层中的长度，m，锚固段长度为锚杆在理论直线滑动

$\quad\quad\quad$面以外的长度，理论直线滑动面按图 7-29 确定；

$\quad\quad q_{sik}$——锚固体与第 i 土层之间的极限粘结强度标准值，kPa，应根据工程经验并结

$\quad\quad\quad$合表 7-10 取值。

锚杆的极限粘结强度标准值 q_{sik} 　　　　　　　　　表 7-10

土的名称	土的状态或密实度	q_{sik}(kPa)	
		一次常压注浆	二次压力注浆
填土		16～30	30～45
淤泥质土		16～20	20～30
黏性土	$I_L > 1$	18～30	25～45
	$0.75 < I_L \leqslant 1.00$	30～40	45～60
	$0.50 < I_L \leqslant 0.75$	40～53	60～70
	$0.25 < I_L \leqslant 0.50$	53～65	70～85
	$0 < I_L \leqslant 0.25$	65～73	85～100
	$I_L \leqslant 0$	73～90	100～130

续表

土的名称	土的状态或密实度	q_{sik}(kPa)	
		一次常压注浆	二次压力注浆
粉土	$e>0.9$	22～44	40～60
	$0.75\leqslant e\leqslant0.9$	44～64	60～90
	$e<0.75$	64～100	80～130
粉细砂	稍密	22～42	40～70
	中密	42～63	75～110
	密实	63～85	90～130
中砂	稍密	54～74	70～100
	中密	74～90	100～130
	密实	90～120	130～170
粗砂	稍密	80～130	100～140
	中密	130～170	170～220
	密实	170～220	220～250
砾砂	中密、密实	190～260	240～290
风化岩	全风化	80～100	120～150
	强风化	150～200	200～260

注：1. 当砂土中的细粒含量超过总质量的 30% 时，按表取值后应乘以系数 0.75；

    2. 对有机质含量：为 5%～10% 的有机质土，应按表取值后适当折减；

    3. 当锚杆锚固段长度大于 16m 时，应对表中数值适当折减。

锚杆的自由段长度 l_f 应按式（7-43）确定，且不应小于 5.0m，还应在滑动面以外不小于 1.5m（图 7-29）。

$$l_f\geqslant\frac{(a_1+a_2-d\tan\alpha)\sin\left(45°-\frac{\varphi_m}{2}\right)}{\sin\left(45°-\frac{\varphi_m}{2}+\alpha\right)}$$

$$(7\text{-}43)$$

式中　l_f——锚杆自由段长度，m；

　　　α——锚杆的倾角，°；

　　　a_1——锚杆的锚头中点至基坑底面的距离，m；

　　　a_2——基坑底面至 O 点的距离，O 点为两侧（主动、被动）土压力强度相等的点，m；

　　　d——挡土构件的水平尺寸，m；

　　　φ_m——O 点以上各土层按厚度加权的等效内摩擦角平均值，°。

（2）锚杆的抗拉强度验算

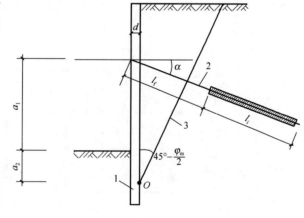

图 7-29　理论直线滑动面

1—挡土构件；2—锚杆；3—理论直线滑动面

锚杆杆体的抗拉强度应符合式（7-44）规定。

$$N \leqslant f_{py} A_p \qquad (7\text{-}44)$$

式中　　N——作用基本组合下的锚杆轴向拉力设计值，kN，$N = \gamma_0 \gamma_F N_K$；

　　　　f_{py}——预应力钢筋抗拉强度设计值，kPa；

　　　　A_p——预应力钢筋的截面面积，m^2。

2. 内支撑结构

土层锚杆在下列情况下不适用：①土层为软弱土层，不能为锚杆提供足够的锚固力；②坑壁外侧很近的范围有相邻建筑物的地下结构与重要的公用地下设施；③相邻建筑物基础以下不允许锚杆的锚固段入。在这些情况下就需要在基坑内部设置内支撑。

支撑体系包括围檩、支撑、立柱及其他附属构件，其中关键部分为支撑结构。

支撑结构按材料可分为木结构、钢结构和钢筋混凝土结构或者混合结构。其中木结构只适用于规模较小的基坑，目前已很少使用。

钢结构的支撑可以采用钢管、工字钢、槽钢及各种型钢组合的桁架，通常采用装配式。可以采用多种布置形式，如在竖向截面上可以是斜撑，也可以是水平支撑；在水平平面上，可以是对撑、井字撑、角撑等。支撑中可以施加预应力从而控制和调整挡土结构的变形。钢结构的支撑、拆除和安装比较方便。

对于形状比较复杂或者对变形要求较高的基坑，可采用现浇混凝土结构支撑。混凝土硬化后刚度大、变形小，强度的安全可靠性也较高。但支撑的浇筑和养护时间长，施工工期长，拆除常需爆破，对环境有影响。

一般情况下，支撑结构由腰梁、水平支撑和立柱三部分构件组成，见图 7-30 和图 7-31。支撑的布置应考虑与主体工程地下结构施工不相干扰。相邻支撑之间的水平距离不宜小于 4m，当采用机械开挖时，不宜小于 8m。

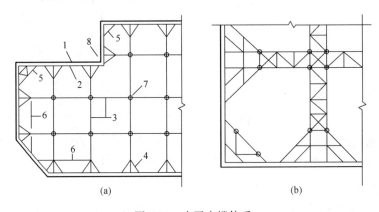

(a)　　　　　　　　　　　　　　　　(b)

图 7-30　水平支撑体系

1—围护墙；2—腰梁；3—对撑；4—八字撑；5—角撑；6—系杆；7—立柱；8—阳角

支撑体系的受力计算按结构力学方法进行。腰梁按多跨连续梁计算；立柱按受压构件计算；立柱除了承受本身自重及其负担范围内的水平支撑结构的自重外，还要承担水平支撑压弯失稳时产生的荷载。

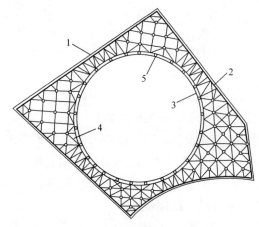

图 7-31　水平支撑体系环形支撑
1—支护墙；2—腰梁；3—环形支撑；4—柜架式对撑；5—立柱

7.6 基坑的地下水控制

当地下水位高于基坑坑底高程时，开挖中会因基坑渗漏积水影响施工，扰动地基土，增加支护结构上的荷载。当坑底弱透水层之下的含水层中有承压水时，承压水还可能引起基底弱透水土层发生突涌破坏。为此常常需要降低地下水位，但是单纯地抽取地下水，降低水位又可能引起附近地面及邻近建筑物、管线的沉降与变形。另一方面地下水作为一种资源，大量长期被抽出排走也是很大的浪费，因而需要对地下水进行控制。控制地下水的方法有：截水、集水明排、井点降水、回灌和引渗法等。

7.6.1 截水

除了在基坑外围地面采用封堵、导流等措施以防止地表水流入或渗入基坑以外，还可采用垂直防渗措施和坑底水平防渗措施，以防止地下水涌入基坑或引起地基土的渗透变形。

用于基坑工程的垂直防渗措施主要包括各类防渗墙和灌浆帷幕。防渗墙可以采用深层搅拌法、高压喷射注浆法及开槽灌注法在基坑周边构筑。防渗墙和灌浆帷幕一般应插入下卧的相对不透水岩土层一定深度，以完全截断地下水，但当透水层厚度较大时，也可以采用悬挂式（防渗墙下端没有插入相对不透水层）垂直防渗墙，如图 7-13（c）所示，有时将垂直防渗墙与坑内水平防渗相结合，如图 7-32 所示，这时要注意验算坑底地基土的抗渗稳定性。

垂直防渗有时也设置在降水井线的外侧，以防止降水时地下水位大范围下降而影响相邻建筑物和地下设施的正常使用。这种情况下，垂直防渗在平面上可能是不封闭的局部布置。

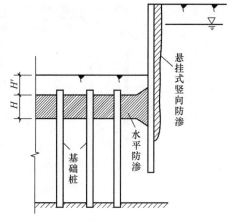

图 7-32　悬挂式竖向防渗与水平防渗结合

7.6.2　集水明排

当基坑深度不大，降水深度小于5m，地基土为黏性土、粉土、砂土或填土，地下水为上层滞水或水量不大的潜水时，可考虑集水明排的方案。首先在地表采用截水、导流措施，然后在坑底沿基坑侧壁设排水管或排水沟形成明排系统，也可设置向上斜插入基坑侧壁的排水管，以排除侧壁的土中水，减小侧壁压力。

在坑底四周距拟建建筑物基础0.4m以外设排水沟，排水沟比挖土面低0.3~0.4m。在基坑四角或每隔30~40m设一个集水井，集水井底比沟底低0.5m以上。设计排水量应不小于基坑总涌水量的1.5倍。抽水设备可以是离心泵和潜水泵，根据排水量和基坑深度确定。排水沟和集水井随着基坑的开挖逐步加深。

7.6.3　井点降水

1. 井点降水的种类

井点降水是最常用的大面积降低地下水位的方法，分为两大类：一类是围绕基坑外侧布置一系列井点管，井点管与集水总管连接，用真空泵或射水泵抽水，将地下水位降低。按工作原理不同，井点降水又可分为轻型井点、喷射井点和电渗井点三种。另一类是沿基坑外围，按适当距离布置若干单独互不相连的管井，组成井群，在管井中抽水以降低地下水位。井点降水按照是否贯穿含水层又分为完整井和非完整井。完整井贯穿含水层，井底落在隔水层上，能全断面进水。非完整井只穿入含水层部分厚度，井底落在含水层中。

（1）轻型井点

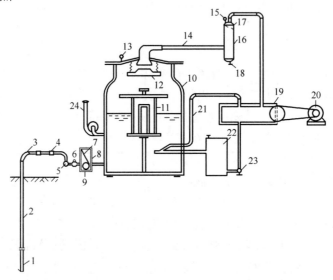

图 7-33　轻型井点设备主机原理图

1—滤管；2—井管；3—弯管；4—阀门；5—集水总管；6—集水总管的闸门；7—滤网；8—过滤室；9—掏砂孔；10—集水箱；11—浮筒；12—进气管阀门；13、15—真空计；14—进水管；16—分水室；17—挡水板；18—放水口；19—真空泵；20—电动机；21—冷却水管；22—冷却水箱；23—冷却循环水泵；24—离心泵

轻型井点设备主机原理见图 7-33。井点管中的水通过集水管用真空泵抽至集水箱，然后用离心泵排出。由于它是靠真空泵吸水，所以降水深度一般为 3～6m。

轻型井点降水的布置见图 7-34。井点一般布置在距坑壁外缘 0.5～1.0m 处，井距大于 15 倍井管直径，在基坑外缘封闭式布置。当基坑面积较大，开挖深度较深时，也可在基坑内分层设置井点。

（2）喷射井点

喷射井点的管路布置与轻型井点的相同，但其井点管分为内管和外管，下端装有如图 7-35 所示的喷嘴。用高压水泵将高压工作水经进水总管压入内外管间的环状空间，再自上向下经喷嘴进入内管，由于喷嘴断面突然缩小，水流速度加快，可达 30m/s，从而产生负压，并卷吸地下水一起沿内管上升，排出坑外，见图 7-35。它适用于排降上层滞水和排水量不很大的潜水，降水深度比轻型井点大。

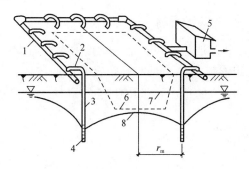

图 7-34 轻型井点降水的布置

1—集水总管；2—连接管；3—井点管；4—滤管；
5—水泵房；6—基坑；7—原地下水位；
8—降水后地下水位

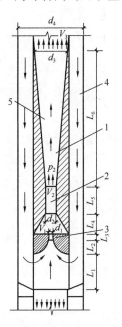

图 7-35 喷射井点扬水装置
（喷嘴和混合室）构造

1—扩散室；2—混合室；3—喷嘴；
4—喷射井点外管；5—喷射井点内管

（3）电渗井点

对于渗透系数小于 0.1m/d（约为 1×10^{-6} m/s）的饱和黏土，尤其是淤泥质饱和黏土，用上述两种井点降水的效果很差，这时可采用电渗井点。

电渗法降水施工如图 7-36 所示。用井点管作阴极，在其内侧平行布设直径 38～50mm 的钢管或直径大于 20mm 的钢筋作阳极。接通直流电（可用 9.6～55kW 的直流电焊机）后，在电势作用下，带正电荷的孔隙水向阴极方向流动（电渗），带负电荷的黏土颗粒向阳极移动（电泳）。配合轻型井点或喷射井点法将进入阴极附近的土中水经集水管排出，降低了地下水位。

（4）管井法

管井法是围绕基坑每隔 10～30m 设置一个管井，可采用直径大于 200mm 的钢管、铸铁管、水泥管（包括水泥砾石滤水管）或者塑料管，其下部为滤水段。每个管井配备一台

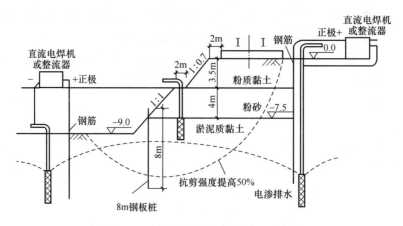

图 7-36　某工程电渗法降水施工示意图

水泵（离心泵、潜水泵、深井泵）。降水深度从几米到一百米以上，单井抽水量从 $10\text{m}^3/\text{d}$ 到 $1000\text{m}^3/\text{d}$。

2. 井点降水的设计步骤

（1）明确设计要求，包括降水面积、降水深度、降水时间等。

（2）勘察场地的工程地质和水文地质条件，掌握地层分布、土的物理力学性质指标、地下水的分布和水位及其变化等。可用单孔稳定渗流的抽水试验确定含水层的渗透系数 K 和降水漏斗的影响半径 R。对于含水层为多层土的情况，求出土层的平均水平渗透系数。

不同土类的渗透系数范围也可由表 7-11 确定。

渗透系数参考值

表 7-11

土名	黏土	粉质黏土	粉土	粉砂	细砂	中砂	粗砂	砾石卵石
渗透系数 K（m/d）	<0.001	0.001～0.05	0.05～0.5	0.5～1	1～5	5～20	20～50	>50

（3）了解场地施工条件，调查分析降水对邻近建筑物、地下设施和管线的影响。

（4）根据以上条件，选择降水方法和地下水控制方案。

（5）布置、设计井点。

（6）制定施工和管理技术要求。

在设计降水方案以及具体的点位布置时，都要进行相应的基坑涌水量的水力学计算。在基坑降水计算中，首先计算基坑涌水量，再确定单井的出水能力，然后计算井点数，最后进行井点布置的设计。

7.6.4　回灌

基坑降水时，在周围会形成降水漏斗，在降水漏斗范围内的地基土会因为有效应力的增加发生压缩沉降，可能使对沉降和不均匀沉降敏感的建筑物或地下设施、管线等受到损害。这时除了采取隔水措施之外，还可以采用回灌措施减少或避免降水的有害影响。

回灌可采用井点、砂井、砂沟等，一般回灌井与降水井相距不小于 6m。回灌水宜用清水，回灌水量可通过水位观测孔进行控制和调节，一般回灌水位不宜高于原地下水位标高。

7.6.5 引渗法

在大型基坑施工中，往往需要大范围、长时间抽取地下水并且排走，浪费了珍贵的水资源和电力，还可能危害环境。近年来一种新型的工程降水方法——引渗法开始得到应用。其基本原理是：在具备多层含水层，并且存在水头差的情况下，可以用引渗井穿越不同的含水层，将上部的浅层地下水通过引渗井自渗，或者抽渗到下部的含水层中去，使上部疏干，达到基坑降水的目的。在我国的许多大中城市，地下水利用量加大，地下水位不断下降，给深大基坑的引渗降水提供了良好的条件。

引渗井降水的适用条件为：

（1）工程降水区内存在两层及两层以上的含水层，各含水层中地下水的水头差较大，含水层间存在着稳定的相对隔水层。

（2）引渗进入的下伏含水层的导水性要成倍地大于被排水疏干的含水层的透水性，并且下伏含水层厚度应大于 3.0m，不致造成下伏含水层中水位明显升高。

（3）引渗进入的下伏含水层的顶板埋深要低于基坑底 3.0～5.0m。

（4）被排水疏干的含水层中的地下水水质满足环保要求，不致引起下伏含水层中地下水水质的恶化。

引渗井的类型有自渗降水和抽渗降水两种。前者可以用管井或者砂砾井；后者一般用管井。具体布置有垂直引渗和水平引渗两种形式。在垂直引渗布置中，引渗井通过穿越不同的含水层达到降水的目的；在水平引渗布置中，引渗井往往是辐射状布置形成控制降水区，可以在同一含水层内，也可以穿越两层含水层，然后引入下伏含水层中。图 7-37 是一个引渗法降水的示意图。

7.6.6 基坑降水的降深计算

基坑内的设计降水水位应低于基坑底面 0.5m。当主体结构的电梯井、集水井等部位基坑局部加深时，应按其深度考虑设计降水水位或对其另行采取局部地下水控制措施。

基坑地下水位降深应符合下式规定：

$$S_i \geqslant S_d \qquad (7\text{-}45)$$

式中　S_i——基坑地下水位降深，应取地下水位降深的最小值，m；

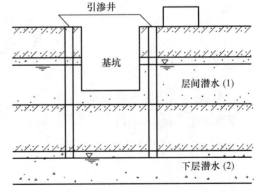

图 7-37　引渗法示意图

　　S_d——基坑地下水位的设计降深，m，低于基坑底面 0.5m。

1. 潜水完整井

当含水层为粉土、砂土或碎石土，各降水井所围平面长宽较为接近，且 n 个降水井的

型号、间距、降深相同时，潜水完整井的基坑地下水位降深和单井流量可按下列公式
计算。

$$S_i = H - \sqrt{H^2 - \frac{q}{\pi k} \sum_{j=1}^{n} \ln \frac{R}{2r_0 \sin \frac{(2j-1)\pi}{2n}}} \tag{7-46}$$

$$q = \frac{\pi k (2H - s_w) s_w}{\ln \frac{R}{r_w} + \sum_{j=1}^{n-1} \ln \frac{R}{2r_0 \sin \frac{j\pi}{n}}} \tag{7-47}$$

式中　q ——按干扰井群计算的降水井单井流量，$\mathrm{m^3/d}$；

　　r_0 ——等效圆形分布的降水井所围面积的等效半径，m，可取 $r_0 = u/(2\pi)$，u 为各降水井所围面积的周长；

　　j ——第 j 个降水井；

　　s_w ——各降水井水位的设计降深，m；

　　r_w ——降水井半径，m；

　　k ——含水层的渗透系数，m/d；

　　H ——潜水含水层厚度，m。

2. 承压水完整井

当含水层为粉土、砂土或碎石土，各降水井所围平面两个尺度较为接近，且 n 个降水井的型号、间距、降深相同时，承压完整井的基坑地下水位降深也可按下列公式计算。

$$S_i = \frac{q}{2\pi M k} \sum_{j=1}^{n} \ln \frac{R}{2r_0 \sin \frac{(2j-1)\pi}{2n}} \tag{7-48}$$

$$q = \frac{2\pi M k s_w}{\ln \frac{R}{r_w} + \sum_{j=1}^{n-1} \ln \frac{R}{2 r_0 \sin \frac{j\pi}{n}}} \tag{7-49}$$

式中　M ——承压含水层厚度，m。

按地下水稳定渗流计算井距、井的水位降深和单井流量时，影响半径宜通过试验确定。缺少试验时，可按下列公式计算并结合当地经验取值。

（1）潜水含水层

$$R = 2s_w \sqrt{kH} \tag{7-50}$$

（2）承压含水层

$$R = 10 s_w \sqrt{k} \tag{7-51}$$

式中　R ——影响半径，m；

　　s_w ——井水位降深，m，当井水位降深小于 10m 时，取 $s_w = 10$m。

7.6.7 基坑涌水量计算

基坑降水的总涌水量是降水设计的主要依据，可根据不同的条件假设基坑为一个大口径的降水井，计算这一大口径降水井的出水量。

1. 潜水完整井

群井按大口径井简化的均质含水层潜水完整井的基坑降水总涌水量可按下式计算(图7-38)。

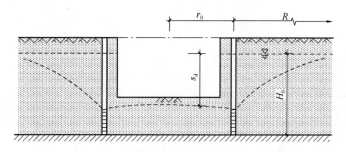

图 7-38　按大口径井简化的均质含水层潜水完整井的基坑降水总涌水量计算

$$Q = \pi k \frac{(2 H_0 - s_{\mathrm{d}}) s_{\mathrm{d}}}{\ln\left(1 + \dfrac{R}{r_0}\right)} \tag{7-52}$$

式中　Q——基坑降水的总涌水量，$\mathrm{m^3/d}$；

　　　k——渗透系数，$\mathrm{m/d}$；

　　　H_0——潜水含水层厚度，m；

　　　s_{d}——基坑内水位设计降深，m；

　　　R——降水影响半径，m；

　　　r_0——沿基坑周边均匀布置的降水井群所围面积等效圆的半径，m，可按 $r_0 = \sqrt{A/\pi}$ 计算，A 为降水井群连线所围的面积。

2. 承压水完整井

群井按大口径井简化的均质含水层承压水完整井的基坑降水总涌水量可按下式计算(图7-39)。

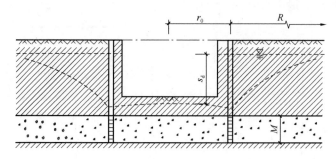

图 7-39　按大口径井简化的均质含水层承压水完整井的基坑降水总涌水量计算

$$Q = 2\pi k \frac{M s_{\mathrm{d}}}{\ln\left(1 + \dfrac{R}{r_0}\right)} \tag{7-53}$$

式中　M——承压含水层厚度，m。

对应于不同的情况，还有潜水非完整井和承压非完整井等，可通过类似的公式计算。在确定了基坑的总涌水量后，就可以按照式（7-54）计算单井的设计流量，以选择合适的井点类型。

$$q = 1.1 \frac{Q}{n} \tag{7-54}$$

式中　Q——基坑降水的总涌水量，m^3/d，可按式（7-52）和式（7-53）计算；
　　　n——降水井数量。

7.6.8　降水引起的地层变形计算

降水引起的地层变形量 s 可按下式计算。

$$s = \varphi_{\mathrm{w}} \sum_{i=1}^{n} \frac{\Delta\sigma'_{zi} \Delta h_i}{E_{si}} \tag{7-55}$$

式中　φ_{w}——沉降计算经验系数，应根据地区工程经验取值，无经验时，宜取 $\varphi_{\mathrm{w}} = 1$；
　　　$\Delta\sigma'_{zi}$——降水引起的地面下第 i 土层中点处的附加有效应力，kPa；
　　　Δh_i——第 i 层土的厚度，m；
　　　E_{si}——第 i 层土的压缩模量，kPa。

对于如图 7-40 所示的计算断面 1，各段的有效应力增量为：

（1）位于初始地下水位以上部分

$$\Delta\sigma'_{zi} = 0 \tag{7-56}$$

（2）位于降水后水位与初始地下水位之间部分

$$\Delta\sigma'_{zi} = \gamma_{\mathrm{w}} z \tag{7-57}$$

（3）位于降水后水位以下部分

$$\Delta\sigma'_{zi} = \frac{\lambda_i}{\gamma_{\mathrm{w}} s_i} \tag{7-58}$$

式中　λ_i——计算系数，应按地下水渗流分析确定；
　　　s_i——计算剖面地下水降深，m。

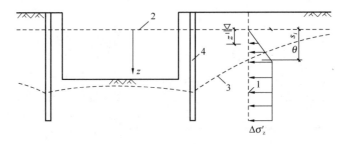

图 7-40　降水引起的附加有效应力计算

1—计算断面；2—初始地下水位；3—降水后的水位；4—降水井

7.6.9 减少与控制降水引起地面沉降的措施

基坑开挖过程中，因降水不当造成周边环境破坏的案例屡见不鲜，轻则延误工期，增加造价，严重时可能引起重大伤亡事故。

基坑降水导致基坑四周水位降低，土中孔隙水压力转移、消散，不仅打破了土体原有的力学平衡，使得有效应力增加，而且水位降落漏斗范围内水力梯度增加，以体积力形式作用在土体上的渗透力增大。二者共同作用的结果是，基坑周边土体发生沉降变形。但在高水位地区开挖深基坑又离不开降水措施，因此一方面要保证开挖施工顺利进行，另一方面要防范对周围环境的不利影响，即采取相应的措施，减少降水对周围建筑物及地下管线的影响。

（1）合理使用井点降水，尽可能减少对周围环境的影响

降水必然会形成降水漏斗，从而造成周围地面的沉降，但只要合理使用井点，就可以把这类影响控制在周围环境可以承受的范围之内。

1）首先在场地典型地区进行相应的群井抽水试验，进行降水及沉降预测。做到按需降水，严格控制水位降深。

2）防止抽水带走土层中的细颗粒。在降水时要随时注意抽出的地下水是否有混浊现象。抽出的水中带走细颗粒不但会增加周围地面的沉降，还会使井管堵塞、井点失效。为此首先应根据周围土层的情况选用合适的滤网，同时应重视埋设井管时的成孔和回填砂滤料的质量。

3）适当放缓降水漏斗线的坡度。在同样的降水深度前提下，降水漏斗线的坡度越平缓，影响范围越大，所产生的不均匀沉降就越小，因而降水影响区内的地下管线和建筑物受损的程度越小。

4）井点应连续运转，尽量避免间歇和反复抽水。轻型井点和喷射井点在原则上应埋在砂性土层内，对砂性土，除松砂以外，降水所引起的沉降量是很小的，然而倘若降水间歇和反复进行，现场和室内试验均表明每次降水都会产生沉降。每次降水引起的沉降量随着反复次数的增加而减少，逐渐趋向于零，但是总的沉降量可以累积到一个相当可观的程度。因此，应尽可能避免反复抽水。

5）当降水现场周围有湖、河、滨等储水体时，应考虑在井点与储水体间设置隔水帷幕，以防止井点与储水体联通，抽出大量地下水而水位不下降，反而带出许多土颗粒，甚至产生流砂现象，从而妨碍深基坑工程的开挖施工。

6）在建筑物和地下管线密集等对地面沉降控制有严格要求的地区开挖深基坑，宜尽量采用坑内降水方法，即在围护结构内部设置井点，疏干坑内地下水，以利于开挖施工。同时，需利用支护体本身或另设隔水帷幕切断坑外地下水涌入。要求隔水帷幕具有足够的入土深度，一般需较井点滤管下端深 1.0m 以上。这样既不妨碍开挖施工，又可大大减轻对周围环境的影响。

（2）降水场地外侧设置隔水帷幕，减小降水影响范围

在降水场地外侧有条件的情况下设置一圈隔水帷幕，切断降水漏斗曲线的外侧延伸部分，减小降水影响范围，将降水对周围的影响减小到最低程度。

常用的隔水帷幕包括深层水泥搅拌桩、拉森钢板桩、树根桩隔水帷幕、钻孔咬合桩、地下连续墙等。

（3）降水场地外缘设置回灌水系统

降水对周围环境的不利影响主要是由漏斗型降水曲线引起周围建筑物和地下管线基础的不均匀沉降造成的，因此，在降水场地外缘设置回灌水系统，保持需保护部位的地下水位，可消除所产生的危害。

回灌水系统包括回灌井点及回灌砂沟、砂井等。

1）回灌井点

在降水井点和要保护的地区之间设置一排回灌井点，在利用降水井点降水的同时，利用回灌井点向土层内灌入一定数量的水，形成一道水幕，从而减少降水以外区域的地下水流失，使其地下水位基本不变，达到保护环境的目的。

回灌井点的布置和管路设备等与抽水井点相似，仅增加回灌水箱、闸阀和水表等少量设备。抽水井点抽出的水通到储水箱，用低压送到注水总管，多余的水用沟管排出。另外，回灌井点的滤管长度应大于抽水井点的滤管，通常为 $2\sim2.5m$，井管与井壁间回填中粗砂作为过滤层。

2）回灌砂沟、砂井

在降水井点与被保护区域之间设置砂井、砂沟作为回灌通道。将井点抽出来的水适时适量地排入砂沟，再经砂井回灌到地下，从而保证被保护区域地下水位的基本稳定，达到保护环境的目的。

需要说明的是，回灌井点、回灌砂井、砂沟与降水井点的距离一般不宜小于 6m，降水井点仅抽吸回灌井点的水，而使基坑内水位无法下降，失去降水的作用。砂井或回灌井点的深度应按降水水位曲线和土层渗透性来确定，一般应控制在降水水位曲线以下 1m。回灌砂沟应设在透水性较好的土层内。

思考题和练习题

码7-1 课程思政案例：
工程建设中的环境
保护问题

7-1　支护结构有哪些类型？各适用于什么条件？

7-2　放坡开挖的适用条件是什么？

7-3　简述土钉墙支护的机理以及适用条件。

7-4　土钉和锚杆在加固机理、施工方法和设计计算中有何异同？

7-5　什么是逆作法？其适用条件是什么？

7-6　什么是板桩围护和排桩围护？

7-7　什么是地下连续墙，它与排桩支护方法有何异同？

7-8　地下水位以下，支护结构上的土压力和水压力应该如何计算？

7-9　土钉墙的稳定分析应包括哪些内容？

7-10　支护结构中，锚杆沿长度分成几部分？如何确定各部分长度？

7-11　井点降水法中的井点分为哪几类？其适用条件是什么？

7-12　基坑降水时为什么有时同时又要采用回灌？回灌是如何进行的？

7-13　图 7-41 中，在均匀砂层中挖基坑深 $h=3m$，采用悬臂式板桩墙护壁，砂的重

度 $\gamma = 17\text{kN/m}^3$，内摩擦角 $\varphi = 30°$，试计算板桩需要进入坑底的深度 t。

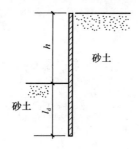

图 7-41　习题 7-13 图

码7-2　第7章思
考题和练习题
参考答案

第 8 章　地基抗震分析和设计

8.1　概述

我国地处世界上两个最活跃的地震带，东濒环太平洋地震带，西部和西南部是欧亚地震带所经过的地区，是世界上多震国家之一。据不完全统计，有历史记载以来，截至1994 年，我国共发生破坏性地震 2600 余次，其中 6 级以上 500 多次，9 级以上 9 次，给人民生命财产和国家经济造成十分严重的损失。

2008 年 5 月 12 日发生的汶川里氏 8 级地震是中华人民共和国成立以来发生的最为强烈的地震。震源位于四川龙门山断裂带南端，震中位置北纬 30.986°、东经 103.364°，震源深度 14km，中心烈度 11 度。地震受灾面积超过 50 万 km^2，死亡和失踪人数达 8.7 万人、受伤 37.5 万人，按 2008 年 9 月份统计，直接经济损失为 8451 亿元人民币。主震后，余震频发，至今记录到的约 4.1 万次，其中 6.0~6.9 级 8 次。另一次严重的地震是 1976年 7 月 28 日发生的唐山地震，里氏 7.8 级。地震几乎将整个唐山市夷为平地，死亡人数达 24.2 万人，直接经济损失按当年币值计算在百亿元以上。

我国地震灾害之所以严重，有如下三个原因：

（1）地震活动区域的分布范围广。基本烈度在 7 度和 7 度以上地区的面积达 312 万 km^2，占全部国土面积的 32.5%，如果包括 6 度的地震区，则达到 60%。

（2）地震的震源浅。我国地震总数的 2/3 发生在大陆地区，这些地震绝大多数属于二三十千米深度以内的浅源地震，因此地面振动的强度大，对建筑物的破坏比较严重。

（3）地震区内的大中城市数量多。我国三百多个城市中有一半位于基本烈度为 7 度或7 度以上的地区，特别是一批重要城市，如北京、唐山、太原、呼和浩特、包头、汕头、海口、昆明、西安、兰州、银川、西昌、乌鲁木齐、拉萨、台北、高雄、基隆等城市都位于基本烈度为 8 度的高烈度地震区。

此外，中华人民共和国成立前及成立后的二十多年中，所建造的工程一般均未考虑抗震设防，直到 1974 年才颁布我国第一部《工业与民用建筑抗震设计规范》TJ 11—74。在此之前所建造的建筑物和构筑物的抗震能力都偏低，因而在地震中容易造成严重的灾害。

建筑物都建造在岩土地基上。地震时，在岩土中传播的地震波引起地基岩土体振动。振动引起土体附加变形，强度也要发生相应的变化。当地基土受振动作用，强度大幅度降低时，就会失去支撑建筑物的能力，导致地基失效，严重时可产生像地裂、液化、震陷等震害。地基抗震设计就是研究地震中地基的稳定性和变形，包括地震承载力验算、地基液化可能性判别和液化等级的划分，震陷分析，以及为保证地基能有效工作所必须采取的抗震措施等内容。

8.2　地震作用

8.2.1　地震成因

地震是由地壳构造运动（少量由其他原因）所引起的地壳岩层的振动。据统计，地球每年发生能为人所感觉到的地壳震动可达 5 万次，而能为地震仪所记录的就更多。强烈的地壳振动常造成规模巨大的建筑物破坏，甚至带来毁灭性的灾害。近数十年来，我国地震出现频繁，造成大量的震害。

地震发生的原因，据目前资料分析是由于地球在它的运动和发展过程中内部积存着大量的能量，在地壳内的岩层中产生巨大的地应力，致使岩层发生变形褶皱。当地应力逐渐加强到超过某处岩层强度时，就会使岩层产生破裂或错断。这时，由于地应力集中作用而在该处岩层积累起来的能量，随着断裂而急剧地释放出来，引起周围物质振动，并以地震波的形式向四周传播。当地震波传至地面时，地面也就振动起来，这就是地震。这种由地壳运动引起的地震，称为构造地震。大多数地震，都属于这种地震。

一般来说，这类地震发生在活动性大断裂带的两端和拐弯的部位、两条断裂的交汇处，以及现代断裂差异运动变化强烈的大型隆起和凹陷的转换地带。这些地方是地应力比较集中、构造比较脆弱的地段，往往容易发生地震。

此外，在火山活动区，当火山喷发时，会引起附近地区发生振动，称火山地震。在石灰岩地下溶洞地区，有时因溶洞塌陷，也能引起小范围的地面振动，叫陷落地震。在进行地下核爆炸及爆破工程，或在有活动性断裂构造的地区修建大型水库，以及往深井内高压注水时，也可以激发和引起地震。

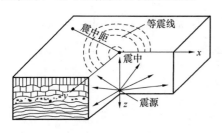

图 8-1　地震波传播

发生地震的部位称为震源。震源铅垂于地面的位置，称为震中，它是受地震影响最强烈的地区。从地面上某一点至震中的距离，称为震中距，如图 8-1 所示。

8.2.2　地震波

地震所引起的振动，以波的形式从震源向各个方向传播，这就是地震波。地震波包含通过地球本体传播的"体波"和限于地面附近传播的"面波"两种类型。

1. 体波

体波又分为"纵波"和"横波"两种。

（1）纵波

纵波是由震源向外传播的压缩波，质点的振动方向与波前进的方向一致（例如声波）。在纵波传播的途径上，岩体只发生胀缩变形而不发生转动，沿 x、y、z 轴的转动分量为零，即

$$\left.\begin{array}{l} \overline{\omega}_x = \dfrac{1}{2}\left(\dfrac{\partial W}{\partial y} - \dfrac{\partial V}{\partial z}\right) = 0 \\[2mm] \overline{\omega}_y = \dfrac{1}{2}\left(\dfrac{\partial U}{\partial z} - \dfrac{\partial W}{\partial x}\right) = 0 \\[2mm] \overline{\omega}_z = \dfrac{1}{2}\left(\dfrac{\partial V}{\partial x} - \dfrac{\partial U}{\partial y}\right) = 0 \end{array}\right\} \tag{8-1}$$

式中　U、V、W——质点在 x、y、z 方向的位移；

　　　$\overline{\omega}_x$、$\overline{\omega}_y$、$\overline{\omega}_z$——质点对 x、y、z 轴的转动分量。

把岩土体看成无限均匀的弹性介质，则质点的运动基本方程为：

$$\left.\begin{array}{l} \rho\dfrac{\partial^2 U}{\partial t^2} = (\lambda + G)\dfrac{\partial \varepsilon_v}{\partial x} + G\nabla^2 U \\[2mm] \rho\dfrac{\partial^2 V}{\partial t^2} = (\lambda + G)\dfrac{\partial \varepsilon_v}{\partial y} + G\nabla^2 V \\[2mm] \rho\dfrac{\partial^2 W}{\partial t^2} = (\lambda + G)\dfrac{\partial \varepsilon_v}{\partial z} + G\nabla^2 W \end{array}\right\} \tag{8-2}$$

满足式（8-1）的要求，式（8-2）可以简化为：

$$\left.\begin{array}{l} \rho\dfrac{\partial^2 U}{\partial t^2} = (\lambda + 2G) + \nabla^2 U \\[2mm] \rho\dfrac{\partial^2 V}{\partial t^2} = (\lambda + 2G) + \nabla^2 V \\[2mm] \rho\dfrac{\partial^2 W}{\partial t^2} = (\lambda + 2G) + \nabla^2 W \end{array}\right\} \tag{8-3}$$

式（8-3）代表纵波在无限弹性介质中的传播规律，称为纵波的波动方程。

以上各式中　　　　　　　ε_v——弹性介质的体应变；

　　　　　　　　　λ——介质的弹性参数，也称拉梅参数，$\lambda = \dfrac{\nu E}{(1+\nu)(1-\nu)}$；

　　　　　　　　　G——介质的剪切模量；

　　　　　　　　　E——介质的弹性模量；

　　　　　　　　　ν——介质的泊松比；

　　　　　　　　　ρ——介质的密度；

　　$\nabla^2 = \dfrac{\partial^2}{\partial x^2} + \dfrac{\partial^2}{\partial y^2} + \dfrac{\partial^2}{\partial z^2}$——拉普拉斯算子。

式（8-3）进一步简化，可以表示为：

$$\dfrac{\partial^2 \varepsilon_v}{\partial t^2} = \dfrac{\lambda + 2G}{\rho}\left(\dfrac{\partial^2 \varepsilon_v}{\partial x^2} + \dfrac{\partial^2 \varepsilon_v}{\partial y^2} + \dfrac{\partial^2 \varepsilon_v}{\partial z^2}\right) = v_p^2\nabla^2 \varepsilon_v \tag{8-4}$$

式（8-4）中 $v_p = \sqrt{\dfrac{\lambda + 2G}{\rho}}$ 为体积应变的传播速度，称为纵波（或称 P 波或压缩波）的波速。

（2）横波

横波是剪切波,质点的振动方向与波的前进方向相垂直。在横波传播的路径上不发生体积应变。令式(8-2)中,$\varepsilon_v = 0$,得到

$$\left.\begin{array}{l} \dfrac{\partial^2 U}{\partial t^2} = \dfrac{G}{\rho}\,\nabla^2 U = v_s^2\,\nabla^2 U \\[3mm] \dfrac{\partial^2 V}{\partial t^2} = \dfrac{G}{\rho}\,\nabla^2 V = v_s^2\,\nabla^2 V \\[3mm] \dfrac{\partial^2 W}{\partial t^2} = \dfrac{G}{\rho}\,\nabla^2 W = v_s^2\,\nabla^2 W \end{array}\right\} \tag{8-5}$$

式(8-5)表示剪切波在弹性介质中的传播规律,称为横波的波动方程。式中 $v_s = \sqrt{\dfrac{G}{\rho}}$,称为横波的波速。

由此可知,纵波和横波的波速是随介质的 E、ν、ρ 值变化的。一般情况下,取 $\nu = 0.22$,则 $v_p = 1.67\,v_s$,即纵波比横波有较高的波速。在地震记录上,纵波先于横波到达,因此通常称纵波为 P 波(初到波),横波为 S 波(次到波)。

2. 面波

面波只限于沿地球表面传播。一般可以认为,它是体波绕地层界面多次反射所形成的次生波。面波又可分为瑞利波和乐甫波。

(1)瑞利波

图 8-2 中 xy 平面为弹性体的表面。接近表面的质点,在 xz 平面内作椭圆形运动,并向 x 方向传播,这时在 y 方向没有振动,就如质点在地面上呈滚动的形式前进,这种形式的波称为瑞利波。当泊松比 $\nu = 0.25$ 时,瑞利波的速度为

$$v_R = 0.92\,v_s = 0.92\,\sqrt{G/\rho} \tag{8-6}$$

瑞利波在靠近弹性体表面处的振动大,离表面越远,振动越小。

(2)乐甫波

图 8-3 中,设弹性体中,表层土 M' 与下层土 M 的弹性性质不同。上层的横波波速为 v'_s,而下层为 v_s。这时在表层 M' 及两层介质的交界面附近将发生乐甫波。乐甫波沿 x 轴方向传播,质点的运动方向是水平的,即在 xy 平面内作蛇形摆动。波速为 v_s,其值介于 v_s 和 v'_s 之间。

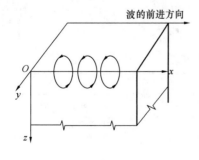
图 8-2　瑞利波的传播

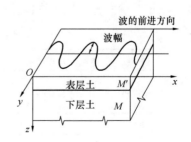
图 8-3　乐甫波的传播

一般在地震的过程中,当横波或面波同时到达时,地表面的振动最为强烈。

8.2.3　震级和烈度

地震震级是表示地震本身能量大小的尺度，以 M 表示，其数值是根据地震仪记录的地震波图来确定的。震级的原始定义由 1935 年里希特（Richter）给出。

$$M = \lg A \tag{8-7}$$

式中，A 是标准地震仪（指周期为 0.8s，阻尼系数 0.8，放大倍数为 2800 倍的地震仪）在距震中 100km 处记录的以微米（10^{-3}mm）为单位的最大水平地动位移对数值。例如，震中距 100km 处的地震仪记录的幅值是 10mm，即 10000^{-3}m，取其对数为 4，根据定义，这次地震就是 4 级。实际上，距震中 100km 处，不一定有地震台。现今也都不用上述的地震仪，因此，对于地震台的震中距不是 100km 时的记录，要作修正后才能确定震级。

震级直接与震源释放能量的大小有关，震级 M 与释放能量 E（尔格）之间，有如下关系。

$$\lg E = 11.8 + 1.5M \tag{8-8}$$

一个 1 级地震释放的能最相当于 2×10^{13} E（尔格）。震级每增加 1 级，能量增加 30 倍左右。一般来说，小于 2 级的地震，人们感觉不到，称为微震。2～4 级地震，人们就能感觉到，叫有感地震。5 级以上就要引起不同程度的破坏，统称为破坏性地震。7 级以上的地震，则称为强烈地震。

地震烈度是指某一地区地面和各种建筑物遭受一次地震影响的强弱程度。一次地震只有一个震级，而烈度则随震中距的远近而不同。一般来说，距震中越远，地震影响越小，烈度就越低；反之，距震中越近，烈度就越高。目前国际上采用的是划分为 12 度的烈度表。中国科学院地球物理研究所，根据我国地震调查经验、建筑物特点和历史资料，并参照国外的烈度表，编制《中国地震烈度表》GB/T 17742，如表 8-1 所示，可供查用。按烈度表，6 度以下的地震，对一般建筑物影响不大；6～9 度，对建筑物就有不同程度影响，须采取相适应的抗震措施；10 度以上，地震引起的破坏程度是毁坏性的，难以设防。所以我国《建筑抗震设计规范》GB 50011—2010（2016 年版）适用于抗震设防烈度为 6～9 度地区建筑工程的抗震设计及隔震和消能减震设计。设防烈度大于 9 度地区，则需要按专门规定执行。《水电工程水工建筑物抗震设计规范》NB 35047—2015 适用于设防烈度为 6～9 度，高于 9 度的水工建筑物也应进行专门研究。

中国地震烈度表　　　　　　　　　　　　　　　　表 8-1

地震烈度	人的感觉	房屋震害			其他震害现象	水平向地震动参数	
		类型	危害程度	平均震害指数		峰值加速度（m/s²）	峰值速度（m/s）
1	无感	—	—	—	—	—	—
2	室内个别静止中的人有感觉	—	—	—	—	—	—

续表

地震烈度	人的感觉	房屋震害			其他震害现象	水平向地震动参数	
		类型	危害程度	平均震害指数		峰值加速度（m/s²）	峰值速度（m/s）
3	室内少数静止中的人有感觉	—	门、窗轻微作响	—	悬挂物微动	—	—
4	室内多数人、室外少数人有感觉，少数人梦中惊醒	—	门、窗作响	—	悬挂物明显摆动，器皿作响	—	—
5	室内绝大多数、室外多数人有感觉，多数人梦中惊醒	—	门窗、屋顶、屋架颤动作响，灰土掉落，个别房屋墙体抹灰出现细微裂缝，个别屋顶烟囱掉砖	—	悬挂物大幅度晃动，不稳定器物摇动或翻倒	0.31（0.22～0.44）	0.03（0.02～0.04）
6	多数人站立不稳，少数人惊逃户外	A	少数中等破坏，多数轻微破坏和（或）基本完好	0.00～0.11	家具和物品移动；河岸和松软土出现裂缝，饱和砂层出现喷砂冒水；个别独立砖烟囱轻度裂缝	0.63（0.45～0.89）	0.03（0.05～0.09）
		B	个别中等破坏，少数轻微破坏，多数基本完好	0.00～0.08			
		C	个别轻微破坏，大多数基本完好				
7	大多数人惊逃户外，骑自行车的人有感觉，行驶中的汽车驾乘人员有感觉	A	少数毁坏和（或）严重破坏，多数中等破坏和（或）轻微破坏	0.00～0.31	物体从架子上掉落；河岸出现塌方，饱和砂层常见喷砂冒水，松软土地上地裂缝较多；大多数独立砖烟囱中等破坏	1.25（0.90～1.77）	0.13（0.10～0.18）
		B	少数中等破坏，多数轻微破坏和（或）基本完好	0.07～0.22			
		C	少数中等和（或）轻微破坏，多数基本完好				
8	多数人摇晃颠簸，行走困难	A	少数毁坏，多数严重和（或）中等破坏	0.29～0.51	干硬土上也出现裂缝，饱和砂层绝大多数喷砂冒水；大多数独立砖烟囱严重破坏	2.50（1.78～3.53）	0.25（0.19～0.35）
		B	个别毁坏，少数严重破坏，多数中等和（或）轻微破坏	0.20～0.40			
		C	少数严重和（或）中等破坏，多数轻微破坏				

地震烈度	人的感觉	房屋震害			其他震害现象	水平向地震动参数	
		类型	危害程度	平均震害指数		峰值加速度（m/s²）	峰值速度（m/s）
9	行动的人摔倒	A	多数严重破坏或（和）毁坏	0.49～0.71	干硬土上多数出现裂缝，可见基岩裂缝、错动，滑坡、塌方常见；独立砖烟囱多数倒塌	5.00（3.54～7.07）	0.50（0.36～0.71）
		B	少数毁坏，多数严重和（或）中等破坏	0.38～0.60			
		C	少数毁坏和（或）严重破坏，多数中等和（或）轻微破坏				
10	骑自行车的人会摔倒，处于不稳定状态的人会摔离原地，有抛起感	A	绝大多数毁坏	0.69～0.91	山崩和地震断裂出现，基岩上拱桥破坏；大多数独立砖烟囱从根部破坏或倒毁	10.00（7.08～14.14）	1.00（0.72～1.41）
		B	大多数毁坏	0.58～0.80			
		C	多数毁坏和（或）严重破坏				
11	—	A	绝大多数毁坏	0.89～1.00	地震断裂延续很长；大量山崩滑坡	—	—
		B		0.78～1.00			
		C					
12	—	A	几乎全部毁坏	1.00	地面剧烈变化，山河改观	—	—
		B					
		C					

注：表中给出的"峰值加速度"和"峰值速度"是参考值，括号内给出的是变动范围。

场地烈度越高，地震时地面运动的加速度就越大，其变化范围如表 8-1 所示。《建筑抗震设计规范》GB 50011—2010（2016 年版）则以重力加速度 g 为量纲，规定烈度自 6 度至 9 度相对应的地面水平地震加速度如表 8-2 所示。地震记录表明，竖直向的地震加速度，通常低于水平向地震加速度，可以取为水平向加速度的 2/3 左右。

抗震设防烈度和设计基本水平地震加速度值的对应关系　　　　　　表 8-2

抗震设防烈度	6	7	8	9
水平地震加速度	$0.05g$	$0.10(0.15^*)g$	$0.20(0.30^*)g$	$0.40g$

＊用于《建筑抗震设计规范》GB 50011—2010（2016 年版）指定的地区。

对应于一次地震，根据烈度表，可以对某一地点评定出一个烈度。所有烈度相同点的外包线，称为等震线，它与地形等高线相仿，用以表示烈度的分布情况。一般随着震中距增大，烈度逐渐降低。

地震波在基岩和土层传播的过程中，受到它们的滤波作用，靠近震中处和远离震中处，地震波的特性自然有所不同。一般来说，震中区地震加速度记录的频谱组成比较复杂，其频率变化范围比较宽，高频分量较大。随着震中距增加，频率变化范围变窄，振动周期加长。显然同样的烈度区，由于震中距不同、震级不同，对不同建筑物的影响也不一样。近年来，根据我国的地震经验表明，在宏观烈度相似的条件下，处在大震级远震中距的柔性结构物，其震害要比小震级近震中距下的柔性结构物严重得多。这是因为柔性结构物的自震周期长，比较接近于远震中距的地面运动周期。由此看来，地震的作用，除了要考虑烈度外，还应考虑震中距的影响。

地震是随机的动力作用，某一城镇或场地的烈度与地震发生的概率密切相关。小地震经常发生而强烈地震发生的概率很小。50 年内超越概率为 63%（地震重现期为 50 年）的地震称为多遇地震，相应的烈度称为众值烈度。50 年内超越概率为 10%（地震重现期为 475 年）的烈度称为基本烈度。50 年内超越概率为 2%~3%（地震重现期为 1600~2400 年）的烈度称为罕遇烈度。由国家授权的机构批准，作为某一地区抗震设防所依据的地震烈度称为抗震设防烈度。设防烈度定得太高，用在抗震设防的费用很大，而设防烈度定得过低，遭遇地震破坏的可能性又过大，可能都不是最经济合理的选择。依据我国的实际情况，提出一般建筑物的抗震设防目标为：当遭遇众值烈度地震时，要求建筑物保持正常使用状况；当遭遇基本烈度地震时，结构可以进入非弹性工作阶段，允许局部损坏，但可以修复；当遭遇罕遇烈度地震时，结构可以有较大的非弹性变形，但仍控制在规定的范围内，不至于倒塌或发生危及性命的严重破坏。即所谓"小震不坏，中震可修，大震不倒"。

具体确定基本烈度的方法，对于重要的城镇或建筑场地，应该通过地震危险性进行分析。地震危险性分析主要内容就是依据所在区域的地震地质背景，地震记录和历史地震文献，确定可能影响本区域的潜在震源及其类型，在此基础上，建立适合于所研究区域的地震发生概率模型。有了概率模型就可以按照上述的标准，确定基本烈度值。

对于一般建筑物，都是按基本烈度设防，故设防烈度就是基本烈度，而对于重要的建筑物，设防烈度则要高于基本烈度。

8.2.4 地震加速度反应谱

加速度反应谱是用以表述单质点弹性体系在某一定地震动作用下，体系的最大反应与体系的自振周期的关系（表 8-3、表 8-4）。

水工建筑物设计反应谱最大值β_{max} 表 8-3

建筑物类型	重力坝	拱坝	其他混凝土结构
β_{max}	2.00	2.50	2.25

水工建筑物特征周期T_g（s） 表 8-4

场地类别	I	II	III	IV
T_g	0.20	0.30	0.40	0.65

《建筑抗震设计规范》GB 50011—2010（2016 年版）中的地震影响系数曲线（图 8-4）

是另一种设计地震反应谱。其纵坐标也是以重力加速度 g 归一化后的无量纲数 α，α 称为地震影响系数。地震影响系数曲线分成如下四段：地震开始至 0.1s 为第一段，α 值从 $0.45\alpha_{\max}$ 直线上升至最大值 $\eta_2\alpha_{\max}$；第二段为平台段，在 0.1s 至场地特征周期 T_g 间保持最大值不变；第三段为指数衰减段，从 T_g 至 $5T_g$ 时段内，地震影响系数 α 按式（8-9）衰减；第四段为直线衰减段，在 $5T_g$ 至 6s 区段，地震影响系数按式（8-10）衰减。

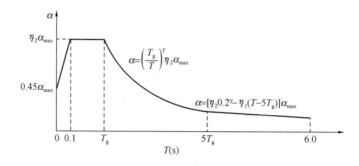

图 8-4　地震影响系数曲线

α—地震影响系数；$\alpha_{\max}$—地震影响系数最大值；η_1—直线下降段的下降斜率调整系数；

γ—衰减指数；T_g—特征周期；η_2—阻尼调整系数；T—结构自振周期

$$\alpha = \left(\frac{T_g}{T}\right)^{\gamma}\eta_2\alpha_{\max} \tag{8-9}$$

$$\alpha = \left[\eta_2 0.2^{\gamma} - \eta_1(T - 5T_g)\right]\alpha_{\max} \tag{8-10}$$

在上述两式中，$\alpha_{\max}$ 为水平地震影响系数的最大值，可根据地区或场地的地震烈度由表 8-5 查用；η_2 称为阻尼调整系数；γ 称为衰减指数；η_1 称为斜率调整系数，η_2、γ、η_1 可由式（8-11）～式（8-13）求得；T_g 为特征周期（见表 8-6）。

水平地震影响系数最大值 $\alpha_{\max}$　　　　表 8-5

地震影响	6 度	7 度	8 度	9 度
多遇地震	0.04	0.08（0.12）	0.16（0.24）	0.32
基本烈度地震	0.12	0.23（0.34）	0.45（0.68）	0.90
罕遇烈度地震	0.28	0.50（0.72）	0.90（1.20）	1.40

注：括号中数值分别用于设计基本地震加速度为 0.15g 和 0.30g 的地区。

$$\eta_2 = 1 + \frac{0.05 - \zeta}{0.08 + 1.6\zeta} \tag{8-11}$$

$$\gamma = 0.9 + \frac{0.05 - \zeta}{0.3 + 6\zeta} \tag{8-12}$$

$$\eta_1 = 0.02 + \frac{0.05 - \zeta}{4 + 32\zeta} \tag{8-13}$$

特征周期值 T_g（s）　　　　表 8-6

设计地震分组	场地类别				
	I_0	I	II	III	IV
第一组	0.20	0.25	0.35	0.45	0.65

设计地震分组	场地类别				
	I_0	I	II	III	IV
第二组	0.25	0.30	0.40	0.55	0.75
第三组	0.30	0.35	0.45	0.65	0.90

地震反应与系统的阻尼密切相关，系统的阻尼越大，振动的放大效应，或能够达到的 α_{max} 就越小，而表 8-5 中的 α_{max} 值是根据阻尼比 $\zeta = 0.05$ 的情况下统计分析得出的，对于系统的阻尼比不是 0.05 的情况，应乘以调整系数 η_2。同理，水平地震影响系数 α 值随体系振动周期 T 的衰减规律因体系阻尼的增大而加快，显然 η_2、η_1 和 γ 都是阻尼比 ζ 的函数。

表 8-6 中，特征周期 T_g 取决于建筑场地的特性（即场地的类别）和地震的类型（即地区或场地的地震组别）。场地的类别将在后面讲述。同一种地震烈度，由于震中距不同，地震波的频率特性有较大的差异，从而影响到 T_g 值的大小。《建筑抗震设计规范》GB 50011—2010（2016 年版）依据地震历史，将国内地震区中的城镇按 T_g 值分成三组，如表 8-6 所示，例如对于 I 类场地，一、二、三组的特征周期分别为 0.25s、0.30s 和 0.35s。

8.2.5 地震作用

1. 水平地震作用

有了地震影响系数曲线，就可以根据结构物的自振周期 T（多质点体系可用基本周期），查到该结构物在相应的地震烈度下的影响系数 α 值，也就是最大的水平加速度反应。于是结构所受的总水平地震作用，或称水平地震作用 F_E 为：

$$F_E = \alpha F G_{eq} \tag{8-14}$$

式中 G_{eq} ——结构物的总等效重力荷载，单质点取总重力荷载代表值，多质点可取总重力荷载代表值的 85%。

所谓总重力荷载代表值就是包括结构自重和某些可变荷载之和，按式（8-35）计算所得的地震作用效应标准组合值。

按式（8-14）计算的地震作用假定作用于结构物底面，即基础的顶面，称为底部剪力法。对于多层建筑物，需要考虑地震作用引起基础底面应力分布的不均匀性，则地震作用应分别作用于各楼层的集中质点上。质点 1 的水平地震作用 F_{iE} 为：

$$F_{iE} = \frac{G_i H_i}{\sum_{j=1}^{n} G_j H_j} F_E (1 - \delta_n) \tag{8-15}$$

$$\Delta F_n = \delta_n F_E \tag{8-16}$$

式中 F_{iE} ——质点 1 的水平地震作用，$i = 1 \sim n$；

     G_i、G_j ——分别为集中于质点 i 和 j 的重力荷载代表值；

     H_i、H_j ——分别为质点 i 和 j 的计算高度；

     ΔF_n ——顶部附加地震作用；

     δ_n ——顶部附加的地震作用系数。

实测地震加速度反应表明，地震作用不仅随质点高度的增加而加大，而且在顶部还有突出的增加，因此顶部质点要增加一个由式（8-16）计算的附加地震作用 ΔF_n。式中的 δ_n 值与建筑物的基本自振周期 T_1 有关，对于多层钢筋混凝土和钢结构房屋，可按表 8-7 采用；对于内框架砖房可以取为 0.2，其他房屋可以取零。

多质点体系水平地震作用的计算简图见图 8-5。

顶部附加地震作用系数 δ_n 表 8-7

$T_g(s)$	$T_1 > 1.4\,T_g$	$T_1 \leqslant 1.4\,T_g$
$\leqslant 0.35$	$0.08\,T_1 + 0.07$	0
>0.35，$\leqslant 0.55$	$0.08\,T_1 + 0.07$	0
>0.55	$0.08\,T_1 - 0.02$	0

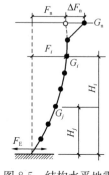

图 8-5　结构水平地震作用计算简图

2. 竖向地震作用

地震波在岩土体中的传播是空间传播，因此地震作用可分解为水平作用和竖向作用。很多地震记录表明，通常竖向作用弱于水平作用。按《水电工程水工建筑物抗震设计规范》NB 35047—2015 竖向水平作用可取为水平作用的 2/3。按《建筑抗震设计规范》GB 50011—2010（2016 年版），竖向作用取为水平作用的 65%。只有烈度在 9 度以上，才须要考虑竖向地震作用。

8.3　场地与地基

8.3.1　地震区场地的选择与分类

场地是指一个工程群体所处的和直接使用的土地，同一场地内具有相似的反应谱特征，其范围相当于厂区、居民小区和自然村或不小于 1km^2 的面积。地基则指场地范围内直接承托建筑物基础的那一部分岩土体。地震影响的范围很大，是牵涉整个建筑群的宏观问题，所以要保证建筑物的抗震安全，首先就要研究场地。

1. 场地对地震作用的影响

地震中某地区地震作用的强弱决定于震级、震中距、传波介质（岩土）的特性以及传播途径的地形地貌等因素。人们常常看到在基本烈度相同的地区内，由于场地的地形和地质条件不同，建筑物的破坏程度很不一样。国内研究机构对 20 世纪 60 年代至 80 年代发生的十多次强烈地震进行震害调查，研究场地的地形地质条件对建筑物震害的影响，取得了大量宝贵的资料。但是由于震害是地震特性、场地特征和建筑物性质的综合表现，问题十分复杂，还难以定量地计算分析各个因素所起的作用。定性而言，场地的影响主要表现为如下两个方面。

（1）地形的影响

地形的影响主要表现在突出的山梁、孤立的山丘、高差大的黄土台地边缘和山嘴等处。

（2）覆盖层厚度和土性的影响

覆盖层的厚度和土性是影响震害的两个难以截然分开的因素。一般而言，在深厚而松软的覆盖层上建筑物的震害较重，基岩埋藏浅，土质坚硬的地基震害相对较轻。进一步分析表明，震害的程度还与建筑物的性质密切相关。自震周期较长的建筑，即层数高、柔性大的结构，在深软的地基上震害较严重；而周期短，即低层刚度大的建筑在坚硬地基上震害较严重。

地震时由基岩传播的地震波，初始时频率特性很复杂，变化的范围很大，当其进入覆盖层时犹如进入滤波器，某些频率的波得以通过并放大，而另外的一些波则被缩小或滤除。震中距大，传波的距离长，自然滤波的作用也更显著。其结果通常是大震级、远距离的地震，在厚土层上地面运动的长周期成分比较显著，对自震周期较长的建筑，容易产生共振，造成较大的损害。相反，震中距近，在薄土层上，地面运动的短周期成分比较丰富，对低层砖石结构等刚性较大的建筑容易因共振引起较大的破坏。另外还要注意到，在薄层坚硬地基上，建筑物的震害通常都是因为地震作用的直接结果，而深厚、软弱地基上的震害则既可能是地震作用的直接结果，也可能是地基液化、软土震陷等原因引起建筑物地基失稳或过量沉陷造成建筑物破坏。因此，在选择场地时还应该注意饱和土的液化和软土的震陷问题。

2. 场地的分类

由于场地对建筑物的抗震安全性有很大的影响，而评价场地的因素又比较复杂，因此如何科学地划分场地就是一项很重要的工作。《建筑抗震设计规范》GB 50011—2010（2016 年版）归纳我国地震灾害和抗震工程经验，并参考许多国外场地分类方法，提出如下分类标准。

（1）按地形、地貌、地质划分为对抗震有利、一般、不利和危险四种地段

各种地段的标准如表 8-8 所示。在选择场地时，首先应该了解该场地所属地段的地震活动情况，掌握工程地质和地震地质的有关资料，按表 8-8 判定地段的性质。不要把建筑物建造在危险的地段上，尤其是甲类和乙类建筑物要严格禁止；尽量避开不利地段，确实无法避开时，应针对问题，采取有效的工程措施，力争把建筑物建造在有利地段上。

有利、一般、不利和危险地段的划分　　　　　　　　　　　　表 8-8

地段类别	地质、地形、地貌
有利地段	稳定基岩，坚硬土，开阔、平坦、密实、均匀的中硬土等
一般地段	不属于不利、有利和危险的地段
不利地段	软弱土，液化土，条状突出的山嘴，高耸孤立的山丘，陡坡，陡坎，河岸和边坡的边缘，平面分布上成因、岩性、状态明显不均匀的土层（含故河道、疏松的断层破碎带、暗埋的塘洪沟谷和半填半挖地基），高含水量的可塑黄土，地表存在结构性裂缝等
危险地段	地震时可能发生滑坡、崩塌、地陷、地裂、泥石流等及发震断裂带上可能发生地表错位的部位

表 8-8 中，危险地段包括发震断裂带上可能发生地表错位的部位。通常发震断裂带的

位置可以从地震地质资料查取。从国内外震害调查资料分析表明，下列两种情况，不会发生错位。

1）地震烈度低于8度；

2）1万年内（全新世）没有发生过断裂活动的断层。

另外，虽然基岩发生错位，但若是其上有足够厚的覆盖层，经覆盖层调节后，错位对地面建筑物实际上已经没有影响，这种情况，也可以当成不发生错位。实践表明，当地震烈度为8度和9度，覆盖层厚度分别大于或等于60m和90m时，就可以不考虑错位。

条状突出的山嘴、高耸孤立的山丘和陡坡、陡坎等局部不利地形对地震动参数可能起放大作用，若难以避开而必须在这些抗震不利的地段上建造建筑物时，应对地震影响系数适当增大，但增大倍数不宜大于1.6倍。

（2）按剪切波速评价地基土的性质

坚硬土中波的传播速度快，软弱土中波的传播速度慢。地基土根据剪切波的传播速度可以分成岩石、坚硬土或软质岩石、中硬土、中软土和软弱土五类，其相应的剪切波速和相对应的实际土的种类见表8-9。地基通常都是由性质不一样的土层所组成，在划分地基土类时，应按等效波速计算。等效波速的概念就是剪切波穿越整个计算土层的时间等于分别穿过各个土层所用的时间之和时所对应的波速。用公式表示则为：

$$v_{se} = h_s/t \tag{8-17}$$

式中　v_{se}——等效剪切波速，m/s；

　　　h_s——地基的计算土层厚度，一般取地面至剪切波速 $v_s > 500$m/s 且其下卧各层岩土的剪切波速均不小于 500m/s 的土层顶面距离，当这一厚度大于 20m 时，取 20m；

　　　t——剪切波速从地面至计算深度的传播时间，s。

土的类型划分和剪切波速范围　　　　表8-9

土的类型	岩土名称和性状	土层剪切波速范围（m/s）
岩石	坚硬、较硬且完整的岩石	$v_s > 800$
坚硬土或软质岩石	破碎和较破碎的岩石或软和较软的岩石，密实的碎石土	$500 < v_s \leqslant 800$
中硬土	中密、稍密的碎石土，密实、中密的砾、粗、中砂，$f_{sk} > 150$ 的黏性土和粉土，坚硬黄土	$250 < v_s \leqslant 500$
中软土	稍密的砾、粗、中砂，除松散外的细、粉砂，$f_{sk} \leqslant 150$ 的黏性土和粉土，$f_{sk} > 130$ 的填土，可塑新黄土	$150 < v_s \leqslant 250$
软弱土	淤泥和淤泥质土，松散的砂，新近沉积的黏性土和粉土，$f_{sk} \leqslant 130$ 的填土，流塑黄土	$v_s \leqslant 150$

注：f_{sk} 为由现场载荷试验等方法得到的地基承载力特征值，kPa；v_s 为岩土剪切波速。

（3）按岩土的性质和覆盖层的厚度划分场地类别

反映地基岩土性质的等效波速 v_{se} 确定以后，再结合覆盖层的厚度就可以按表8-10确定场地的类别。

各类建筑场地的覆盖层厚度（m） 表 8-10

岩石的剪切波速或土的等效剪切波速（m/s）	I_0	I	II	III	IV
$v_s > 800$	0				
$500 < v_s \leqslant 800$		0			
$250 < v_s \leqslant 500$		<5	≥5		
$150 < v_s \leqslant 250$		<3	3~50	>50	
$v_s \leqslant 150$		<3	3~15	15~80	>80

8.3.2 场地液化判别和液化等级划分

1. 场地（或地基）液化判别方法

场地或地基内的松或较松饱和无黏性土和少黏性土受动力作用，体积有缩小的趋势，若土中水不能及时排出，就表现为孔隙水压力的升高。当孔隙水压力累计至相当于土层的上覆压力时，粒间没有有效压力，土丧失抗剪强度，这时若稍微受剪切作用，即发生黏滞性流动，称为液化。场地液化可发生于地震过程中或地震发生后相当长的一段时间内，它常导致建筑物地基失稳、下陷或不均匀沉降，是地震带来的一种严重的震害。

土体在振动荷载作用下孔隙水压力的发展规律是一个很复杂的问题，目前尚难以进行准确的计算。因此，地基土液化可能性的判别也还没有十分可靠的理论分析方法，而要依靠现场或室内试验的结果，结合一定的理论分析和实践经验，进行综合判断。水平场地（没有附加荷载）或地基土液化可能性判别方法很多，以下介绍当前最常用且有代表性的四种方法。

（1）规范法

我国科研和生产部门对中华人民共和国成立以来国内几次大地震进行了宏观的调查、勘探、分析，在此基础上提出一种较为完整的通过地基土的历史年代、埋藏条件以及标准贯入试验，判别地基土液化的可能性办法。这种方法已为《建筑抗震设计规范》GB 50011—2010（2016 年版）所采用，故称为规范法。按规范法，对于除后面所述的丙类和丁类建筑物，当地震烈度不高于 6 度时可不进行液化判别外，其他情况液化判别，可分两步进行。

1）初步判别

地面下存在着饱和砂土和粉土，当符合下列条件之一时，可初步判别为不液化或液化程度很低，可不考虑液化的影响。

① 土层的地质年代为第四纪晚更新世（Q_3）或更早，且地震烈度仅为 7 度和 8 度时；

② 粉土中黏粒含量（粒径小于 0.005mm）不少于表 8-11 所列百分率时；

黏粒含量界限值 表 8-11

烈度	7 度	8 度	9 度
黏粒含量	10%	13%	16%

注：黏粒含量采用六偏磷酸钠为分散剂测定，用其他方法时应按有关规定换算。

③ 上覆非液化土层的厚度和地下水位的深度符合下列条件之一时：

$$h_u > d_0 + d - 2 \tag{8-18}$$

$$d_w > d_0 + d - 3 \tag{8-19}$$

$$h_u + d_w > 1.5 d_0 + 2d - 4.5 \tag{8-20}$$

式中 d_w——地下水位深度，m，宜按建筑物使用期内年平均最高水位采用，也可按近期内最高水位采用；

h_u——上覆非液化土层厚度，m，若上覆土层内有淤泥和淤泥质土时，应扣除；

d——基础埋置深度，m，不超过 2m 时采用 2m；

d_0——液化土特征深度，即经常发生液化的深度，对近年来邢台、海城、唐山等地震液化的现场资料统计分析，提出表 8-12 的特征深度。

液化特征深度（m）   表 8-12

饱和土类别	烈度		
	7 度	8 度	9 度
粉土	6	7	8
砂土	7	8	9

注：当区域的地下水位处于变动状态时，应按不利的情况考虑。

2）标准贯入试验判别

凡是经过初判认为属于可能液化土层或需要考虑液化的影响时，应采用标准贯入试验方法进一步确定是否可液化。从土的液化机理可知，松的土容易发生液化，密实的土难以液化，而标准贯入试验是测定原位土密实度的比较有效的方法。在大量工程实践经验的基础上，规范确定对于地面下 20m 范围内土层采用如下的液化判别标准：当饱和砂土或饱和粉土实测的标准贯入击数 N 值（未经杆长修正）小于按式（8-21）所确定的临界值 N_{cr} 时，应判别为可液化土，大于或等于该值时，则为非液化土。

$$N_{cr} = N_0 \beta \left[\ln(0.6 d_s + 1.5) - 0.1 d_w \right] \sqrt{\frac{3}{\rho_c}} \tag{8-21}$$

式中 d_s——饱和土标准贯入点的深度，m；

d_w——地下水位深度，m；

ρ_c——饱和土的黏粒含量百分率，当 $\rho_c < 3\%$ 时，取 $\rho_c = 3\%$；

N_{cr}——饱和土液化临界标准贯入锤击数；

N_0——饱和土液化判别的基准标准贯入锤击数，可按表 8-13 采用。显然，表中的数值来自经验的总结；

β——调整系数，设计地震第一组取 0.8，第二组取 0.95，第三组取 1.05。

基准标准贯入锤击数 N_0 表 8-13

设计基本地震加速度（g）	0.10	0.15	0.20	0.30	0.40
液化判别基准标准贯入锤击数 N_0	7	10	12	16	19

（2）抗液化剪应力法

这一方法是由美国学者西特（H. B. Seed）等人提出的地基液化可能性评定方法。它的基本出发点是把地震作用看成是一种由基岩垂直向上传播的水平剪切波，剪切波在土层内引起地震剪应力。另一方面，对地基土进行振动液化试验，测出引起液化所需的震动剪应力，称为抗液化剪应力。当作用于地基土上的地震剪应力大于土的抗液化剪应力时，土即发生液化；反之，则不液化。因此这一方法的关键在于计算地震剪应力和测定土的抗液化剪应力。

1）地震剪应力

地震中，地基内各处产生的剪应力是随时间而变化的。应力变化的时程曲线可以通过动力反应分析求得，但计算比较复杂。在抗液化剪应力法中，西特把地震剪应力简化成一个等效的周期应力。周期应力的幅值取为最大地震剪应力的 0.65 倍。循环周数与地震的震级有关，震级越高，地震的持续时间越长，循环周数就越多，具体可按表 8-14 取值。经过这样简化后，地基中深度 h 处的地震剪应力可计算如下：如图 8-6 所示，从地基中取出单位面积，高度为 h 的土柱，假定土柱是刚体，则地震中，土柱底面，即深度为 h 处的最大地震剪应力为：

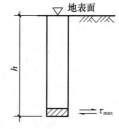

图 8-6 地震剪应力

$$\tau_{\max} = \frac{\gamma h}{g} a_{\max} \tag{8-22}$$

式中 　γ——土的重度（水下用饱和重度）；

　　　g——重力加速度；

　$a_{\max}$——地震时地面的最大加速度。

但是实际的土体并不是刚体，而是接近于黏弹性体，振动中要消耗能量，使剪应力有所减小，应乘以校正系数 Γ_d。Γ_d 的值随土的深度而异，本法建议采用表 8-15 的数值。于是等效地震剪应力为：

$$\tau_{av} = 0.65 \frac{\gamma h}{g} a_{\max} \Gamma_d \tag{8-23}$$

等效循环周数 N_{eq}　　　　　　　　　　　　　　　表 8-14

震级	等效振幅	等效循环周数 N_{eq}	持续时间（s）
5.5～6.0		5	8
6.5		8	14
7.0	$0.65\,\tau_{\max}$	12	20
7.5		20	40
8.0		30	60

校正系数 Γ_d　　　　　　　　　　　　　　　表 8-15

深度 h（m）	5	10	20	30
校正系数	0.97	0.91	0.65	0.52

2）抗液化剪应力

抗液化剪应力在实验室用振动单剪仪或振动三轴仪测定，国内目前主要采用振动三轴仪。试验时，按砂层的组成和密度制备物理性质相同的几个试件，在周压力 $\sigma_3 = \gamma' h$ 下固结。然后分别加周期动应力，如 σ_{d1}，σ_{d2}，σ_{d3}，$\cdots$，让试件在每种动应力作用下发生液化破坏，测出发生液化破坏的振动次数分别为 N_{f1}，N_{f2}，N_{f3}，$\cdots$。以破坏振次 N_f 为横坐标，动剪应力 $\frac{1}{2}\sigma_d$ 或动剪应力比 $\frac{\sigma_2}{2\sigma_3}$ 为纵坐标，绘制抗液化强度曲线，如图 8-7 所示。如果地震的等效循环周数已确定，就得以从图 8-7 查得该振次相应的发生液化所需的剪应力值，即为土的抗液化剪应力 $\frac{1}{2}\sigma_d$。实际上深度 h 处土的抗液化剪应力尚应考虑如下几个因素：

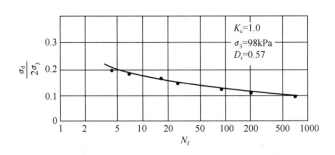

图 8-7　抗液化强度曲线

① 测定抗液化剪应力的动三轴试验是在固结比 $K_c = \dfrac{\sigma_1}{\sigma_3} = 1.0$ 的条件下进行的，而地基土的固结状态则属于半固结。通常 $K_0 < 1.0$，K_0 越小，土所受的平均固结压力也越小，动强度越低。因此用动三轴试验测得的抗液化剪应力不能直接用于地基，而需乘以小于 1 的校正系数 C_r。C_r 值可在 0.55~0.59 之间选用，振次多时用低值，少时用高值。

② 动三轴试验结果表明，在一般固结压力范围内，抗液化剪应力值与固结压力 σ_3 成正比。因此，为减少试验工作量，有时只需做一种固结压力 σ_3 的动力试验，对不同深度 h 处的土，抗液化剪应力可乘以校正数 $\gamma' h / \sigma_3$。固结压力属有效应力，故采用浮重度 γ'。

③ 动三轴试验结果还表明，当土的密度不很大时（例如相对密度 $D_r < 0.75$），抗液化剪应力值与相对密度 D 也成正比增加，因此有时为减少试验工作量，常只需做一组 $D_r = 0.5$ 的动力试验，对于其他不同密度的土，只需乘以改正数 $D_r / 0.5$，就得到密度为 D_r 时的抗液化剪应力。

综合上述 3 个因素，土的抗液化剪应力的一般表达式为：

$$\tau_d = C_r \frac{\sigma_d}{2\sigma_3} \gamma' h \frac{D_r}{0.5} \tag{8-24}$$

地震剪应力 τ_{av} 和地基土的抗液化剪应力 τ_d 求出后，就可以进行对比。当 $\tau_{av} > \tau_d$ 时，表明地基土要液化，反之则不液化。

抗液化剪应力法概念简单，易于计算，在国内外得到比较多的应用。但是采用这种方法时，需取原状土样以测定土的抗液化剪应力。而易于液化的土，通常是饱和松散的砂土和粉土，这类土很难从地基深处取得原状土样。有时用人工制备土样代替，然而，尽管控制土样的密度与原位土的密度相同，由于无法模拟原状土的结构，所以测得的抗液化剪应力仍然不能代表原位土的抗液化剪应力，一般数值偏小。

（3）动力反应分析法

这是一种借助理论分析以判断液化势的方法。假定水平场地土的振动是由竖直向上传播的剪切波所引起。为求得水平场地的地震反应，即土中各点的加速度、速度、位移、应变、应力和孔隙水压力等在地震过程中的变化，可以取单位面积的土柱作为剪切梁进行分析。把剪切梁离散化，将每层土的质量分别集中于土层分界面的质点上，用代表土弹性的弹簧和黏滞性的阻尼器相连接，使之成为一维多质点的剪切型振动体系，如图8-8所示。这种表示土在动荷载作用下具有弹性和黏滞性的模型，称为黏弹体模型。

列出这一振动体系的运动方程为：

$$M\ddot{u} + C\dot{u} + Ku = -M\ddot{u}_g(t) \tag{8-25}$$

式中　　M——集中质量矩阵；

　　　　C——阻尼矩阵；

　　　　K——刚度矩阵；

　　　　$\ddot{u}_g(t)$——地震时基岩加速度；

　　　　$\ddot{u}$、$\dot{u}$、u——质点相对于基岩的加速度列阵、速度列阵和位移列阵。

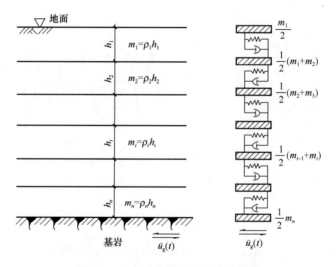

图 8-8　地基动力分析简化计算模型

对于某一基岩加速度 $\ddot{u}_g(t)$，用动力学中的振型叠加法或逐步积分法，即可求出体系的动力反应，得出各质点的加速度 $\ddot{u}$、速度 $\dot{u}$ 和位移 u 随时间的变化过程，即各量值的时程曲线。根据质点的动位移可以求相应土单元的动应变，根据动应变和动模量可以求解土体的动应力，从而得出动剪应力的时程曲线。

地震过程中质点的动剪应力时程曲线是不规则变化的曲线，如图8-9（a）所示。为了与实验室中用等幅值的周期动力试验结果相对比，必须将这种不规则的动应力时程曲线等价为均匀周期应力和振次。等价的方法如下：

假定每一次应力循环所具有的能量对材料都要起一定的破坏作用，且这种破坏作用与能量的大小成正比而与应力循环的先后次序无关。根据这一原则，就可以利用图8-9（b）的抗液化强度曲线，将一列不规则的动应力，等价成幅值为 τ_{eq}、周次为 τ_i 的均匀周期应力。设图 8-9（a）中不规则动应力的最大幅值为 $\tau_{\max}$，取 $\tau_{eq} = R\tau_{\max}$ 作为等效均匀周期应力的幅值，其中 R 可以是任意小于 1 的小数，习惯上取为 0.65。再把该不规则的应力时程曲线，按幅值的大小分成若干组，例如组数为 k_0，分别算出每一组等幅值应力波的等效循环周数 n_{eqi}。如果在这一列不规则的应力波中，幅值为 τ_i 的周数为 n_i，从图 8-9（b）中的抗液化强度曲线可查出，当幅值为 τ_i 时引起液化破坏的振次为 N_{if}，而幅值为 τ_{eq} 时的液化破坏振次为 N_{ef}。若认为每一次应力循环所具有的能量与应力幅值成正比，则幅值为 τ_i 的一次应力循环所引起的破坏作用相当于幅值为 τ_{eq} 时的 N_{ef}/N_{if} 倍。因此，幅值为 τ_i 的 n_i 次应力循环等价于幅值为 τ_{eq} 的等效循环数为：

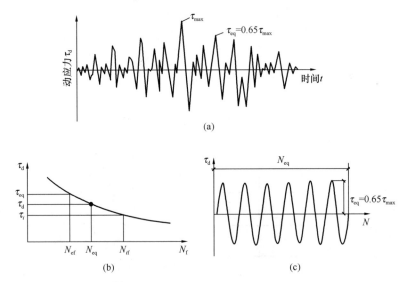

图 8-9　不规则荷载的等效循环周数

（a）动力分析得出的某质点动应力时程曲线；（b）抗液化强度曲线；（c）等效循环周数

$$n_{eqi} = n_i \frac{N_{ef}}{N_{if}} \tag{8-26}$$

故整个不规则应力时程曲线等价为幅值为 τ_{eq} 的等幅周期应力后，其等效周数 N_{eq} 应为：

$$N_{eq} = \sum_{i=1}^{k} n_{eqi} = \sum_{i=1}^{k} n_i \frac{N_{ef}}{N_{if}} \tag{8-27}$$

如果以 N_{eq} 为破坏振次，从图 8-9（b）的抗液化强度曲线，可查出其相应的动应力，也就是该种土的抗液化强度 τ_d。显然，如果 $\tau_{eq} > \tau_d$，表明作用于质点上的动应力大于抗液化强度，土体要发生液化；反之，若 $\tau_{eq} < \tau_d$，则不发生液化。这样，通过上述动力分析，得出各质点的动应力时程曲线后，就可以求出各质点所代表的地基土层是否发生液化，进而能够勾画出发生液化的范围。

（4）概率统计法

以上所讲述的方法都属于定值的分析方法，得到的结论是肯定的，或者是液化，或者是不液化。实际上，液化问题所涉及的因素很复杂，而且都有很大的不确定性。我国国家标准《建筑结构可靠性设计统一标准》GB 50068—2001 已完全采用国际上正在发展和推行的以概率统计理论为基础的极限状态设计方法。在分析地基土液化的问题上就更应该向这一方向发展。目前已有很多建立在概率统计理论和模糊数学基础上的地基土液化可能性分析方法。以下介绍其中一种较为简明的概率统计法，是日本学者谷本喜一所提出的。该方法的主要内容如下：

1）液化控制方程

谷本喜一分析了35个地震区中发生液化和不发生液化的场地事例，认为场地液化势（即液化可能性的高低）可以用一个液化灵敏性指标 Z 表示。他对影响液化势的诸多因素进行了分析和数据处理后，提出液化灵敏性指标可表示为如下取决于4个因素的线性函数（式8-28）。

$$Z = d_w - 0.28\,h_u - 1.09N + 0.39\,a_{max} \tag{8-28}$$

式中　d_w——地下水位深度，m；

　　　h_u——砂层的埋深，即上覆非液化土层的厚度，m；

　　　N——砂层的标准贯入击数；

　　　a_{max}——地面最大加速度，m/s^2。

对于每个具体场地，都可以根据实测的资料，计算出液化灵敏性指标的数值。公式的物理意义表明，Z 值越大，液化的可能性越大，即液化势越高。

2）临界液化势和成功判别率

临界液化势是指场地从未液化进入液化的临界状态。在本法中用临界液化灵敏性指标 Z 表示。在式（8-28）中，影响液化灵敏性指标 Z 的4个因素实际上都有随机性，因此，临界值 Z_{cr} 不能依靠解析方法求得，而只能对已发生的事例通过统计分析后确定。将收集到的实例，按实际的表现分成"液化"和"未液化"两组，并分别计算出每个事例的 Z 值。然后对 Z 值的概率进行统计并分别绘制"液化组"和"未液化组"的概率分布曲线，如图8-10（a）所示。曲线的横坐标为液化灵敏性指标 Z，纵坐标为概率密度函数 $f(Z)$。$f_1(Z)$ 表示液化组的概率分布曲线，$f_2(Z)$ 表示未液化组的概率分布曲线。通常其概率分布属于正态分布。

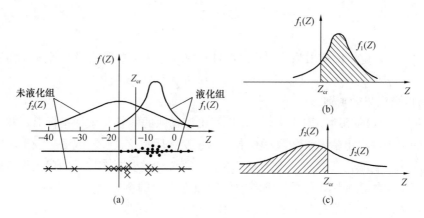

图 8-10　场地液化势的概率分布

设 Z_{cr} 为临界液化灵敏性指标，用它来表示临界液化势，即当场地的 $Z \geqslant Z_{cr}$ 时，场地发生液化，而 $Z < Z_{cr}$ 时，则不液化。用图 8-10（b）液化组的概率分布曲线 $f_1(Z)$ 分析，当 $Z > Z_{cr}$ 时发生液化的概率为图中的阴影面积，它等于 $\int_{Z_{cr}}^{\infty} f_1(Z)\mathrm{d}Z$。因此，用液化组的分布曲线分析，以 Z_{cr} 为液化临界值的成功判别率为

$$P_{r1} = \frac{\int_{Z_{cr}}^{\infty} f_1(Z)\mathrm{d}Z}{\int_{-\infty}^{\infty} f_1(Z)\mathrm{d}Z} \tag{8-29}$$

式中，$\int_{-\infty}^{\infty} f_1(Z)\mathrm{d}Z$ 为概率密度函数曲线与 Z 轴所包围的整个面积，其值等于 1。分布曲线（图 8-10b）还表明，当 $Z < Z_{cr}$ 时也发生液化的概率为 $f_1(Z)$ 曲线下非阴影面积，其值等于 $\int_{-\infty}^{Z_{cr}} f_1(Z)\mathrm{d}Z$。显然以 Z_{cr} 作为液化的临界值，把液化场地误判为非液化场地的误判率为 $1 - P_{r1}$。如果规定一个成功判别率，从式（8-29）可以计算出临界液化灵敏性指标 Z_{cr} 的具体值。

同样的道理，用未液化组的分布曲线 $f_2(Z)$（图 8-10c）分析，当 $Z < Z_{cr}$ 时不发生液化的概率为该图中的阴影面积，等于 $\int_{-\infty}^{Z_{cr}} f_2(Z)\mathrm{d}Z$，即用未液化组的分布曲线分析，以 Z_{cr} 为液化临界值的成功判别率为：

$$P_{r2} = \frac{\int_{-\infty}^{Z_{cr}} f_2(Z)\mathrm{d}Z}{\int_{-\infty}^{\infty} f_2(Z)\mathrm{d}Z} \tag{8-30}$$

同样，把非液化场地判为液化场地的误判率为 $1 - P_{r2}$。

因此 Z_{cr} 是一个待定值，如果认为液化组和未液化组的资料都有同等价值，因而无论用哪一组资料，其成功判别率都应该一样，即 $P_{r1} = P_{r2}$。于是由式（8-29）和式（8-30）得：

$$\frac{\int_{Z_{cr}}^{\infty} f_1(Z)\mathrm{d}Z}{\int_{-\infty}^{\infty} f_1(Z)\mathrm{d}Z} = \frac{\int_{-\infty}^{Z_{cr}} f_2(Z)\mathrm{d}Z}{\int_{-\infty}^{\infty} f_2(Z)\mathrm{d}Z} \tag{8-31}$$

从式（8-31）也可以解出临界液化灵敏性指标 Z_{cr}。谷本喜一用他所统计的资料，即图 8-10（a），求得 $Z_{cr} = -9.17$，相应的成功判别率为 78.5%。

3）场地液化势的判别

对于某一具体的场地，用式（8-28）计算出该场地的液化灵敏性指标 Z，并根据对成功判别率的要求，得出临界液化灵敏性指标 Z_{cr}，然后按 $Z \geqslant Z_{cr}$ 或 $Z < Z_{cr}$，确定场地是否在地震中发生液化。例如，若认为谷本喜一所统计的资料有广泛的代表性（实际上这类资料都有很大的地区性，各个国家或地区应根据当地的资料建立自己的控制方程），且认为液化组和未液化组都有相同的价值，则可得出，当场地 $Z \geqslant -9.17$ 时，应为液化场地；而 $Z < -9.17$ 时的场地则应判为非液化场地。无论判定为液化场地或非液化场地，判别的成功率都是 78.5%，或者说，误判的概率为 21.5%。

显然，从安全的角度考虑，这一标准，误判的概率过大。按工程观点，将非液化场地

误判为液化场地，其后果仅是增加些工程措施的费用，不会造成严重的事故；相反，若将液化场地误判为非液化场地，则在地震时将直接威胁到工程的安全，造成严重的后果。如前所述，将液化场地误判为非液化场地的概率为 $1-P_{r1}$，而将非液化场地误判为液化场地的概率为 $1-P_{r2}$。为保证工程的安全，可适当降低临界液化灵敏性指标 Z_{cr} 值，提高液化组的成功判别率 P_{r1}，相应地减小非液化组的成功判别率 P_{r2}，使 $1-P_{r1} < 1-P_{r2}$，以保证工程的安全。所以 Z_{cr} 值的确定是一个牵涉工程安全与经济的决策问题，应通过技术经济比较选择优化数值。

2. 地基液化等级划分

当确定地基中某些土层属于可液化土后，需要进一步估计整个地基产生液化后果的严重性，即危害程度。显然，土很容易液化，而且液化土层的范围很大，属于严重液化地基；土不大容易液化，且液化土的范围不大则属于轻度液化地基。将这一概念具体用液化指数 I_{lE} 表示。

$$I_{lE} = \sum_{i=1}^{n} \left(1 - \frac{N_i}{N_{cri}}\right) h_i W_i \tag{8-32}$$

式中　N_i、N_{cri}——表示液化土层中，第 i 个标准贯入点的实测标准贯入锤击数和临界标准贯入锤击数，但当实测值大于临界值时，则取 $N_i / N_{cri} = 1.0$；

　　　　n——判别深度范围内各个钻孔标准贯入试验点的总数；

　　　　h_i——第 i 个标准贯入点所代表的液化土层厚度，m；

　　　　W_i——反映第 i 个液化土层层位影响的权函数，按图 8-11 取值，取层厚 h 中点处的权函数值。

地基按液化指数 I_{lE} 的大小，分成表 8-16 所示的 3 个等级。

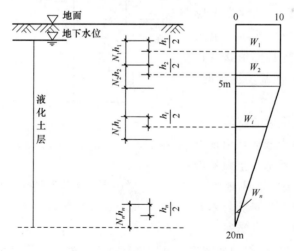

图 8-11　地基液化指数的权函数

地基液化等级划分　　　　　　　　　　　　　　　　　　　　　　表 8-16

液化等级	轻微	中等	严重
液化指数 I_{lE}	$0 < I_{lE} \leqslant 6$	$6 < I_{lE} \leqslant 18$	$I_{lE} > 18$

8.3.3　地基震陷

震陷是指地震产生的竖向永久变形（即塑性变形）。在上述的地基动力反应分析中，由于把地基当成黏弹性材料，黏性表示因阻尼作用而使变形有滞后效应，但就变形性质而言，则仍然是弹性的、可恢复的，即动力作用结束后，变形也就完全复原，没有残留值。但是土并非弹性体，而是碎散颗粒集合体，受振动作用，要振密，发生塑性变形，即震陷。如果震陷量不大，例如在 50mm 以内，对一般建筑物的危害不大，可以不必采取专门的防范措施。但是对于液化土或软弱黏性土，受地震作用，常常要产生较大的震陷，甚至造成结构物的塌陷或失稳，就需要进行分析研究并采取有效的工程防范措施。

1. 震陷成因

（1）因土体体积缩小引起的震陷

土体受振动，常要产生一定数量的体积缩小，称为震密。体积缩小所产生的竖向变形是不可恢复的永久变形。这种变形的大小，一是与土的种类有关，砂、砾等无黏性土较之黏性土更容易产生震密；二是与土的状态关系更为密切，砂越松，震密量越大。饱和土受地震作用，由于加荷载的时间很短，孔隙水不能及时排出，体缩的趋势引起孔隙水压力上升，地震过后，振动所产生的孔隙水压力随时间而消散，正值孔压的消散必定伴随着土体体积的缩小，其结果也同样产生震陷。

（2）剪切变形引起的震陷

试验表明，当试件内有初始剪应力 τ_s 作用时（图 8-12），受循环荷载 $\sigma_d(t)$ 作用，在静剪应力 τ_s 的方向上要累积残留剪应变 γ_r，试件产生形状变化，如图 8-12 虚线所示，也出现残留竖向应变 ε_r。这种因形状变化引起的震陷，在软土地基受振动时，表现尤为明显。

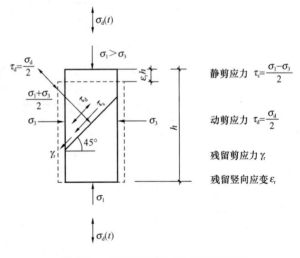

图 8-12　动三轴试验试件的残留应变

（3）地基土流失引起的震陷

地震若引起地基土液化，出现喷水冒砂现象，这时地下部分土颗粒被带出地面或侧向流失，造成地表下沉。这种原因的震陷常常量大且不均匀，引起建筑物严重下陷或倾斜。

因第（1）（2）类原因引起的震陷，可以进行估算，然后根据其危害性，采取一定的工程措施予以控制。第（3）类震陷一经发生，往往是灾难性的，应在选择场地和布置建筑物时，精心设计以避免其发生。

2. 震陷量的分析方法

（1）弹塑性理论动力分析方法

这种方法的要点是把地基土体当成黏-弹-塑性材料。通过土的动力试验，建立土在往

复荷载作用下的时间-应力-应变（包括弹性应变和塑性应变）的关系，称为土的弹塑性动
力本构关系模型。然后在地基的动力反应计算中引入这种模型，就能直接求得地震中地基
的弹性变形和塑性变形的发展过程以及震后的震陷值。但是这种理论方法，无论在本构模
型的建立上或具体的计算上都十分复杂，目前尚处于研究阶段，工程应用尚有一定的
困难。

（2）试验基础上的半理论分析方法

目前这类方法较多，其共同的特点是仍然以弹性理论的静、动力应力变形计算为基
础，同时通过土的动力试验求动力产生的塑性应变，然后引入计算中以求震陷值。以下介
绍一种工程中常用，概念也比较清晰的模量软化法。以非饱和土为例，其分析的过程
如下：

1）在实验室进行地基土的动力三轴试验，建立动应力幅 τ_d（或动应变幅 γ_d）、试件的
动力体积应变 ε_{vd} 和动力轴向线性应变 ε_{ld} 与循环次数 N 的关系曲线，如图 8-13 所示。

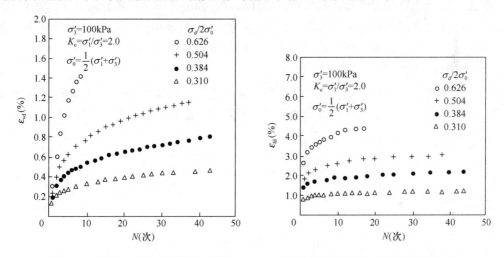

图 8-13　某种非饱和砂砾料动力体积应变和动力轴向线性应变与循环次数的关系

2）把地基当成非线性弹性体，用当前常用的静应力应变关系模型，例如邓肯 E-B 模
型计算地基的震前沉降量 s_1，以某结点 i 为例，即为 s_{li}。

3）把地基土体当成非线性黏弹性体，用上述方法进行动力反应分析，得到起震后某
时刻 Δt_1 地基内某单元的等价动应力幅 τ_{di}（或等价动应变幅 γ_{di}）及等价震次 N_i，然后从
图 8-13 查得相应的单元体应变增量 $\Delta \varepsilon_{vdi}$ 和线应变增量 $\Delta \varepsilon_{ldi}$。

4）$\Delta \varepsilon_{vdi}$ 和 $\Delta \varepsilon_{ldi}$ 代表经过 Δt_1 时刻动力作用，单元 i 内引起的体应变和线应变的潜在
应变势。可以想象，如果只有一个单元，应变会如期产生。因为土体是连续单元的集合
体，在众多的单元内，为保持边界的连续性，单元间相互约束，$\Delta \varepsilon_{vdi}$ 和 $\Delta \varepsilon_{ldi}$ 不能单独产
生；今想象把应变势当成单元材料的模量产生软化，见图 8-14。图中，单元 i 震前的应力
为 σ_{1i} 和 σ_{3i}，体应变为 ε_{vi}，线应变为 ε_{li}，相应的变形模量为 $E_i = \dfrac{\sigma_{1i} - \sigma_{3i}}{\varepsilon_{li}}$，体积模量为

$B_i = \dfrac{\sigma_{1i} - \sigma_{3i}}{3 \varepsilon_{li}}$。由步骤 3），经 Δt_1 的地震作用，产生的线应变增量 $\Delta \varepsilon_{ldi}$，体应变增量为

$\Delta\varepsilon_{vdi}$，相当于震后的模量变成 $E'_i = \dfrac{\sigma_{1i} - \sigma_{3i}}{\varepsilon_{li} + \Delta\varepsilon_{ldi}}$ 和

$B' = \dfrac{\sigma_{1i} - \sigma_{3i}}{3(\varepsilon_{li} + \Delta\varepsilon_{ldi})}$。$E'_i$ 和 B' 称为软化模量，这种方法称为模量软化法。

5）用模量 E'_i 和 B' 按步骤 2）再进行一次静力计算，得到 i 结点经过 Δt_1 震后的地基沉陷量 s_{2i}。显然 $\Delta s_i = s_{2i} - s_{1i}$ 应该就是地震历时 Δt_1 后，i 结点所产生的地基震陷量。如是，按时段连续进行上述步骤计算，直至地震结束，就能得到地基总的震陷量以及震陷随地震的发展过程。

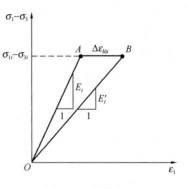

图 8-14　软化模量

对于饱和土体，因为地震的历时很短，可认为地震期间，土中水来不及排出，体积不发生变化，震密的趋势表现为孔隙水压力的升高。这种情况下，上述分析方法原则上仍可应用，但计算的直接结果是土体形状变化引起的部分震陷量和振动孔隙水压力的升高值，必须再结合孔隙水压力的消散计算，才能得到地震引起的全部震陷量。

（3）经验计算方法

国内研究单位根据国内外震害调查资料，同时进行一些室内振动台试验和计算分析，提出如下估算砂土和粉土因液化而发生的平均震陷量的经验公式，可供参考。

对于砂土

$$s_E = \frac{0.44}{b}\xi S_0 (d_1^2 - d_2^2)(0.01p)^{0.6}\left(\frac{1 - D_r}{0.5}\right)^{1.5} \tag{8-33}$$

对于粉土

$$s_E = \frac{0.44}{b}\xi k S_0 (d_1^2 - d_2^2)(0.01p)^{0.6} \tag{8-34}$$

式中　s_E——液化震陷量平均值，多层液化土时，分别计算后叠加；

　　　b——基础宽度，m，对于住房等密集型基础，取建筑平面宽度；当 $b \leqslant 0.44d_1$ 时，取 $b = 0.44d_1$；

　　　S_0——经验系数，对地震烈度为 7、8、9 度时，分别取 0.05、0.15 和 0.3；

　　　d_1——由地面算起的液化深度，m；

　　　d_2——由地面算起的上覆非液化层深度，m，液化层即为持力层时，取 $d_2 = 0$；

　　　p——基础底面地震作用标准组合的压力，kPa；

　　　D_r——砂的相对密度；

　　　k——与粉土承载力有关的经验系数，当承载力特征值不大于 80kPa 时，取 0.3，当不小于 300kPa 时，取 0.08，其余可内插取值；

　　　ξ——修正系数，当上覆非液化土层厚度 h_u 满足式（8-18）式（8-20）要求时，ξ 取 0，无非液化层时，ξ 取 1.0，中间情况，内插确定。

另一类容易产生较大震陷的土是震陷性软土，它是指在 8 度和 9 度地震中，塑性指数 $I_p < 15$，天然含水量 $\omega \geqslant 0.9\omega_L$（液限含水量），液性指数 $I_L \geqslant 0.75$ 的黏性土。我国 1976

年唐山地震时，天津塘沽地区位于软土上的多层建筑，在8、9度地震作用下，多产生150～300mm的震陷量。但截至目前，这方面积累的资料尚不够丰富，不能形成可供计算用的经验公式。有的部门作为暂时性的规定，认为"对于7、8、9度地震，若软土地基相应承载力大于70kPa、90kPa和100kPa时，可以不考虑软土震陷的影响"可以作为参考。当然如果有条件从现场取原状土样进行动力试验，获得类似于图8-13的资料，也可以用前述第二种方法，即试验基础上的半理论分析方法，计算地基的震陷量，从而判断对建筑物的危害程度。

8.4 地基抗震验算

8.4.1 设防标准

我国建筑物抗震设计的设防目标规定为：当建筑物遭受多遇的低于本地区设防烈度的地震影响，应保证建筑物的主体结构不受损坏或不经修理仍可以继续使用；当遭受本地区设防烈度时，建筑物可能有一定的损坏，经一般的修理或不修理仍可继续使用；当遭到高于本地区设防烈度的罕遇地震时，建筑物不致倒塌或发生危及生命的严重破坏。根据这一目标，确定设计中的建筑物应以哪种烈度进行核算，并采用哪一等级的抗震措施，就称为设防标准。

当然，建筑物的设防标准与建筑物的重要性有关，按重要性，建筑物分如下四类：

甲类建筑：具有重大政治、经济和社会影响的建筑，或地震时可能产生严重次生灾害的建筑，如产生放射性物质的污染、剧毒气体的扩散或大爆炸等。

乙类建筑：地震时使用功能不能中断或需要尽快恢复的建筑物，包括城市生命线工程建筑和救灾需要的建筑，诸如广播、通信、供电、供水、供气、救护、医疗、消防救火等建筑。

丙类建筑：甲、乙、丁以外的一般工业与民用建筑。

丁类建筑：次要的建筑物，如地震时破坏不致造成人员伤亡和较大经济损失的建筑。

根据以上的设计思想，各类建筑物的设防标准，应当满足如下要求：

（1）甲类建筑，设计用的地震作用应高于本地区的抗震设防烈度的要求，其值应按照经批准的地震安全评价的结果确定；采用的抗震措施，当抗震设防烈度为6～8度时，应按提高1度的要求；当设防烈度为9度时，应高于9度的设防要求。

（2）乙类建筑，设计用的地震作用应符合本地区抗震设防烈度的要求；采用的抗震措施，一般情况下，当设防烈度为6～8度时，应按本地区的烈度提高1度，当为9度时，则应比9度有更高的要求。对于一些较小的建筑物，如果其结构改用抗震性能较好的结构时，则可以仍按本地区抗震设防烈度的要求，并采用相应的抗震措施。

（3）丙类建筑，设计用的地震作用和采取的抗震措施均应符合本地区抗震设防烈度的要求。

（4）丁类建筑，一般情况下，设计用的地震作用仍应符合本地区抗震设防烈度的要求；采用的抗震措施允许比本地区的要求适当降低，但抗震设防烈度为6度时就不应该再降低。

另外在6度设防地区，除有特别规定外，对于乙、丙、丁等类建筑物可以不进行地震作用的计算，只需要采取相应的抗震措施。

有关各种烈度所对应的抗震措施，包括抗震构造措施，详见《建筑抗震设计规范》GB 50011—2010（2016年版）各类建筑物的抗震设计，本书不予列举。

8.4.2　天然地基抗震承载力验算

1. 荷载组合

地基基础的抗震验算，水平荷载一般采用"拟静力法"，即把地震作用当成一个静力，称为地震作用。地震作用的大小可由式（8-14）或式（8-15）和式（8-16）确定。经常承受水平荷载的建筑物，如水坝、挡土墙等，除静水压力和土压力外，还应考虑地震动水压力和地震动土压力。计算方法参见相关规程。竖向荷载采用地震作用标准组合。建筑的总重力荷载代表值为：

$$G = G_K + Q_{1K} + \sum_{i=2}^{n} \varphi_{ci} Q_{iK} \qquad (8\text{-}35)$$

式中　　G_K——永久荷载标准值；

Q_{1K}、Q_{iK}——第1个和第i个可变荷载标准值，第1个指可变荷载中起控制作用的一个；

φ_{ci}——可变荷载组合值系数，对于地震工况，可采用表8-17数值。

组合值系数φ_c　　　　　　　　　　　　　　　　　　　　　表 8-17

可变荷载种类		组合值系数
雪荷载		0.5
屋面积灰荷载		0.5
屋面活荷载		不计入
按实际情况计算的楼面活荷载		1.0
按等效均布荷载计算的楼面活荷载	藏书库、档案库	0.8
	其他民用建筑	0.5
吊车悬吊物重力	硬钩吊车	0.3
	软钩吊车	不计入

注：硬钩吊车的吊重较大时，组合值系数应按实际情况采用。

对9度以上地震区的重要建筑物（包括高层建筑物）尚应考虑竖向的地震作用，即式（8-35）的重力荷载代表值中尚应包括竖向地震作用。

2. 考虑地震作用地基的极限荷载

地震作用下地基承载力的理论分析方法目前系统研究还不多见。萨马（S. K. Sarma）等将地震作用当成水平力作用于地基，它包括作用于基底表面上，由基础及上部结构重力引起的水平力 αG，由基础两侧土重引起的水平力 kq 以及地基内滑裂土体重量引起的水平力 kW，如图8-15所示。其中 k 为场地的水平地震加速度系数，即水平地震加速度与

重力加速度 g 的比值；α 为考虑建筑物地震反应，由图 8-4 提供的地震影响系数；W 中包括主动楔的重量 W_a、被动楔的重量 W_p 和对数螺线内土重 W_s。用楔体极限平衡分析法，推导出条形基础，考虑地震水平作用后，地基极限承载力式（8-36）中的承载力系数 N_{qE}、N_{cE} 和 $N_{\gamma E}$ 可根据地基土的内摩擦角 φ 和水平地震加速度系数 k 由图 8-16～图 8-18 查用。

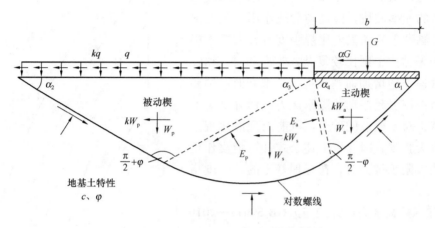

图 8-15　地基临界滑动面（地震作用）

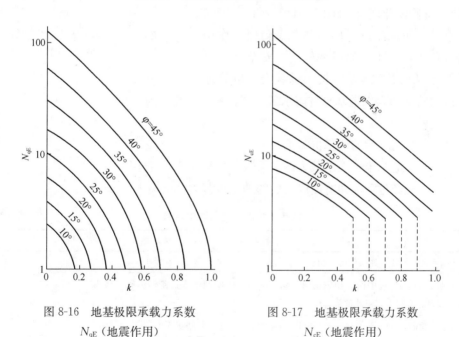

图 8-16　地基极限承载力系数　　　图 8-17　地基极限承载力系数
　　　N_{qE}（地震作用）　　　　　　　　N_{cE}（地震作用）

$$P_{uE} = q N_{qE} + c N_{cE} + \frac{1}{2} \gamma b N_{\gamma E} \qquad (8\text{-}36)$$

式中　P_{uE} ——考虑地震作用的地基极限承载力，kPa；

　　　q ——基础两侧地基表面的竖向荷载，kPa；

　　　c ——土的黏聚力，kPa；

b——基础宽度，m；

γ——地基土的重度，kN/m^3。

图 8-16～图 8-18 中的曲线表明，随着地震作用加强，地震加速度系数加大，地基的极限承载力将有明显降低。另一方面，地震作用的时间很短，加载的速率较快，根据动荷载作用下土的强度研究，黏性土的动强度比静强度有较大幅度提高。对于无黏性土则比较复杂，非饱和时，动强度随加载速率的增加而稍有提高，饱和时，则要考虑动力作用引起振动孔隙水压力从而降低土的强度；特别对于松散的砂土，可能出现液化现象而完全丧失强度。因此用上述公式计算地震作用下地基的极限承载力时，选择地基土的动强度指标 c、φ 要加倍小心。

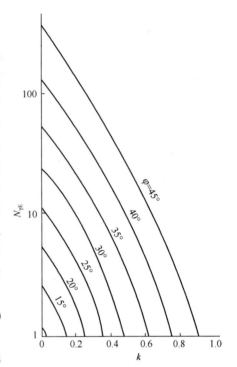

图 8-18 地基极限承载力系数
$N_{\gamma E}$（地震作用）

3. 按《建筑抗震设计规范》GB 50011—2010（2016 年版）验算天然地基抗震承载力

《建筑抗震设计规范》GB 50011—2010（2016 年版）总结大量的工程经验，并考虑到地震作用是一种特殊工况，出现的概率较小，安全度可以适当降低，因此规定地基的抗震承载力应取为地基的承载力特征值乘以地基土抗震承载力调整系数，表示为：

$$f_{aE} = \xi_a f_a \tag{8-37}$$

式中 f_{aE}——调整后的地基抗震承载力；

ξ_a——地基土抗震承载力调整系数，可从表 8-18 查用；

f_a——经过深度和宽度修正后的地基承载力特征值。

地基土抗震承载力调整系数 表 8-18

岩土名称和性状	ξ_a
岩石，密实的碎石土，密实的砾、粗、中砂，$f_{ak} \geqslant 300kPa$ 的黏性土和粉土	1.5
中密、稍密的碎石土，中密和稍密的砾、粗、中砂，密实和中密的细、粉砂，$150kPa \leqslant f_{ak} < 300kPa$ 的黏性土和粉土，坚硬黄土	1.3
稍密的细、粉砂，$100kPa \leqslant f_{ak} < 150kPa$ 的黏性土和粉土，可塑黄土	1.1
淤泥，淤泥质土，松散的砂，杂填土，新近堆积黄土及流塑黄土	1.0

验算天然地基地震工况竖向承载力时，按地震作用效应标准组合计算基础底面的平均压力 P_E 和边缘最大压力 P_{Emax}，并要求 P_E 和 P_{Emax} 满足式（8-38）和式（8-39）的要求。

$$P_E \leqslant f_{aE} \tag{8-38}$$

$$P_{Emax} \leqslant 1.2 f_{aE} \tag{8-39}$$

式中　　P_E——地震作用标准组合的基础底面平均压力；

　　　　P_{Emax}——地震作用标准组合的基础边缘最大压力。

此外要求高宽比大于 4 的高层建筑，在地震作用下，基础底面不宜出现拉应力，即要求基础边缘最小压力 $P_{Emin} \geqslant 0$。对于其他建筑物，则要求基础底面与地基表面之间的零应力区面积不应超过基础底面积的 15%。ξ_a 是大于 1.0 的系数，即考虑地震作用，允许地基的承载力适当提高。对于地震作用常只考虑水平向地震作用，它只影响到基础的边缘压力 P_{Emax} 和 P_{Emin}，对平均基底压力 P_E 值没有影响。因此对于地基主要受力层范围内不存在软弱土层情况下的低层建筑物，包括砌体房屋、单层厂房和单层空旷房屋以及不超过 8 层且高度在 24m 以内的一般民用框架房屋均可以不必进行地基及基础的抗震承载力验算。

8.4.3　桩基的抗震验算

1. 桩基的抗震能力和常见的震害

与天然地基相比较，桩基有更好的抗震性能。震害调查表明，在同一地震区，同种类型的结构，天然地基上的建筑物震害较重，而桩基上的建筑物震害要轻得多，甚至无明显震害，通常只有数毫米的附加沉陷量（震陷）。唐山地震后，科研人员对天津地区的桩基建筑物进行了震害调查。调查地区的地震烈度大体上在 7 度至 9 度范围。在所统计的 102 项工程中，桩基发生破坏的仅有 3%，远低于同一地区天然地基上建筑物的震害率。另外，房屋建筑所用的桩基，一般都是埋入地基土中的低承台桩基，这种桩基，即便桩本身破坏或桩周土丧失承载力，其破坏效果不会突然表现出来，往往是在地震后才逐渐显现，如发生缓慢持续的下沉现象等，不至于造成突然倒塌等灾难性的后果。

常见的桩身震害，有如下几种类型：

（1）桩头部位因受过大剪、压、拉、弯等作用而破坏。

（2）桩头受弯产生环向裂缝。通常发生于桩头下 2～3m 范围内，呈环向分布裂缝。原因是桩承台承受过大的弯矩或侧向水平力。

（3）地面一侧荷载过大导致桩身弯折。

（4）液化土层中，桩长未穿过液化土层导致桩基失效。

当地基为液化土层时，若桩长未能穿过液化土层，液化时，桩尖支撑在几乎没有抗剪强度的黏滞液体上，当然会导致桩基失效。

（5）液化土因侧向扩展引起桩身弯曲与侧移。

2. 单桩抗震承载力和桩基抗震验算

（1）单桩抗震承载力

地震作用下单桩承载力是一个复杂的研究课题，它与地基土的性质，以及地震特征，如震级、烈度及持续时间等因素有关。总的说来，对于桩端进入基岩或硬土层的端承型桩，承载力受地震的影响较小，而对于摩擦型桩，承载力受地震的影响要大一些。除非桩端支撑在液化土或很弱的软土上，桩基一般不会失稳。国内外对桩基震害调查表明，受地震作用，增加附加沉降也很小，说明桩的承载力受地震的影响不大。从另一方面考虑，地震作用属于特殊荷载，设计上应允许采用较小的安全系数，即较之静荷载作用，单桩承载力可以有所提高。但是提高的幅值，不同国家或国内不同部门都不一样，其范围为0～50%。《建筑抗震设计规范》GB 50011—2010（2016年版）规定，非液化土的低承台桩基，单桩的竖向和水平向承载力特征值可以比非抗震设计时提高25%，可作为设计的依据。

（2）桩基抗震验算

较之天然地基，桩基有更好的抗震性能，而且考虑地震作用，单桩承载力可以提高，所以对地震烈度不很高地区内的一般建筑物，例如7度和8度时，一般的单层厂房和单层空旷房屋，不超过8层且高度在24m以下的一般民用框架房屋或荷载与之相当的多层框架厂房，可以不进行桩基抗震承载力验算。不在规定范围内的建筑物桩基，则应按式规范要求进行桩基承载力验算。验算时，作用于桩基承台顶面的竖向力 F_K 应取为式（8-35）的建筑物总重力荷载代表值，H_K 则为包括水平地震作用在内的总横向荷载。单桩的竖向承载力 R_a 和水平向承载力 R_{H_a} 可按静力作用下的单桩承载力提高25%。

此外，对于低承台柱基，若四周填土的密度满足应有的要求，还可考虑填土与桩共同承担水平地震作用，但不应计入承台底面与地基土间的摩擦力。

（3）地基中有液化土层时的桩基抗震验算

可液化土层不能作为桩基的持力层，所以桩端必须穿过液化土层伸入稳定的土层中。伸入的长度（不包括桩尖长度）应按照下述方法计算确定，并且要求对于碎石土、砾砂、粗砂、中砂以及坚硬的黏性土和密实的粉土应不少于0.8m，对于其他非岩石土不宜少于1.5m。

以前，对于穿过液化土层的桩，单桩承载力的确定方法是完全不计入液化土层的侧摩擦阻力，即认为既然土处于液化状态，摩阻力应该等于零。与此同时，作用在桩上的荷载则应计入地震作用。这种设计方法常导致桩基造价过高，过于保守。因为地震作用的持续时间短者仅几十秒，长者也不过几分钟，其中高振幅的持续时间就更短，在这么短的时间内，土层往往来不及完全液化。而且一旦地基土层完全液化，剪切波难以传递，地震作用就大大减弱。

《建筑抗震设计规范》GB 50011—2010（2016年版）规定，当桩承台底面以上有厚度不小于1.5m的非液化土层或非软弱土层，且底面以下也有1.0m的该类土层时，可以按以下两种情况进行桩的抗震验算，并按不利的情况进行设计。

1）单桩承受全部地震作用，桩的竖向和水平向抗震承载力比正常工况时可提高25%，但是在计算单桩竖向承载力时，液化土层的桩周摩擦力应乘以表8-19的土层液化影响折减系数，水平抗力也乘以同一折减系数。

土层液化影响折减系数　　　　　　　　　　　　　　　表8-19

实际标贯锤击数/临界标贯锤击数	深度 d_s（m）	折减系数
≤0.6	$d_s \leqslant 10$	0
	$10 < d_s \leqslant 20$	1/3
>0.6，≤0.8	$d_s \leqslant 10$	1/3
	$10 < d_s \leqslant 20$	2/3

实际标贯锤击数/临界标贯锤击数	深度 d_s（m）	折减系数
>0.8，≤1.0	$d_s \leqslant 10$	2/3
	$10 < d_s \leqslant 20$	1

2）地震作用按水平影响系数最大值的 10% 采用，桩承载力同样提高 25%，但在计算单桩承载力时，应扣除液化土层的全部摩擦力以及桩承台下 2m 深度范围内非液化土的桩周摩擦力。

通过以上的要求和计算就能确定桩端应该伸入非液化土层的深度。

此外，如果采用的是预制桩和挤土桩，当桩距为 2.5~4 倍桩径，且桩数不少于 5×5 时，还可以考虑打桩时对桩周土的挤密效用。对打桩后，桩间土的标准贯入锤击数达到不液化的要求时，桩周摩擦力就可以不折减。打桩后，桩间土的标准贯入锤击数最好由现场试验确定。无此条件时，也可由下式计算。

$$N_l = N + 100m(1 - e^{-0.3N}) \tag{8-40}$$

式中　N_l——打桩后的标准贯入锤击数；

　　　N——打桩前的标准贯入锤击数；

　　　m——打入桩的面积置换率。

8.4.4 地基基础抗震措施

地基震害是指地震作用下，或是地基中的饱和松散砂土或粉土发生液化，或是软弱黏性土发生震陷，或是地基的抗震承载力不足等原因导致地基失稳或因过量沉陷造成建筑物破坏的现象。因此，以前有关章节讲述的提高地基承载力、减少地基变形和不均匀变形的工程措施，也都是提高地基基础抗震能力的有效工程措施。例如，在结构物的布置上要求建筑平面、立面尽量规整、对称；建筑物的整体性要好，刚度要大，长高比应控制在 2~3 的范围；特别要注意侧向刚度的变化要均匀，避免突变；同一结构单元不要设置在土质截然不同的地基上。在基础的布置上要合理增加基础的埋置深度，增加地基对上部结构的约束作用，以求减少建筑物的振幅，减轻震害，增加地基的整体稳定性。对于高层建筑的筏形、箱形基础，埋深不宜小于建筑物高度的 1/15。此外在基础类型的选择上，要尽量采用刚度大、整体性好的基础，可以调整因地震作用所产生的附加不均匀沉降。当地基为软弱黏性土、液化土、新近填土，土层分布或土质严重不均匀时，应估算地震造成地基的不均匀沉降或其他不利影响，必要时须采取适当的地基加固措施，如换土、强夯、振冲等都是常用的方法。

如果是属于液化地基，则应根据地基的液化等级和建筑物的类别，按表 8-20 采取相应的抗液化措施。表中所谓全部消除地基液化措施，包括采用桩基或深基穿越液化土层，支撑于稳定土层上，或者采用加密法（如振冲、振动加密、挤密碎石桩、强夯等），处理地基的深度达到液化土层的下界，且处理后土的密度应达到式（8-21）标准贯入击数临界值 N_{cr} 的要求。当然条件合适时也可用非液化土全部替换液化土。

抗液化措施　　　　　　　　　　　　　　　　　　　表 8-20

建筑抗震设防类别	地基的液化等级		
	轻微	中等	严重
乙类	部分消除液化沉陷，或对基础和上部结构处理	全部消除液化沉陷，或部分消除液化沉陷且对基础和上部结构处理	全部消除液化沉陷
丙类	对基础和上部结构处理，也可不采取措施	对基础和上部结构处理，或更高要求的措施	全部消除液化沉陷，或部分消除液化沉陷且对基础和上部结构处理
丁类	可不采取措施	可不采取措施	对基础和上部结构处理，其他经济的措施

注：甲类建筑的地基抗液化措施应进行专门研究，但不宜低于乙类的相应要求。

所谓部分消除地基液化沉陷措施就是指不必对全部液化土层均进行处理，而仅处理其中一部分。经处理后，地基的液化指数 I_{lE} 应有显著减小，一般不宜大于 5。

所谓减轻液化影响的基础和上部结构处理，就是根据本工程的特点，为提高抗震能力在建筑物的布置、结构体系的设计以及基础选型和布置上可以采用的一些工程措施。

思考题

8-1　地震的震级和烈度有什么区别？

8-2　什么叫众值烈度、基本烈度和罕遇烈度？

8-3　什么叫地震设防烈度？如何确定地区的地震设防烈度？

8-4　什么叫地震设计反应谱？

8-5　建筑场地对地震作用有什么影响？影响因素有哪些？

8-6　简述土发生液化的机理，为什么饱和松砂容易液化而饱和密砂不容易液化？

8-7　按《建筑抗震设计规范》，如何初步判定地基土层是否可能液化？

8-8　按《建筑抗震设计规范》规定，应按标准贯入试验结果判定地基土层能否液化，其依据是什么？用什么标准判定？

8-9　什么叫地基震陷？震陷的成因有哪几类？

8-10　考虑地震作用，地基的抗震承载力应该降低还是提高？为什么？

8-11　工程实践表明，桩基有较好的抗震性能，请解释原理。

8-12　当地基内有液化土层时，桩的承载力如何确定？

码 8-1　第 8 章思考题
参考答案

第9章　基础工程应用软件简介

基础工程应用软件是计算机技术、计算方法、结构专业分析理论等几个学科交叉的综合性产物，是现代工程师进行设计的必要工具。基础工程应用软件种类很多，总体上分为分析类与设计类两大类别。每一种软件均要求应用者必须具备基础工程的基本概念，熟悉土木工程领域的基本理论和设计方法，在此基础上，才能够将基础工程软件作为工具熟练应用。

9.1　土木工程应用软件的发展

由于基础工程设计涉及的地下基础结构、基坑工程等内容为建筑物（或构筑物）的一部分，因此基础工程设计软件在更多情况下是作为"土木工程应用软件"部分内容或模块的形式而出现的。下面简要介绍一下土木工程应用软件及其计算理论的发展。

土木工程的设计，不仅包括图纸的绘制，还包括计算、分析和模拟等内容，因此土木工程应用软件与计算理论的发展息息相关。随着社会的进步，人们对土木建筑提出了越来越高的要求，促使土木工程的相关计算理论得到了飞速发展。特别是 20 世纪以后，随着人类在数学方面的理论积累和突破，特别是微积分理论的诞生，使得很多土木工程问题的力学描述或数学描述成为可能，比如结构工程计算涉及杆系结构理论、梁柱结构理论、板壳结构理论、连续体结构理论等。随着 20 世纪 60 年代计算机的诞生，使得原来无法手工完成的计算成为可能，并使得计算精度大大提高。计算机诞生后，人类在计算理论和数值计算方法方面的研究热情如雨后春笋般迸发出来，也促使计算机和相关软件以几何级数的速度发展。其中，有限元方法（Finite Element Method，FEM）的诞生和发展，成为该阶段计算方法和数值计算方面的重要里程碑，从此以后，人们可以借助计算机解决包括土木工程在内的一大类数学和力学问题。

最初，有限元方法的提出是为了解决航空领域的科学计算问题，后来，各个领域都发现了该方法的巨大应用前景。由于该方法具有可靠的数学理论基础和一致收敛的良好特性，因此与以往的数值方法相比，具有更加广泛的适用性。在土木工程领域，所要处理的数学模型大部分可归为椭圆形微分方程的范畴，而有限元方法在处理椭圆形微分方程方面具有独特的优势。因此，土木工程应用软件的计算核心都是以有限元方法为理论基础，针对不同的土木工程项目和对象，可以采用不同的单元类型来模拟。

FEM 作为求解数学物理问题的一种数值方法，20 世纪 50 年代，它最早用于处理固体力学问题。1943 年，Courant 第一次提出单元概念；1945～1955 年，Argyris 等人在结构矩阵分析方面取得了很大进展；1956 年，Turner、Clough 等人把刚架（矩阵）位移法的思路推广应用于弹性力学平面问题；1960 年，Clough 首先把解决弹性力学平面问题的方法称为"有限元法"，并描绘为"有限元法＝Rayleigh Ritz 法＋分片函数"。FEM 理论研究的重大进展，引起了数学界的高度重视。自 20 世纪 60 年代以来，人们加强了对 FEM 数学基础的研究，如大型线性方程组和特征值问题的数值方法、离散误差分析、解的收敛性和稳定性等，使得有限元的数学基础日趋完备。20 世纪初，也出现了一大批在结构理论方面具有卓越贡献的科学家，如伏拉索夫、铁摩辛科、BAZANT 等，他们借助于有限元的分析方法，将结构理论的应用提高到了新的高度，从此，很多工程问题得以很方便地解决。

FEM 理论研究成果为其应用奠定了基础，计算机技术的发展为其提供了条件。20 世纪 70 年代以来，相继出现了一些通用的有限元分析软件，如 SAP、NASTRAN、AN-SYS 等。经过半个多世纪的发展，FEM 已从弹性力学平面问题扩展到空间问题、板壳问题，从静力问题扩展到动力问题、稳定问题和波动问题，从线性问题扩展到非线性问题，从固体力学领域扩展到流体力学、传热学、电磁学等其他连续介质领域，从单一物理场计算扩展到多物理场的耦合计算。它经历了从低级到高级、从简单到复杂的发展过程，目前已成为工程数值计算最有效的方法之一。

土木工程应用软件是综合了计算机技术、软件技术、数值计算方法、结构计算理论以及各种规范应用等方面的技术应用的综合体，因此对于该类软件的系统设计和开发是一个跨学科、多领域的庞大工程。一般的土木工程应用软件由前处理系统、分析系统、后处理系统三大模块组成。每一模块可以是相对独立的子系统，相互之间通过数据传递来连通；各个模块也可以无缝衔接在一个完整的大系统里面。

从历史上讲，美国加州大学伯克利分校土木系开发的 SAP 系列软件可以认为是比较早且非常成功的土木工程应用软件，也是目前成熟的商业化版本 SAP2000 系列软件的前身。ASKA 软件是由德国斯图加特（Stuttgart）大学的 J. H. Argyris 教授为欧洲宇航局开发的有限元程序，是全球第一个大型的通用有限元分析程序。

土木工程应用软件根据对象和目的不同分为几大类：以结构分析为目标的通用分析软件，如 ANSYS、ABAQUS 等；以结构设计为目标的工程设计类软件，如 PKPM、SAP2000、3D3S 等；以绘图和出图为目标的 CAD 类设计软件，如 AutoCAD、Microstation 等；以解决某一类特殊结构为目标的专业专用设计类软件，如 Midas/GTS、桥梁博士、理正深基坑支护结构设计软件等。

9.2　基础工程软件简介

目前的土木工程商业软件可以说是琳琅满目，几乎涵盖了土木工程领域的各个学科和设计环节，BIM 技术试图把土木工程领域各个学科的软件数据进行联合管理，并与后期的运营和维护数据挂钩，建立综合高效的一体化软件体系；但是，由于涉及的面太大，困难也很大，目前还在发展当中。下面针对基础工程专业领域中常用的几种软件进行介绍。

9.2.1　ABAQUS 软件

ABAQUS 是一套功能强大的工程模拟有限元软件，其解决问题的范围从相对简单的线性分析到许多复杂的非线性问题。ABAQUS 包括一个丰富的、可模拟任意几何形状的单元库；并拥有各种类型的材料模型库，可以模拟典型工程材料的性能，其中包括金属、橡胶、高分子材料、复合材料、钢筋混凝土以及各种岩土地基材料等。ABAQUS 包含有岩土体常用的摩尔库伦本构模型、DP 本构模型，还可自行编写新的本构模型。作为通用的模拟工具，ABAQUS 除了能解决大量结构（应力/位移）问题，还可以模拟其他工程领域的许多问题，例如热传导、质量扩散、热电耦合分析、声学分析、岩土力学分析（流体渗透/应力耦合分析）及压电介质分析。

ABAQUS 有两个主求解器模块：ABAQUS/Standard 和 ABAQUS/Explicit。ABAQUS 还包含一个全面支持求解器的图形用户界面，即人机交互前后处理模块：ABAQUS/CAE。ABAQUS 对某些特殊问题还提供了专用模块。

ABAQUS 是非线性功能非常强的有限元软件，可以分析复杂的固体力学和结构力学系统，特别是能够分析非常庞大复杂的问题和模拟高度非线性问题。ABAQUS 不但可以进行单一零件的力学和多物理场分析，同时还可以进行系统级的分析和研究。ABAQUS 优秀的分析能力和模拟复杂系统的可靠性，使得其被各国的工业界广泛采用，在基础工程的复杂问题的分析方面，也有非常多的应用。

9.2.2 FLAC 软件

FLAC（Fast Lagrangian Analysis of Continua）软件由美国 Itasca 公司开发，有二维和三维计算程序两个版本。FLAC 软件建立在拉格朗日算法的基础上，采用有限差分显式算法来获得模型全部运动方程（包括内变量）的时间步长解。FLAC 软件主要用来模拟土、岩或其他材料的非线性力学行为，可以解决众多有限元程序难以模拟的复杂的工程问题，例如大变形、大应变、非线性及非稳定系统（甚至大面积屈服、失稳或完全塌方）等问题，这对研究岩土工程设计是非常重要的。

FLAC 的基本功能和特征为：

（1）允许介质出现大应变和大变形；

（2）Interface 单元可以模拟连续介质中的界面，并允许界面发生滑动和开裂；

（3）显式计算方法，能够为非稳定物理过程提供稳定解，直观反映岩土体工程中的破坏；

（4）地下水流动与力学计算完全耦合（包括负孔隙水压，非饱和流及相界面计算）；

（5）采用结构加固单元模拟加固措施，例如衬砌、锚杆、桩基等；

（6）材料模型库丰富，包括弹性模型、莫尔库仑塑性模型、任意各向异性模型、双屈服模型、黏性及应变软化模型；

（7）预定义材料性质，用户可增加自己的材料性质设定并储存到数据库中；

（8）一系列可选择模块，包括热力学模块、流变模块、动力学模块、二相流模块等，用户还可用 C++建立自己的模型；

（9）边坡稳定系数计算满足边坡设计的要求；

（10）用户可用内部语言（FISH）增加自己定义的各种特性，如新的本构模型、新变量或新命令等。

9.2.3 理正软件

"理正深基坑支护结构设计软件"是由北京理正软件股份有限公司开发研制的基坑支护设计类软件（简称"理正软年"）。该软件是经设计研发人员总结全国不同地区、不同地质条件的工程经验（包括大量用户的反馈意见及建议），在诸多专家的指导下，深入分析、研究现有软件，吸纳最新的国家、地方标准，吸收最新的技术及科研成果，研发出来的。理正深基坑支护结构设计软件的功能特点概括如下。

（1）支持最新规范。

满足最新的《建筑基坑支护技术规程》JGJ 120—2012、《混凝土结构设计规范》GB 50010—2010（2015 年版）、《钢结构设计标准》GB 50017—2003 和地方规范，包括《基坑工程技术规范》DG/TJ 08—61—2010、《深圳市基坑支护技术规范》SJG 05—2011、《建筑基坑工程技术规程》DB 29—202—2010、《湿陷性黄土地区建筑基坑工程安全技术规程》JGJ 167—2009、《建筑基坑工程技术规程》DB33/T 1096—2014。

（2）支持多种支护形式。

支持钢筋混凝土排桩、型钢桩、钢板桩、地下连续墙、水泥土实心墙、水泥土格栅墙、型钢水泥土搅拌墙、土钉墙、双排桩等支护形式。

（3）设计理论、计算方法丰富。

满足规范的土压力模型；具有多种计算模式，除经典计算方法外，弹性计算方法包括全量法、增量法。模拟施工全过程计算，结果吻合实际状况，并可指导施工。

（4）基坑计算内容丰富。

除计算支护结构的内力外，还提供多种方法进行支护结构的变形（支护结构的水平位移及地表沉降）计算、稳定（整体稳定、抗隆起、抗滑移、抗管涌、抗承压水等）验算、钢构件的截面强度验算、锚杆设计，以及混凝土构件的截面配筋、选筋及施工图的绘制等，并可形成图文并茂的、具有计算表达式的计算书。

（5）新的空间三维整体协同计算。

全新的三维图形平台建模，快速、直观、真实。

考虑支护结构、内支撑、立柱、斜撑、锚杆及土岩体的空间三维整体协同计算，可考虑内撑构件上施加的施工荷载，采用新型的优质单元，结果更合理，使基坑设计达到一个新的高度。

考虑不同环境条件（不同地质条件、不同超载、局部超载、不同支护结构）对整体支护结构内力、变形的影响，解决了内支撑单独计算不正确的问题。

软件系统可以计算整个基坑工程的土方量、工程量及造价，可即时对基坑工程方案进行经济方案对比，为多、快、好、省设计、施工基坑工程提供定量的数据支撑。软件系统操作简单、引导明确、易学易用，简捷的即时提示、详细的技术条件、在线的操作帮助，可帮助工程师顺利完成优质基坑工程的设计。

9.2.4 GEO5 软件

GEO5 岩土设计和分析软件诞生于 1989 年，于 2016 年 9 月 20 日获得住房和城乡建设部权威认证，涵盖边坡、基坑、挡土墙、固结沉降、深浅基础、有限元、三维地质建模、隧道分析等九大解决方案，所有模块都能单独使用，也能够联合其他模块使用以解决复杂岩土工程问题。GEO5 软件偏重设计，同时兼容了中国、欧美规范。

例如程序中的 Spread footing（设计和验算扩展基础）模块，可用于设计中心荷载和偏心荷载作用下的扩展基础，能够计算地基的承载力、沉降等，最后确定纵向和抗剪切钢筋。

GEO5 与理正软件对比，具有明显的优势，比如模型创建简单，且具有一定的通用性；计算速度较快，且随时可以查看结果；可自由定义计算书的格式；一个文件可以分析多个工况；能够保留中间分析结果；支持中国、欧美规范等，同时在图示中具有极大优势。

9.2.5 Midas/GTS 软件

韩国浦项集团于 1989 年成立了 CAD/CAE 研发机构，并开始开发 Midas 软件，之后在工业分析和设计软件领域获得了飞速发展。目前，在韩国结构软件市场中，MidasFamilyProgram 的市场占有率排第一位。北京迈达斯技术有限公司为 Midas 软件在中国的唯一独资子公司，负责 Midas 软件的中文版开发、销售和技术支持工作。

Midas 软件体系非常丰富，其中，建筑领域包含软件 Midas/Building、Midas/Gen、Gen/Designer；桥梁领域包含软件 Midas/Civil、Midas/SmartBDS、Civil/Designer；岩土领域包含软件 Midas/GTS、Midas/SoilWorks、Midas/GeoX；仿真领域包含软件 Midas/NFX、Midas/FEA。下面重点介绍与基础工程相关的常用软件 Midas/GTS。

Midas/GTS 是将通用的有限元分析内核与岩土结构的专业性要求有机地结合而开发的岩土与隧道结构有限元分析软件。Midas/GTS 软件的功能特点概括如下。

（1）岩土工程施工阶段模拟功能。

该软件可模拟分析复杂的地层和地形、地下结构开挖和临时结构的架设与拆除；可模拟基坑、矿山巷道、井建的开挖与支护；可模拟隧道口、T 型/Y 型连接部、陡坡、竖井或横向通道与主隧道的连接等。

（2）渗流分析功能。

该软件可进行隧道、大坝、边坡的稳态/非稳态渗流分析；将达西定律的应用从饱和区域扩展到非饱和区域，在 VanGenuchten 和 Gardner's 公式中可自定义其非饱和特性参数；可进行应力渗流耦合分析。

（3）固结分析功能。

该软件可进行排水（非黏性土）和非排水（黏性土）分析；可分析各阶段的孔隙水压和固结沉降。

（4）边坡稳定分析功能。

该软件可采用强度折减法和极限平衡法进行边坡稳定分析。

（5）动力分析功能。

该软件可进行地震、爆破等任意荷载的动力分析；可进行振型分析、反应谱分析、时程分析；具有内含地震波数据库、自动生成地震波、与静力分析结果的组合功能。

（6）衬砌、锚杆的结构分析与设计功能。

该软件可进行荷载-结构模式的二衬的内力、应力、变形计算与设计；可进行锚杆单元的内力、应力、变形计算与设计。

基础工程应用软件是历史和科技发展的必然产物，也是未来土木工程领域发展的重要载体，应该好好利用。

9.2.6　PKPM 软件

PKPM 是中国建筑科学研究院建筑工程软件研究所开发的一款土木类综合设计和管理软件，该软件最早时期只有两个模块，即 PK（平面排架框架设计）、PMCAD（平面辅助设计），因此合称 PKPM。现在该软件系统的功能已经大大超出了原有的范围，研发领域涵盖建筑设计、结构设计、设备设计、节能设计、工程造价分析、施工技术和施工项目管理等方面，但是软件名称却一直沿用 PKPM。其中，结构设计部分包括结构设计、基础设计及施工管理等几大模块，容纳了国内最流行的各种计算方法，如平面杆系、墙板的三维壳元及薄壁杆系、钢结构、预应力混凝土及各类基础结构的分析与设计。PKPM 设计软件从设计到出图均集中在一个软件中完成，同时这些模块之间相互有接口，衔接起来较为方便。

结构平面计算机辅助设计 PMCAD 是 PKPM 结构设计软件的基石，为各设计功能提供了数据接口。它采用人机交互方式，引导用户逐层布置轴线和构件，再输入层高以建立一整套描述建筑物整体结构的数据。

PKPM 在国内土木工程设计行业占有绝对优势，现已成为国内应用最为普遍的土木工程类设计软件之一。它紧跟行业需求和规范更新，不断推陈出新，开发出对行业产生巨大影响的软件产品，使国产自主知识产权的软件多年来一直占据我国结构设计行业应用和技术的主导地位，及时满足了我国建筑行业快速发展的需要，显著提高了设计的效率和质量。

基础设计 JCCAD 是 PKPM 结构设计系统中功能最为复杂的模块，其主要功能特点概括说明如下。

（1）适应多种类型基础的设计。

JCCAD 软件模块可自动或交互完成工程实践中常用的各类基础设计，其中包括柱下独立基础、墙下条形基础、弹性地基梁基础、带肋筏板基础、柱下平板基础、墙下筏板基础、柱下独立桩基承台基础、桩筏基础、桩格梁基础等基础设计及单桩基础设计，还可进行由上述基础组合的大型混合基础设计，以及同时布置多块筏板的基础设计。

JCCAD 软件模块可设计的各类基础中包含多种基础形式：独立基础包括倒锥形、阶梯形、现浇或预制杯口基础及单柱、双柱、多柱的联合基础；砖混条基包括砖条基、毛石条基、钢筋混凝土条基（可带下卧梁）、灰土条基、混凝土条基及钢筋混凝土毛石条基；筏板基础的梁肋可朝上或朝下；桩基包括预制混凝土方桩、圆桩、钢管桩、水下冲（钻）孔桩、沉管灌注桩、干作业法桩和各种形状的单桩或多桩承台。

（2）接力上部结构模型。

基础的建模是接力上部结构与基础连接的楼层进行的，因此基础布置使用的轴线、网格线、轴线号，基础定位参照的柱、墙等都是从上部楼层中自动传来的，这种工作方式大大方便了用户。

基础程序首先自动读取上部结构中与基础相连的轴线和各层柱、墙、支撑布置信息（包括异形柱、劲性混凝土截面柱和钢管混凝土柱），并可在基础交互输入和基础平面施工图中绘制出来。

对于与上部结构两层或多个楼层相连的不等高基础，程序会自动读入多个楼层中基础布置需要的信息。

（3）接力上部结构计算生成的荷载。

自动读取多种 PKPM 上部结构分析程序传下来的各单工况荷载标准值，主要有平面荷载（PMCAD 建模中导算的荷载或砌体结构建模中导算的荷载）、SATWE 荷载、TAT 荷载、PMSAP 荷载、PK 荷载等。

程序按要求进行荷载组合。自动读取的基础荷载可以与交互输入的基础荷载同工况叠加。此外，软件还能够提取 PKPM 柱施工图软件生成的柱钢筋数据，用来画基础柱的插筋。

（4）将读入的各荷载工况标准值按照不同的设计需要生成各种类型荷载组合。

基础中用的荷载组合与上部结构计算所用的荷载组合是不完全相同的。程序自动按照《建筑结构荷载规范》GB 50009—2012 和《建筑地基基础设计规范》GB 50007—2011 的有关规定，在计算基础的不同内容时采用不同的荷载组合类型。

在计算地基承载力或桩基承载力时采用荷载的标准组合；在进行基础抗冲切、抗剪、抗弯、局部承压计算时采用荷载的基本组合；在进行沉降计算时采用准永久组合。在进行正常使用阶段的挠度、裂缝计算时取标准组合和准永久组合。程序在计算过程中会识别各组合的类型，自动判断是否适合当前的计算内容。

（5）考虑上部结构刚度的计算。

《建筑地基基础设计规范》GB 50007—2011 等规范规定在多种情况下基础的设计应考虑上部结构和地基的共同作用。JCCAD 程序能够较好地实现上部结构、基础与地基的共同作用。JCCAD 程序对地基梁、筏板、桩筏等整体基础，可采用上部结构刚度凝聚法、上部结构刚度无穷大的倒楼盖法、上部结构等代刚度法等多种方法考虑上部结构对基础的影响，其主要目的就是控制整体性基础的非倾斜性沉降差，即控制基础的整体弯曲。

（6）提供多样化、全面的计算功能，满足不同需要。

对于整体基础的计算，软件提供多种计算模型，如交叉地基梁既可采用文克尔模型，也可采用考虑地基土之间相互作用的广义文克尔模型进行分析。筏板基础既可按弹性地基梁有限元法计算，也可按 Mindin 理论的中厚板有限元法计算，还可按一般薄板理论的三角形板有限元法分析。筏板的沉降计算提供了规范的假设附加压应力已知的方法和刚性底板假定、附加压力为未知的两种计算方法。

（7）设计功能自动化、灵活化。

对于独立基础、条形基础、桩承台等基础，软件可按照规范要求及用户交互填写的相关参数自动完成全面设计，包括不利荷载组合选取、基础底面积计算、按冲切计算结果生成基础高度、碰撞检查、基础配筋计算和选择配筋等功能。对于整体基础，软件可自动调整交叉地基梁的翼缘宽度、自动确定筏板基础中梁肋计算翼缘宽度。同时软件还允许用户修改程序已生成的相关结构，并提供让用户干预重新计算的功能。

（8）完整的计算体系。

对各种基础形式可能依据不同的规范、采用不同的计算方法，但是无论是哪一种基础形式，软件都提供承载力计算、配筋计算、沉降计算、冲切抗剪计算、局部承压计算等全面的计算功能。

（9）辅助计算设计。

软件提供各种即时计算工具，辅助用户建模、校核，比较典型的有以下几种。

桩基设计时提供了"桩数量图"和"局部桩数"菜单项，可用来查看平面各处需要布置的桩数。软件即时给出在用户选定的荷载组合下算出的桩、墙下桩的数量图，并给出当前荷载的重心位置，这些数据为桩的布置提供了合理的依据。"重心校核"菜单可随时计算用户选定区域的外荷载重心与基础筏板的形心，以及两者之间的偏心。"桩重心图"菜单可随时计算用户选定区域内的所有桩的重心位置。

筏板基础的冲切抗剪性能是筏板设计的重要依据，软件提供了"柱冲切板""异形柱""多墙冲板""单墙冲板""内筒冲剪"等菜单命令，可随时进行柱、墙等竖向构件对板的冲剪计算。

"局部承压"菜单可随时检验基础截面尺寸。

（10）提供大量简单实用的计算模式。

针对基础设计中不同方面的内容，结合用户多年的工程应用，给出若干简单、实用、合理的计算设计方案。比较典型的有以下几种。

1）提供专门的"防水板计算"菜单对柱下独基、柱下条基、桩承台等加防水板的部分进行计算。考虑到防水板一般较薄，在筏板有限元计算时采用柱和墙底作为支座不动，没有竖向变形的计算模式。

2）对于布置在柱下独立基础、桩承台之间的拉梁，使其承受部分上部柱、墙传来的部分弯矩，从而减少独立基础或承台的尺寸。对拉梁本身按照柱和墙底作为不动支座的交叉梁系或两端支撑梁计算。

3）提供了上部结构荷载的"平面荷载"模式，它的生成过程和结果与传统的手工导算荷载相近。因为假设柱、墙或支撑沿竖向没有位移，所以各柱、墙或支撑承担的荷载主要和它们支撑的荷载面积有关，而与它们本身的刚度无关。"平面荷载"可避免三维计算的桩、墙之间荷载分布差距过大的失真现象，用于整体型基础和条形基础的设计，一般可以得到比较理想的结果。

（11）导入 AutoCAD 各种基础平面图辅助建模。

对于地质资料输入和基础平面建模等工作，软件提供以 AutoCAD 的各种基础平面图为底图的参照建模方式。程序自动读取转换 AutoCAD 的图形格式文件，操作简便，可以充分利用周围数据接口资源，提高工作效率。

（12）施工图辅助设计。

可以完成软件中设计的各种类型基础的施工图，包括平面图、详图及剖面图。施工图管理风格、绘制操作与上部结构施工图相同。软件依照《建筑结构制图标准》GB/T 50105—2010、《建筑工程设计文件编制深度规定》等相关标准，对地基梁提供了立剖面表示法、平面表示法等，还提供了参数化绘制各类常用标准大样图功能。

（13）地质资料的输入。

提供直观快捷的人机交互方式输入地质资料，充分利用勘察设计单位提供的地质资料，完成基础沉降计算和桩的各类计算。

（14）基础计算工具箱。

基础计算工具箱提供有关基础的各种计算工具，包括地基验算、基础构件计算、人防荷载计算、人防构件计算等。工具箱是脱离基础模型单独工作的计算工具，也是基础工程设计过程中必备的手段。

综上所述，基础设计模块 JCCAD 以基于二维、三维图形平台的人机交互技术建立模型，界面友好，操作流畅；它接力上部结构模型建立基础模型、接力上部结构计算生成基础设计的上部荷载，可以充分发挥系统协同工作、集成化的优势；它系统地建立了一套设计计算体系，科学严谨地遵照各种相关的设计规范，适应复杂多样的多种基础形式，提供全面的解决方案；它不仅为最终的基础模型提供完整的计算结果，还注重在交互设计过程中提供辅助计算工具，以保证设计方案的经济合理；它使设计计算结果与施工图设计密切集成，基于自主图形平台的施工图设计软件经历十多年的用户实践，变得既成熟又实用。

9.2.7 其他相关软件

Geostudio 软件适用于岩土工程与岩土环境的模拟计算，在渗流分析方面功能尤其强大，主要包括 SLOPE/W（边坡稳定性分析软件）、SEEP/W（地下水渗流分析软件）、SIGMA/W（岩土应力变形分析软件）、QUAKE/W（地震动力响应分析软件）、TEMP/W（地热分析软件）、CTRAN/W（地下水污染物传输分析软件）、AIR/W（空气流动分析软件）、VADOSE/W（综合渗流蒸发区和土壤表层分析软件）。

同济启明星软件专攻基坑、桩基等岩土问题，主要产品有深基坑软件 JK 系列，桩基础与浅基础软件，基坑环境影响软件，风力发电基础软件等，与中国规范紧密贴合，并引入各种新方法和新分析途径，适合于工程设计。

PLAXIS 软件可以分析岩土工程学中 2D 和 3D 的变形以及稳定性，是由荷兰 PLAXIS B. V. 公司推出的一系列功能强大的通用岩土有限元计算软件，可以解决各种复杂岩土工程问题，如大型基坑与周边环境相互影响；大型桩筏基础（桥桩基础）与邻近基坑的相互影响；板桩码头应力变形分析；软土地基固结排水分析；基坑降水渗流分析及完全流固耦合分析；建筑物自由振动及地震作用下的动力分析；边坡开挖及加固后稳定性分析等。

思考题

9-1　在基础工程设计中常用的软件有哪些？各自适用范围是什么？

码9-1 工程建设案例：
北京新机场BIM
技术应用

码9-2 第9章思考题
参考答案

参 考 文 献

[1] 中华人民共和国住房和城乡建设部．建筑地基基础设计规范：GB 50007—2011[S]．北京：中国计划出版社，2012.

[2] 中华人民共和国住房和城乡建设部．建筑结构荷载规范：GB 50009—2012[S]．北京：中国建筑工业出版社，2012.

[3] 中华人民共和国住房和城乡建设部．建筑结构可靠性设计统一标准：GB 50068—2018[S]．北京：中国建筑工业出版社，2018.

[4] 中华人民共和国住房和城乡建设部．工程结构可靠性设计统一标准：GB 50153—2008[S]．北京：中国计划出版社，2009.

[5] 中华人民共和国住房和城乡建设部．高层建筑筏形与箱形基础技术规范：JGJ 6—2011[S]．北京：中国建筑工业出版社，2011.

[6] 中华人民共和国建设部．建筑桩基技术规范：JGJ 94—2008[S]．北京：中国建筑工业出版社，2008.

[7] 中华人民共和国住房和城乡建设部．建筑基坑支护技术规程：JGJ 120—2012[S]．北京：中国建筑工业出版社，2012.

[8] 中华人民共和国冶金工业部．建筑基坑工程技术规程：YB 9258—97[S]．北京：冶金工业出版社，1998.

[9] 中华人民共和国住房和城乡建设部．建筑边坡工程技术规范：GB 50330—2013[S]．北京：中国建筑工业出版社，2014.

[10] 中华人民共和国住房和城乡建设部．复合土钉墙基坑支护技术规范：GB 50739—2011[S]．北京：中国计划出版社，2012.

[11] 北京市规划委员会．北京地区建筑地基基础勘察设计规范：DBJ 11-501-2009(2016 年版)[S]．北京：中国计划出版社，2009.

[12] 岩土工程手册编委会．岩土工程手册[M]．北京：中国建筑工业出版社，1994.

[13] 中华人民共和国住房和城乡建设部．软土地区岩土工程勘察规程：JGJ 83—2011[S]．北京：中国建筑工业出版社，2011.

[14] 中华人民共和国住房和城乡建设部．建筑地基处理技术规范：JGJ 79—2012[S]．北京：中国建筑工业出版社，2013.

[15] 中华人民共和国住房和城乡建设部．土工合成材料应用技术规范：GB/T 50290—2014[S]．北京：中国计划出版社，2015.

[16] 中华人民共和国住房和城乡建设部，国家市场监督管理总局．湿陷性黄土地区建筑标准：GB 50025—2018[S]．北京：中国建筑工业出版社，2019.

[17] 中华人民共和国住房和城乡建设部．膨胀土地区建筑技术规范：GB 50112—2013[S]．北京：中国建筑工业出版社，2013.

[18] 地基处理手册编委会．地基处理手册[M]．北京：中国建筑工业出版社，1998.

[19] 中华人民共和国住房和城乡建设部，中华人民共和国国家质量监督检验检疫总局．建筑抗震设计

规范：GB 50011—2010(2016 年版)[S]. 北京：中国建筑工业出版社，2010.

[20] 中华人民共和国住房和城乡建设部. 构筑物抗震设计规范：GB 50191—2012[S]. 北京：中国计划出版社，2012.

[21] 周景星，李广信，张建红，等. 基础工程[M].3 版. 北京：清华大学出版社，2015.

[22] 华南理工大学，浙江大学，湖南大学. 基础工程[M]. 北京：中国建筑工业出版社，2019.

[23] 臣玉文，曾国红，等. 基础工程[M]. 北京：清华大学出版社，2020.

[24] 魏进，王晓谋. 基础工程[M].5 版. 北京：人民交通出版社，2021.

[25] 李广信，张丙印，于玉贞. 土力学[M].2 版. 北京：清华大学出版社，2013.

[26] 陈仲颐，叶书麟. 基础工程学[M]. 北京：中国建筑工业出版社，1990.

[27] 谢定义. 试论我国黄土力学研究中的若干新趋向[J]. 岩土工程学报，2001，23(1).

[28] 张雁，刘金波. 桩基工程手册[M]. 北京：中国建筑工业出版社，2009.

[29] 吴红刚，牌立芳，赖天文，等. 山区机场高填方边坡桩－锚－加筋土组合结构协同工作性能优化研究[J]. 岩石力学与工程学报，2019，38(7)：1498-1511.

[30] 李振东，刘宏，胡宣. 测斜仪在机场高填方边坡变形监测中的应用[J]. 公路，2020(5)：280-285.

[31] 张述涛，陈丽娟. 海南博鳌机场跑道道槽区的软土地基处理研究[J]. 路基工程，2017(3)：73-77.

[32] 马昊，黄达，肖衡林等. 江北机场高填方夯后碎块石土剪切力学性质研究[J]. 水文地质工程地质，2019，46(3)：88-94.

[33] 李秀珍，许强，孔纪名，等. 九寨黄龙机场高填方边坡地基沉降的数值模拟分析[J].2005，24(12)：2188-2193.

[34] 杨校辉，朱彦鹏，周勇，等. 山区机场高填方边坡滑移过程时空监测与稳定性分析[J]. 岩石力学与工程学报，2016，35(S2)：3977-3990.

[35] 李正. 重庆江北国际机场第三跑道工程高填方排水问题研究[J]. 土工基础，2020，34(2)：105-113.